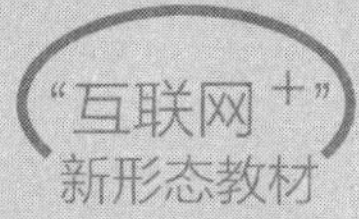

普通高等教育"十三五"精品规划教材

机械设计制造及其自动化专业课程群系列

液压与气压传动

主　编　梅华平　冯　定
副主编　付向葵　陈清奎

中国水利水电出版社
www.waterpub.com.cn
·北京·

内 容 提 要

本书是“普通高等教育‘十三五’精品规划教材”之一。全书共10章，主要内容包括：液压传动及流体力学的基本理论；液压元件的结构、原理、性能及选用；液压基本回路，典型液压系统的组成、功能、特点及应用；液压系统的设计与计算；液压气动系统的安装、调试、使用与维护；液压系统的故障诊断；气压传动概述。

本书在编写过程中，力求贯彻内容少而精、理论与实践相结合的原则，在阐述基本概念和工作原理的同时，突出其应用，强调传授知识与培养能力并重的教学思想。另外，本书配有利用虚拟现实（VR）技术、增强现实（AR）技术等开发的3D虚拟仿真教学资源和丰富的二维码微视频资源。

本书适用于普通工科院校机械类专业的本科生，也适用于各类成人教育高校、自学考试等机械类专业学生，还可供从事流体传动与控制技术的工程技术人员参考。

本书提供免费的教学课件，可以到中国水利水电出版社网站下载，网址为：http：//www. waterpub. com. cn/。

图书在版编目（CIP）数据

液压与气压传动 / 梅华平，冯定主编. -- 北京 :
中国水利水电出版社，2018.7 (2022.7重印)
普通高等教育“十三五”精品规划教材
ISBN 978-7-5170-6116-8

Ⅰ. ①液… Ⅱ. ①梅… ②冯… Ⅲ. ①液压传动—高等学校—教材②气压传动—高等学校—教材 Ⅳ. ①TH137②TH138

中国版本图书馆CIP数据核字(2017)第301802号

书　　名	普遍高等教育“十三五”精品规划教材 **液压与气压传动　YEYA YU QIYA CHUANDONG**
作　　者	主　编　梅华平　冯　定 副主编　付向葵　陈清奎
出版发行	中国水利水电出版社 （北京市海淀区玉渊潭南路1号D座　100038） 网址：www. waterpub. com. cn E-mail：zhiboshangshu@163.com 电话：(010) 62572966-2205/2266/2201（营销中心）
经　　售	北京科水图书销售有限公司 电话：(010) 68545874、63202643 全国各地新华书店和相关出版物销售网点
排　　版	北京鑫联必升文化发展有限公司
印　　刷	三河市龙大印装有限公司
规　　格	184mm×260mm　16开本　21印张　512千字
版　　次	2018年7月第1版　2022年7月第2次印刷
印　　数	3001—5000册
定　　价	55.00元

前言

液压与气压传动作为动力传动和控制技术的组成部分，是自动化生产中典型的先进科学技术，采用液压与气压传动的程度已成为衡量一个国家工业水平的重要标志之一。随着新材料、新工艺和加工手段的日臻完善，以及与微电子技术、计算机技术的结合，液压元件的性能、可靠性以及使用寿命得到了显著提高，促使液压传动与控制技术的应用更加宽泛和普及。液压与气压传动技术已经成为包括传动、控制、检测在内的，对现代化机械装备技术进步有重要影响的基础技术。在现代科学技术中占有非常重要的地位，在几乎所有自动化控制、程序控制及数控加工中发挥了其他技术不可替代的重要作用。

“液压与气压传动”课程是自动化、机械设计制造及其自动化、机电工程等学科的技术基础课，也是材料加工及各种工程类专业的重要支撑性课程。课程的任务是使学生掌握液压与气压传动的基础知识，掌握各种液压气动元件的工作原理、特点、应用和选用方法，熟悉各类液压与气动基本回路的功用、组成和应用场合，了解国内外先进技术成果在机械设备中的应用。

本书的编写在力求贯彻少而精和理论联系实际的基本原则，强调学生接受新知识、消化新知识、运用用新知识的能力培养。针对机械类专业的需要，着重突出了以下几方面的特点：

1）注重理论性、系统性的统一，以液压传动为主，将现代液压技术作为有机组成部分，使之融为一体。气压传动部分则强调其特点。

2）体现实用的特点，流体力学基础知识部分以必需、够用为度，加强对液压元件、基本回路和典型液压系统专业知识部分的针对性和实用性，注重理论与实践的紧密结合，并在一定程度上反映了国内外液压传动与控制领域比较成熟的新技术和新成果。

3）贯彻了理论联系实际的原则，除讲清一般的基础理论知识外，还列举了大量实践的例子，对学生借助技术手册等资料进行所需系统的设计以及元件的正确选用有较大帮助。

4）为培养学生工程应用和解决问题的能力，本书介绍了液压系统设计和安装、调试、维护保养要点，并对液压系统常见故障的分析与排除方法进行了介绍。

5）本书语言简练、文笔流畅，有利于学生自学。书中编排了较多的例题，每章都附有经过精选的习题。这些对于学生加加深基本概念的理解、加强基本计算和分析能力的训练等都是有益的。

6）配套资源丰富，方便教与学。本书提供了 86 个二维码视频资源和 16 个 3D 虚拟仿真资源，供读者免费使用。本书提供免费的教学课件，欢迎选用本书的教师登录中国水利水电出版社网站下载，网址为：http://www.waterpub.com.cn/。也可以与作者（1303190336@qq.com）联系，免费获取其他相关教学资源。

本书适用于普通工科院校机械类各专业，也适用于高职高专学校、各类成人高校、自学考试等有关机械类专业，还可供从事流体传动及控制技术的工程技术人员参考。

本书由梅华平（湖北工程学院）、冯定（长江大学）主编，付向葵（武汉轻工大学）、陈清奎（山东建筑大学）担任副主编。本书主要编写人员分工如下：梅华平编写第 1、3、4、5、7 章，冯定编写第 2、6、8 章，陈清奎编写第 9 章，付向葵编写第 10 章和附录。

本书配套的 3D 虚拟仿真教学资源由济南科明数码技术股份有限公司开发完成，主要开发人员包括陈清奎、胡冠标、何强、姜尚孟、邵辉笙等。济南科明数码技术股份有限公司还建设了“科明 365”在线教育云平台（www.keming365.com），提供有适合课堂教学的单机版、适合集中上机学习的局域网版及适合学生自主学习的手机版。本书封底有关于本书 3D 资源的二维码链接，供读者扫码下载 APP。书中凡有“AR”处，均可用 APP 扫图获取虚拟仿真资源。

由于编者水平有限，书中难免存在不妥之处，恳切希望同仁和广大读者批评指正。

作　者

2018 年 5 月

目 录

第1章 液压传动概述

学习要点

(1) 液压传动是研究以有压流体为传动介质来实现各种机械的传动和控制的学科。

(2) 液压传动是基于流体力学的帕斯卡原理，主要利用液体的压力能来进行能量传递和控制的传动方式，利用各种元件组成具有所需功能的基本回路，再由若干基本回路有机组合成传动和控制系统，从而实现能量的转换、传递和控制。

(3) 了解传动介质的基本物理性质及其力学特性，研究各类元件的结构、工作原理和性能，研究各种基本回路的性能和特点，并在此基础上形成对传动系统的分析、设计和使用，是本学科的研究对象。

1.1 液压传动的工作原理

液压传动是研究以有压流体为传动介质来实现各种机械的传动的学科。液压传动是基于流体力学的帕斯卡原理，主要利用液体的压力能来进行能量传递和控制的传动方式，利用各种元件组成具有所需功能的基本回路，再由若干基本回路有机组合成传动和控制系统，从而实现能量的转换、传递和控制。

液压传动的基本原理可以由图 1-1 所示液压千斤顶的工作原理来说明。

图 1-1 所示的手动液压千斤顶由液压缸 11 及大活塞组成举升液压缸；由手动杠杆 1、泵缸 2 及小活塞、吸油单向阀 4 和排油单向阀 3 组成手动液压泵。

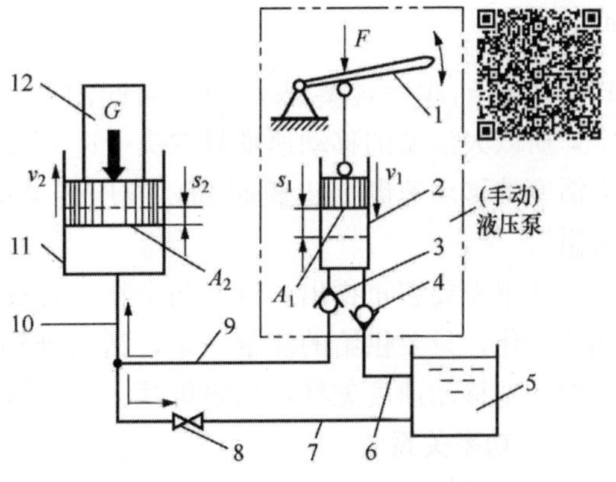

图 1-1 液压千斤顶的工作原理

1—手动杠杆；2—泵缸；3—排油单向阀；4—吸油单向阀；5—油箱；6，7，9，10—管；8—截止阀；11—液压缸；12—重物

当手动杠杆 1 摆动时，小活塞做上下往复运动。小活塞上移，泵腔内的容积扩大而形成真空，油箱中的油液在大气压力的作用下，经吸油单向阀 4 进入泵腔内；小活塞下移，泵腔内的油液顶开排油单向阀 3 进入液压缸内使大活塞带动重物一起上升。反复上下扳动杠杆，重物就会逐步升起。手动泵停止工作，大活塞停止运动；打开截止阀 8，油液在重力的作用下排回油箱 5，大活塞落回原位。这就是液压

千斤顶的工作原理。

下面以图 1-1 所示为例，分析两活塞之间力的关系、运动关系和功率关系，说明液压传动的基本特征。

1. 力的关系

设（举升）液压缸大活塞面积为 A_2，其上有重物负载 G 时，该负载在液压缸下腔的油液将产生一定的液体压力，即

$$p_2 = \frac{G}{A_2} \tag{1-1}$$

在千斤顶工作中，从小活塞到大活塞之间形成了密封的工作容积，依帕斯卡原理“在密闭容器内，施加于静止液体上的压力将以等值同时传到液体各点”，液压泵的排油压力 p_1 应等于液压缸的液体压力，即 $p_1=p_2=p$，液压泵的排油压力又称系统压力。

为了克服负载力使液压缸活塞运动，作用在液压缸活塞上的作用力 F 应为

$$F = p_1A_1 = p_2A_1 = pA_1 = \frac{A_1}{A_2}G \tag{1-2}$$

可见在活塞面积 A_1、A_2一定的情况下，系统中的压力 p 取决于举升的重物负载 G，而手动泵上的作用力 F 则取决于压力 p。所以，被举升的重物负载越大，液体压力 p 越高，手动泵上所需的作用力 F 也就越大；反之，如果空载工作，且不计摩擦力，则液体压力 p 和手动泵上的作用力 F 都为零。液压传动的这一特征，可以简略地表述为“压力取决于负载”。

2. 运动关系

由于小活塞到大活塞之间为密封的工作容积，小活塞向下压出油液的体积必然等于大活塞向上升起缸体内扩大的体积，即

$$A_1s_1 = A_2s_2$$

上式两端同除以活塞移动时间 t 得

$$v_1A_1 = v_2A_2 \tag{1-3}$$

或

$$v_2=\frac{A_1}{A_2}v_1=\frac{q}{A_2}v_1 \tag{1-4}$$

式中，$q=v_1A_1=v_2A_2$ 表示单位时间内液体流过某截面的体积。由于活塞面积 A_1、A_2已定，所以大活塞的移动速度只取决于进入液压缸的流量 q。这样，进入液压缸的流量越多，大活塞的移动速度 v_2也就越高。液压传动的这一特征，可以简略地表述为“速度取决于流量”。

这里需要着重指出，以上两个特征是独立存在的，互不影响。不管液压千斤顶的负载如何变化，只要供给的流量一定，活塞推动负载上升的运动速度就一定；同样，不管液压缸的活塞移动速度怎样，只要负载一定，推动负载所需的液体压力就确定不变。

3. 功率关系

若不考虑各种能量损失，手动泵的输入功率等于液压缸的输出功率，即

$$Fv_1 = Gv_2$$

或

$$P = pA_1v_1 = pA_2v_2 = pq \tag{1-5}$$

可见，液压传动的功率 P 可以用液体压力 p 和流量 q_1 的乘积来表示，压力 p 和流量 q

是液压传动中最基本、最重要的两个参数。

上述千斤顶的工作过程，就是将手动机械能转换为液体压力能，又将液体压力能转换为机械能输出的过程。

综上所述，可归纳出液压传动的基本特征是：以液体为工作介质，依靠处于密封工作容积内的液体压力能来传递能量；压力的高低取决于负载；负载速度的传递是按容积变化相等的原则进行的，速度的大小取决于流量。

1.2　液压传动系统的组成

工程实际中的液压传动系统，在液压泵-液压缸的基础上还设置有控制液压缸运动方向、运动速度和最大推力的装置，下面以图 1-2 所示的典型液压系统为例，说明其组成。

液压泵 4 由电动机带动旋转，从油箱 1 经过滤器 2 吸油，液压泵排出的压力油先经节流阀 13 再经换向阀 15（设换向阀手柄 16 向右扳动，阀芯处于左端位置）进入液压缸 18 的

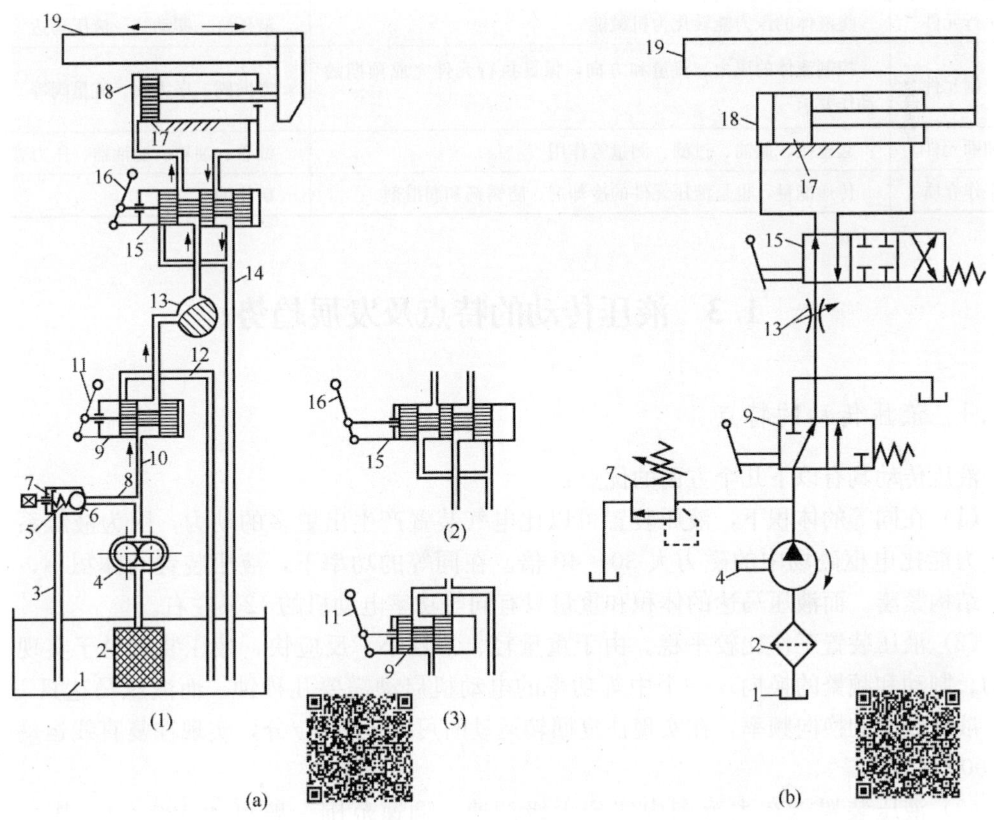

图 1-2　机床工作台液压系统的工作原理图

(a) 半结构式的机床工作台液压系统工作原理图；(b) 机床工作台液压系统图形符号图

1—油箱；2—滤油器；3，12，14—回油管；4—液压泵；5—弹簧；

6—钢球；7—溢流阀；8—压力支管；9—开停阀；10—压力管；11—开停手柄；

13—节流阀；15—换向阀；16—换向阀手柄；17—活塞；18—液压缸；19—工作台

左腔，推动活塞17和工作台19向右运动。液压缸右腔的油液经换向阀15和回油管14返回油箱。若换向阀的阀芯处于右端位置（换向阀手柄16向左扳动）时，活塞及工作台反向运动。改变节流阀13的开口大小，可以改变进入液压缸的流量实现工作台运动速度的调节，多余的流量经溢流阀7和回油管3排回油箱。液压缸的工作压力由活塞运动所克服的负载决定。液压泵的工作压力由溢流阀调定，其值略高于液压缸的工作压力。由于系统的最高工作压力不会超过溢流阀的调定值，所以溢流阀还对系统起过载保护的作用。

图1-2（a）所示的液压系统工作原理图是半结构式的，其直观性强，易于理解，但绘制起来比较繁杂。图1-2（b）所示是用液压图形符号绘制成的工作原理图，其简单明了，便于绘制。

由上例可见，液压传动系统的组成见表1-1。

表1-1　液压传动系统组成

组成部分	功　用	举　例
动力元件	将机械能转换为液体的压力能	液压泵
执行元件	将液体的压力能转化为机械能	液压缸、摆动缸、液压马达
控制元件	控制流体的压力、流量和方向，保证执行元件完成预期的动作要求	方向阀、压力阀、流量阀等
辅助元件	起连接、储油、过滤、测量等作用	油管、油箱、滤油器、压力表等
工作介质	传递能量，也是液压元件的冷却剂、防锈剂和润滑剂	矿物油

1.3　液压传动的特点及发展趋势

1.3.1　液压传动的特点

液压传动具有以下几个方面的优点：

（1）在同等的体积下，液压装置可以比电气装置产生出更多的动力，因为液压系统中的压力能比电枢磁场中的磁力大30～40倍。在同等的功率下，液压装置的体积小，重量轻，结构紧凑。而液压马达的体积和重量只有同等功率电动机的12%左右。

（2）液压装置工作比较平稳。由于重量轻、惯性小、反应快，液压装置易于实现快速启动、制动和频繁的换向。一个中等功率的电动机启动需要几秒钟，而液压马达只需0.1秒。液压装置的换向频率，在实现往复回转运动时可达500次/分，实现往复直线运动时可达1000次/分。

（3）液压装置能在大范围内实现无级调速，调速范围一般可达100∶1，甚至高达2000∶1，还可以在运行的过程中进行调速。

（4）液压传动容易实现自动化，这是因为它对液体压力、流量或流动方向易于进行调节或控制的缘故。当将液压控制和电气控制、电子控制或气动控制结合起来使用时，整个传动装置能实现很复杂的顺序动作，接受远程控制。

（5）液压装置易于实现过载保护。液压缸和液压马达都能长期在失速状态下工作而不

会过热，这是电气传动装置和机械传动装置无法办到的。

（6）由于液压元件已实现了标准化、系列化和通用化，液压系统的设计、制造和使用都比较方便。液压元件的排列布置也具有较大的机动性。

（7）用液压传动来实现直线运动比用机械传动简单。

（8）液压系统一般采用矿物油为工作介质，相对运动面可自行润滑，使用寿命长。

另外，液压传动具有以下几方面的缺点：

（1）液压传动不能保证严格的传动比，这是由液压油液的可压缩性和泄漏等原因造成的。

（2）液压传动在工作过程中常有较多的能量损失（摩擦损失、泄漏损失等），长距离传动时更是如此。

（3）液压传动对油温变化比较敏感，它的工作稳定性很易受到温度的影响，因此它不宜在很高或很低的温度条件下工作。

（4）为了减少泄漏，液压元件在制造精度上的要求较高，因此它的造价较贵，而且对油液的污染比较敏感。

（5）由于液体流动的泄漏较大，所以效率较低。如果处理不当，泄漏不仅污染场地，而且还可能引起火灾和爆炸事故。

（6）液压传动要求有单独的能源。

（7）液压传动出现故障时不易找出原因。

总的说来，液压传动的优点是突出的，它的一些缺点有的现已大为改善，有的将随着科学技术的发展而进一步得到克服。

1.3.2　液压传动的发展趋势

社会需求永远是推动技术发展的动力，降低能耗，提高效率，适应环保需求，机电一体化，高可靠性等是液压技术继续努力的永恒目标，也是液压气动产品参与市场竞争能否取胜的关键。

由于液压技术广泛应用了高技术成果，如自动控制技术、计算机技术、微电子技术、摩擦磨损技术、可靠性技术及新工艺和新材料，使传统技术有了新的发展，也使液压系统和元件的质量、水平有一定的提高。走向21世纪的液压技术不可能有惊人的技术突破，应当主要靠现有技术的改进和扩展，不断扩大其应用领域以满足未来的要求。其主要的发展趋势将集中在以下几个方面：

1. 减少能耗，充分利用能量

液压技术在将机械能转换成压力能及反转换方面，已取得很大进展，但一直存在能量损耗，主要反映在系统的容积损失和机械损失上。如果全部压力能都能得到充分利用，则将使能量转换过程的效率得到显著提高。为减少压力能的损失，必须解决下面几个问题：

（1）减少元件和系统的内部压力损失，以减少功率损失。主要表现在改进元件内部流道的压力损失，采用集成化回路和铸造流道，可减少管道损失，同时还可减少漏油损失。

（2）减少或消除系统的节流损失，尽量减少非安全需要的溢流量，避免采用节流系统来调节流量和压力。

(3) 采用静压技术，新型密封材料，减少摩擦损失。

(4) 发展小型化、轻量化、复合化及低功率电磁阀。

(5) 改善液压系统性能，采用负荷传感系统，二次调节系统和采用蓄能器回路。

(6) 为及时维护液压系统，防止污染对系统寿命和可靠性造成影响，必须发展新的污染检测方法，对污染进行在线测量，要及时调整，不允许滞后，以免由于处理不及时而造成损失。

2. 主动维护

液压系统维护已从过去简单的故障拆修，发展到故障预测，即发现故障苗头时，预先进行维修，清除故障隐患，避免设备恶性事故的发展。

要实现主动维护技术必须加强液压系统故障诊断方法的研究。当前，凭维修技术人员的感官和经验查找故障已不适于现代工业向大型化、连续化和现代化方向发展的要求，必须使液压系统故障诊断现代化，建立完整的、具有学习功能的专家知识库，并利用计算机根据输入的现象和知识库中的知识，推算出引发故障的原因，提出维修方案和预防措施。

另外，还应开发液压系统自补偿系统，包括自调整、自润滑、自校正，在故障发生之前，进行补偿，这是液压行业努力的方向。

3. 机电一体化

电子技术和液压传动技术相结合，使传统的液压传动与控制技术增加了活力，扩大了应用领域。实现机电一体化可以提高工作可靠性，实现液压系统柔性化、智能化，改变液压系统效率低，漏油、维修性差等缺点，充分发挥液压传动出力大、惯性小、响应快等优点，其主要发展动向如下：

(1) 电液伺服比例技术的应用将不断扩大。

(2) 发展与计算机直接接口的功耗为 5 mA 以下电磁阀，以及用于脉宽调制系统的高频电磁阀（小于 3 ms）等。

(3) 液压系统的流量、压力、温度、油的污染等数值将实现自动测量和诊断。

(4) 计算机仿真标准化，特别对高精度、“高级”系统更有此要求。

(5) 由电子直接控制元件将得到广泛采用，如电子直接控制液压泵。

习题

1-1 液压传动系统由哪些部分组成？各部分的功用分别是什么？

1-2 液压传动与其他形式的传动相比，具有哪些优点？哪些缺点？

1-3 液压传动系统有泵、阀、执行元件、油箱、管路等元件和辅件，还得有驱动泵的电机。而如电机驱动系统，似乎只需一个电机就行了。为什么说液压系统的体积小，重量轻呢？

1-4 液压系统中，要经过两次能量的转换，一次是电机的机械能转换成为泵输出的流动液体的压力能，另一次是输入执行元件的流动液体的压力能转换成为执行元件输出的机械能。经过能量转换是要损失能量的，那么为什么还要使用液压系统呢？

第2章

液压流体力学基础

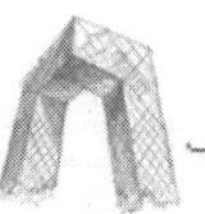

学习要点

(1) 流体静力学，了解油液黏性、可压缩性，掌握帕斯卡原理及其应用；

(2) 流体动力学，了解连续性方程、伯努利方程、动量方程的物理意义，并清楚其应用条件；

(3) 了解雷诺数的物理意义，掌握油液在孔口及缝隙中的流动特性，以及液压冲击和气穴的产生原因及其危害。

2.1 液压传动的工作介质

液压传动中的工作介质在传动与控制中起到传递能量和信号的作用，并且对液压装置的机构和零件起润滑、冷却以及防锈等作用。工作介质的选择及其质量对液压传动系统能否可靠有效地运行影响很大，因此清晰了解工作介质，合理选用工作介质是非常重要的。

2.1.1 工作介质的物理性质

1. 密度

单位体积液体所具有的质量称为该液体的密度，即

$$\rho = \frac{m}{V} \tag{2-1}$$

式中 ρ——液体的密度；

V——液体的体积；

m——液体的质量。

液体的密度随着压力或温度的变化而发生变化，但其变化量一般很小，在工程计算中可以忽略不计。一般矿物油的密度为 850～950 kg/m^3，液压传动常用液压油的密度值见表 2-1。

表 2-1 液压传动常用液压油的密度值

液压油种类	L-HM32 液压油	L-HM46 液压油	油包水乳化液	水包油乳化液	水-乙二醇	通用磷酸酯	飞机用磷酸酯
密度/(kg/m^3)	0.87×10^3	0.875×10^3	0.932×10^3	0.9977×10^3	1.06×10^3	1.15×10^3	1.05×10^3

2. 可压缩性

液体在压力作用下体积缩小的性质称为可压缩性。假设液体压力为 p_0 时体积为 V_0，当压力增加 Δp 时，体积减小 ΔV，则液体在单位压力变化下的体积相对变化量为

$$k=-\frac{1}{\Delta p}\frac{\Delta V}{V_0} \tag{2-2}$$

式中 k——液体压缩率。由于压力增加时液体的体积减小，因此式（2-2）的右边须加一负号，以使 k 为正值。液体压缩率 k 的倒数 K，称为液体的体积模量，即

$$K=\frac{1}{k} \tag{2-3}$$

表 2-2 列出了各种工作介质的体积模量。由表中数值可见，石油基液压油的可压缩性是钢的 100～170 倍（钢的体积模量为 2.1×10^5 MPa）。

表 2-2 各种工作介质的体积模量（20 ℃，大气压）

工作介质	体积量 K/MPa	工作介质	体积模量 K/MPa
石油基液压油	$(1.4\sim2)\times10^3$	水-乙二醇液	3.45×10^3
水包油乳化液	1.95×10^3	磷酸酯无水合成液	2.65×10^3
油包水乳化液	2.3×10^3	—	—

液压油的体积弹性模量与温度、压力有关。当温度增高时，K 值减小，在液压油正常的工作范围内，K 值会有 5%～25%的变化；压力增大时，K 值增大，但这种变化不成线性关系，当 $p=3$ MPa 时，K 值基本上不再增大。由于空气的可压缩性很大，所以当工作介质中有游离气泡时，K 值将大大减小。因此，一般建议对石油基液压油 K 值取为 $(0.7\sim1.4)\times10^3$ MPa，且应采取措施尽量减少液压系统工作介质中游离空气的含量。一般情况下，工作介质的可压缩性对液压系统的性能影响不大，但在高压下或研究系统的动态性能时，则必须予以考虑。

3. 黏性

1）黏性的定义

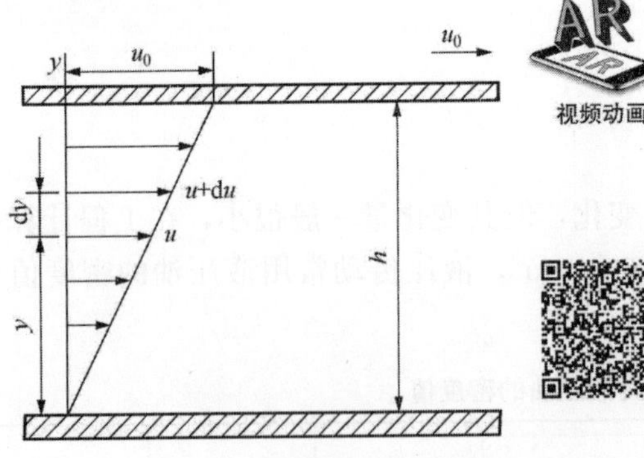

图 2-1 液体的黏性示意图

液体在外力作用下流动（或有流动趋势）时，分子间的内聚力要阻止分子的相对运动而产生一种内摩擦力，这种液体抵抗剪切流动的内在属性称为液体的黏性。

以图 2-1 所示的平行平板间的流动情况为例，若距离为 h 的两平行平板间充满液体，设上平板以速度 u_0 向右运动，下平板固定不动。当液体流动时，由于液体与固体壁面的附着力及流体本身的黏性使流体内各处的速度大小不等，紧贴于上平板上的流体粘附于上平板上，其速度与上平板相同为 u_0；紧贴于下平板上的流体的速度为零。中间流体的速度按线性分布。我们把这种流动看成是许多无限薄的流体层在运动，当

运动较快的流体层在运动较慢的流体层上滑过时，两层间由于黏性就产生了内摩擦力的作用。

根据实验测定得出，流体层间的内摩擦力 F 与流体层的接触面积 A 及流体层的相对流速 $\mathrm{d}u$ 成正比，而与此流体层间的距离 $\mathrm{d}y$ 成反比，它们之间的关系可用牛顿内摩擦定律表示：

$$F = \mu A \frac{\mathrm{d}u}{\mathrm{d}y} \tag{2-4}$$

式中　μ——比例系数，黏度系数或动力黏度，与液体的种类和温度有关；

$\frac{\mathrm{d}u}{\mathrm{d}y}$——速度梯度，即液体层间相对速度对液层距离的变化率；

若以 τ 表示液层间的切应力，即单位面积上的内摩擦力，则式（2-4）可表示为

$$\tau = \frac{F}{A} = \mu \frac{\mathrm{d}u}{\mathrm{d}y} \tag{2-5}$$

这就是牛顿液体内摩擦定律。由式（2-5）可知，在静止液体中，当速度梯度 $\frac{\mathrm{d}u}{\mathrm{d}y}=0$ 时，内摩擦力为零，即静止液体不呈现黏性。

2）黏性的度量

（1）动力黏度 μ。由式（2-5）可知，动力黏度 μ 是表征液体黏性大小的物理量。它的物理意义是：当速度梯度等于 1 时，液体层间单位面积上的内摩擦力，即

$$\mu = \tau / \frac{\mathrm{d}u}{\mathrm{d}y} \tag{2-6}$$

速度梯度变化时，μ 为不变常数的流体称为牛顿流体，μ 为变数的流体称为非牛顿流体。除高黏性或含有大量特种添加剂的液体外，一般的液压用流体均可看成是牛顿流体。动力黏度的国际计量单位为牛顿·秒/米^2（N · s/m^2），或为帕·秒（Pa · s）。

（2）运动黏度 ν。液体动力黏度与其密度的比值称为该液体的运动黏度。

$$\nu = \frac{\mu}{\rho} \tag{2-7}$$

运动黏度 ν 的单位为 m^2/s，其单位中只有长度和时间的量纲，故称为运动黏度。工程中还使用厘斯（cSt）作为其单位，1 m^2/s = 10^6 mm^2/s = 10^{6}cSt。

ISO 采用运动黏度来表示油的黏度。国家标准 GB/T 3141—1994 中规定，液压油的牌号是该液压油在 40 ℃时运动黏度的中间值。例如，32 号液压油是指这种油在 40 ℃时运动黏度的中间值为 32 mm^2/s，其运动黏度范围为 28.8～35.2 mm^2/s。

（3）相对黏度。相对黏度又称条件黏度。它是采用特定的黏度计在规定的条件下测出来的液体黏度。测量条件不同，采用的相对黏度单位也不同。有赛氏黏度 S（美国、英国通用），有雷氏黏度 R（美国、英国商用），有恩氏黏度°E（中国、俄罗斯、德国）。

3）影响黏度的因素

（1）温度。温度的变化使液体的内聚力发生变化，因此液体的黏度对温度的变化十分敏感。温度升高时，液体分子间的内聚力减小，其黏度下降（图 2-2），这一特性称为黏温特性。黏温特性采用黏度指数 VI 来衡量。

黏度指数 VI 表示该液体黏度变化的程度与标准液体黏度变化的程度之比。黏度指数高说明黏度随温度的变化小，黏温特性好。一般要求工作介质的黏度指数应在 90 以上。当液

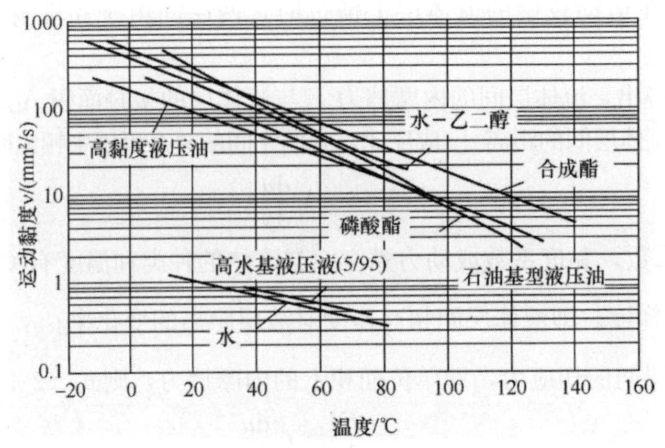

图 2-2　黏度和温度之间的关系

压系统的工作温度范围较大时，应选用黏度指数较高的工作介质。几种典型工作介质的黏度指数 *VI* 见表 2-3。

表 2-3　典型工作介质的黏度指数 *VI*

介质种类	石油基液压油 L-HM	石油基液压油 L-HR	石油基液压油 L-HG	高含水液压油 L-HFA	油包水乳化液 L-HFB	水-乙二醇 L-HFC	磷酸酯 L-HFDR
黏度指数 *VI*	≥95	≥160	≥90	~130	130~170	140~170	130~170

（2）压力。液体所受的压力增大时，其分子间的距离将减小，其内聚力增加，黏度也随之增大，这种现象称为黏压特性。但这种影响在中低压时并不明显，可以忽略不计。当压力大于 50 MPa 时，压力对黏度的影响才趋于显著。因此，在一般液压系统使用的压力范围内，压力对黏度的影响可以不予考虑。

2.1.2　工作介质的类型及选用

1. 液压系统对工作介质的基本要求

液压油是液压传动系统中十分重要的组成部分，它在液压系统中要完成传递能量和信号、润滑元件和轴承，减少摩擦和磨损，散热等一系列重要功能。液压油的质量及各种性能直接影响液压系统能否可靠、有效、安全地运行。液压传动工作介质应具备如下性能。

（1）适宜的黏度和较好的黏温特性。

（2）润滑性能好，在液压传动机械设备中，除液压元件外，其他一些有相对滑动的零件也要用液压油来润滑，因此，液压油应具有良好的润滑性能。

（3）良好的化学稳定性即对热、氧化、水解、相容都具有良好的稳定性。

（4）对金属材料具有防锈性和防腐性。

（5）比热容、热传导率大，热膨胀系数小。

（6）抗泡沫性好，抗乳化性好。

（7）油液纯净，含杂质量少。

（8）流动点和凝固点低，闪点（可燃性液体挥发出的蒸汽在与空气混合形成可燃性混

合物并达到一定浓度之后，遇一定的温度下时能够闪烁起火的最低温度）和燃点高（可燃性混合物能够持续燃烧的最低温度，高于闪点）。

此外，对油液的无毒性、价格等，也应根据不同的情况有所要求。

2. 工作介质的类型

工作介质的类型见表 2-4，主要有石油基液压油和难燃液压液。现在有 90%以上的液压设备采用石油基液压油，为了改善液压油液的性能往往要加入各种添加剂，添加剂主要分为两类：一类是改善油液化学性能的，如抗氧化剂、防腐剂、防锈剂；另一类是改善油液物理性能的，如增黏剂、抗磨剂、防爬剂。

表 2-4　工作介质的类型

<table>
<tr><td rowspan="16">工作介质</td><td colspan="2">类别</td><td colspan="3">组成与特征</td><td colspan="2">代号</td></tr>
<tr><td colspan="2" rowspan="7">石油基液压油</td><td colspan="3">无添加剂的石油基液压油</td><td colspan="2">L-HH</td></tr>
<tr><td colspan="3">HH ＋抗氧化剂、防锈剂</td><td colspan="2">L-HL</td></tr>
<tr><td colspan="3">HL＋抗磨剂</td><td colspan="2">L-HM</td></tr>
<tr><td colspan="3">HL＋增黏剂</td><td colspan="2">L-HR</td></tr>
<tr><td colspan="3">HM＋增黏剂</td><td colspan="2">L-HV</td></tr>
<tr><td colspan="3">HM＋防爬剂</td><td colspan="2">L-HG</td></tr>
<tr><td colspan="3">无特定难燃性的合成液</td><td colspan="2">L-HS</td></tr>
<tr><td rowspan="8">难燃液压液</td><td rowspan="4">含水液压液</td><td rowspan="2">高含水液压液</td><td>水包油乳化液</td><td rowspan="2">含水大于 80%（体积分数）</td><td rowspan="2">L-HFA</td><td>L-HFAE</td></tr>
<tr><td>水的化学溶液</td><td>L-HFAS</td></tr>
<tr><td>油包水乳化液</td><td colspan="2" rowspan="2">含水大于 80%（体积分数）</td><td colspan="2">L-HFB</td></tr>
<tr><td>含聚合物水溶液/水-乙二醇液</td><td colspan="2">L-HFC</td></tr>
<tr><td rowspan="4">合成液压液</td><td colspan="3">磷酸酯无水合成液</td><td rowspan="4">L-HFD</td><td>L-HFDR</td></tr>
<tr><td colspan="3">氧化烃无水合成液</td><td>L-HFDS</td></tr>
<tr><td colspan="3">HFDR 和 HFDS 液混合的无水合成液</td><td>L-HFDT</td></tr>
<tr><td colspan="3">其他成分的无水合成液</td><td>L-HFDU</td></tr>
</table>

3. 工作介质的选用

选用液压传动介质的种类，要考虑设备的性能、使用环境等综合因素，如一般机械可采用普通液压油；设备在高温环境下，就应选用抗燃性能好的介质；在高压、高速的工程机械上，可选用抗磨液压油；当要求低温时流动性好，则可用加了降凝剂的低凝液压油。液压油黏度的选用应充分考虑环境温度、工作压力、运动速度等要求，如温度高时选用高黏度油，温度低时选用低黏度油；压力越高，选用的黏度越高；执行元件的速度越高，选用油液的黏度越低。

在液压传动装置中，液压泵的工作条件最为恶劣，较简单实用的方法是按液压泵的要求确定液压油，见表 2-5。

表 2-5　液压泵用油黏度范围及推荐用油表

<table>
<tr><th colspan="2" rowspan="2">名称</th><th colspan="2">运动黏度/(mm²/s)</th><th rowspan="2">推荐用油</th></tr>
<tr><th>系统工作温度/5～40℃</th><th>系统工作温度/40～80℃</th></tr>
<tr><td rowspan="2">叶片泵</td><td><7 MPa</td><td>30～50</td><td>40～75</td><td>L-HM 液压油 32，46，68</td></tr>
<tr><td>>7 MPa</td><td>50～70</td><td>55～90</td><td>L-HM 液压油 46，68，100</td></tr>
<tr><td colspan="2">齿轮泵</td><td>30～70</td><td>95～165</td><td>L-HL 液压油（中、高压用 HM 油）32，46，68，100，150</td></tr>
<tr><td rowspan="2">柱塞泵</td><td>径向</td><td>40～75</td><td>70～150</td><td>L-HM 液压油（高压用 HM 油）32，46，68，100，150</td></tr>
<tr><td>轴向</td><td>30～80</td><td>65～240</td><td>L-HM 液压油（高压用 HM 油）32，46，68，100，150</td></tr>
</table>

注：液压油牌号 L-HM32 的含义是：L 表示润滑剂，H 表示液压油，M 表示抗磨型，黏度等级为 VG32。

4. 液压油的污染与防护

工作介质的污染是液压系统发生故障的主要原因。液压油是否清洁，不仅影响液压系统的工作性能和液压元件的使用寿命，而且直接关系到液压系统能否正常工作。因此，控制液压油的污染是十分重要的。

1）污染原因

液压油被污染的原因主要有以下几方面：①残留在液压系统的管道及液压元件内的型砂、切屑、磨料、焊渣、锈片、灰尘等污垢，在液压系统工作时进入到液压油里；②外界的灰尘、砂粒等，在液压系统工作过程中通过与外界连接的地方，如往复伸缩的活塞杆等进入液压油里，另外在检修时，也会使灰尘、棉绒等进入液压油里；③液压系统本身产生的污垢直接进入液压油里，如金属和密封材料的磨损颗粒，过滤材料脱落的颗粒或纤维以及油液因油温升高氧化变质而生成的胶状物等。

2）油液污染的危害

油液的污染，是指油液中含有固体颗粒、水、微生物等杂物，这些杂物的存在会导致以下问题。

（1）固体颗粒和胶状生成物堵塞滤油器，使液压泵吸油不畅、运转困难、产生噪声；堵塞阀类元件的小孔或缝隙，使阀类元件动作失灵。

（2）微小固体颗粒会加速有相对滑动零件表面的磨损，使液压元件不能正常工作；同时还会划伤密封件，致使泄漏流量增加。

（3）水分和空气的混入会降低液压油液的润滑性，并加速其氧化变质，产生气蚀，使液压元件加速损坏；使液压传动系统出现振动、爬行等现象。

3）防止污染的措施

造成液压油污染的原因多而复杂，液压油自身又在不断地产生污染物，因此要彻底解决液压油的污染问题是很困难的。为了延长液压元件的寿命，保证液压系统可靠地工作，将液

压油的污染度控制在某一限度以内是较为切实可行的办法。对液压油的污染控制工作主要是从两个方面着手：一是防止污染物侵入液压系统；二是把已经侵入的污染物从系统中清除出去。污染控制要贯穿于整个液压系统的设计、制造、安装、使用、维护和修理等各个阶段。

为防止油液污染，在实际工作中应采取如下措施。

(1) 使液压油在使用前保持清洁。液压油在运输和保管过程中都会受到外界污染，新购买的液压油必须将其静放数天后经过滤加入液压系统中使用。

(2) 使液压系统在装配后、运转前保持清洁。液压元件在加工和装配过程中必须清洗干净，液压系统在装配后、运转前应彻底进行清洗，最好用系统工作中使用的油液清洗，清洗时油箱除通气孔（加防尘罩）外必须全部密封，密封件不可有飞边、毛刺。

(3) 使液压油在工作中保持清洁。液压油在工作过程中会受到环境污染，因此应尽量防止工作中空气和水分的侵入，为完全消除水、气和污染物的侵入，采用密封油箱，通气孔上加空气滤清器，防止尘土、磨料和冷却液侵入，经常检查并定期更换密封件和蓄能器中的胶囊。

(4) 采用合适的滤油器。这是控制液压油污染的重要手段。应根据设备的要求，在液压系统中选用不同的过滤方式，不同精度和不同结构的滤油器，并要定期检查和清洗滤油器和油箱。

(5) 定期更换液压油。更换新油前，油箱必须先清洗一次，系统较脏时，可用煤油清洗，排尽后注入新油。

(6) 控制液压油的工作温度。液压油的工作温度过高对液压装置不利，液压油本身也会加速变质，产生各种生成物，缩短它的使用期限，一般液压系统的工作温度最好控制在65℃以下，机床液压系统则应控制在55℃以下。

2.2 液体静力学基础

液体静力学是研究液体处于静止状态下的力学规律，即液体处于相对平衡状态下的力学规律及其实际应用。所谓相对平衡是指液体内部各质点间没有相对运动，至于液体本身完全可以和容器一起如同刚体一样做各种运动。因此，液体在相对平衡状态下不呈现黏性，不存在切应力，只有法向的压应力，即静压力。

2.2.1 静压力及其特性

1. 液体静压力

作用于液体上的力，有两种类型：一种是质量力，一种是表面力。前者作用于液体的所有质点上，如重力和惯性力等；后者作用于液体的表面上，如法向力和切向力等。表面力可以是其他物体（如容器等）作用在液体上的力，也可以是一部分液体作用于另一部分液体上的力。液体在相对平衡状态下不呈现黏性，因此，静止液体内不存在切向剪应力，而只有法向的压应力，即静压力，用 p 表示。静压力在液压传动中简称压力，在物理学中称为压强。

如果静止液体中某一微小面积 ΔA 上作用有法向力 ΔF，则该点的压力定义为

$$p = \lim_{\Delta A \to 0} \frac{\Delta F}{\Delta A} \tag{2-8}$$

若法向作用力 F 均匀地作用在面积 A 上，则力可表示为

$$p=\frac{F}{A} \tag{2-9}$$

液体静压力有两个基本特性：①液体静压力沿法线方向，垂直于承压面；②静止液体内，任一点的压力，在各个方向上都相等。由上述性质可知：静止液体总是处于受压状态，并且其内部的任何质点都是受平衡压力作用。

2. 液体静压力的特性

（1）液体的静压力沿着内法线方向作用于承压面，如果压力不垂直于承受压力的平面，由于液体质点间内聚力很小，则液体将沿着这个力的切向分力方向做相对运动，这就破坏了液体的静止条件，所以静止液体只能承受法向压力，不能承受剪切力和拉力。

（2）静止液体内任意点处的静压力在各个方向上都相等。如果在液体中某质点受到的各个方向的压力不等，那么该质点就会产生运动，这也就破坏了液体静止的条件。

2.2.2 液体静压力基本方程

1. 静压力基本方程

在重力作用下静止液体内部受力情况可用图 2-3（a）来说明，作用在液面上的压力 p_0，现要求得到液面下深 h 处 A 点的压力。可以从液体内取出一个包含 A 点的垂直小液柱［图 2-3（b）］，其上顶面与液面重合，设小液柱底面积为 ΔA，高为 h。这个小液柱在重力及周围液体压力作用下，处于平衡状态。垂直方向的力平衡方程为

$$p\Delta A=p_0\Delta A+\rho gh\Delta A$$

因此得

$$p=p_0+\rho gh \tag{2-10}$$

式（2-10）即为液体静压力基本方程。它表明液体静压力分布有如下特征：

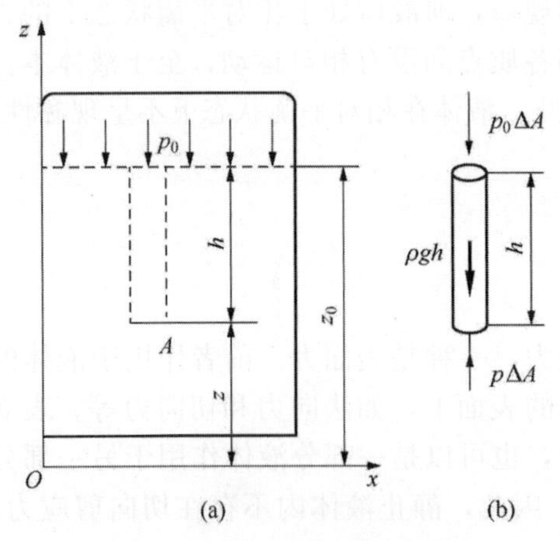

图 2-3　重力作用下的静止液体

（1）静止液体内任一点的压力由两部分组成：一部分是液面上的压力 p_0；另一部分是该点以上液体重力所形成的压力 ρgh。

（2）静止液体内的压力随液体深度呈线性规律递增，式（2-10）是线性方程。

（3）同一液体中，离液面深度相等的各点压力相等。由压力相等的点组成的面称为等压面。在重力场中，静止液体中的等压面是一个水平面。

2. 静压力基本方程的物理意义

将图 2-3 所示盛有液体的密闭容器放在基准水平面上，如图 2-4 所示，则静压力基本方程可改写成

$$p=p_0+\rho gh=p_0+\rho g(z_0-z) \tag{2-11}$$

式中　z_0——液面与基准水平面之间的距离；

z——深度为 h 的点与基准面之间的距离。

将式（2-11）整理后可得

$$\frac{p}{\rho g}+z=\frac{p_0}{\rho g}+z_0=\text{常数} \tag{2-12}$$

式（2-12）是静压力方程的另一种表达形式。

式中，$\frac{p}{\rho g}=\frac{pV}{\rho Vg}=\frac{pV}{mg}$表示单位质量液体具有的压力能，称为比压力能。

$z=\frac{mgz}{mg}$表示单位质量液体具有的位能，称为比位能。

因为比压力能和比位能具有长度的量纲，也常称为压力水头、位置水头。

静压力基本方程的物理意义有以下几点：

（1）静止液体中任一点处的压力由两部分组成：一部分是液面上的外加力 p_0，另一部分是该点以上液体自重形成的压力，即 ρg 与该点离液面深度 h 的乘积。当液面上只受大气压力 p_a 作用时，即 $p_0=p_a$，液体内任一点的压力为

$$p=p_a+\rho gh$$

（2）静止液体内任一点的压力随该点距离液面的深度呈直线规律递增。

（3）离液面深度相同的各点组成的面称为等压面，等压面为水平面。

（4）静止液体内任何一点具有压力能和位能两种能量形式，且其总和保持不变，即能量守恒，两种能量形式之间可以相互转换。

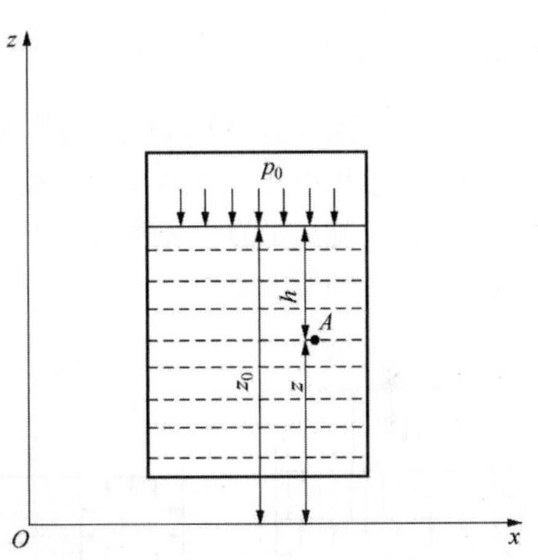

图 2-4　静压力基本方程的物理意义

（5）在常用的液压装置中，一般外加压力 p_0 远大于液体自重形成的压力 ρgh，因此分析计算时可忽略 ρgh 不计，即认为液压装置静止液体内部的压力是近似相等的。在以后的有关章节分析计算压力时，都采用这一结论。

3. 压力的表示方法及单位

液体压力的表示方法有两种：一种是以绝对真空作为基准表示的压力，称为绝对压力。一种是以大气压力作为基准表示的压力，称为相对压力。由于大多数测压仪表所测得的压力都是相对压力，所以相对压力也称为表压力。

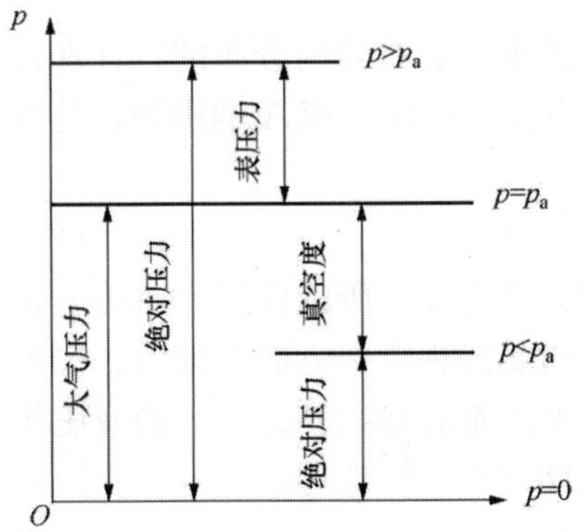

图 2-5　绝对压力相对压力、和真空度的关系

绝对压力和相对压力的关系如下：

相对压力＝绝对压力－大气压力

当绝对压力小于大气压力时，比大气压力小的那部分数值称为真空度，即

真空度＝大气压力－绝对压力

绝对压力、相对压力和真空度的关系如图 2-5 所示。

压力的国标单位为 N/m^2（牛/米^2），即 Pa（帕）；

工程上常用 MPa（兆帕）、bar（巴）和 kgf/cm^2 来表示，它们的换算关系为：1 MPa＝10 bar＝10^6 Pa＝10.2 kgf/cm^2。

其他常用压力单位换算表见表 2-6。

表 2-6 常用压力单位换算表

帕（Pa）	巴（bar）	千克力/厘米^2 （kgf/cm^2）	工程大气压 （at）	标准大气压 （atm）	毫米水柱 （mmH_2O）	毫米汞柱 （mmHg）
1×10^5	1	1.019 72	1.019 72	$9.869\ 23\times10^{-1}$	$1.019\ 72\times10^4$	$7.500\ 63\times10^2$

2.2.3 静压力传递原理

盛放在密闭容器内的液体，当外加压力 p_0 发生变化时，只要液体仍保持其原来的静止状态不变，液体中任一点的压力，按式（2-12）均将发生同样大小的变化。这就是说，在密闭容器内，施加于静止液体上的压力将等值地同时传递到液体各点。这就是静压力传递原理，或称为帕斯卡原理。

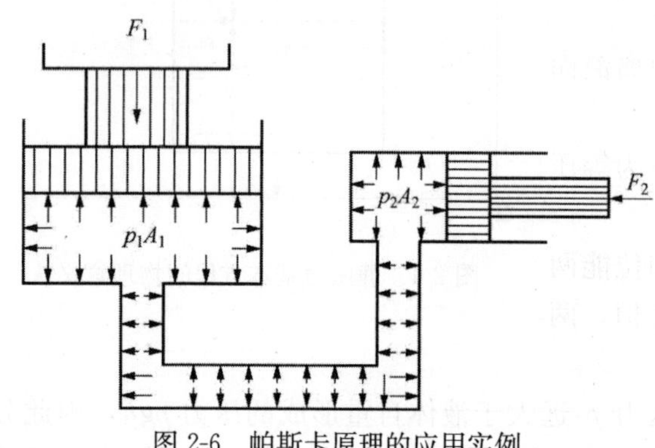

图 2-6 帕斯卡原理的应用实例

图 2-6 所示为帕斯卡原理的应用实例。图中垂直液压缸、水平液压缸的截面积分别为 A_1、A_2；活塞上作用的负载分别为 F_1、F_2。由于两缸互相连通，构成一个密闭连通容器，忽略各点的位置高度差，按帕斯卡原理，缸内各点压力相等，$p_1=p_2$，于是

$$F_2 = \frac{A_1}{A_2}F_1 \tag{2-13}$$

如果垂直液压缸的活塞上没有负载，则在略去活塞质量及其他阻力时，不论怎样推动水平液压缸的活塞，都不能在液体中形成压力，这说明液压系统中的压力是由外负载决定的，这是液压传动中的一个基本概念。

2.2.4 液压静压力对固体壁面的作用力

当固体壁面为一平面时，液体中各点的静压力（不计重力）是均匀分布的，且垂直作用于受压表面。液体对该平面的总作用力 F 为液体的压力 p 与受压面积 A 的乘积，其方向与该平面相垂直。

$$F = pA \tag{2-14}$$

当固体壁面为曲面时，由于压力总是垂直于承受压力的表面，所以作用在曲面上各点的力不平行但相等。要计算曲面上的总作用力，必须明确要计算哪个方向上的力。作用在曲面上各点处的压力方向是不平行的，因此，静压力作用在曲面某一方向 x 上的液压作用力 F_x 等于压力 p 与曲面在该方向投影面积 A_x 的乘积，即

$$F_x = pA_x \tag{2-15}$$

以液压缸缸筒为例，设液压缸两端面封闭，缸筒内充满着压力为 p 的油液，缸筒半径

为 r，长度为 l，如图 2-7 所示。这时缸筒内壁面上各点的静压力大小相等，都为 p，但并不平行。因此，为求得油液作用于缸筒右半壁内表面在 x 方向上的液压作用力 F_x，需在壁面上取一微小面积：

$$dA = l ds = lr d\theta$$

则油液作用在 dA 上的力 dF 的水平分量 dF_x 为

$$dF_x = dF\cos\theta = p dA\cos\theta = plr\cos\theta d\theta$$

积分后得

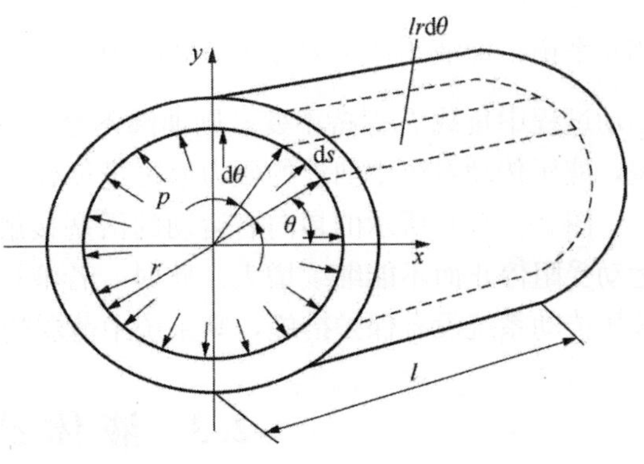

图 2-7 作用在固体曲面上的力

$$F_x = \int_{-\frac{\pi}{2}}^{\frac{\pi}{2}} dF_x = \int_{-\frac{\pi}{2}}^{\frac{\pi}{2}} plr\cos\theta = 2lrp = pA_x \tag{2-16}$$

式中 A_x——缸筒右半部内壁面积在 x 方向上的投影面积，$A_x = 2rl$。

2.2.5 液压传动系统中压力的形成

密闭容器内静止油液受到外力挤压而产生压力（静压力），对于采用液压泵连续供油的液压传动系统，流动油液在某处的压力也是因为受到其后各种形式负载（如工作阻力、摩擦力、弹簧力等）的挤压而产生的。除静压力外，油液流动还有动压力，但在一般液压传动中，油液的动压力很小，可忽略不计。因此，液压传动系统中流动油液的压力，主要考虑静压力。下面就如图 2-8 所示的液压传动系统中压力的形成进行分析。

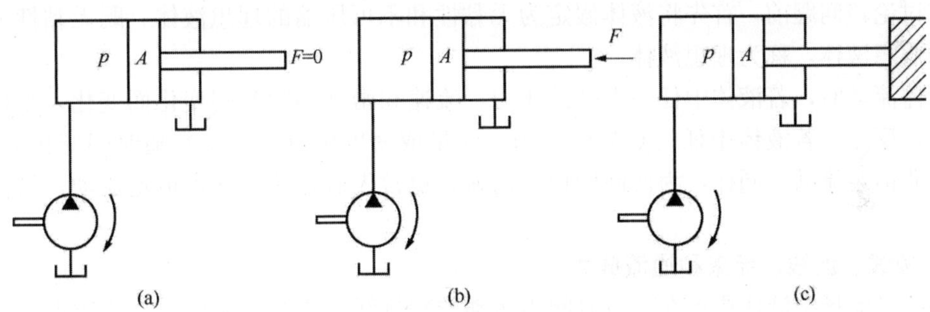

图 2-8 液压系统压力的形成

在图 2-8（a）中，假定负载阻力为零（不考虑油液的自重、活塞的质量、摩擦力等因素），由液压泵输入液压缸左腔的油液不受任何阻挡就能推动活塞向右运动，此时，油液的压力为零（$p=0$）。活塞的运动是由于液压缸左腔内油液的体积增大而引起的。

在图 2-8（b）中，输入液压缸左腔的油液由于受到外界负载 F 的阻挡，不能立即推动活塞向右运动，而液压泵总是连续不断地供油，使液压缸左腔中的油液受到挤压，油液的压力从零开始由小到大迅速增大，作用在活塞有效作用面积 A 上的液压作用力（pA）也迅速增大。当液压作用力足以克服外界负载 F 时，液压泵输出的油液迫使液压缸左腔的密封容积增大，从而推动活塞向右运动。在一般情况下，活塞做匀速运动，作用在活塞上的力相互平衡，即液压作用力等于负载阻力（$pA=F$）。因此，可知油液压力 $p=\frac{F}{A}$。若活塞在运动过程中负载 F 保持不变，则油液不会再受更大的挤压，压力就不会继续上升。也就是说，液压传动系统中油液的压力取决于负载的大小，并随负载大小的变化而变化。

图 2-8（c）所示的是向右运动的活塞接触固定挡铁后，液压缸左腔的密封容积因活塞运动受阻停止而不能继续增大。此时，若液压泵仍继续供油，油液压力会急剧升高，如果液压传动系统没有保护措施，则系统中薄弱的环节将损坏。

2.3 液体动力学基础

在液压传动中，液压油担负着传递运动、能量及信息的作用，液压油总是不断地流动着的。液体动力学就是研究液体在外力作用下的运动规律，即研究作用于液体上的力与液体运动间的关系。流体的连续方程（质量守恒定律）、伯努利方程（能量守恒定律）和动量方程（动量定律）是流体动力学的三个基本方程，也是液压系统中分析问题和设计计算的理论依据。

2.3.1 基本概念

1. 理想液体与定常流动

由于液体具有黏性和可压缩性，因而液体在外力作用下流动时有内摩擦力；液体压力变化时，其体积也会发生变化，这就增加了讨论流动液体运动规律问题的难度，为简化起见，在讨论该问题前，首先将液体假定为无黏性和不可压缩的理想液体。既无黏性又无压缩性的假想液体，称为理想液体。

液体流动时，若液体中任一点处的压力、流速和密度不随时间变化而变化，则称为恒定流动；反之，若液体中任一点处的压力、流量或密度中有一个参数随时间变化而变化，则称为非恒定流动。同样，为使问题讨论简便，也常先假定液体在做恒定流动，简称定常流动。

2. 迹线、流线、流束和通流截面

迹线是流场中液体质点在一段时间内运动的轨迹线。流线是流场中液体质点在某一瞬间运动状态的一条空间曲线，如图 2-9（a）所示。在该线上各点的液体质点的速度方向与曲线在该点的切线方向重合。在非定常流动时，因为各质点的速度可能随时间改变，所以流线形状也随时间改变。在定常流动时，因流线形状不随时间而改变，所以流线与迹线重合。由于液体中每一点只能有一个速度，所以流线之间不能相交也不能折转。

某瞬时在流场中画一封闭曲线，经过曲线的每一点作流线，由这些流线组成的表面称流管，如图 2-9（b）所示。充满在流管内的流线的总体，称为流束，如图 2-9（c）所示。流管内外流线均不能穿越流管。流线彼此平行的流动称为平行流动；流线间的夹角很小，或流线的曲率半径很大的流动称为缓变流动，相反情况便是急变流动。垂直于流束的截面称为通流截面。

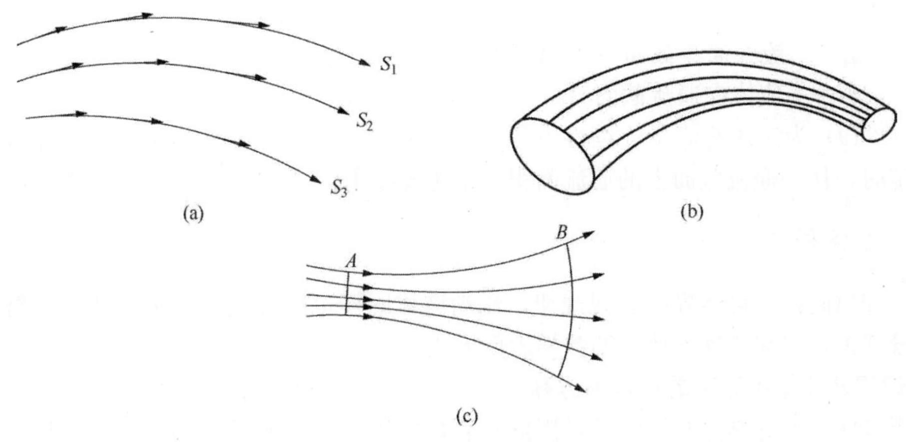

图 2-9　流线、流管和流束

(a) 流线；(b) 流管；(c) 流束

3. 流量和平均流速

单位时间内流过某通流截面的液体体积称为流量。一般用符号 q 表示。常用单位为 L/min和 m^3/s。设液流中某一微小流束通流截面 dA 上的流速为 u，则通过 dA 的微小流量为 $dq=udA$，积分后，可得流经通流截面 A 的流量 q 为

$$q=\int_A u\mathrm{d}A \tag{2-17}$$

在实际液体流动中，由于黏性摩擦力的作用，通流截面上流速 u 的分布规律难以确定，因此引入平均流速的概念。即认为通流截面上各点的流速均为平均流速 v 代替真实流速 u，使得以平均流速流经通流截面的流量与实际通过的流量相等。因此，平均流速为流量与通流截面之比，即

$$v=\frac{q}{A} \tag{2-18}$$

2.3.2　连续方程

质量守恒是自然界的客观规律，不可压缩液体的流动过程也遵守能量守恒定律。流量连续性方程是质量守恒定律在流体力学中的一种表达方式。理想液体在管道中恒定流动时，由于不可压缩，在压力作用下，液体中间也不可能有空隙，所以液体流经管道每一个截面的流量应相等，这就是流量连续性方程，即连续方程。

设不可压缩液体在非等断面管中做定常流动，如图 2-10 所示，通流截面 1 和 2 的面积分别为 A_1 和 A_2，平均流速分别为 v_1 和 v_2。对于理想不可压缩液体，根据质量守恒定律，单位时间内液体流过通流截面 1 的质量一定等于流过通流截面 2 的质量。即

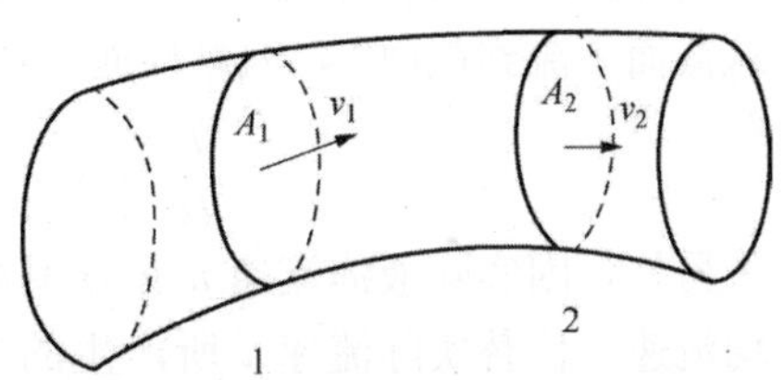

图 2-10　连续方程推导图

$$\rho A_1 v_1=\rho A_2 v_2$$

如忽略液体的可压缩性，即 $\rho_1=\rho_2$，则

$$v_1A_1 = v_2A_2 \quad 或 \quad q = vA = 常量 \tag{2-19}$$

式中　q_1，q_2——流经通流截面 A_1、A_2 的流量；

v_1，v_2——流体在通流截面 A_1、A_2 上的平均流速。

式（2-19）为液体的流量连续性方程。它表明在所有过流断面上流量都是相等的，当流量一定时，任一通流截面上的通流面积与流速成反比。

2.3.3　伯努利方程

能量守恒同样是自然界的客观规律，流动液体同样也遵守能量守恒定律，伯努利方程就是能量守恒定律在流动液体中的数学表现形式。

1. 理想液体微小流束的伯努利方程

理想液体不考虑黏性及压缩性，因此在管内做稳定流动时没有能量损失。根据能量守恒定律，同一管道中每一截面的总能量都是相等的。如前所述，对于静止液体，单位质量液体的总能量为单位质量液体的压力能$\dfrac{p}{\rho g}$和势能 z 之和；而对于流动液体，除了以上两项外，还有单位质量液体的动能$\dfrac{v^2}{2g}$。

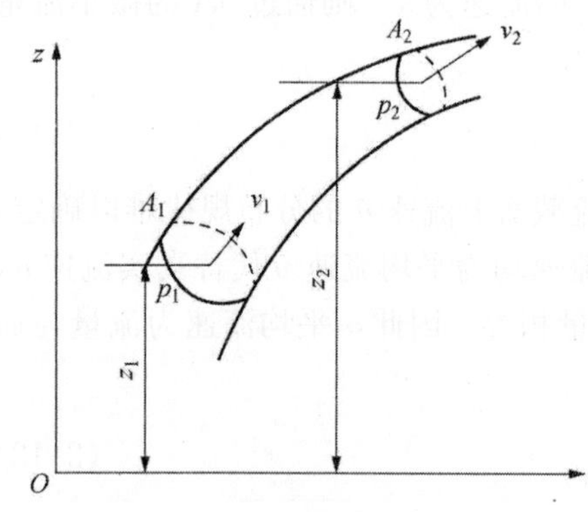

图 2-11　连续方程推导图

如图 2-11 所示，任取两个截面 A_1 和 A_2，它们距基准水平的距离分别为 z_1 和 z_2，截面平均流速分别为 v_1 和 v_2，压力分别为 p_1 和 p_2。根据能量守恒定律有

$$z_1 + \frac{p_1}{\rho g} + \frac{v_1^2}{2g} = z_2 + \frac{p_2}{\rho g} + \frac{v_2^2}{2g} \tag{2-20}$$

由于截面为任意截面，因此式（2-20）可改写为

$$z + \frac{p}{\rho g} + \frac{v^2}{2g} = 常数 \tag{2-21}$$

伯努利方程的物理意义为：在密封管道内做定常流动的理想液体在任意一个通流断面上具有三种形式的能量，即压力能、势能和动能。三种能量的总和是一个恒定的常量，而且三种能量之间是可以相互转换的，即在不同的通流断面上，同一种能量的值会是不同的，但各断面上的总能量值都是相同的。

2. 实际液体的伯努利方程

实际液体都具有黏性，在流动时会产生摩擦损失。如果单位质量实际液体在微小流束中从截面 1 流到截面 2，因黏性而损耗的能量为 h_w，则实际液体微小流束的伯努利方程为

$$\frac{p_1}{\rho g} + z_1 + \frac{u_1^2}{2g} = \frac{p_2}{\rho g} + z_2 + \frac{u_2^2}{2g} + h'_w \tag{2-22}$$

另外，因实际液体流速 u 在管道通流截面上的分布不是均匀的，所以为方便计算，以平均流速 v 代替实际流速 u 所产生的误差用动能修正系数 α 进行修正，它等于单位时间内某截面处的实际动能与按平均流速计算的动能之比，其表达式为

$$\alpha=\frac{\frac{1}{2}\int_A u^2\rho u\mathrm{d}A}{\frac{1}{2}\rho Avv^2}=\frac{\int_A u^3\mathrm{d}A}{v^3A}\tag{2-23}$$

动能修正系数 α 与液体流动状态有关，层流时 $\alpha=2$，紊流时 $\alpha=1.1$。在考虑能量损失 h_w 和动能修正系数 α 后，实际液体的伯努利方程表达式为

$$z_1+\frac{p_1}{\rho g}+\frac{\alpha_1v_1^2}{2g}=z_2+\frac{p_2}{\rho g}+\frac{\alpha_2v_2^2}{2g}+h_w'\tag{2-24}$$

2.3.4　动量方程

流动液体的动量方程是动量守恒定律在流体力学中的具体应用。动量方程研究液体运动时动量的变化与作用在液体上的外力之间的关系。

刚体力学动量定理指出：作用在物体上的所有外力的合力等于物体在合力作用方向上动量的变化量，即

$$\sum F=\frac{\mathrm{d}(mu)}{\mathrm{d}t}\tag{2-25}$$

如图 2-12 所示，在流管中取被截面 1、截面 2 所限制的液体体积，称为控制体，截面 1、截面 2 为控制表面。截面 1、截面 2 上的通流面积分别为 A_1、A_2，流速分别为 u_1、u_2。设该段液体在 t 时刻的动量为 $(mu)_{1\text{-}2}$。经过 t 时间后，该段液体移动到 $1'$-$2'$ 位置，新的位置上液体的动量为 $(mu)_{1'-2'}$。在 Δt 时间内动量的变化为

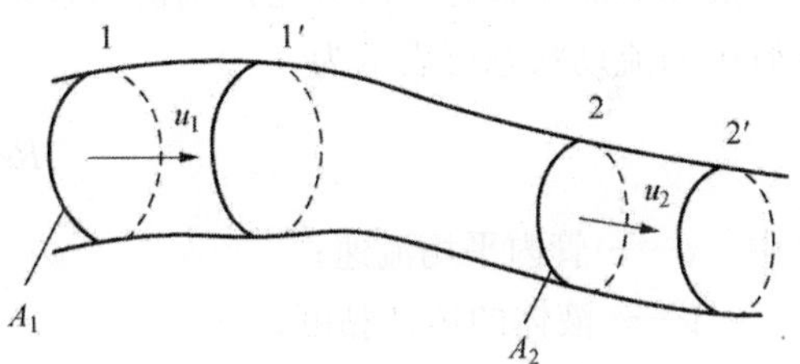

图 2-12　动量方程推导图

$$\mathrm{d}(mu)=(mu)_{1'\text{-}2'}-(mu)_{1\text{-}2}$$
$$(mu)_{1\text{-}2}=(mu)_{1\text{-}1'}+(mu)_{1'\text{-}2}$$
$$(mu)_{1'\text{-}2'}=(mu)_{1'\text{-}2}+(mu)_{2\text{-}2'}$$

如果液体做恒定流动，$1'$-2 之间液体的各点流速经 dt 后没有变化，$1'$-2 之间液体的动量也没有变化。因此，控制体中液体质点系从 1-2 位置移到 $1'$-$2'$ 位置时的动量的增量等于 dt 时间内流出的 2-$2'$ 段液体与流入的 1-$1'$ 段液体的动量之差。即

$$\mathrm{d}(mu)=(mu)_{1'\text{-}2'}-(mu)_{1\text{-}2}=(mu)_{2\text{-}2'}-(mu)_{1\text{-}1'}=\rho q\mathrm{d}tu_2-\rho q\mathrm{d}tu_1$$

于是

$$\sum F=\frac{\mathrm{d}(mu)}{\mathrm{d}t}=\rho q(u_2-u_1)\tag{2-26}$$

式（2-26）为液体做恒定流动时的动量方程。方程表明作用在液体控制体积上的外力总和 $\sum F$ 等于单位时间内流出控制表面与流入控制表面的液体的动量之差。该式为矢量表达式，在应用时可根据具体要求，向指定方向投影，并求出该方向的分量。显然，根据作用力与反作用力相等的原理，液体也以同样大小的力作用在使其流速发生变化的物体上。由此，可按照动量方程求得流动液体作用在固体上的作用力。

2.4 管道中液流的特性

实际液体具有黏性，流动时产生阻力，造成能量损失，下面将讨论产生能量损失的物理本质和计算方法。

2.4.1 液体的流态

1. 流态

19 世纪末，雷诺首先通过实验观察了管内水的流动情况，发现液体有两种流动状态：层流和湍（紊）流。层流状态时，液体质点互不干扰，流动呈线性或层状，平行于管道轴线，没有横向运动。湍流状态时，液体质点的运动杂乱无章，除沿管道轴线运动外，还有剧烈的横向运动。层流和湍流两种流体的运动性质不同。层流运动时，液体流速较低，黏性力起主导作用；湍流运动时，液体流速较高，黏性的制约力减弱，惯性力起主导作用。

2. 雷诺数

液体的流动状态是层流还是湍流可以通过无量纲量雷诺数来判断。实验证明，液体在圆管中的流动状态可表示为

$$Re = \frac{vd}{\nu} \tag{2-27}$$

式中 v——管内平均流速；

ν——液体的运动黏度；

d——管道直径。

液体由层流转变为湍流或由湍流转变为层流的雷诺数是不同的，后者的雷诺数小，因为由杂乱无章的运动转变为有序的运动更慢、更不易。理论计算中，一般都用后者的雷诺数作为判断流动状态的依据，称为临界雷诺数，记为Re_r。当液体雷诺数 Re 小于临界雷诺数Re_r 时，为层流；反之，为湍流。

对于非圆截面的管道来说，雷诺数可表示为

$$Re = \frac{vd_k}{\nu} \tag{2-28}$$

式中 d_k——通流截面的水力直径；

v、ν——与式（2-27）相同。

水力直径 d_k 可表示为

$$d_k = \frac{4A}{\chi} \tag{2-29}$$

式中 A——通流截面的面积；

χ——湿周，即流体与固体壁面相接触的周长。

水力直径的大小对管道的通流能力影响很大。水力直径大，液流和管壁接触少，阻力小，通流能力大，不容易堵塞。在面积相等但形状不同的所有通流截面中，圆形的水力直径最大。

2.4.2　沿程压力损失

实际黏性液体在流动时存在阻力，为了克服阻力就要消耗一部分能量，这样就有能量损失。在液压传动中，能量损失主要表现为压力损失，压力损失过大液压系统中功率损耗增加，这将导致油液发热加剧，泄漏量增加，效率下降和液压系统性能变坏，在液压系统设计时，应尽量减少压力损失。

1. 层流沿程压力损失

液体在直管中流动时的压力损失是由液体流动时的摩擦引起的，称为沿程压力损失，它主要取决于管路的长度、内径、液体的流速和黏度等。液体的流态不同，沿程压力损失也不同。液体在圆管中层流流动在液压传动中最为常见，因此，在设计液压系统时，常希望管道中的液流保持层流流动的状态。

1）圆管通流截面上的流速分布规律

如图 2-13 所示，有一直径为 d 的圆管，液体自左向右做层流流动。在管子轴心取一段小圆柱体，其半径为 r，长度为 l，作用在两端面上的压力分别为 p_1、p_2，作用在侧面上的内摩擦力为 F_f，根据牛顿第二定律

$$(p_1 - p_2)\pi r^2 = F_f$$

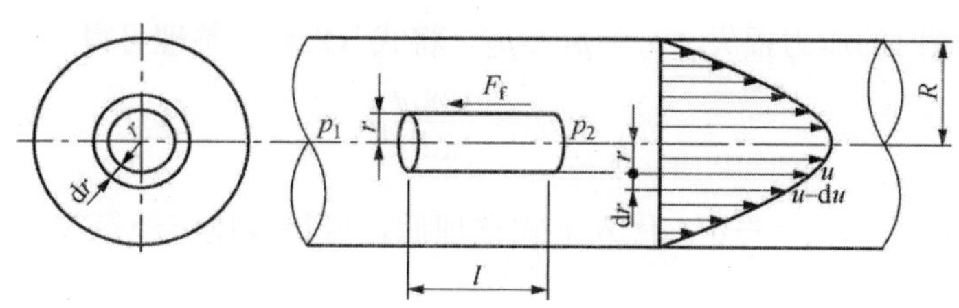

图 2-13　圆管中的层流

式中，$F_f = -uA\dfrac{du}{dr} = -2u\pi rl\dfrac{du}{dr}$（因管中流速 u 随 r 增大而减少，故$\dfrac{du}{dr}$为负值，前面加一负号，F_f 为正值）。令 $\Delta p_\lambda = p_1 - p_2$，上式变为

$$\frac{du}{dr} = -\frac{\Delta p_\lambda}{2ul}r$$

对上式积分，并利用边界条件，当 $r=R$ 时 $u=0$，得到截面上流速的分布规律

$$u = \frac{\Delta p_\lambda}{4\mu l}(R^2 - r^2) \tag{2-30}$$

可见，管内流速在半径方向上按抛物线规律分布，最大流速 u_{max}发生在轴心上，此处 $r=0$，$u_{max}=\dfrac{\Delta p_\lambda R^2}{4\mu l}$，最小流速在管壁上，此处 $r=R$，$u_{min}=0$。

2）通过管道的流量

在半径 r 处取一厚为 dr 的微小圆环面积（见图 2-13），此环形面积为 $dA=2\pi r dr$，通过此环形面积的流量为

$$dq = udA = 2u\pi r dr = 2\pi\frac{\Delta p_\lambda}{4\mu l}(R^2 - r^2)rdr$$

积分后得到流量为

$$q=\int_0^R 2\pi r\frac{\Delta p_\lambda}{4\mu l}(R^2-r^2)\mathrm{d}r=\frac{\pi R^4}{8\mu l}\Delta p_\lambda=\frac{\pi d^4}{128\mu l}\Delta p_\lambda$$

即

$$q=\frac{\pi d^4}{128\mu l}\Delta p_\lambda \tag{2-31}$$

式（2-31）为计算液流通过圆管层流时的流量公式，说明通过直管中的液体在层流运动时，其通过直管中的流量与管径的四次方成正比，压差与管径的四次方成反比。也就是说，要使黏度为 μ 的液体在直径为 d 长度为 l 的直管中以流量 q 流过，则其两端必须有 Δp_λ 的压力降。

根据平均速度的定义，可以计算通过圆管的平均速度。

3）圆管层流的平均流速

圆管的平均速度

$$v=\frac{q}{A}=\frac{1}{\pi R^2}\frac{\pi R^4}{8\mu l}\Delta p_\lambda=\frac{R^2}{8\mu l}\Delta p_\lambda \tag{2-32}$$

比较式（2-32）与式（2-30）可知

$$v=\frac{1}{2}u_{\max}$$

液流通过直管时的压力损失 $\Delta p_\lambda=p_1-p_2$，将式（2-32）整理可得

$$\Delta p_\lambda=\frac{128\mu l}{\pi d^4}q$$

将 $\mu=\nu\rho$，$Re=\dfrac{vd}{\nu}$，$q=\dfrac{\pi}{4}d^2v$ 代入上式整理后，可得液体流经等径 d 的直管时，在管长的压力损失为

$$\Delta p_\lambda=\frac{64}{Re}\frac{l}{d}\frac{\rho v^2}{2}=\lambda\frac{l}{d}\frac{\rho v^2}{2} \tag{2-33}$$

用比压力能表示为

$$h_\lambda=\lambda\frac{l}{d}\frac{v^2}{2g} \tag{2-34}$$

式中 ρ——液体的密度；

v——液流的平均流速；

λ——沿程阻力系数，理论值 $\lambda=64/Re$。考虑到实际流动时还存在温度变化以及管道变形等问题，因此液体在金属管道中流动时，一般取 $\lambda=75/Re$，在橡胶软管中流动时则取 $\lambda=80/Re$。

2. 湍流沿程压力损失

湍流运动质点之间有掺混，质点运动的大小、方向都随时间变化，因此是非稳定流动。雷诺实验发现，流场中某一点运动的变化始终围绕一个平均值上下波动，这种现象称为湍流的脉动现象。研究湍流运动时，引入时均化的概念。如果在某一时间间隔 T 内，以平均值的流速 $\bar{u}$ 流经微小流束通流截面 $\mathrm{d}A$ 的液体量等于在同一时间内以真实的脉动速度 u 流经同一截面的液体量，则 $\bar{u}$ 称为时均流速

$$\bar{u}=\frac{\int_0^T u\mathrm{d}t}{T} \tag{2-35}$$

同理，压力也采用时均压力。时均化以后，湍流运动可视为稳定流动，与层流压力损失公式相同，为

$$\Delta p_\lambda=\lambda\frac{l}{d}\frac{\rho v^2}{2} \tag{2-36}$$

2.4.3　局部压力损失

油液流经局部障碍（如弯头、接头、管道截面突然扩大或收缩）时，由于液流的方向和速度的突然变化，在局部形成旋涡引起油液质点间，以及质点与固体壁面间相互碰撞和剧烈摩擦而产生的压力损失称为局部压力损失。由于液流在这些局部阻碍处的流动状态相当复杂，影响因素较多，局部压力损失一般用实验求得，可按下式计算

$$\Delta p_\xi=\xi\frac{\rho v^2}{2} \tag{2-37}$$

采用比能形式，可写成

$$h_\xi=\xi\frac{\rho v^2}{2g} \tag{2-38}$$

式中　ρ——液体的密度；

v——液流的平均流速，一般情况下均指局部阻力下游处的流速；

ξ——局部阻力系数。

2.4.4　管路总能量损失

管路系统中总能量损失等于系统中所有沿程能量损失之和与所有局部能量损失之和的叠加，即

$$\Delta p=\sum\Delta p_\lambda+\sum\Delta p_\xi=\sum\lambda\frac{l}{d}\frac{\rho v^2}{2}+\sum\xi\frac{\rho v^2}{2} \tag{2-39}$$

或

$$h_\mathrm{w}=\sum h_\lambda+\sum h_\xi=\sum\lambda\frac{l}{d}\frac{v^2}{2g}+\sum\xi\frac{v^2}{2g} \tag{2-40}$$

压力损失将导致油液发热加剧，泄漏量增加，效率下降和液压系统性能变坏。在液压技术中，研究阻力的目的是：①正确计算液压系统中的阻力；②找出减小流动阻力的途径；③利用阻力所形成的压差 Δp 来控制某些液压元件的动作。

2.5　孔口及缝隙流动特性

在液压传动系统中常遇到油液流经孔口或缝隙的情况，如节流调速中的节流小孔，液压元件相对运动表面间的各种缝隙。研究液体流经这些孔口或缝隙的流量压力特性，对于研究节流调速性能，计算泄漏都是很重要的。

2.5.1 孔口流动特性

1. 薄壁小孔

当小孔的通流长度 l 和小孔直径 d 之比 $l/d\leqslant 0.5$ 时，称为薄壁小孔。一般孔口边缘做成刃口形式，此薄壁小孔常作为液压系统的节流器使用。如图 2-14 所示，液体流经薄壁小孔时，在液体惯性的作用下，使通过小孔后的流体形成一个收缩截面 A_c（对于圆孔，约在小孔下游 $d/2$ 处完成收缩），然后再扩大，这一收缩和扩大过程便产生了局部能量损失，并以热的形式散发。当管道直径 d_1 与小孔直径 d 之比 $d_1/d\geqslant 7$ 时，流速的收缩作用不受管壁的影响，称为完全收缩；反之，管壁对收缩程度有影响时，则称为不完全收缩。

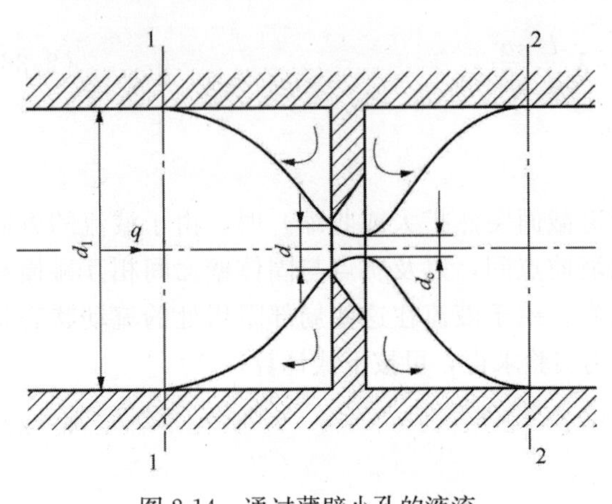

图 2-14 通过薄壁小孔的液流

设收缩截面 $A_c=\dfrac{\pi d_c^2}{4}$ 与孔口截面 $A_T=\dfrac{\pi d^2}{4}$ 之比值称为收缩系数 C_c，则 $C_c=A_c/A_T=\dfrac{d_c^2}{d^2}$。以截面 1—1 和 2—2 为计算截面，设截面 1—1 处的压力和平均速度分别为 p_1、v_1，截面 2—2 处的压力和平均速度分别为 p_2、v_2。由于选轴线为参考基准，则 $z_1=z_2$，列伯努利方程为

$$\frac{p_1}{\rho g}+\frac{v_1^2}{2g}=\frac{p_2}{\rho g}+\frac{\alpha_2 v_2^2}{2g}+\sum h_w$$

式中为流体流经小孔的局部能量损失，它包括两部分：流体流经截面突然缩小时的 $h_{\xi1}$ 和突然扩大时的 $h_{\xi2}$。

由式（2-38）得
$$h_{\xi1}=\xi\frac{\rho v_c^2}{2g}$$

经查手册得
$$h_{\xi2}=\left(1-\frac{A_c}{A_2}\right)^2\frac{\rho v_c^2}{2g}$$

由于 $A_c\ll A_2$，所以，

$$h_{\xi1}+h_{\xi2}=(\xi+1)\frac{\rho v_c^2}{2g}$$

将上式代入伯努利方程，得

$$\frac{p_1}{\rho g}+\frac{v_1^2}{2g}=\frac{p_2}{\rho g}+\frac{\alpha_2 v_2^2}{2g}+(\xi+1)\frac{\rho v_c^2}{2g}$$

注意到 $v_1=v_2$，并设动能修正系数 $\alpha_2=1$，故 v_1 可忽略不计

$$\frac{p_1}{\rho g}=\frac{p_2}{\rho g}+(\xi+1)\frac{\rho v_c^2}{2g}$$

化简后

$$v_c = \frac{1}{\sqrt{1+\xi}}\sqrt{\frac{2}{\rho}(p_1 - p_2)} = C_v\sqrt{\frac{2}{\rho}\Delta p} \tag{2-41}$$

式中　Δp——孔口前后压差，$\Delta p = p_1 - p_2$；

ξ——在收缩截面处按平均流速计算的局部阻力损失系数。

令 $C_v = \frac{1}{\sqrt{1+\xi}}$，称为速度系数。则流经薄壁小孔的流量为

$$q = A_c v_c = C_v\sqrt{\frac{2}{\rho}\Delta p}C_c A_T = C_d A_T\sqrt{\frac{2}{\rho}\Delta p} \tag{2-42}$$

式中　C_d——流量系数，$C_d = C_c C_v$；

A_T——小孔的截面积。

在液流完全收缩的情况下，当 $Re = 10^5$ 时，流量系数 C_d 为 0.6～0.62；当 $Re > 10^5$ 时，C_d 可以认为是不变的常数，计算时取平均值 $C_d = 0.61$。当液流不完全收缩时，流量系数 C_d 可按经验公式确定。由于这时小孔离管壁较近，管壁对液流进入小孔起导向作用，流量系数 C_d 可增大到 0.7～0.8。当小孔不是薄刃式而是带棱边或小倒角的孔时，C_d 值将更大。

2. 液流流经细长孔和短孔的流量

当小孔的长度和直径之比 $l/d > 4$ 时，称为细长孔。液体流经细长小孔时，一般都是层流状态，所以可直接应用前面已导出的直管流量式（2-31）来计算，当孔口直径为 d 的截面积为 $A = \pi d^2/4$ 时，可写成

$$q = \frac{\pi d^4}{128\mu l}\Delta p \tag{2-43}$$

式中　μ——液体的动力黏度；

d——小孔的内径；

Δp——小孔前后压差，$\Delta p = p_1 - p_2$。

由此可见，液体流经细长小孔的流量与小孔前后压差 Δp 成正比，而与液体动力黏度成反比。油温变化时，液体的黏度变化使流经细长小孔的流量发生变化。这一点与薄壁小孔的特性不同。

比较式（2-42）和式（2-43）不难发现，通过孔口的流量与孔口的面积、孔口前后的压力差以及孔口形式所决定的特性系数有关，由式（2-42）可知，通过薄壁小孔的流量与油液的黏度无关，因此流量受油温变化的影响较小，但流量与孔口前后的压差呈非线性关系；由式（2-43）可知，油液流经细长小孔的流量与小孔前后的压差 Δp 的一次方成正比，同时由于公式中也包含油液的黏度 μ，因此流量受油温变化的影响较大。为了分析问题的方便起见，将式（2-42）和式（2-43）一并用下式表示，即

$$q = KA_T\Delta p^m \tag{2-44}$$

式中　K——由孔的形状、结构尺寸和液体性质确定的系数，对薄壁孔和厚壁孔 $K = C_d\sqrt{2/\rho}$，对细长孔 $K = d^2/32\mu l$；

A_T——小孔通流截面面积；

Δp——小孔两端的压力差；

m——由孔的长径比决定的指数，对薄壁孔，$m=0.5$；对细长孔，$m=1$。

2.5.2 缝隙流动特性

液压元件内有很多相对运动的零件，必须有适当的缝隙。缝隙过大，会造成泄漏；缝隙过小，会使零件卡死。因此，研究液体在缝隙内的流动就特别重要。

1. 平行平板的缝隙流动

液体流经平行平板缝隙的一般情况是既受压差 $\Delta p=p_1-p_2$ 的作用，同时又受到平行平板间相对运动的作用，如图 2-15 所示。设平板长为 l，宽为 b（图中未画出），两平行平板间的缝隙为 h。且 $l\gg h$，$b\gg h$，液体不可压缩，重力忽略不计，黏度不变。在液体中取一个微元体 $\mathrm{d}x\mathrm{d}y$（宽度方向取单位长），其左右两端所受的压力分别为 p 和（$p+\mathrm{d}p$），上下两端所受切应力为（$\tau+\mathrm{d}\tau$）和 τ，微元体的受力平衡方程为

$$p\mathrm{d}y+(\tau+\mathrm{d}\tau)\mathrm{d}x=(p+\mathrm{d}p)\mathrm{d}y+\tau\mathrm{d}x$$

由牛顿内摩擦定律，已知 $\tau=\mu\dfrac{\mathrm{d}u}{\mathrm{d}y}$，将 τ 的表达式代入上式，并经整理，得

$$\frac{\mathrm{d}^2u}{\mathrm{d}y^2}=\frac{1}{\mu}\frac{\mathrm{d}y}{\mathrm{d}x}$$

对上式二次积分可得

$$u=\frac{1}{2\mu}\frac{\mathrm{d}p}{\mathrm{d}x}y^2+C_1y+C_2 \tag{2-45}$$

式中 C_1、C_2——积分常数。

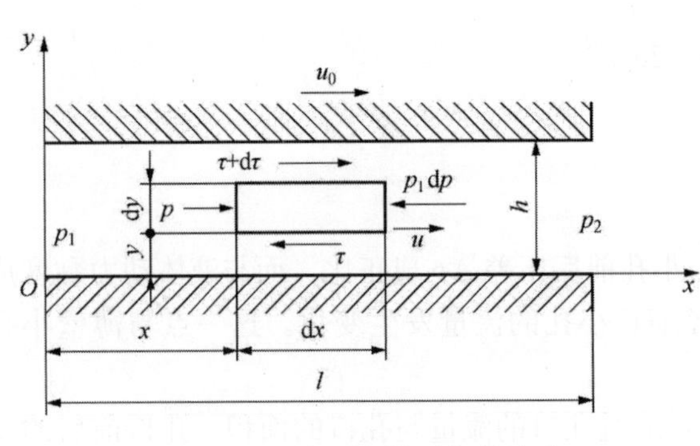

图 2-15 平行平板缝隙间的液流

当平行平板间的相对运动速度为 u_0 时，在 $y=0$ 处，$u=0$，在 $y=h$ 处，$u=u_0$，则得 $C_1=\dfrac{u_0}{h}-\dfrac{1}{2\mu}\dfrac{\mathrm{d}p}{\mathrm{d}x}h$，$C_2=0$。另外，当液流做层流运动时，$p$ 只是 x 的线性函数，即 $\dfrac{\mathrm{d}p}{\mathrm{d}x}=\dfrac{p_2-p_1}{l}=-\dfrac{\Delta p}{l}$，把这些关系代入式（2-45）并整理，得缝隙液流的速度分布规律为

$$u=\frac{\Delta p}{2\mu l}(h-y)y\pm\frac{u_0}{h}y \tag{2-46}$$

由此得通过平行平板缝隙的泄漏流量为

$$q=\int_0^h ub\mathrm{d}y=\int_0^h\left[\frac{\Delta p}{2\mu l}(h-y)y\pm\frac{u_0}{h}\right]b\mathrm{d}y=\frac{bh^3}{12\mu l}\Delta p\pm\frac{bh}{2}u_0$$

$$q=\frac{bh^3\Delta p}{12\mu l}\pm\frac{u_0}{2}bh \tag{2-47}$$

式（2-47）为在压差和剪切同时作用下，液体通过平行平板缝隙的流量。当 u_0 的方向与压差流动方向相反时，上式等号右边的第二项取负号。通过平行平板缝隙的流量由压差流动和剪切流动组成，缝隙 h 越小，泄漏功率损失也就越小。但是 h 的减小会使液压元件中的摩擦功率损失增大，因而缝隙 h 有一个使这两种功率损失之和达到最小的最佳值，并

不是越小越好。

2. 环形的缝隙流动

1）同心圆柱环形缝隙流动

图 2-16 所示为同心圆环缝隙间的液流，当 $h/r=1$ 时，可以将环形缝隙间的流动近似地看作是平行平板缝隙间的流动，只要将 $b=pd$ 代入式（2-47），就可得到这种情况下的流动，即

$$q_0=\frac{\pi dh^3}{12\mu l}\Delta p\pm\frac{\pi dh}{2}u_0 \tag{2-48}$$

该式中“+”号和“−”号的确定同式（2-47）。

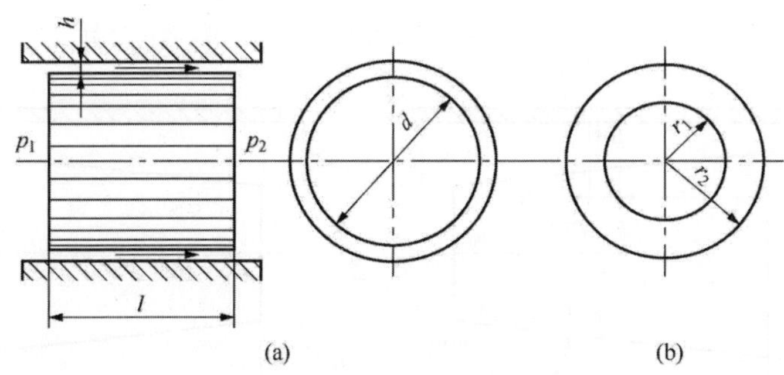

图 2-16　同心圆环缝隙间的液流

（a）缝隙较小；（b）缝隙较大

2）偏心环形缝隙间的流动

图 2-17 所示为液体在偏心环形缝隙间的流动，设内外圆间的偏心量为 e，在任意角度 θ 的缝隙为 h。因缝隙很小，$r_1\approx r_2\approx r$，可把微元圆弧 db 所对应的环形缝隙中的流动近似地看作是平行平板缝隙间的流动。将 $\mathrm{d}b=r\mathrm{d}\theta$ 代入式（2-47），得

$$\mathrm{d}q=\frac{rh\,\mathrm{d}\theta}{12\mu l}\Delta p\pm\frac{r\mathrm{d}\theta}{2}hu_0$$

由图 2-17 的几何关系，可以得到

$$h\approx h_0-e\cos\theta=h_0(1-\varepsilon\cos\theta) \tag{2-49}$$

式中　h_0——内外圆同心时半径方向的缝隙值；

e'——相对偏心率，$e'=e/h$。

将 h 值代入上式并积分后，便得偏心圆环缝隙的流量公式为

$$q=(1+1.5\varepsilon^2)\frac{\pi dh_0^3}{12\mu l}\Delta p\pm\frac{\pi dh_0}{2}u_0 \tag{2-50}$$

当内外圆之间没有偏心量，即 $e=0$ 时，它就是同心圆环缝隙的流量公式；当 $e=1$，即有最大偏心量时，其流量为同心圆环缝隙流量的 2.5 倍。因此，在液压元件中，为了减小缝隙泄漏量，应采取措施，尽量使配合件处于同心状态。

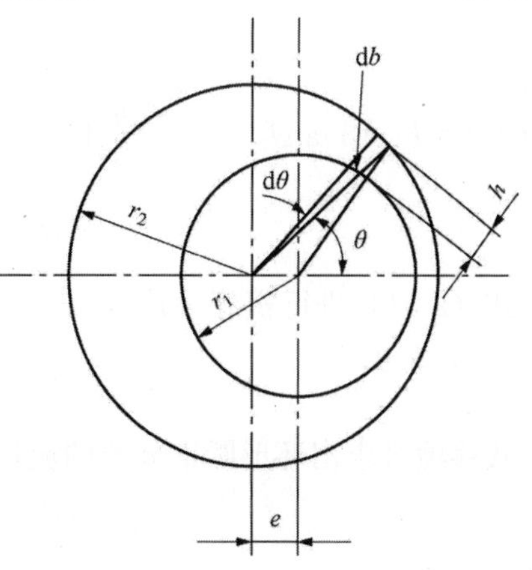

图 2-17　偏心环形缝隙中的液流

2.6 液压卡紧现象

2.6.1 流经圆锥环形缝隙的流量

当柱塞或柱塞孔，阀芯或阀体孔因加工误差带有一定锥度时，两相对运动零件之间的缝隙为圆锥环形缝隙，其缝隙大小沿轴线方向变化。如图 2-18 所示，其中图 2-18（a）的阀芯大端为高压，液流由大端流向小端，称为倒锥；图 2-18（b）的阀芯小端为高压，液流由小端流向大端，称为顺锥。阀芯存在锥度不仅影响流经缝隙的流量，而且影响缝隙中的压力分布。

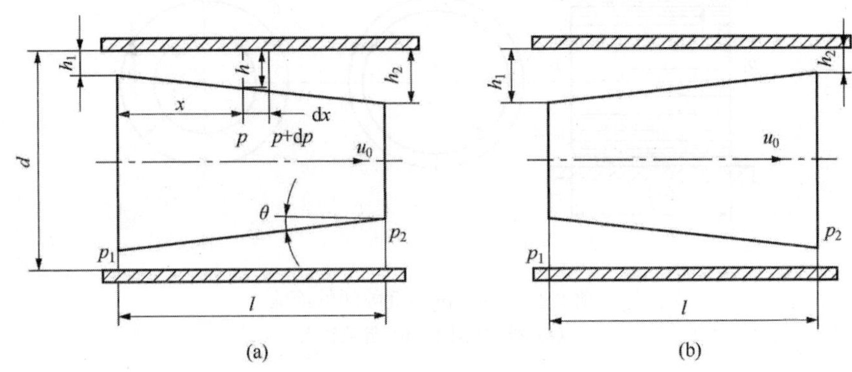

图 2-18　环行圆锥缝隙的液流

设圆锥半角为 θ，阀芯以速度 u_0 向右移动，进出口处的缝隙和压力分别为 h_1、p_1 和 h_2、p_2，并设距左端面 x 距离处的缝隙为 h，压力为 p，则在微小单元 $\mathrm{d}x$ 处的流动，由于 $\mathrm{d}x$ 值很小而认为 $\mathrm{d}x$ 段内缝隙宽度不变。

对于图 2-18（a）所示的流动情况，由于$\dfrac{\Delta p}{l}=-\dfrac{\mathrm{d}p}{\mathrm{d}x}$，将其代入同心环形缝隙流量公式(2-48)，得

$$q=-\frac{\pi d h^{3}\mathrm{d}p}{12\mu\mathrm{d}x}+\frac{u_0}{2}\pi\mathrm{d}h$$

由于 $h=h_1+x\tan\theta$，$\mathrm{d}x=\dfrac{\mathrm{d}h}{\tan\theta}$代入前式并整理，得

$$\mathrm{d}p=-\frac{12\mu q}{\pi d\tan\theta}\frac{\mathrm{d}h}{h^{3}}+\frac{6\mu u_0}{\tan\theta}\frac{\mathrm{d}h}{h^{2}} \tag{2-51}$$

对式（2-51）进行积分，并将 $\tan\theta=(h_2-h_1)/l$ 代入得

$$\Delta p=p_1-p_2=\frac{6\mu l\,(h_1+h_2)}{\pi d\,(h_1h_2)^{2}}q-\frac{6\mu l}{h_1h_2}u_0$$

上式移项可求出环形圆锥缝隙的流量公式

$$q=\frac{\pi d\,(h_1h_2)^{2}\Delta p}{6\mu l\,(h_1+h_2)}+\frac{u_0}{(h_1+h_2)}\pi d h_1 h_2 \tag{2-52}$$

当阀芯没有运动时，$u_0=0$，流量公式为

$$q=\frac{\pi d\,(h_1h_2)^2\Delta p}{6\mu l\,(h_1+h_2)} \tag{2-53}$$

2.6.2　液压卡紧现象

环形圆锥缝隙中压力的分布可通过对式（2-51）积分，并将边界条件 $h=h_1$，$p=p_1$ 代入得

$$p=p_1-\frac{6\mu q}{\pi d\tan\theta}\left(\frac{1}{h_1^2}-\frac{1}{h^2}\right)-\frac{6\mu u_0}{\tan\theta}\left(\frac{1}{h_1}-\frac{1}{h}\right) \tag{2-54}$$

将式（2-52）代入式（2-54），并将 $\tan\theta=(h-h_1)/x$ 代入得

$$p=p_1-\frac{1-\left(\frac{h_1}{h}\right)}{1-\left(\frac{h_1}{h_2}\right)^2}\Delta p-\frac{6\mu u_0}{h^2}\frac{(h_2-h)}{(h_1+h_2)}x \tag{2-55}$$

当 $u_0=0$ 时，有

$$p=p_1-\frac{1-\left(\frac{h_1}{h}\right)^2}{1-\left(\frac{h_1}{h_2}\right)^2}\Delta p \tag{2-56}$$

对于图 2-18（b）所示的顺锥情况，其流量计算公式和倒锥安装时流量计算公式相同，但其压力分布在 $u_0=0$ 时，则为

$$p=p_1-\frac{\left(\frac{h_1}{h}\right)^2-1}{\left(\frac{h_1}{h_2}\right)^2-1}\Delta p \tag{2-57}$$

如果阀芯在阀体孔内出现偏心，如图 2-19 所示，由式（2-56）和式（2-57）可知，作用在阀芯一侧的压力将大于另一侧的压力，使阀芯受到一个液压侧向力的作用，图 2-19（a）所示的倒锥的液压侧向力使偏心距加大，当液压侧向力足够大时，阀芯将紧贴在孔的壁面上，产生所谓的液压卡紧现象。图 2-19（b）所示的顺锥的液压侧向力使偏心距减小，阀芯自动定心，不会出现液压卡紧现象，即出现顺锥是有利的。

液压卡紧力到底有多大，危害又有多大。实验证实，16 mm 的滑阀，工作凸肩宽为 12 mm，缝隙为 0.012 mm，高压端压力 25 MPa，停留 2 min，启动滑阀需要 500 N 的力，而启动后，在同样的压力下，仅需 1 N 的力就可以使滑阀移动。由此可见，液压卡紧力必须给予关注。

为减少液压侧向力，一般在阀芯或柱塞的圆柱面开径向均压槽，使槽内液体压力在圆周方向处处相等。均压槽的深度和宽度一般为 0.3～1.0 mm。实验表明，当均压槽数达到 7 个时，液压侧向力可减少到原来的 2.7%。

为了减小液压卡紧力，可采取以下措施。

（1）在倒锥时，尽可能地减小锥度，即严格控制阀芯或阀孔的锥度，但这将给加工带来困难。

（2）在阀芯凸肩上开均压槽。均压槽可使同一圆周上各处的压力油互相沟通，并使阀芯在中心定位。

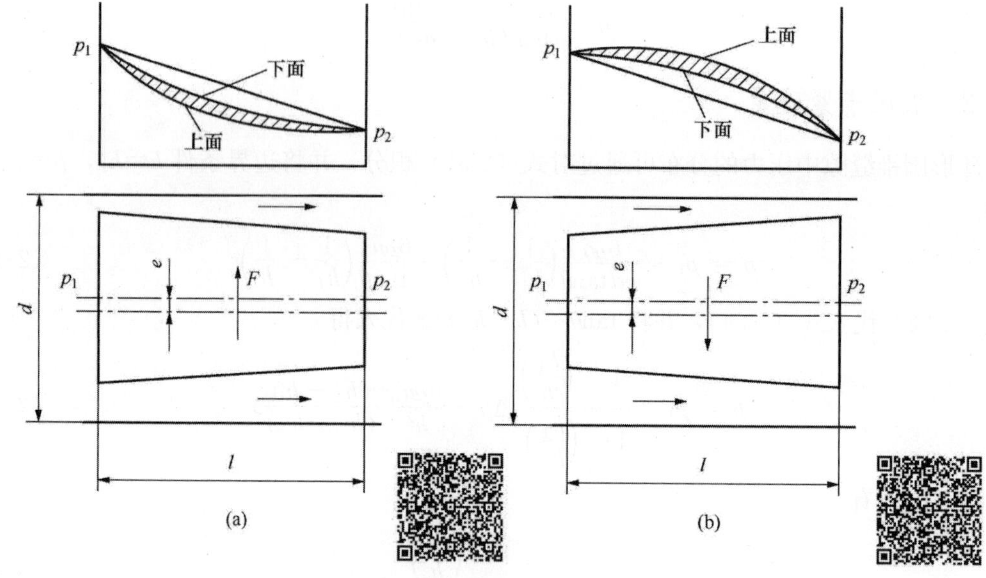

图 2-19　液压卡紧力

（3）采用顺锥，阀芯带有顺锥（锥部大端朝向低压腔）时，产生的径向不平衡力将使阀芯和阀孔间的偏心距减小。

（4）在阀芯的轴向加适当频率和振幅的颤振，精密过滤油液。

2.7　液压冲击和气穴现象

在液压系统中，液压冲击和气穴现象影响系统的工作性能和液压元件的使用寿命，因此必须了解它们的物理本质、产生的原因及其危害，在设计液压系统时，应采取措施减小它们的危害或防止或减弱它们的发生。

2.7.1　液压冲击

在液压系统的工作过程中，由于某种原因致使系统或系统中某处局部压力瞬时急剧上升，形成压力峰值的现象称为液压冲击。液压冲击就是系统对动量变化的响应。流动的液体具有惯性，当液流通道迅速关闭或液流迅速换向时（或突然制动时），液流速度的大小或方向发生突然的变化，液体的惯性将导致液压冲击。此外，运动部件（负载）由液压驱动，当其突然制动或换向时，因运动部件具有惯性，也将导致系统发生液压冲击。出现液压冲击时，液体中的瞬时峰值压力往往比正常工作压力高好几倍，它不仅会损坏密封装置、管路和液压元件，而且还会引起振动和噪声；液压冲击有时会使某些压力控制的液压元件产生误动作，造成事故。

1. 液压冲击的物理本质

如图 2-20 所示，有一液面恒定并能保持液面压力不变的容器，则 A 点的压力保持不变。液体沿长度为 l、管径为 d 的管道经阀门 B 以速度 v_0 流出。若阀门突然关闭，则靠近阀门处 B 点的液体将首先立即停止运动，液体的动能将瞬间转换成压力能，B 点的压力升

高Δp（即冲击压力），接着后面相邻的液体逐层依次停止运动，动能也依次转换成压力能，压力升高形成压力波。这个压力波以速度 c 由 B 点向 A 点传递，到 A 点后，又反向向 B 点传播。于是压力冲击以速度 c 在管道的 A、B 两点间往复传递，在系统内形成压力振荡。实际上，由于油液的黏性作用，存在能量损失，压力冲击波呈衰减振荡。液压冲击实质上是液流的动能瞬时被转变为压力能，而后压力能又瞬时被转变为动能而产生的液体的振动现象，特别当冲击波与反射波叠加时，瞬时压力会很高。

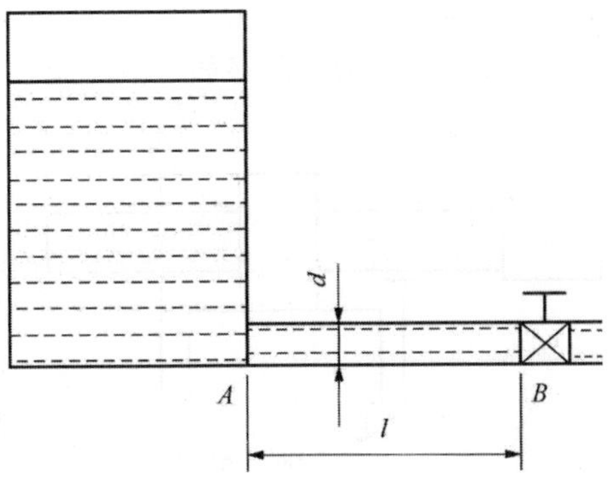

图 2-20 液流速度突变引起的液压冲击

2. 最高冲击压力值的计算

1）管内液流速度突变引起的液压冲击值

如图 2-20 所示，设管道的通流面积和长度分别为 A 和 l，管道中液体的流速为 v，密度为 ρ，根据能量守恒定律，液体的动能转换为液体的压力能

$$\frac{1}{2}\rho A l v^2 = \frac{1}{2}\frac{Al}{K'}\Delta p_{\max}^2$$

即

$$\Delta p_{\max}=\rho\sqrt{\frac{K'}{\rho}}v=\rho c v \tag{2-58}$$

式中 Δp——液压冲击时压力的升高值；

K'——计及管壁弹性后的液体等效体积模量；

c——压力冲击波在液体中的传递速度，$c=\sqrt{\frac{K'}{\rho}}$。

一般 c 与液体的体积模量、管道材料的弹性模量、管道的内径、管道的壁厚有关，对于选定的油液和管道来说，c 为定值。对于液压传动系统中的管道来说，c 值一般为 890～1250 m/s。

设阀门完全关闭所需时间为 t，从冲击发生起，到液压冲击波又返回容腔所需要的时间为 T，如果阀门不是全部关闭而是部分关闭，使液体的流速从 v_0 降到 v_1，则只要在式（2-58）中以(v_0-v_1)代替 v，就可求得此时的压力升高值，即

$$\Delta p_{\mathrm{r}} = \rho c\,(v_0 - v_1) = \rho c\,\Delta v \tag{2-59}$$

一般的，按阀门关闭时间常把液压冲击分为以下两种：

当阀门关闭时间 $t<T_{\mathrm{c}}=2l/c$ 时，称为直接液压冲击（或称完全冲击）。

当阀门关闭时间 $t>T_{\mathrm{c}}=2l/c$ 时，称为间接液压冲击（或称不完全冲击），故 Δp 值将低于直接液压冲击产生的压力升高值。Δp 可近似地按下式计算：

$$\Delta p'_{\max}=\rho c v\,\frac{T_{\mathrm{c}}}{t} \tag{2-60}$$

不论是哪一种情况，知道了液压冲击的压力升高值 Δp 后，便可求得出现液压冲击时管道中的最高压力

$$p_{r\cdot\max} = p+\Delta p \tag{2-61}$$

式中　p——正常工作压力。

2）运动部件制动引起的液压冲击

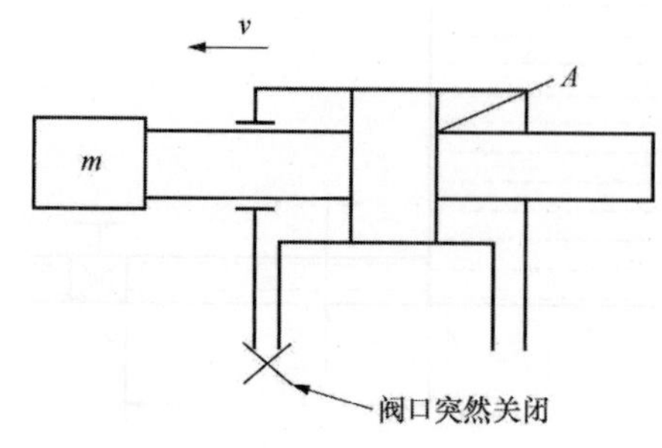

图 2-21　运动部件制动引起的液压冲击

如图 2-21 所示，活塞以速度 v_0 驱动负载 m 向左运动，活塞和负载的总质量为 $\sum m$。当突然关闭出口通道时，液体被封闭在左腔中。由于运动部件的惯性而使左腔中的液体受压，引起液体压力急剧上升。运动部件则因受到左腔内液体压力产生的阻力而制动。

设运动部件在制动时的减速时间为 Δt，速度的减小值为 Δv，则根据动量定律，可近似地求得左腔内的冲击压力 Δp，由于

$$\Delta p A \Delta t = \sum m \Delta v$$

故有

$$\Delta p = \frac{\sum m \Delta v}{A \Delta t} \tag{2-62}$$

式中　$\sum m$——运动部件（包括活塞和负载）的总质量；

A——液压缸的有效工作面积；

Δv——运动部件速度的变化值，$\Delta v = v_0 - v_1$；

Δt——运动部件制动时间；

v_0——运动部件制动前的速度；

v_1——运动部件经过 Δt 时间后的速度。

式（2-62）的计算忽略了阻尼、泄漏等因素，其值比实际的要大些，因而是比较安全的。

3. 减小液压冲击的措施

针对上述各式中影响冲击压力 Δp 的因素，可采用以下措施来减小液压冲击。

（1）适当加大管径，限制管道流速 v，一般在液压系统中把 v 控制在 4.5 m/s 以内，使 Δp_{max} 不超过 5 MPa 就可以认为是安全的。

（2）正确设计阀口或设置制动装置，使运动部件制动时速度变化比较均匀。

（3）延长阀门关闭和运动部件制动换向的时间，可采用换向时间可调的换向阀。

（4）尽可能缩短管长，以减小压力冲击波的传播时间，变直接冲击为间接冲击。

（5）在容易发生液压冲击的部位采用橡胶软管或设置蓄能器，以吸收冲击压力；也可以在这些部位设置安全阀，以限制压力升高。

2.7.2　气穴现象

1. 气穴现象的机理及危害

在液压系统中，当流动液体某处的压力低于空气分离压时，原先溶解在液体中的空气就会游离出来，使液体中产生大量气泡，这种现象称为气穴现象。如果液体压力继续下降

而低于饱和蒸汽压时，液体本身便迅速汽化，产生大量蒸汽泡，这时气穴现象将会更加严重。气穴现象使液压装置产生噪声和振动，腐蚀金属表面。

在液压泵的吸油过程中，如果泵的吸油管太细、阻力太大，滤网堵塞，或泵安装位置过高、转速过快等，就会使其吸油腔的压力低于工作温度下的空气分离压，从而产生气穴。

当液压系统出现气穴现象时，大量的气泡使液流的流动特性变坏，造成流量不稳，噪声骤增。特别是当带有气泡的液流进入下游高压区时，气泡受到周围高压的压缩，迅速破灭，这一过程发生于瞬间，从而使局部产生非常高的温度和冲击压力。这样的局部高温和冲击压力，一方面会使金属表面疲劳；另一方面还会使工作介质变质，对金属产生化学腐蚀作用，从而使液压元件表面受到侵蚀、剥落，甚至出现海绵状的小洞穴。这种因气穴而对金属表面产生腐蚀的现象称为气蚀。气蚀会严重损伤元件表面质量，大大缩短其使用寿命，因而必须加以防范。在液压泵的吸油口、液压缸内壁等处，常可发现这种气蚀痕迹。

2. 减小气穴和气蚀危害的措施

为减小气穴和气蚀的危害，通常采取如下措施。

（1）减小阀孔口前后的压差，一般希望其压力比$\frac{p_1}{p_2}\leqslant 3.5$。

（2）正确设计和使用液压泵站，如降低泵的安装高度，适当加大吸油管内径，限制管内液体的流速，尽量减少吸油管路中的压力损失等。

（3）液压系统各元件的连接处要密封可靠，严防空气侵入。

（4）液压元件材料采用抗腐蚀能力强的金属材料，提高零件的机械强度，减小零件的表面粗糙度。

例题

例 2-1　如例题图 2-1 所示液压泵的吸油装置，通过油液的流量 $q=32\ \mathrm{L/min}$，吸油管直径 $d=20\ \mathrm{mm}$，液压泵吸油口距离液面高度 $h=500\ \mathrm{mm}$，油液密度 $\rho=900\ \mathrm{kg/m^3}$，黏度 $=20\times10^{-6}\mathrm{m^2/s}$，不计压力损失，试求液压泵吸油口的真空度。

解： 吸油管的流速为

$$v_2=\frac{q}{A}=\frac{q}{\frac{\pi}{4}d^2}=\frac{32\times10^3}{\frac{\pi}{4}\times2^2\times60}=170(\mathrm{cm/s})=1.7\mathrm{m/s}$$

油液运动黏度 $\nu=20\times10^{-6}\mathrm{m^2/s}$

油液在吸油管中的流动状态

$$Re=\frac{vd}{\nu}=\frac{1.7\times0.02}{20\times10^{-6}}=1700$$

$Re=1700<Re_{cr}=2000$，层流 $\alpha=2$

Ⅰ—Ⅰ截面　$h_1=0$，$v_1=0$，$p_1=0$

Ⅱ—Ⅱ截面　$h_2=0.5\ \mathrm{m}$，$v_2=1.7\ \mathrm{m/s}$，$p_2=?$，$h_w=0$

列伯努利方程

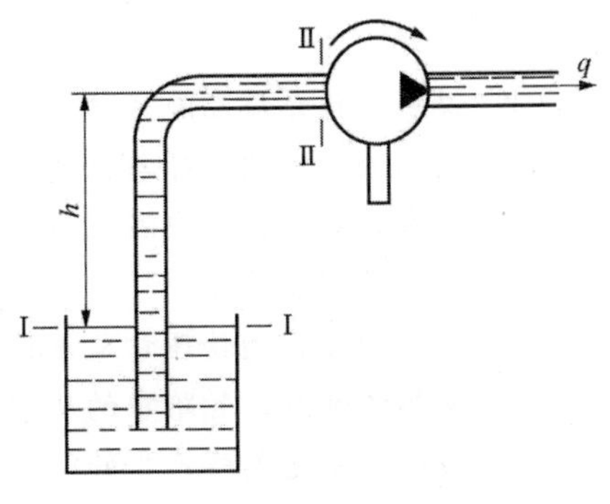

例题图 2-1

$$h_1+\frac{p_1}{\rho g}+\frac{\alpha_1 v_1^2}{2g}=h_2+\frac{p_2}{\rho g}+\frac{\alpha_2 v_2^2}{2g}+h_w$$

得

$$p_2=p_1-\rho g h_2-\frac{\alpha_2 \rho v_2^2}{2}=0-900\times 9.81\times 0.5-\frac{2}{2}\times 900\times 1.7^2=-7016\text{Pa}=-7\times 10^{-3}\text{MPa}$$

即液压泵吸油口的真空度为 7×10^{-3} MPa。

例 2-2 如例题图 2-2 所示为某安全阀结构示意图，其中阀芯为圆锥形，阀座孔径 $d=10$ mm，阀芯最大直径 $D=15$ mm。当油液压力 $p_1=8$ MPa 时，压力油克服弹簧力顶开阀芯而溢油，出油腔有背压（回油压力），$p_2=0.4$ MPa。试求阀内弹簧的预紧力。

解：（1）压力 p_1，p_2 作用在阀芯锥面上的投影分别为 $\frac{\pi d^2}{4}$ 和 $\frac{\pi(D^2-d^2)}{4}$，故阀芯受到的向上作用力为

$$F_1=\frac{\pi}{4}d^2 p_1+\frac{\pi}{4}(D^2-d^2)p_2$$

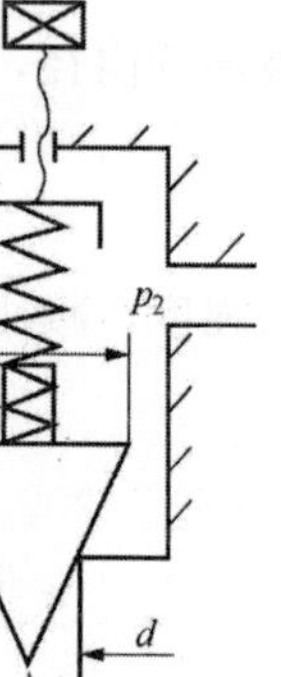

例题图 2-2

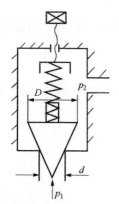

（2）压力 p_2 向下作用在阀芯平面上的面积为 $\frac{\pi D^2}{4}$，则阀芯受到的向下作用力为

$$F_2=\frac{\pi}{4}D^2 p_2$$

（3）阀芯的平衡力方程

$$F_1=F_2+F_s$$

将 F_1，F_2 代入上式得

$$\frac{\pi}{4}d^2 p_1+\frac{\pi}{4}(D^2-d^2)p_2=\frac{\pi D^2}{4}p_2+F_s$$

整理后得

$$F_s=\frac{\pi}{4}d^2(p_1-p_2)=\frac{\pi\times(0.01)^2}{4}\times(8-0.4)\times 10^6=597(\text{N})$$

习题

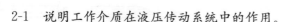

2-1 说明工作介质在液压传动系统中的作用。

2-2 液压油黏度的选择与系统工作压力、环境温度及工作部件的运动速度有何关系？

2-3 在考虑液压系统中液压油的可压缩性时，应考虑哪些因素才能说明实际情况？

2-4 什么是理想流体？

2-5 伯努利方程的物理意义是什么？

2-6 液体流动时，管路中的压力损失有哪几种？其值与哪些因素有关？

2-7 液压冲击是怎样产生的？有何危害？如何防止？

2-8 设真空计水柱高 $h=5$ m，求容器 A 内的真空度和绝对压力 p_a（注：设容器 A 内

的压力为 p_a，p_0 为大气压力）。

2-9　如习题 2-9 图所示，水平截面为圆形的容器，上端开口，求作用在容器底面的作用力。若在开口端加一活塞，连活塞质量在内，作用力为 30 kN，问容器底面的总作用力为多少？（$\rho=1000\text{kg/m}^3$）

2-10　如习题 2-10 图所示液压泵，吸油管直径 $d=60$ mm，流量为 2.5×10^{-3} m^3/s，入口处的真空度为 0.02 MPa，油液的密度为 $\rho=900$ kg/m^3，局部损失阻力系数 $\varepsilon_{弯头}=0.2$，动能修正系数 $\alpha_2=2$，可忽略沿程压力损失，求泵的安装高度 h。

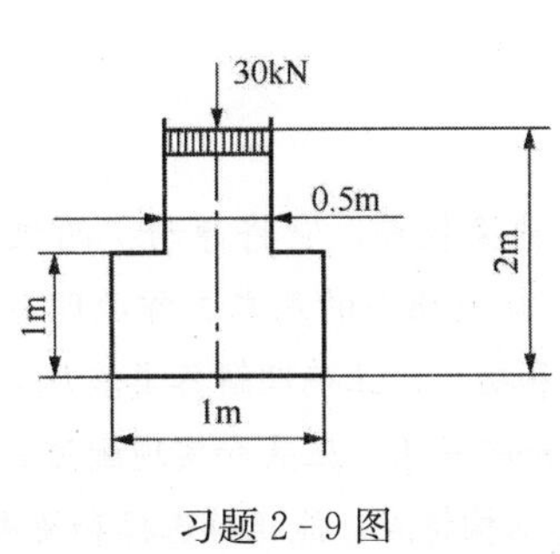

习题 2-9 图

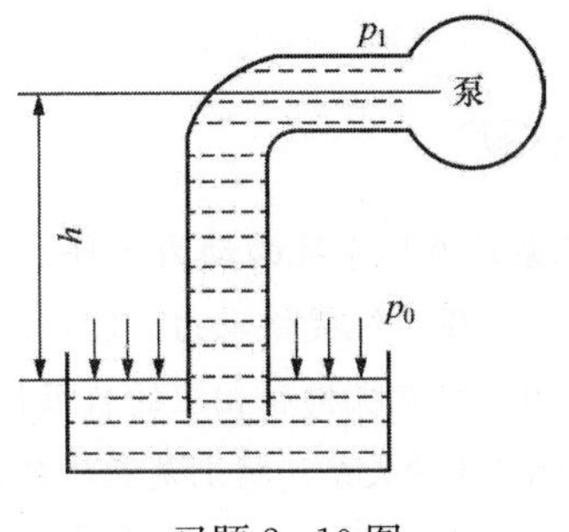

习题 2-10 图

2-11　某圆柱形滑阀（见习题 2-11 图），已知阀芯直径 $d=20$ mm，进口油压 $p_1=9.8$ MPa，出口油压力 $p_2=9.5$ MPa，油液密度 $\rho=900$ kg/m^3，通过阀口时的流量系数 $c=0.65$。求通过阀口的流量。

2-12　如习题 2-12 图所示的滑动轴承工作原理图，动力黏度 $u=0.14$ Pa·s 的润滑油，从压力为 $p_0=1.6\times10^5$Pa 的主管径 $l_0=0.8$m，$d_0=6$mm，的输油管流向轴承中部的环形油槽，油槽宽度 $b=10$mm，轴承长度 $L=120$mm，轴径 $d=90$mm，轴承内径 $D=90.2$ mm。假定输油管及缝隙中均为层流，忽略轴的影响，试确定下述两种情况下的泄漏量。

（1）轴承与轴颈同心。

（2）相对偏心距 $e=0.5$。

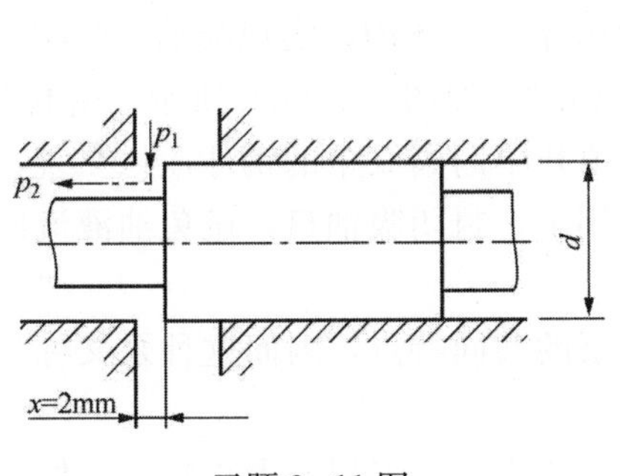

习题 2-11 图

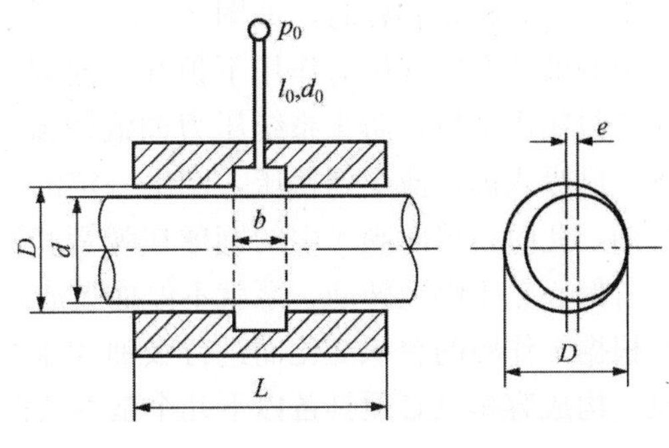

习题 2-12 图

第3章

液压动力元件

学习要点

(1) 液压泵是液压系统的动力元件，是一种能量转换装置，它将原动机的机械能转换为液体的压力能，为液压系统提供动力。(2) 通过学习，掌握液压泵的基本工作原理（具有可周期性变化的密封容积、配流机构和相应的自吸性能）、结构和功用，正确理解各类液压泵的主要工作参数与液压泵性能之间的关系。特别是液压泵在工作时，如何吸油、压油和实现配流。(3) 对于几种典型的常用液压泵（柱塞泵、叶片泵和齿轮泵），掌握其结构特点，能正确选择和使用液压泵。

3.1 液压泵概述

3.1.1 液压泵的工作原理

液压泵是液压传动系统中的能量转换元件。液压泵由原动机驱动，把输入的机械能转换成为油液的压力能，再以压力、流量的形式输入到系统中去，它是液压系统的动力源。

图 3-1 所示为最简单的单柱塞液压泵的工作原理简图。柱塞 2 安装在缸体 3 内，靠间隙密封，柱塞、缸体和单向阀 4、5 形成密封的工作容积。柱塞在弹簧的作用下和偏心轮 1 保持接触，当偏心轮旋转时，柱塞在偏心轮和弹簧的作用下在缸体中移动，使密封腔 a 的容积发生变化。柱塞右移时，如图 3-1（a）所示，密封腔 a 的容积增大，产生局部真空，油箱 6 中的油液在大气压力作用下顶开单向阀 4 中的钢球流入泵体内，实现吸油。此时，单向阀 5 封闭出油口，防止系统压力油液回流。柱塞左移时，如图 3-1（b）所示，密封腔 a 减小，已吸入的油液受到挤压，产生一定的压力，便顶开单向阀 5 中的钢球压入系统，实现排油。此时，单向阀 4 中的钢球在弹簧和油压的作用下，封闭吸油口，避免油液流回油箱。若偏心轮不停地转动，泵就不停地吸油和排油。

根据工作腔的容积变化而进行吸油和排油是液压泵的共同特点，因而这种泵又称为容积泵。构成容积泵必须具备以下几个基本条件：

(1) 必须具有一个由运动件和非运动件所构成的密闭容积，容积的大小随运动件的运动做周期性的变化，容积由小变大时，泵吸油，由大变小时，泵压油。

(2) 有相应的配流机构，保证密闭容积增大到极限时，先要与吸油腔隔开，然后才转为排油；密闭容积减小到极限时，先要与排油腔隔开，然后才转为吸油。图 3-1 中的单向阀 4、5 就是配油机构。

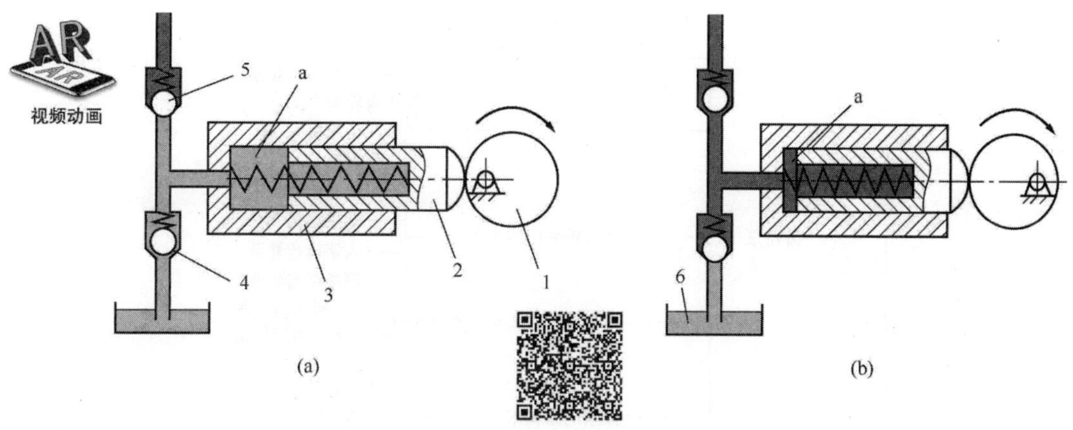

图 3-1　单柱塞液压泵的工作原理简图

(a) 吸油；(b) 压油

1—偏心轮；2—柱塞；3—缸体；4，5—单向阀；6—油箱；a—密封腔

(3) 油箱内液体的绝对压力必须等于或大于大气压力。这是容积式液压泵能够吸入油液的外部条件。因此，为保证液压泵正常吸油，油箱必须与大气相通，或采用密闭的充压油箱。

从工作过程可以看出，在不考虑漏油的情况下，液压泵在每一工作周期中吸入或排出的油液体积只取决于工作构件的几何尺寸，如柱塞泵的柱塞直径和工作行程。在不考虑泄漏等影响时，液压泵单位时间排出的油液体积与泵密封容积变化频率成正比，也与泵密封容积的变化量成正比；在不考虑液体的压缩性时，液压泵单位时间排出的液体体积与工作压力无关。

3.1.2　液压泵的分类

液压泵按排量是否可变分为定量泵和变量泵两大类。按结构形式可分为齿轮式、叶片式和柱塞式液压泵三大类。按额定压力可分为高压、中压和低压液压泵三大类。

液压泵的类型如图 3-2 所示。

液压泵的图形符号见表 3-1。

表 3-1　液压泵的图形符号

名称	符号	作用	名称	符号	作用
单向定量液压泵		单向旋转，单向流动，定排量	单向变量液压泵		单向旋转，单向流动，变排量
双向定量液压泵		双向旋转，双向流动，定排量	双向变量液压泵		双向旋转，双向流动，变排量

3.1.3　液压泵的主要性能参数

液压泵的主要性能参数包括液压泵的压力、转速、排量、流量、转矩、功率和效率等。

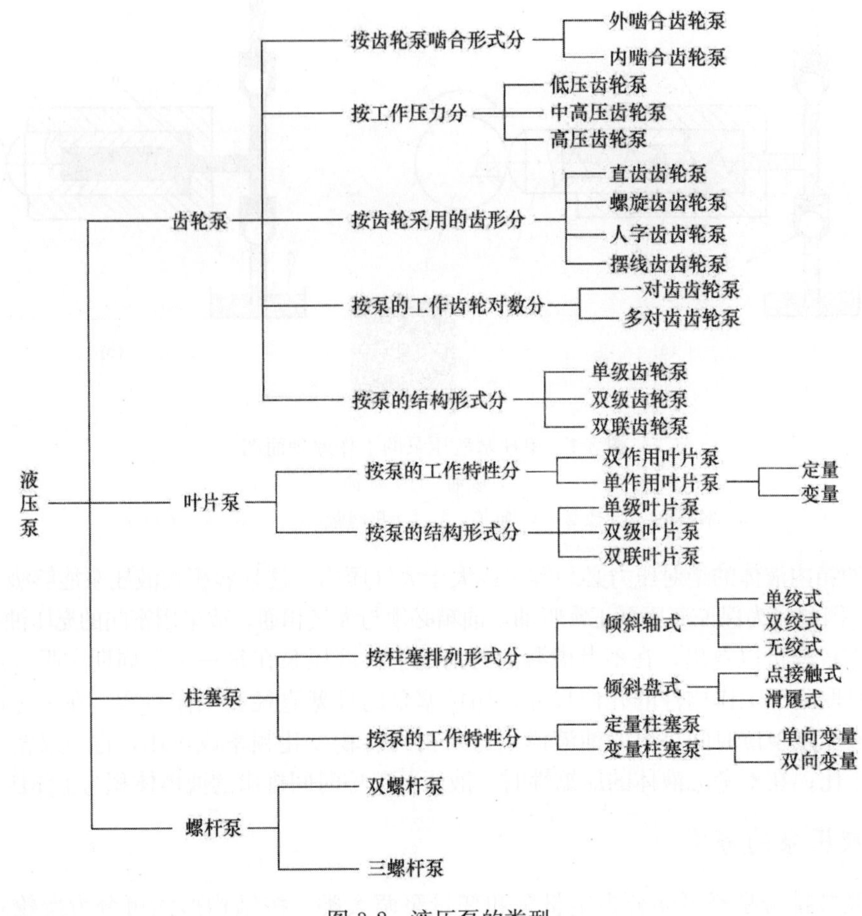

图 3-2　液压泵的类型

1. 压力

工作压力 p：指泵实际工作时的压力，对泵来说，工作压力是指它的输出压力。工作压力取决于外负载的大小。

额定压力 p_e：液压泵在正常工作条件下，按试验标准规定连续运转的最高压力称为液压泵的额定压力。

最高允许压力：在超过额定压力的条件下，根据试验标准规定，允许液压力短暂运行的最高压力称为液压泵的最高允许压力。

自吸压力：液压泵正常运转时，在不发生气穴或气蚀的条件下，吸液口允许的最低工作压力。

吸入压力：液压泵入口处压力，不能低于自吸压力。

2. 转速

额定转速 n_e：是在额定输出功率下，能连续长时间正常运转的最高转速。

最高转速 n_{max}：是在额定压力下，允许超过额定转速短暂运行的极限转速，超过最高转速就将产生气蚀现象。

最低转速 n_{min}：是正常运转所允许的最低转速，低于最低转速就不能实现有效的自吸。

3. 排量

排量 V：液压泵的轴每转一周，由其密封容腔几何体积变化所排出液体的体积，亦即在无泄漏的情况下，其轴转动一周时油液体积的有效变化量。

4. 流量

理论流量 q_t：指在不考虑液压泵泄漏的条件下，单位时间内所排出的液体体积。如果液压泵的排量为 V，其主轴转速为 n，则该液压泵的理论流量 q_t 为

$$q_t = nV \tag{3-1}$$

式中　q_t——液压泵的理论流量（m^3/s）；

n——液压泵的转速（r/s）；

V——液压泵的排量（m^3/r）。

额定流量 q_e：指在正常工作条件下，按试验标准规定必须保证的流量，亦即在额定转速和额定压力下泵输出的流量。因为泵存在内泄漏，油液具有压缩性，所以额定流量和理论流量是不同的。

实际流量 q：指在单位时间内排出的液体体积。实际流量等于理论流量减去泄漏流量。

$$q = q_t - \Delta q \tag{3-2}$$

式中　q——液压泵的实际流量（m^3/s）；

Δq——液压泵的泄漏流量（m^3/s）。

瞬时流量 q_{tsh}：指每一瞬时的流量，一般指泵的瞬时理论流量。

5. 转矩

理论转矩 T_t：指液压泵理论计算的输入转矩。

实际转矩 T：指液压泵实际工作时的输入转矩。设转矩损失为 ΔT，理论转矩为 T_t，则泵实际输入转矩为

$$T = T_t - \Delta T \tag{3-3}$$

6. 功率和效率

功率和效率：液压泵由原动机驱动，输入量是转矩和转速，输出量是液体的压力和流量；如果不考虑液压泵在能量转换过程中的损失，则输出功率等于输入功率，也就是它们的理论功率 N。

$$N = pq = T_t\omega = 2\pi T_t n \tag{3-4}$$

式中　T_t，ω，n——液压泵的理论转矩（N·m）、角速度（rad/min）和转速（r/min）；

p，q——液压泵的压力（Pa）和流量（m^3/s）。

实际上，液压泵在能量转换过程中是有损失的，因此输出功率小于输入功率。两者之间的差值即为功率损失，功率损失可以分为容积损失和机械损失两部分。

容积损失是因泄漏、气穴和油液在高压下压缩等造成的流量损失，对液压泵来说，输出压力增大时，泵实际输出的流量 q 减小，由于泄漏，实际流量小于理论流量。设泵的流量损失为 Δq，则 $q=q_t-\Delta q$。而泵的容积损失可用容积效率 η_V 来表征，即

$$\eta_V = \frac{q}{q_t} = \frac{q_t - \Delta q}{q_t} = 1 - \frac{\Delta q}{q_t} \tag{3-5}$$

液压泵的容积效率随着液压泵工作压力的增大而减小，且随液压泵的结构类型不同而

异，但恒小于1。

机械损失是指因摩擦而造成的转矩上的损失。对液压泵来说，泵的驱动转矩总是大于其理论上需要的驱动转矩，设转矩损失为 ΔT，理论转矩为 T_t，则泵实际输入转矩为 $T=T_t+\Delta T$ 用机械效率 η_m 来表征泵的机械损失，则有

$$\eta_m=\frac{T_t}{T}=\frac{T_t}{T_t+\Delta T}=\frac{1}{1+\frac{\Delta T}{T_t}} \tag{3-6}$$

液压泵的实际输入功率 N_i

$$N_i=T\omega=\frac{2\pi T_t n}{\eta_m} \tag{3-7}$$

液压泵的实际输出功率 N_o

$$N_o=pq=pVn\eta_V \tag{3-8}$$

液压泵的总效率 η 是其输出功率与输入功率之比，由式（3-4）、式（3-7）和式（3-8）可得

$$\eta=\frac{N_o}{N_i}=\eta_V\eta_m \tag{3-9}$$

这就是说，液压泵的总效率等于容积效率和机械效率的乘积。事实上，液压泵的容积效率和机械效率在总体上与油液的泄漏和摩擦副的摩擦损失有关，而泄漏及摩擦损失则与泵的工作压力、油液黏度、泵转速有关。

3.1.4 液压泵中的困油现象

液压泵的密闭工作容积在吸满油之后，从吸油腔向压油腔转移的过程中，往往存在一个时间段内密闭的工作容积既与吸油腔不通，也与压油腔不通，形成了一个闭死容积。如果这个闭死容积的大小发生变化，在闭死容积由大变小时，其中的油液受到挤压，压力急剧升高，导致压力冲击、油液发热等；在闭死容积由小变大时，又因无油液补充产生真空，引起气蚀和噪声。这种因闭死容积大小发生变化导致的压力冲击和气蚀的现象称为困油现象。原则上容积式液压泵大都存在困油现象，应从设计和使用上减小甚至消除困油现象，不同结构的泵，采用的措施不同，但原理一样，即当闭死容积由大变小时，减小闭死容积的压力；当闭死容积由小变大时，增大闭死容积的压力，这些将在随后的章节中详细介绍。

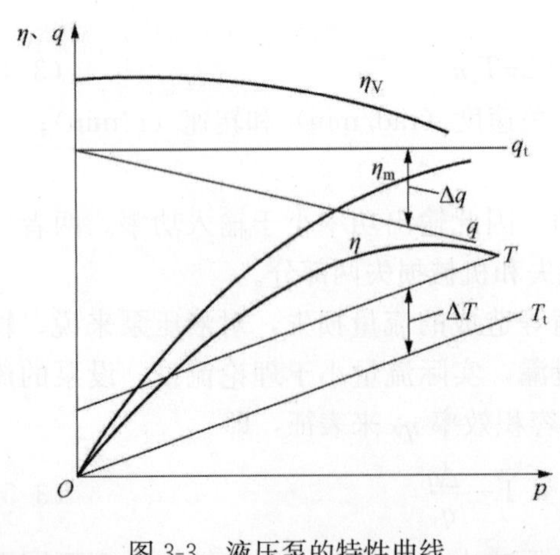

图3-3 液压泵的特性曲线

3.1.5 液压泵的特性曲线

液压泵的工作性能常用以工作压力为横坐标，容积效率、总效率及输入功率等为纵坐标的性能曲线表示。液压泵的性能特性曲线是在特定的工作介质、转速和温度下，通过试验作出的，它表示液压泵的流量、容积效率（或实际流量）总效率、输入功率与工作压力之间的关系，如图3-3所示。

容积效率 η_{Vq}（或实际流量 q）随工作压力增高而减小。因为工作压力 p 等于 0 时，理论输出功率也等于 0，相应的机械效率为 0；随压力的升高，机械效率上升，所以总效率始于 0，且有一个最高点。液压泵的性能特性曲线是衡量液压泵优劣的技术指标。

3.2 柱 塞 泵

柱塞泵是通过柱塞在缸体柱塞孔内往复运动时，由柱塞与缸孔组成的密闭工作容腔的变化来实现吸油和排油的。由于柱塞与缸体内孔均为圆柱表面，滑动表面配合精度高，所以这类泵的特点是泄漏小，容积效率高，可以在高压下工作。

柱塞泵分为径向柱塞泵和轴向柱塞泵两类，轴向柱塞泵又可分为斜盘式和斜轴式两类。

3.2.1 径向柱塞泵

1. 径向柱塞泵的工作原理

图 3-4 所示为径向柱塞泵的工作原理图。径向柱塞泵的柱塞径向布置在缸体上，在转子 2 上径向均匀分布着数个柱塞孔，孔中装有柱塞 1。转子 2 的中心与定子 4 的中心之间有一个偏心量 e。在固定不动的配流轴 5 上，相对于柱塞孔的部位有相互隔开的上下两个配流窗口，该配流窗口又分别通过所在部位的两个轴向孔与泵的吸、排油口连通。当转子 2 旋转时，柱塞 1 在离心力及机械回程力作用下，它的头部与定子 4 的内表面紧紧接触，由于转子 2 与定子 4 存在偏心，所以柱塞 1 在随转子转动时，又在柱塞孔内做径向往复滑动，当转子 2 按图示箭头方向旋转时，上半周的柱塞皆往外滑动，柱塞孔的密封容积增大，通过轴向孔吸油；下半周的柱塞皆往里滑动，柱塞孔内的密封工作容积缩小，通过配流轴向外排油。

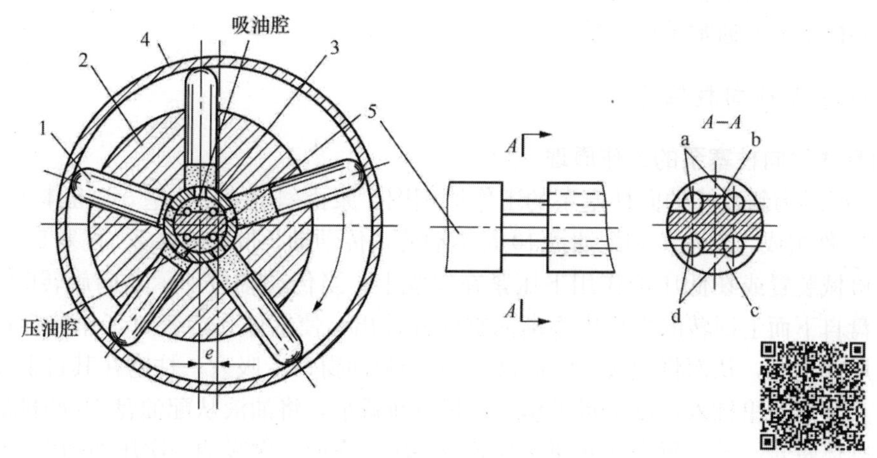

图 3-4　径向柱塞泵的工作原理图

1—柱塞；2—转子；3—衬套；4—定子；5—配流轴

径向柱塞泵的径向尺寸大，结构较复杂，自吸能力差，并且配流轴受到径向不平衡液压力的作用，易于磨损，这些都限制了它的速度和压力的提高。带滑靴连杆—柱塞组件的非点接触径向柱塞泵，改变了这一状况，出现了低噪声、耐冲击的高性能径向柱容泵，并在凿岩、冶金机械等领域获得应用，代表了径向柱塞泵发展的趋势。

2. 径向柱塞泵的排量和流量

径向柱塞泵的平均排量为

$$V=\frac{\pi}{4}d^2\cdot 2ez=\frac{\pi}{2}d^2ez \tag{3-10}$$

式中 V——径向柱塞泵的量（m^3/r）；

d——柱塞直径（m）；

z——柱塞数目（个）；

e——偏心量（m）。

由于径向柱塞泵在工作过程中，当移动定子，改变偏心量 e 的大小时，泵的排量就发生改变；当移动定子使偏心量从正值变为负值时，泵的吸、排油口就互相调换，因此，径向柱塞泵可以是单向或双向变量泵。

泵的输出流量为

$$q=\frac{\pi}{2}d^2ezn\eta_V \tag{3-11}$$

实际上，径向柱塞泵在工作过程中，排量是转角的周期函数，存在排量脉动，瞬时流量也是脉动的。流量脉动会直接影响到系统工作的平稳性，引起压力脉动，使管路系统产生振动和噪声。如果脉动频率与系统的固有频率一致，还将引起共振，加剧振动和噪声。若用 q_{max}、q_{min}来表示最大、最小瞬时流量，q_0 表示平均流量，则流量脉动率 σ 为

$$\sigma=\frac{q_{max}-q_{min}}{q_0} \tag{3-12}$$

流量脉动率是衡量容积式流量品质的一个重要指标。为了尽可能减小流量脉动率，径向柱塞泵的柱塞个数通常采用奇数。

3.2.2 斜盘式轴向柱塞泵

1. 斜盘式轴向柱塞泵的工作原理

图 3-5 所示为斜盘式轴向柱塞泵的工作原理图。泵由斜盘 1、柱塞 5、缸体 7、配油盘 10 等主要零件组成，斜盘 1 和配油盘 10 是不动的，传动轴 9 带动缸体 7、柱塞 5 一起转动，柱塞 5 靠机械装置或在低压油作用下压紧在斜盘上。当传动轴按图示方向旋转时，柱塞 5 在其沿斜盘自下而上回转的半周内逐渐向缸体外伸出，使缸体孔内密封工作腔容积不断增加，产生局部真空，从而将油液经配油盘 10 上的吸油窗口 a 吸入；柱塞在其自上而下回转的半周内又逐渐向里推入，使密封工作腔容积不断减小，将油液从配油盘 10 的排油窗口向外排出，缸体每转一转，每个柱塞便往复运动一次，完成一次吸油一次压油动作。

2. 斜盘式轴向柱塞泵的排量和流量

斜盘式轴向柱塞泵的排量为

$$V=\frac{\pi}{4}d^2zD\tan\gamma \tag{3-13}$$

式中 V——斜盘式轴向柱塞泵的排量（m^3/r）；

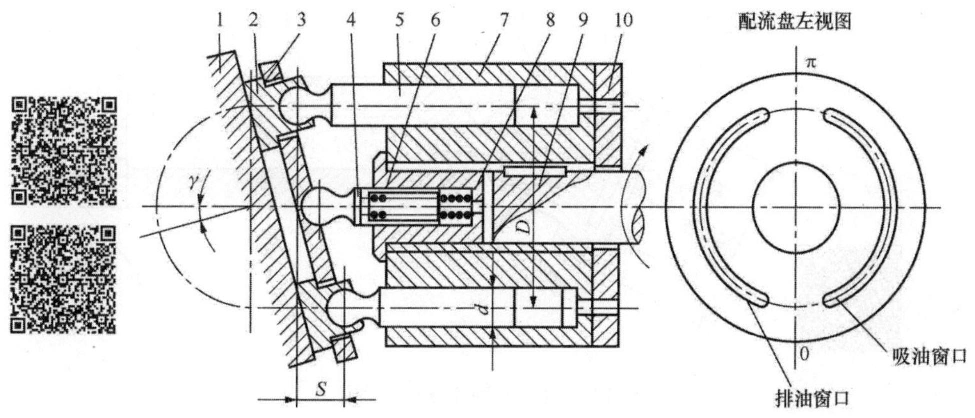

图 3-5　斜盘式轴向柱塞泵的工作原理图

1—斜盘；2—滑履；3—压板；4，8—套筒；5—柱塞；6—弹簧；7—缸体；9—传动轴；10—配油盘

d——柱塞直径（m）；

D——柱塞孔分布圆直径（m）；

z——柱塞数目（个）；

γ——斜盘倾角（°）。

由式（3-13）可知，改变斜盘的倾角 γ 就可以改变斜盘式轴向柱塞泵的排量来实现泵的变量，所以斜盘式轴向柱塞泵可以是变量泵。

泵的输出流量为

$$q=\frac{\pi}{4}d^2 zDn\eta_{\mathrm{V}}\tan\gamma \tag{3-14}$$

实际上，斜盘式轴向柱塞泵的排量也是转角的函数，其输出流量是脉动的，就柱塞数而言，柱塞数为奇数时的脉动率比偶数柱塞小，且柱塞数越多，脉动就越小，故柱塞泵的柱塞数一般都为奇数。从结构工艺性和脉动率综合考虑，常取 $z=7$ 或 $z=9$。

3. 斜盘式轴向柱塞的结构特点

1）滑靴的静压支撑结构

在斜盘式轴向柱塞泵中，若各柱塞以球形头部直接接触斜盘而滑动，这种泵称为点接触式轴向柱塞泵。点接触式轴向柱塞泵在工作时，由于柱塞球头与斜盘平面理论上为点接触，因而接触应力大，极易磨损。一般轴向柱塞泵都在柱塞头部装一滑靴，如图 3-6 所示，滑靴是按静压轴承原理设计的，缸体中的压力油经过柱塞球头中间小孔流入滑靴油室，使滑靴和斜盘间形成液体润滑，改善了柱塞头部和斜盘的接触情况，有利于提高轴向柱塞泵的压力和其他参数，使其在高压、高速下可靠地工作。

2）配流盘

图 3-7 所示为配流盘结构。为防止柱塞底部的密封容积在吸、压油腔转换时因压力突变而引起的压力冲击，一般在配流盘吸、压油窗口的前端开设减振槽（孔）或将配流盘顺缸体旋转方向偏转一定角度放置。这样，可以有效地减缓压力突变，减小振动、降低噪声，这些都是针对泵的某一旋转方向而采取的非对称措施，因此泵轴旋转方向不能任意改变。

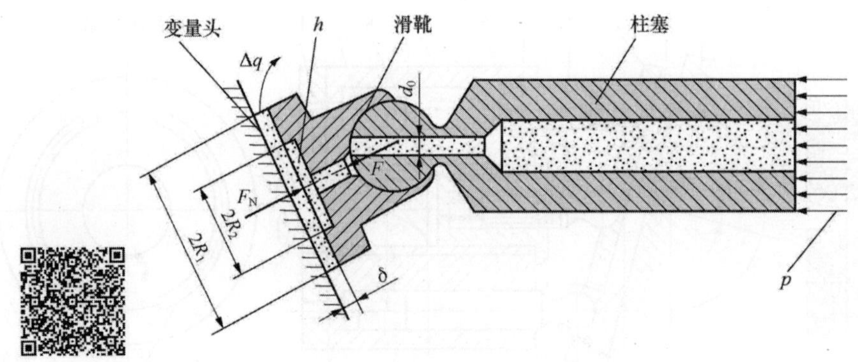

图 3-6　滑靴的静压支承原理图

若要求泵反向或双向旋转，则需要更换配流盘。

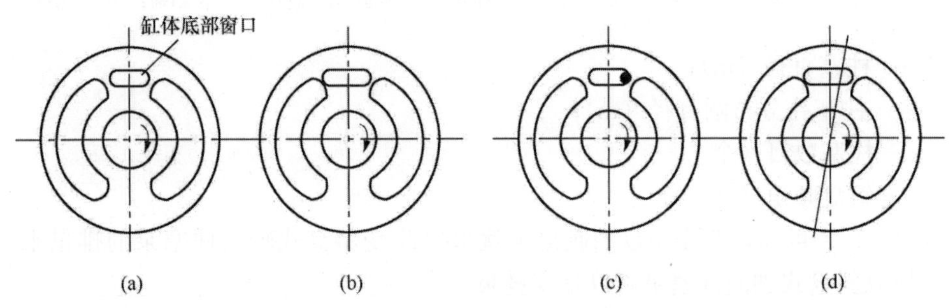

图 3-7　配流盘结构

（a）对称结构；（b）减振槽；（c）减振孔；（d）偏转结构

3）中心弹簧

图 3-8 所示为手动变量斜盘式轴向柱塞泵结构，中心弹簧 14 通过压盘（称为回程盘）将滑靴压向斜盘，在油压未建立之前，使缸体紧贴配流盘，以免摩擦副的密封漏气。当缸体转动时，弹簧的作用力使柱塞完成回程吸油动作，从而使泵具有较好的自吸能力。柱塞压油行程则是由斜盘斜面通过滑靴推动的。这种结构中的弹簧只受静载荷，不易疲劳损坏。

4）端面间隙的自动补偿

由图 3-8 可见，使缸体紧压配流盘端面的作用力，除机械装置或中心弹簧 14 作为预密封的推力外，还有柱塞孔底部台阶面上所受的液压力，此液压力比弹簧力大得多，而且随泵的工作压力增大而增大。由于缸体始终受液压力紧贴着配流盘，就使端面间隙得到了自动补偿。

5）变量机构

在斜盘式轴向柱塞泵中，通过改变斜盘倾角 γ 的大小就可调节泵的排量，变量机构的结构形式是多种多样的，这里以手动伺服变量机构为例说明变量机构的工作原理。图 3-9 所示为手动伺服变量机构简图，该机构由缸筒 1、活塞 2 和伺服阀组成。活塞 2 的内腔构成了伺服阀的阀体，并有 c、d 和 e 三个孔道分别沟通缸筒 1 下腔 a、上腔 b 和油箱。泵上的斜盘 4 通过拨叉机构与活塞 2 下端铰接，利用活塞 2 的上下移动来改变斜盘倾角 γ。当用手

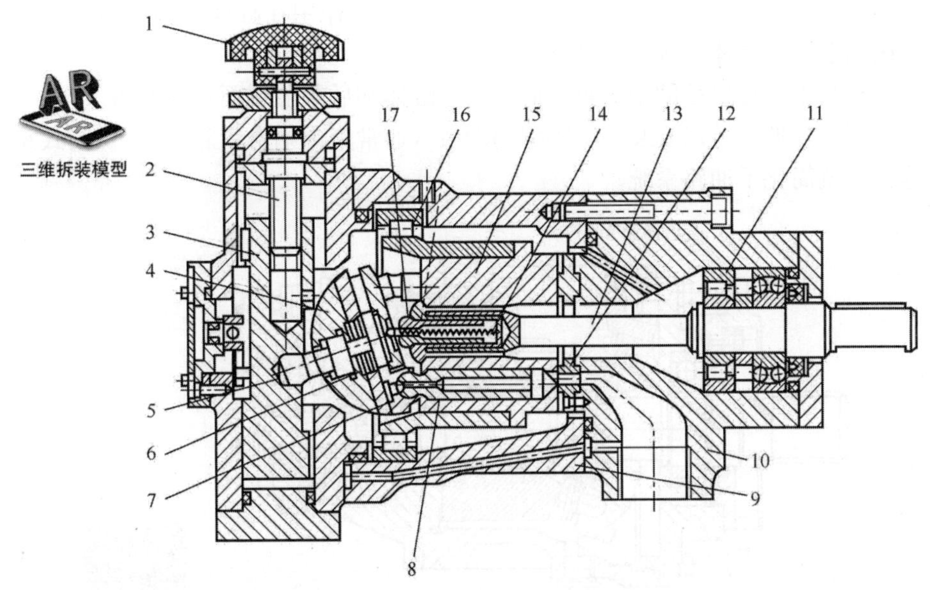

图 3-8　手动变量斜盘式轴向柱塞泵结构

1—手轮；2—螺杆；3—活塞；4—斜盘；5—销；6—压盘；7—滑靴；8—柱塞；9—中间泵体；10—前泵体；11—前轴承；12—配流盘；13—轴；14—中心弹簧；15—缸体；16—大轴承；17—钢球

柄使伺服阀芯 3 向下移动时，上面的阀口打开，a 腔中的压力油经孔道 c 通向 b 腔，活塞因上腔有效面积大于下腔的有效面积而移动，活塞 2 移动时又使伺服阀上的阀口关闭，最终使活塞 2 自身停止运动。同理，当手柄使伺服阀芯 3 向上移动时，下面的阀口打开，b 和 e 接通油箱，活塞 2 在 a 腔压力油的作用下向上移动，并在该阀口关闭时自行停止运动。变量控制机构就是这样依照伺服阀的动作来实现其控制的。

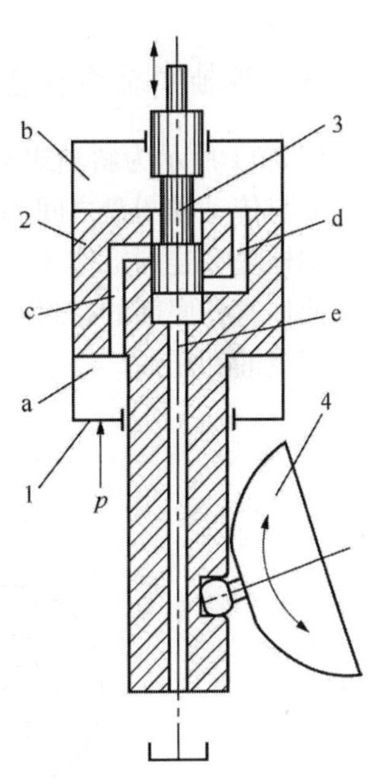

图 3-9　手动伺服变量机构

1—缸筒；2—活塞；3—伺服阀芯；4—斜盘

6）*存在困油现象*

在轴向柱塞泵中，因吸、压油配流窗口的间距不小于缸体柱塞孔底部窗口长度，在离开吸（压）油窗口到达压（吸）油窗口之前，柱塞底部的密闭工作容积大小会发生变化，所以轴向柱塞泵存在困油现象。人们往往利用这一点，使柱塞底部容积实现预压缩（预膨胀），待压力升高（降低）接近或达到压油腔（吸油腔）压力时再与压油腔（吸油腔）连通，这样一来便减缓了压力突变，减小了振动、降低了噪声。

7）*通轴与非通轴结构*

前面讲到的是非通轴型轴向柱塞泵，主要缺点是：非通轴泵的主轴是悬臂结构，需要采用大型滚柱轴承来承受斜盘施加给缸体的径向力，其受力状态不好，轴承寿命较短，且噪声大，成本高。而通轴型轴向柱塞泵（见图 3-10）的主要不同在于：

（1）通轴泵的主轴采用了两端支承，斜盘通过柱塞作用在缸体上的径向力可以由主轴来承受，因而取消了缸体外缘的大轴承。

（2）这种泵不需要单独的配流盘，而是通过缸体和后泵盖端面直接配油。

（3）在泵的外伸端可以安装一个小型辅助泵（通常为内啮合齿轮泵），供闭式系统补油之用。这样，就简化了油路系统。

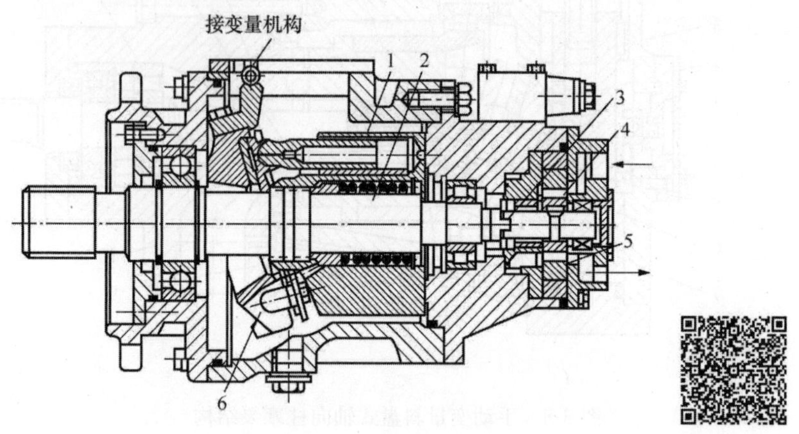

图 3-10　通轴型轴向柱塞泵

1—柱塞；2—通轴；3—联轴器；4—齿轮；5—齿轮；6—斜盘

3.2.3　斜轴式轴向柱塞泵

图 3-11 所示为斜轴式轴向柱塞泵的工作原理图。传动轴 5 的轴线相对于缸体 3 有倾角，柱塞 2 与传动轴圆盘之间用相互铰接的连杆 4 相连。当传动轴 5 沿图示方向旋转时，连杆 4 就带动柱塞 2 连同缸体 3 一起绕缸体轴线旋转，柱塞 2 同时也在缸体的柱塞孔内做往复运动，使柱塞孔底部的密封腔容积不断发生增大和缩小的变化，通过配流盘 1 上的窗口 a 和 b 来实现吸油和压油。

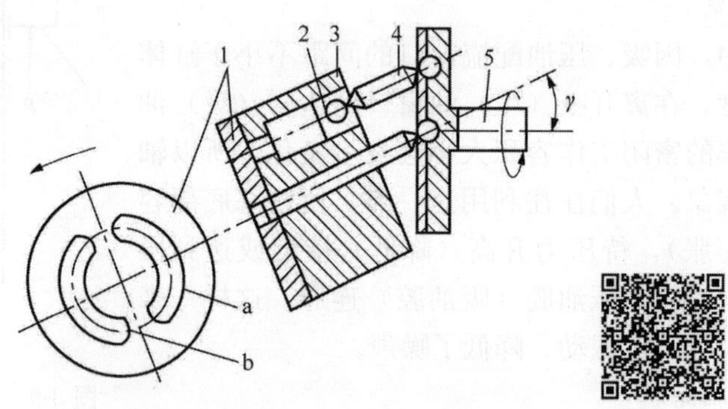

图 3-11　斜轴式轴向柱塞泵的工作原理图

a—吸油窗口；b—压油窗口

1—配流盘；2—柱塞；3—缸体；4—连杆；5—传动轴；

与斜盘式泵相比较，斜轴式泵由于缸体所受的不平衡径向力较小，柱塞受力状态较斜

盘式好，不仅可增大摆角来增大流量，变量范围较大，且耐冲击、寿命长。但外形尺寸较大，结构也较复杂。目前，斜轴式轴向柱塞泵的使用已相当广泛。

在变量形式上，斜盘式轴向柱塞泵靠斜盘摆动变量，斜轴式轴向柱塞泵则为摆缸变量，因此，后者的变量系统的响应较慢。斜轴泵的排量和流量可参照斜盘式的计算方法计算。

3.3　叶　片　泵

叶片泵有单作用式和双用式两大类，叶片泵输出流量均匀，脉动小，噪声小，体积小，但结构较复杂，自吸性能差，转速不能太高，对油液的污染比较敏感。

3.3.1　双作用叶片泵

1. 双作用叶片泵的工作原理

图 3-12 所示为双作用叶片泵的工作原理图，泵由定子 1、转子 2、叶片 3、配流盘和端盖等零件组成。定子内表面的曲线由两段大圆弧、两段小圆弧和四段过渡曲线组成，定子和转子是同心的。密封工作容积由两个相邻叶片、定子内表面曲线和转子外表面曲线共同形成的容腔。当转子逆时针方向旋转时，密封容腔的容积在 a 区逐渐增大，容腔内压力减小，产生吸油现象，即 a 区为吸油区；在 b 区密封容腔的容积逐渐减小，容腔内压力增大，产生压油现象，即 b 区为压油区；吸油区和压油区之间有一段封油区将吸、压油区隔开。这种泵的转子每转一转，每个密封工作腔便完成吸油和压油动作各两次，所以称为双作用叶片泵。泵的两个吸油区和两个压油区是径向对称的，作用在转子上的压力径向平衡，所以又称为平衡式叶片泵。

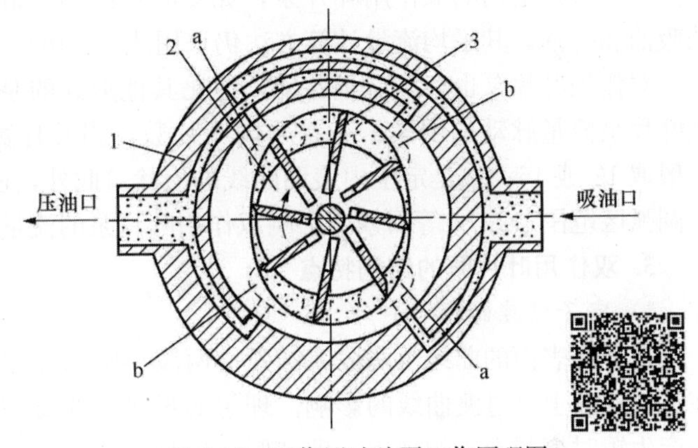

图 3-12　双作用叶片泵工作原理图
1—定子；2—转子；3—叶片
a—吸油区；b—压油区

2. 双作用叶片泵的平均流量计算

双作用叶片泵平均流量的计算方法可以近似化为环形体积来计算，双作用叶片泵的理论排量为

$$V = 2\pi(R^2 - r^2)B \tag{3-15}$$

式中　V——双作用叶片泵的排量（m^3/r）；

R——定子长半径（m）；

r——定子短半径（m）；

B——转子厚度（m）。

双作用叶片泵的平均实际流量为

$$q = 2\pi(R^2 - r^2)Bn\eta_V \tag{3-16}$$

式（3-16）是不考虑叶片几何尺度时的平均流量计算公式。一般对双作用叶片泵，在叶片底部都通以压力油，并且在设计中保证高、低压腔叶片底部总容积变化为零，也就是说，叶片底部容积不参加泵的吸油和排油。因此在排油腔，叶片缩进转子槽的容积变化，对泵的流量有影响，在精确计算叶片泵的平均流量时，还应该考虑叶片容积对流量的影响。每转不参加排油的叶片总容积为

$$V_{\mathrm{b}}=\frac{2(R-r)}{\cos\varphi}Bbz \tag{3-17}$$

式中 V_{b}——每转不参加排油的叶片总容积（$\mathrm{m^3/r}$）；

b——叶片厚度（m）；

z——叶片数（个）；

φ——叶片相对于转子半径的倾角（°）。

则双作用叶片泵精确流量计算公式为

$$q=\left[2\pi(R^2-r^2)-\frac{2(R-r)}{\cos\varphi}bz\right]Bn\eta_{\mathrm{V}} \tag{3-18}$$

对于特殊结构的双作用叶片泵，如双叶片结构、带弹簧式叶片泵，其叶片底部参加泵的吸油和排油，其平均流量计算方法仍采用式（3-16）。

双作用叶片泵也存在流量脉动，但比其他形式的泵（螺杆泵除外）小得多。影响双作用叶片泵流量脉动的因素：一是泵内叶片数，当叶片数为 4 的倍数时，流量脉动率最小。一般取 12 或 16；二是定子内表面曲线的形状。此外，还有油液的压缩性不等于常数、大半径圆弧区范围 $>2\pi/z$ 等因素会影响双作用叶片泵的流量脉动。

3. 双作用叶片泵的结构特点

1）定子过渡曲线

定子内表面的曲线由两段大圆弧、两段小圆弧和四段过渡曲线组成，泵的动力学特性在很大程度上受过渡曲线的影响。理想的过渡曲线要满足以下三个条件：一是要保证叶片不产生短时离开定子的现象，即“脱空”现象；二是要保证叶片的受力状态良好，使叶片在槽中滑动时的径向速度变化均匀，而且应使叶片转到过渡曲线和圆弧段交接点处的加速度突变不大，以减小冲击和噪声；同时，叶片与定子的压紧力不要产生突然变化，有突然变化时称为“软冲”，即曲线不要出现突跳点；三是要使泵的瞬时流量的脉动最小。

2）端面间隙的自动补偿

图 3-13 所示为 $\mathrm{YB_1}$ 型叶片泵结构图。配流盘采用凸缘式，小直径部分伸入前泵体内，并合理布置了 O 形密封圈。这样，当配流盘右侧受到液压力作用而使配流盘端面和前泵体分开时，仍能保证可靠的密封。配流盘受到液压力的作用后，靠自身的变形，也对转子和配流盘间的间隙有小于 0.01 mm 的补偿作用，配流盘在液压推力作用下压向转子。泵的工作压力越高，配流盘就会越贴紧转子，对转子端面间隙进行自动补偿。

3）叶片安装角

压力角：指定子对叶片的法向反力与叶片运动方向的夹角。

倾角：指叶片与径向半径的夹角。

如图 3-14 所示，叶片在转子内径向安装时，定子表面对叶片的作用力方向与叶片沿槽滑动的方向所成的压力角 β 较大，因而叶片在槽内所受的摩擦力也较大，使叶片滑动困难，

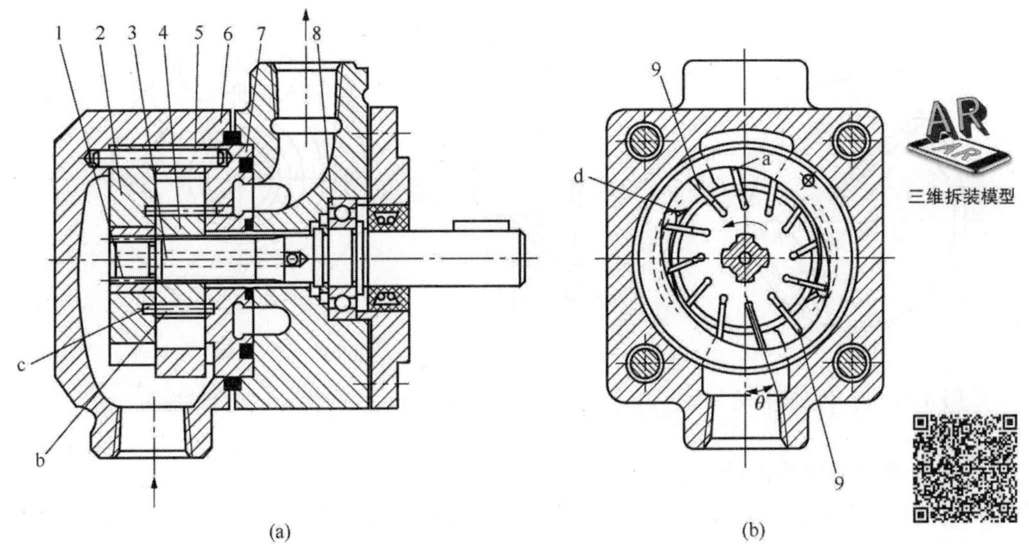

图 3-13　YB_1 型叶片泵结构图

1—滚针轴承；2、7—配流盘；3—轴；4—转子；5—定子；6—壳体；8—滚珠轴承；9—叶片

甚至被卡住或折断。为了使叶片在槽中移动灵活，保证叶片顺利从叶片槽滑出，并可减少磨损，将叶片顺着转子转动方向前倾一个角度 θ，这时的压力角就是 $\beta'=\beta-\theta$，这样就可以减小侧向力。液压泵的叶片倾角一般取为 $10°\sim14°$，YB_1 型叶片泵的叶片倾角为 13°。当叶片有安装角时，叶片泵就不允许反转。需要说明的是，最新的研究成果表明，叶片倾角为 0（即径向布置）时，叶片也可自如地伸缩。

4）配流盘

图 3-15 所示为 YB_1 型叶片泵配流盘结构图。配流盘的上、下两缺口 b 为吸油窗口，两个腰形孔 a 为压油口，相隔部分为封油区域。在腰形孔端开有三角槽 e，它的作用是使叶片间的密封容积逐步地与高压腔相通，以避免产生液压冲击，从而可减小振动和噪声。在配流盘上对应于叶片根部位置处开有一环形槽 G 在环形槽内有两个小孔 E 与压油孔道相通，引进压力油作用于叶片根部，叶片在根部液压作用力和离心力的作用下使叶片紧贴定子内表面，保证了可靠的密封。f 为泄漏孔，将泵体内的泄漏油引入吸油腔。

5）困油现象

在双作用叶片泵中，因为定子圆弧部分的夹角＞配油窗口的间隔夹角＞两叶片的夹角，所以在吸、压油配流窗口之间虽存在闭死容积，但容积大小不变化，所以不会出现困油现象。但由于定子上的圆弧曲线及其中心角都不能做得很准确，因此仍可能出现轻微的困油现象。为克服困油现象的危害，常将配油盘的压油窗口前端开一个三角形截面的三角槽，同时用以减少油腔中的压力突变，以降低输出压力的脉动和噪声，此槽称为减振槽，如图 3-15 所示。

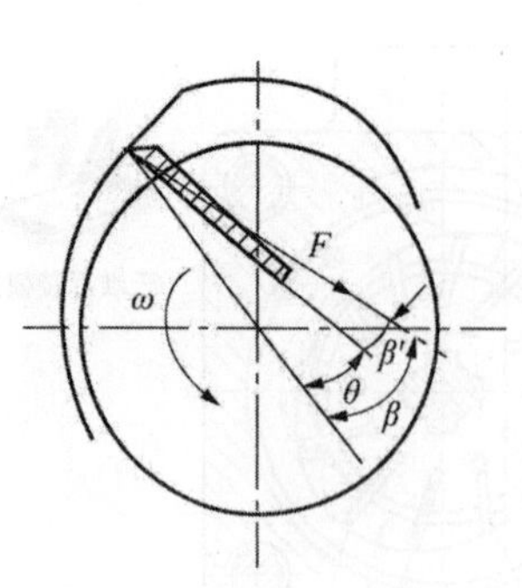

图 3-14 叶片泵安装角

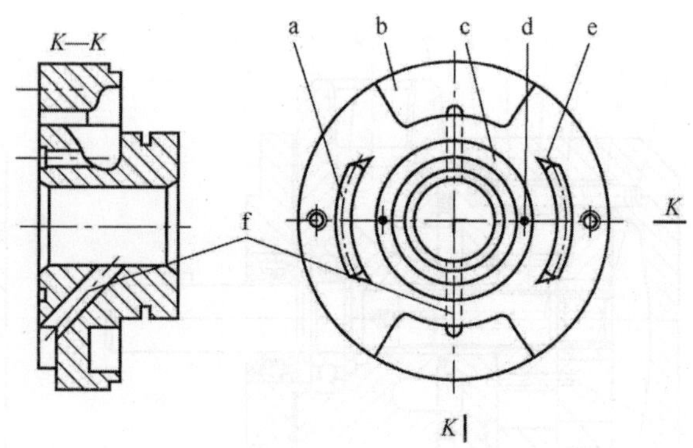

图 3-15 YB_1型叶片泵配流盘结构图

6）叶片槽根部通压力油

为了保证叶片顶部与定子内表面紧密接触，通过配流盘将压油腔的油引入叶片根部，因此叶片根部受到压油腔液压力的作用。当叶片处于吸油区时，其根部作用着压油腔的压力，顶部却作用着吸油腔的压力，这一压力差使叶片以很大的力压向定子内表面，这样会加速定子内表面的磨损，当泵的工作压力越高时，这个问题就越突出。

7）转子受到平衡的径液压力的作用

双作用叶片泵转子上的径向力基本上是平衡的，因此双作用叶片泵工作压力的提高不会受到径向承载能力的限制。随着技术的发展，经不断改进，双作用叶片的最高工作压力已达20～30MPa。

4. 高压叶片泵

影响提高双作用叶片泵工作压力的原因：一是端面泄漏；二是叶片根部受到压油腔液压作用力，引起叶片和定子内表面的磨损。叶片泵采用浮动配流盘对端面间隙进行补偿后，泵在高压下也能保持较高的容积效率，提高叶片泵工作压力的主要限制条件是叶片和定子内表面的磨损，为了解决定子和叶片的磨损，要采取措施减小在吸油区叶片对定子内表面的压紧力，主要通过减小作用面积或降低压力的方式，目前采取的主要结构有以下几种。

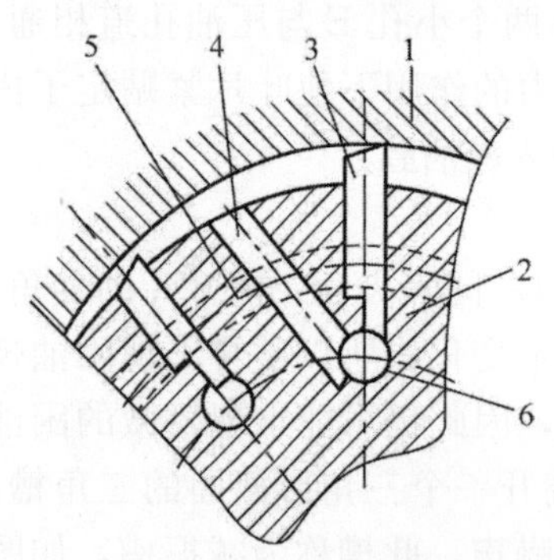

图 3-16 阶梯叶片结构

1—定子；2—转子；3—阶梯叶片；4—压力平衡油道；5—中间油槽；6—中间底部油槽

1）阶梯叶片结构

图 3-16 所示为阶梯叶片结构，叶片做成阶梯形式，转子上的叶片槽亦具有相应的形状。它们之间的中间油腔经配流盘上的槽与压力油相通，转子上的压力平衡油道把叶片头部的压力油引入叶片底部。把压力油引入中间油腔之前，设置节流阻尼，使叶片向内缩进时，此腔保持足够的压力，保证叶片紧贴定子内表面。这种结构由于叶片及槽的形状较为复杂，加工工艺性较差，应用较少。

2）子母叶片结构

如图 3-17 所示，在转子叶片槽中装有母叶片和子叶片，母、子叶片能自由地相对滑动，为了使母叶片和定子的接触压力适当，须正确选择子叶片和母叶片的宽度尺寸之比。转子上

的压力平衡孔使母叶片的头部和底部液压力相等，泵的排油压力经过配流盘，转子槽通到母、子叶片之间的中间压力腔，如不考虑离心力、惯性力，由图 3-17 可知，叶片作用在定子上的力为

$$F = bt(p_2 - p_1) \tag{3-19}$$

式（3-19）符号的意义如图 3-17 所示，在吸油区，$p_1=0$，则 $F=p_2bt$，在排油区，$p_1=p_2$，故 $F=0$。因此，只要适当地选择 t 和 b 的大小，就能控制接触应力，一般取子叶片的宽度为母叶片宽度的 1/4～1/3。

在排油区 $F=0$，叶片仅靠离心力与定子接触。为防止叶片的脱空，在连通中间压力腔的油道上设置适当的节流阻尼，使叶片运动时中间油腔的压力高于作用在母叶片头部的压力，以保证叶片在排油区时与定子紧密贴合。

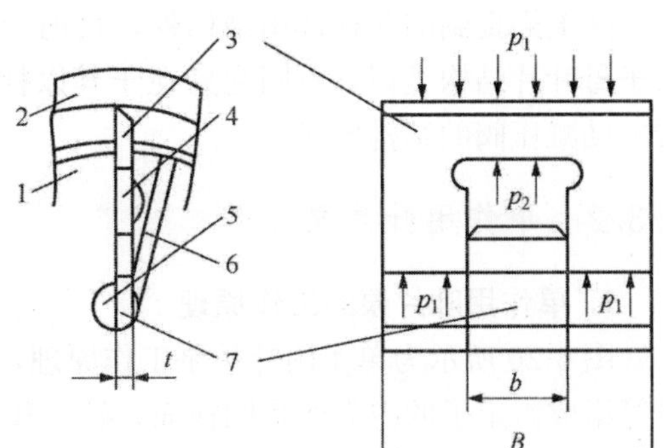

图 3-17　子母叶片结构

1—转子；2—定子；3—母叶片；4—压力油道；5—中间压力腔；6—压力平衡槽；7—子叶片

3）双叶片结构

图 3-18 所示为双叶片结构，各转子槽内装有两个经过倒角的叶片。叶片底部不和高压油腔相通，两叶片的倒角部分构成从叶片底部通向头部的 V 形油道，因而作用在叶片底、头部的油压力相等，合理设计叶片头部的形状，使叶片头部承压面积略小于叶片底部承压面积。这个承压面积的差值就形成了叶片对定子内表面的接触力。也就是说，这个推力是能够通过叶片头部的形状来控制的，以便既保证叶片与定子紧密接触，又不致于使接触应力过大。同时，槽内两个叶片可以相互滑动，以保证在任何位置，两个叶片的头部和定子内表面紧密接触。

4）弹簧叶片结构

与双叶片结构类似的还有弹簧叶片结构。如图 3-19 所示，叶片在头部及两侧开有半圆形槽，在叶片的底面上开有三个弹簧孔。通过叶片头部和底部相连的小孔及侧面的半圆槽使叶片底面与头部相通，这样，叶片在转子槽中滑动时，头部和底部的压力完全平衡。叶片和定子内表面的接触压力仅为叶片的离心力、惯性力和弹簧力，故接触力较小。不过，弹簧在工作过程中频繁交变压缩，易引起疲劳损坏，但这种结构可以原封不动地作为油马达使用，这是其他叶片泵结构所不具备的。

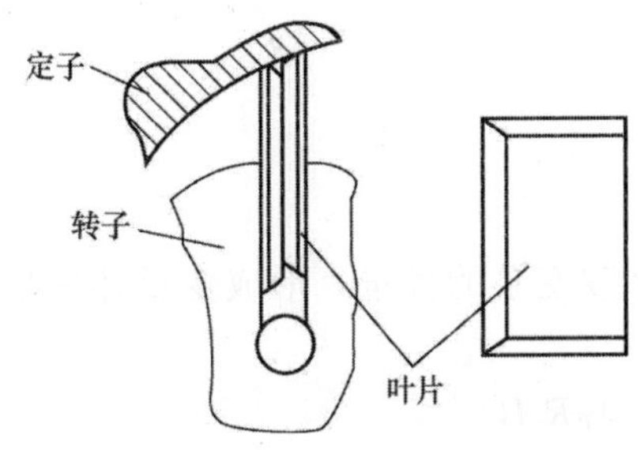

图 3-18　双叶片结构

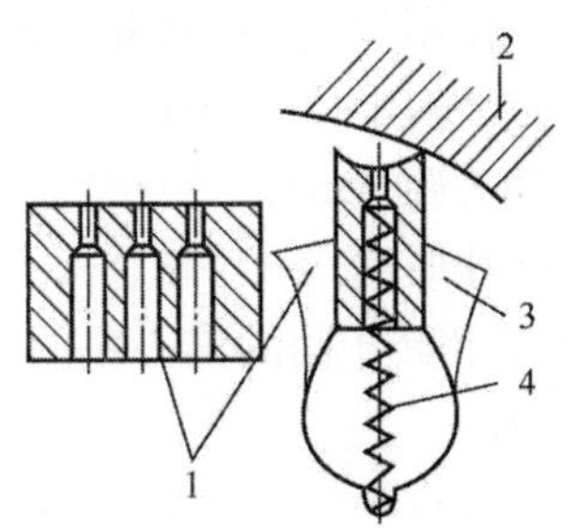

图 3-19　弹簧叶片结构

1—叶片；2—定子；3—转子；4—弹簧

5）其他结构

除上面提到的几种常用结构外，目前使用较广泛的还有一种柱销式结构。柱销式结构与子母叶片结构类似，不同之处在于其以柱销代替子叶片，加工工艺性更好。此外，还有带辅助减压阀的结构形式。

3.3.2 单作用叶片泵

1. 单作用叶片泵的工作原理

图 3-20 所示为单作用叶片泵工作原理，单作用叶片泵由转子 2、定子 3、叶片 4 和配流盘等组成。定子的内表面是圆柱面，转子和定子中心之间存在着偏心 e，叶片在转子的槽内可灵活滑动，在转子转动时的离心力以及叶片根部油压力作用下，叶片顶部贴紧在定子内表面上，于是，两相邻叶片、配油盘、定子和转子便形成了一个密封的工作腔。当转子按图示箭头方向旋转时，图右侧的叶片向外伸出，密封工作腔容积逐渐增大，产生真空，油液通过吸油口 5 进入密封工作腔；而在图的左侧，叶片往里缩进，密封腔的容积逐渐缩小，密封腔中的油液排往配油盘排油窗口，经压油口 1 被输送到系统中。这种泵在转子转一转的过程中，吸油、压油各一次，故称单作用叶片泵。从力学上讲，转子上受有单方向的液压不平衡作用力，故又称非平衡式泵，其轴承负载大。若改变定子和转子间的偏心距的大小，便可改变泵的排量，形成变量叶片泵。

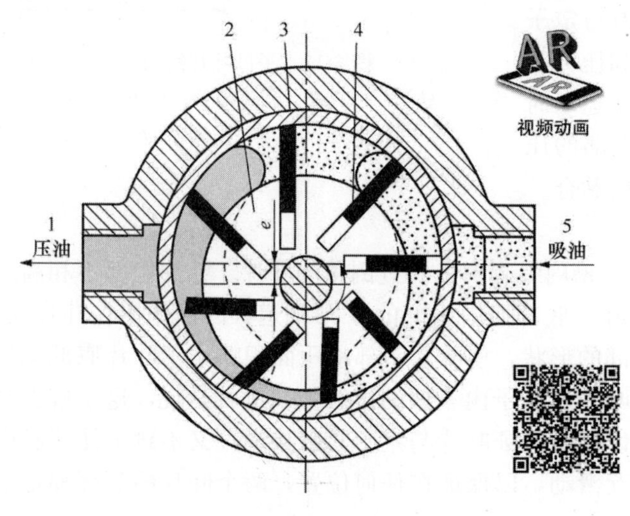

图 3-20　单作用叶片泵工作原理

1—压油口；2—转子；3—定子；4—叶片；5—吸油口

2. 单作用叶片泵的平均流量计算

单作用叶片油泵的理论排量为

$$V = \pi[(R+e)^2-(R-e)^2]B = 4\pi ReB \tag{3-20}$$

式中　V——单作用叶片泵的排量（m^3/r）；

R——定子内半径（m）；

e——偏心距（m）；

B——叶片厚度（m）。

若改变定子和转子间的偏心距的大小，便可改变泵的排量，形成变量叶片泵。单作用叶片泵的流量为

$$q = Vn\eta_V = 4\pi ReB \tag{3-21}$$

单作用叶片泵的叶片底部小油室和工作油腔相通。当叶片处于吸油腔时，它和吸油腔相通，也参与吸油；当叶片处于压油腔时，它和压油腔相通，也向外压油。叶片底部的吸

油和排油作用，正好补偿了工作油腔中叶片所占的体积，因此叶片对容积的影响可不考虑。

单作用叶片泵也存在流量脉动。叶片数越多，流量脉动率就越小；奇数叶片的泵的脉动率比偶数叶片的泵的脉动率小，因此单作用叶片泵的叶片数常取奇数，一般为 13 或 15。此外，油液的压缩性也会影响流量脉动率。

3. 单作用叶片泵的结构特点

1）偏心距 e 可变

可以通过改变定子的偏心距 e 来调节泵的排量和流量，偏心反向时，吸油压油方向也相反。因此，单作用叶片泵可以是单向变量泵，也可以是双向变量泵。

2）叶片后倾安装

叶片仅靠离心力紧贴定子表面，考虑到叶片上还受离心力和摩擦力的作用，为了使叶片所受的合力与叶片的滑动方向一致，保证叶片更容易从叶片槽滑出，叶片槽常加工成沿旋转方向向后倾斜的结构形式，叶片后倾安装，有利于叶片在离心力作用下向外伸出。

3）叶片根部的容积不影响泵的流量

叶片槽根部分别通油，即叶片头部和底部同时处在排油区或吸油区中，所以叶片厚度对泵的流量没有多大影响。

4）存在困油现象

配流盘的吸、排油窗口间的密封角略大于两相邻叶片间的夹角，而单作用叶片泵的定子不存在与转子同心的圆弧段，因此，当上述被封闭的容腔发生变化时，会产生困油现象，通常，通过配流盘排油窗口边缘开三角卸荷槽的方法来消除困油现象，结构与双作用叶片泵的配流盘相似，如图 3-15 所示。

5）转子承受径向液压力

单作用叶片泵转子上的径向液压力不平衡，轴承负荷较大。这使泵的工作压力和排量的提高均受到限制，一般不超过 7MPa。

4. 单作用叶片泵的变量原理

就变量叶片泵的变量工作原理来分，有外反馈式和内反馈式两种。下面介绍限压式外反馈变量叶片泵。

1）限压式外反馈变量叶片泵的工作原理

图 3-21 所示为限压式外反馈限变量叶片泵的工作原理，它能根据泵出口负载压力的大小自动调节泵的排量。图中转子 1 的中心是固定不动的，定子 3 可沿滑块滚针轴承 4 左右移动。定子右边有反馈柱塞 5，它的油腔与泵的压油腔相通。设反馈柱塞的受压面积为 A_x，则作用在定子上的反馈力 pA_x小于作用在定子上的弹簧力时，弹簧 2 便把定子推向最右边，柱塞和流量调节螺钉 6 用以调节泵的原始偏心 e_0，进而调节流量，此时偏心达到预调值心，泵的输出流量最大。当泵的压力升高到 $pA_x > F_x$时，反馈力克服弹簧预紧力，推定子左移距离 x，偏心减小，泵输出流量随之减小。压力越高，偏心越小，输出流量也越小。当压力达到使泵的偏心所产生的流量全部用于补偿泄漏时，泵的输出流量为零，不管外负载再怎样加大，泵的输出压力不会再升高，所以这种泵被称为限压式外反馈变量叶片泵。

2）限压式外反馈变量叶片泵的压力流量曲线

设泵转子和定子间的最大偏心距为 e_{max}，此时弹簧的预压缩量为 x_0，弹簧刚度为 k_x，

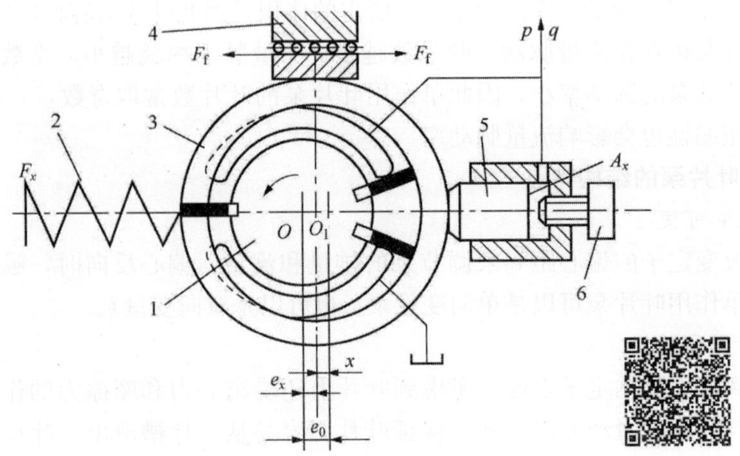

图 3-21　限压式外反馈变量叶片泵的工作原理

1—转子；2—弹簧；3—定子；4—滑块滚针轴承；5—反馈柱塞；6—流量调节螺钉

泵的偏心预调值为 e_0，当压力逐渐增大，使定子开始移动时压力为 p_0，则有

$$p_0 A_x = k_x(x_0 + e_{max} - e_0) \tag{3-22}$$

当泵压力为 p 时，定子移动了 x 距离，也即弹簧压缩量增加 x，这时的偏心量为

$$e = e_0 - x \tag{3-23}$$

如忽略泵在滑块滚针支承处的摩擦力 F_f，泵定子的受力方程为

$$p_0 A_x = k_x(x_0 + e_{max} - e_0 + x) \tag{3-24}$$

由式（3-24）得

$$p_0 = \frac{k_x}{A_x}(x_0 + e_{max} - e_0) \tag{3-25}$$

泵的实际输出流量为

$$q = k_q e - k_i p \tag{3-26}$$

式中　k_q——泵的流量增益；

　　　k_i——泵的泄漏系数。

当 $pA_x < F_x$ 时，定子处于最右端位置，弹簧的总压缩量等于其预压缩量，定子偏心量为预调节量 e_0，泵的流量为

$$q = k_q e_0 - k_i p \tag{3-27}$$

而当 $pA_x > F_x$ 时，定子左移，泵的流量减小。由式（3-23）、式（3-24）和式（3-26）得

$$q = k_q(x_0 + e_{max}) - \frac{k_q}{k_x}\left(A_x + \frac{k_x + k_i}{k_q}\right)p \tag{3-28}$$

限压式变量叶片泵的压力流量曲线参见图 3-22。AB 段与式（3-27）相对应，在此区间工作的变量叶片泵的偏心不变，即定子偏心预调节量 e_0，为不变量段，此时泵相当于定量泵，只是随着压力增加，由于泄漏使实际输出流量减少；段是泵的变量段，泵的实际流量随着压力增大而迅速下降，叶片泵处变量泵工况与式（3-28）相对应。B 点称为曲线的拐点，拐点处的压力 $p_B = p_0$ 值主要由弹簧预紧力确定，并可以由式（3-25）算出。如是弹簧

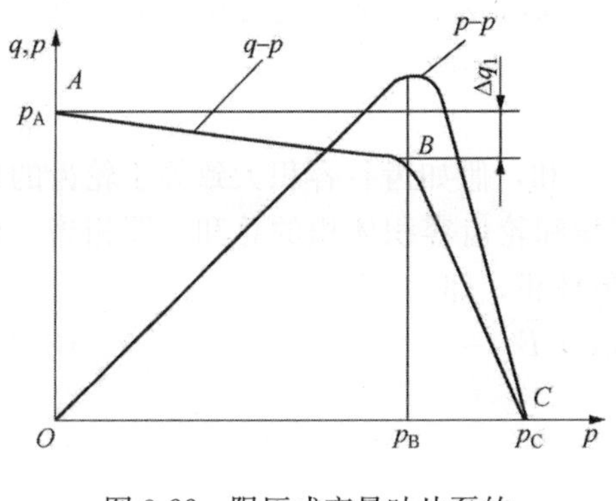

图 3-22　限压式变量叶片泵的压力流量曲线

的预压缩力，如是变量泵的最大输出压力。

在变量段，偏心量 e 为

$$e = e_0 - \frac{A(p - p_B)}{k_x} \tag{3-29}$$

由式（3-29）和图 3-21 可知，调节流量调节螺钉可调节最大偏心量的大小。从而改变叶片泵的最大输出流量，特性曲线 AB 段上下平移，p_B 变而 p_{max} 不变；调节调压弹簧螺钉可改变调定压力 p_B 的大小，特性曲线 BC 左右平移；改变弹簧的刚度 k 时，可以改变 BC 段的斜率。

限压式变量叶片泵对既要实现快速行程，又要实现保压和工作进给的执行元件来说是一种合适的油源，如机床进给系统。快速行程需要大的流量，负载压力较低，正好使用其 AB 段曲线部分；保压和工作进给时负载压力升高，需要流量减小，正好使用其 BC 段曲线部分。

3.4　齿　轮　泵

齿轮泵是液压系统中广泛采用的一种液压泵，其主要特点是结构简单，制造方便，价格低廉，体积小，重量轻，自吸性能好，对油液污染不敏感，工作可靠；其主要缺点是流量和压力脉动大，噪声大，排量不可调，只能做成定量泵。按结构不同，齿轮泵分为外啮合齿轮泵和内啮合齿轮泵，而以外啮合齿轮泵应用最广。

3.4.1　外啮合齿轮泵

1. 外齿轮泵的工作原理和结构

外啮合齿轮泵的工作结构原理如图 3-23 所示。外啮合齿轮泵主要由主动齿轮、从动齿轮、驱动轴、泵体及侧板等主要零件构成。泵体内相互啮合的主动齿轮 2、从动齿轮 3 与两端盖及泵体一起构成密封工作容积，齿轮的啮合点将左、右两腔隔开，形成吸、压油腔，当齿轮按图示箭头方向旋转时，右侧吸油腔内的轮齿脱离啮合，密封工作腔容积不断增大，形成部分真空，油液在大气压力作用下从油箱经吸油管进入吸油腔，并被旋转的轮齿带入左侧的压油腔。左侧压油腔内的轮齿不断进入啮合，使密封工作腔容积减小，油液受到

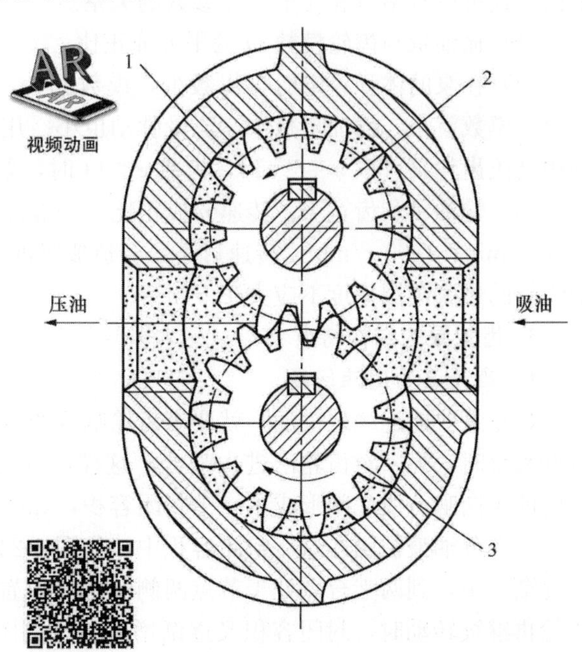

图 3-23　外啮合齿轮泵工作原理
1—泵体；2—主动齿轮；3—从动齿轮

挤压被排往系统，这就是齿轮泵的吸油和压油过程。在齿轮泵的啮合过程中，啮合点沿啮合线把吸油区和压油区分开。

2. 齿轮泵的流量计算

齿轮泵的排量 V 相当于一对齿轮所有齿谷容积之和，假如齿谷容积大致等于轮齿的体积，那么，齿轮泵的排量就等于一个齿轮的齿谷容积和轮齿容积体积的总和，即相当于以有效齿高（$h=2m$）和齿宽构成的平面所扫过的环形体积，即

$$V = \pi DhB = 2\pi zm^2 B \tag{3-30}$$

式中 D——齿轮分度圆直径，$D=mz$（m）；

h——有效齿高，$h=2m$（m）；

B——齿轮宽（m）；

m——齿轮模数（m）；

z——齿数。

实际上齿谷的容积要比轮齿的体积稍大，故上式中的 π 常以 3.33 代替，则式（3-30）可写成

$$V = 6.66zm^2 B \tag{3-31}$$

齿轮泵的流量 q(L/min) 为

$$q = 6.66zm^2 Bn\eta_V \times 10^{-3} \tag{3-32}$$

式中 n——齿轮泵转速（r/min）；

η_V——齿轮泵的容积效率。

实际上齿轮泵的输油量也是有脉动的，故式（3-32）所表示的是泵的平均输油量。由上面公式可以看出量和几个主要参数的关系。

（1）输油量与齿轮模数 m 的平方成正比。

（2）在泵的体积一定时，齿数少，模数就大，故输油量增加，但流量脉动大；齿数增加时，模数就小，输油量减少，流量脉动也小。用于机床上的低压齿轮泵，取 $z=13\sim19$，而中高压齿轮泵，取 $z=6\sim14$，齿数 $z<14$ 时，要进行修正。

（3）输油量和齿宽 B、转速 n 成正比。一般齿宽 $B=(6\sim10)m$；转速 n 为 750 r/min、1000 r/min、1500 r/min，转速过高，会造成吸油不足，转速过低，泵也不能正常工作。一般齿轮的最大圆周速度不应大于 6 m/s。

3. 齿轮泵的结构特点

1）齿轮泵的困油问题

齿轮泵要能连续地供油，就要求齿轮啮合的重叠系数 e 大于 1，也就是当一对齿轮尚未脱开啮合时，另一对齿轮已进入啮合，这样，就出现同时有两对齿轮啮合的瞬间，在两对齿轮的齿向啮合线之间形成了一个封闭容积，如图 3-24 所示。

一部分油液被困在这一封闭容积中［见图 3-24（a）］，齿轮连续旋转时，这一封闭容积便逐渐减小，到两啮合点处于节点两侧的对称位置时［见图 3-24（b）］，封闭容积为最小，齿轮再继续转动时，封闭容积又逐渐增大，直到图 3-24（c）所示位置时，容积变为最大。在封闭容积减小时，被困油液受到挤压，压力急剧上升，使轴承上突然受到很大的冲击载荷，使泵剧烈振动，这时高压油从一切可能泄漏的缝隙中挤出，造成功率损失，使油液发

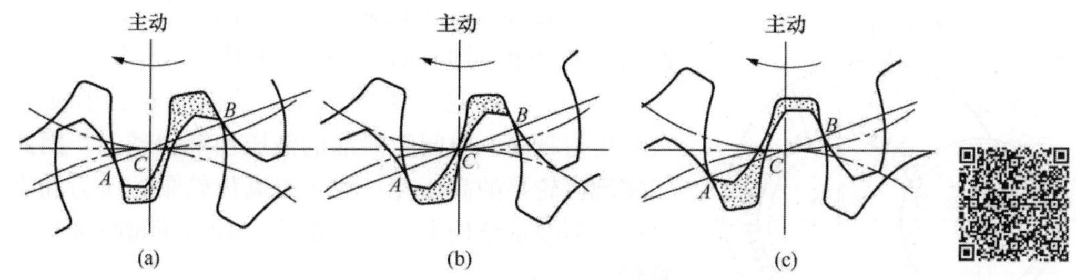

图 3-24　齿轮泵困油现象

热等。当封闭容积增大时，由于没有油液补充，因此形成局部真空，使原来溶解于油液中的空气分离出来，形成了气泡，油液中产生气泡后，会引起噪声、气蚀等一系列恶果。以上情况就是齿轮泵的困油现象。这种困油现象极为严重地影响着泵的工作平稳性和使用寿命。

为了消除困油现象，在齿轮泵的泵盖上铣出两个困油卸荷凹槽，其几何关系如图 3-25 所示。卸荷槽的位置应该使困油腔由大变小时，能通过卸荷槽与压油腔相通，而当困油腔由小变大时，能通过另一卸荷槽与吸油腔相通。两卸荷槽之间的距离为 a，必须保证在任何时候都不能使压油腔和吸油腔互通。

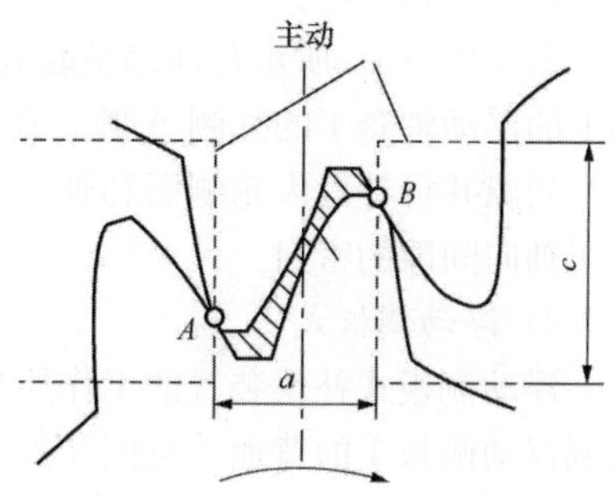

图 3-25　齿轮泵的困油卸荷槽

按上述对称开的卸荷槽，当困油封闭腔由大变至最小时（图 3-25），由于油液不易从即将关闭的缝隙中挤出，故封闭油压仍将高于压油腔压力；齿轮继续转动，当封闭腔和吸油腔相通的瞬间，高压油又突然和吸油腔的低压油相接触，会引起冲击和噪声。于是 CB-B 型齿轮泵将卸荷槽的位置整个向吸油腔侧平移了一个距离。这时封闭腔只有在由小变至最大时才和压油腔断开，油压没有突变，封闭腔和吸油腔接通时，封闭腔不会出现真空也没有压力冲击，这样改进后，使齿轮泵的振动和噪声得到了进一步改善。

2）径向不平衡力

齿轮泵工作时，在齿轮和轴承上承受径向液压力的作用。如图 3-26 所示，泵的右侧为吸油腔，左侧为压油腔。在压油腔内有液压力作用于齿轮上，沿着齿顶的泄漏油，具有大小不等的压力，就是齿轮和轴承受到的径向不平衡力。液压力越高，这个不平衡力就越大，其结果不仅加速了轴承的磨损，降低了轴承的寿命，甚至使轴承变形，造成齿顶和泵体内壁的摩擦等。为了解决径向力不平衡问题，在有些齿轮泵上，采用开压力平衡槽的办法来消除径向不平衡力，但这将使泄漏增大，容积效率降低等。CB-B 型齿轮泵则采用缩小压油腔，以减小液压力对齿顶部分的作用面积来减小径向不平衡力，所以泵的压油口孔径比吸油口孔径要小。

3）齿轮泵的泄漏通道

在液压泵中，运动件间是靠微小间隙密封的，这些微小间隙从运动学上看成摩擦副，而高压腔的油液通过间隙向低压腔泄漏是不可避免的；齿轮泵压油腔的压力油可通过三条途径泄漏到吸油腔去：一是通过齿轮啮合线处的间隙（齿侧间隙）；二是通过泵体定子环内

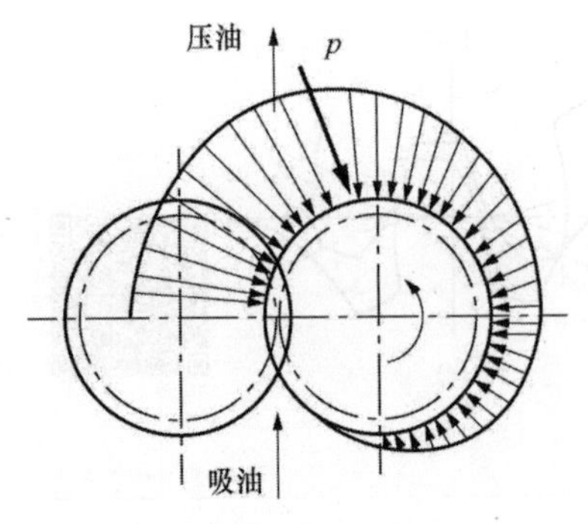

图 3-26 齿轮泵的径向不平衡力

孔和齿顶间隙的径向间隙（齿顶间隙）；三是通过齿轮两端面和侧板间的间隙（端面间隙），占总泄漏量的 70%～80%。在这三类间隙中，端面间隙的泄漏量越大，压力越高，由间隙泄漏的液压油液就越多，因此为了实现齿轮泵的高压化，为了提高齿轮泵的压力和容积效率，需要从结构上来采取措施，对端面间隙进行自动补偿。

4. 高压齿轮泵的特点

上述齿轮泵由于泄漏大，主要是端面泄漏，且存在径向不平衡力，故压力不易提高。高压齿轮泵主要是针对上述问题采取了一些措施，如尽量减小径向不平衡力和提高轴与轴承的刚度；对泄漏量最大处的端面间隙，采用了自动补偿装置等。下面对端面间隙的补偿装置作简单介绍。

1）浮动轴套式

图 3-27（a）所示是浮动轴套式的间隙补偿装置。它是利用泵的出口压力油，引入齿轮轴上的浮动轴套 1 的外侧 A 腔，在液体压力作用下，使轴套紧贴齿轮 3 的侧面，因而可以消除间隙并可补偿齿轮侧面和轴套间的磨损量。在泵启动时，靠弹簧 4 来产生预紧力，保证了轴向间隙的密封。

2）浮动侧板式

浮动侧板式补偿装置的工作原理与浮动轴套式基本相似，它也是利用泵的出口压力油引到浮动侧板 1 的背面［见图 3-27（b）］，使之紧贴于齿轮 2 的端面来补偿间隙。启动时，浮动侧板靠密封圈来产生预紧力。

3）挠性侧板式

图 3-27（c）所示为挠性侧板式间隙补偿装置，它是利用泵的出口压力油引到侧板的背面后，靠侧板自身的变形来补偿端面间隙的，侧板的厚度较薄，内侧面要耐磨（如烧结有 0.5～0.7 mm 的磷青铜），这种结构采取一定措施后，易使侧板外侧面的压力分布大体上和齿轮侧面的压力分布相适应。

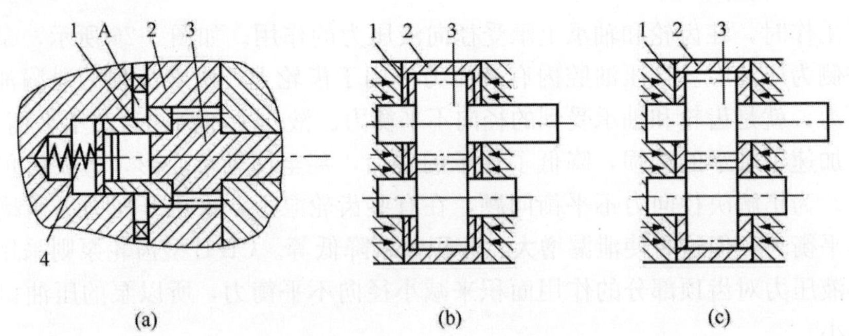

图 3-27 端面间隙补偿装置示意

5. 外啮合齿轮泵的典型结构

图 3-28 所示为 CB-B 齿轮泵的结构，泵的前后盖和泵体由两个定位销 1 定位，用 6 只

螺钉固紧。

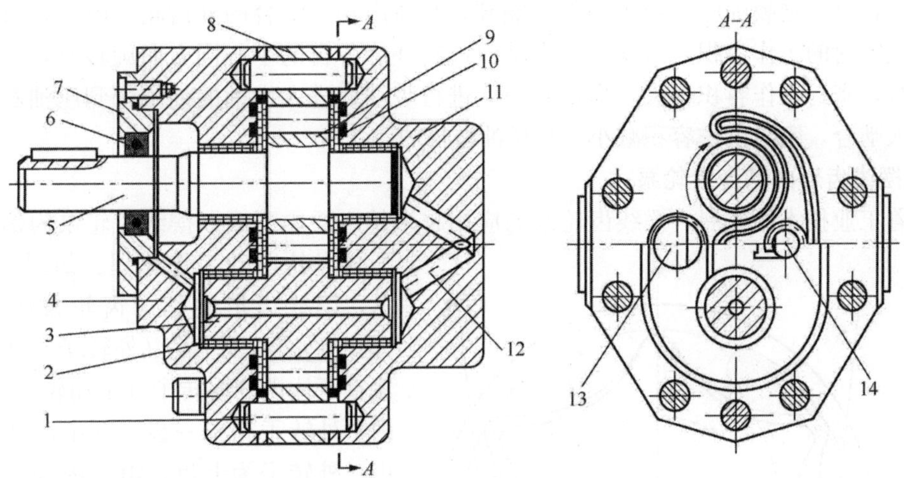

图 3-28　CB-B 齿轮泵的结构

1—定位销；2—滑动轴承；3—从动齿轮；4—前泵盖；5—传动轴；6—轴封；7—压环；8—泵体；9—主动齿轮；10—挠性侧板；11—后泵盖；12—泄油孔；13—吸油口；14—压油口

为了保证齿轮灵活地转动，同时又要保证泄漏最小，在齿轮端面和泵盖之间应有适当间隙（轴向间隙），对小流量泵轴向间隙为 0.025～0.04 mm，大流量泵为 0.04～0.06 mm。齿顶和泵体内表面间的间隙（径向间隙），由于密封带长，同时齿顶线速度形成的剪切流动又和油液泄漏方向相反，故对泄漏的影响较小，这里要考虑的问题是：当齿轮受到不平衡的径向力后，应避免齿顶和泵体内壁相碰，所以径向间隙就可稍大，一般取 0.13～0.16 mm。为了防止压力油从泵体和泵盖间泄漏到泵外，并减小压紧螺钉的拉力，在泵体两侧的端面上开有泄油槽，将渗入泵体和泵盖间的压力油引入吸油腔。在泵盖和从动轴上的小孔，其作用是将泄漏到轴承端部的压力油也引到泵的吸油腔去，以防止油液外溢，同时也润滑了滚针轴承。

3.4.2　内啮合齿轮泵

内啮合齿轮泵的工作原理也是利用齿间密封容积的变化来实现吸油压油的。内啮合齿轮泵有渐开线齿形和摆线齿形两种，这两种内啮合齿轮泵工作原理和主要特点皆同于外啮合齿轮泵。

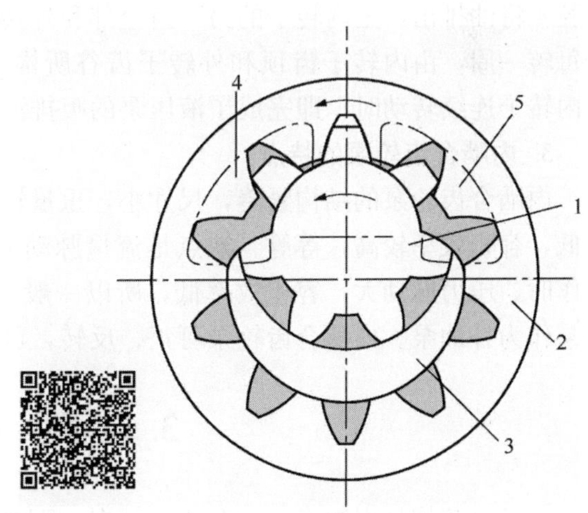

图 3-29　渐开线齿形内啮合齿轮泵

1—外齿轮；2—内齿轮；3—月牙隔板；4—吸油腔；5—压油腔

1. 渐开线齿形内啮合齿轮泵

图 3-29 所示为渐开线齿形内啮合齿轮泵，由外齿轮 1、内齿轮 2、月牙隔板 3 等组成。内啮合齿轮泵中的外齿轮是主动

轮，内齿轮为从动轮，在工作时内齿轮随外齿轮同向旋转。外齿轮和内齿轮之间装了一块月牙隔板，以便把吸油腔 4 和压油腔 5 隔开。泵体内相互啮合的外齿轮、内齿轮与两端盖一起构成密封的工作容积，当外齿轮带动内齿轮环绕各自的中心同方向旋转时，左半部齿退出啮合，密封工作容积增大，形成真空，进行吸油；进入齿槽的油被带到压油腔，右半部齿进入啮合，密封工作容积减小，从压油口排油。

2. 摆线齿形内啮合齿轮泵

随着工业技术的发展，摆线齿轮泵的应用越来越广泛，下面以摆线齿轮泵为例介绍内啮合齿轮泵的工作原理。如图 3- 30 所示，摆线齿形内啮合齿轮泵由配油盘（前、后盖）大齿轮（外转子）和偏心安置在泵体内的内转子（主动轮）等组成。内、外转子相差一齿，图中内转子为六齿，外转子为七齿，由于内外转子是多齿啮合，这就形成了若干密封容积。当内转子围绕中心 O_2 旋转时，带动外转子绕外转子中心 O_1 做同向旋转。这时，由内转子齿顶 A_1 和外转子齿谷 A_2 间形成的密封容积 C，随着转子的转动密封容积就逐渐扩大，于是就形成局部真空，油液从吸油腔 3 被吸入密封腔至 A'_1、A'_2 位置时封闭容积最大，这时吸油完毕。当转子继续旋转时，充满油液的密封容积便逐渐减小，油液受挤压，于是通过压油腔 4 将油排出，至内转子的另一齿全部和外转子的齿凹 A_2 全部啮合时，压油完毕，内转子每转一周，由内转子齿顶和外转子齿谷所构成的每个密封容积，完成吸、压油各一次，当内转子连续转动时，即完成了液压泵的吸排油工作。

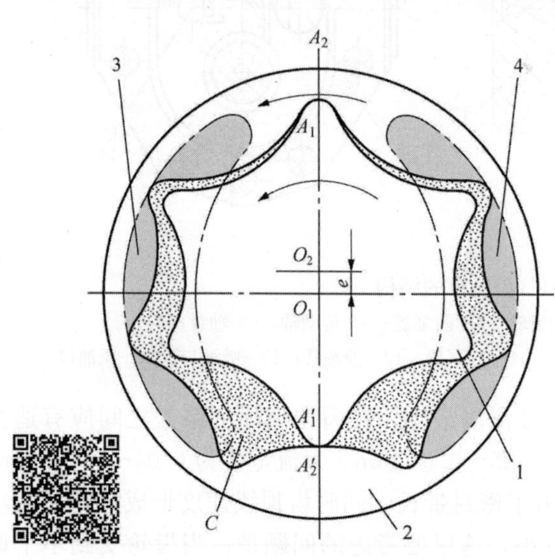

图 3-30　摆线齿形内啮合齿轮泵

1—外齿轮；2—内齿轮；3—吸油腔；4—压油腔

3. 内啮合齿轮泵的特点

内啮合齿轮泵的结构紧凑，尺寸小，重量轻，转速可高达 10 000 r/min，运动平稳，噪声低，容积效率较高，等等。缺点是流量脉动大，转子的制造工艺复杂，在低速、高压下工作时，压力脉动大，容积效率低，所以一般用于中、低压系统。在闭式系统中，常用这种泵作为补油泵。内啮合齿轮泵可正、反转，可作液压马达用。

3.5　螺　杆　泵

螺杆泵按螺杆根数来分，有单螺杆泵、双螺杆泵和三螺杆泵。按螺杆的横截面齿形来分，有摆线齿形螺杆泵、摆线-渐开线齿形螺杆泵和圆形齿形螺杆泵。

图 3-31 所示为三螺杆泵的结构图。三个相互啮合的双头螺杆安装在壳体内，中间为主动螺杆（凸螺杆）3，两侧是从动螺杆（凹螺杆）4、5，三个螺杆的外圆与壳体的对应弧面

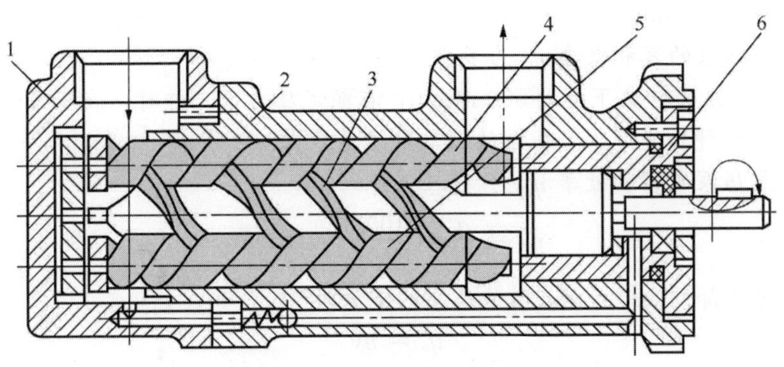

图 3-31　三螺杆泵的结构图

1—后盖；2—壳体；3—主动螺杆（凸螺杆）；
4、5—从动螺杆（凹螺杆）；6—前盖

保持着良好的配合，在横截面内，两个啮合线把主动螺杆和从动螺杆的螺旋槽分割成多个相互隔离的密封工作腔，当传动轴（与中间的凸螺杆为一体）按图示方向旋转时，这些密封工作腔在左端逐渐形成，不断从左往右移动（主动螺杆每转一转，每个密封工作腔移动一个螺旋导程），并在右端消失。密封工作腔逐渐形成时，容积增大，压力降低，进行吸油；密封工作腔逐渐消失时，容积减小，压力增大，进行压油。螺杆直径越大，螺杆槽越深，泵的排量就越大；螺杆的级数（即螺杆上的导程个数）越多，泵的额定压力就越高（每一级工作压差为 2～2.5 MPa）。

螺杆泵与其他液压泵相比，具有结构简单、工作平稳、噪声低、自吸性能好、输出流量均匀等优点，目前较多地应用于对压力和流量稳定要求较高的精密机床的液压系统中，但螺杆泵的齿形复杂，制造较困难。

例题

例 3-1　某液压泵铭牌上标有转速 $n=1550$ r/min，额定流量 $q_e=60$ L/min，额定压力 $p_e=8$ MPa，泵的总效率 $\eta=0.8$，试求：

（1）该泵应选配的电动机功率；

（2）若该泵使用在特定的液压系统中，该系统要求泵的工作压力 $p=4$ MPa，该泵应选配的电动机。

解：（1）因为不知道泵的实际使用压力，则按额定压力进行功率计算：

$$N_i=\frac{p_e q_e}{\eta}=\frac{8\times10^{-6}\times60\times10^{-3}}{0.8\times60}=10\ 000(\mathrm{W})=10(\mathrm{kW})$$

因为知道泵的实际使用压力，则按使用压力进行功率计算：

$$N_i=\frac{p_e q_e}{\eta}=\frac{4\times10^{-6}\times60\times10^{-3}}{0.8\times60}=5000(\mathrm{W})=5(\mathrm{kW})$$

例 3-2　液压泵的额定压力为 $p_e=2.5$ MPa，当转速 $n=1550$ r/min 时，机械效率为 $\eta_m=0.9$。由实验测得，当液压泵的出口压力为零时，流量为 106 L/min；压力为 2.5 MPa

时，流量为 100.7 L/min。

(1) 试求液压泵的容积效率 η_V 为多少？

(2) 如果液压泵的转速下降到 500 r/min，在额定压力下工作时，液压泵的流量是多少？

(3) 在上述两种转速下，液压泵的驱动功率是多少？

解：(1) 液压泵的容积效率 η_V 为

$$\eta_V = \frac{q}{q_e} = \frac{100.7}{106} = 0.95$$

(2) 当转速下降到 500 r/min 时液压泵的流量为

$$q_e = nV$$

则

$$V = \frac{q_e}{n} = \frac{106}{1\,450} = 0.073\,1\ (\text{L/min})$$

$$\Delta q = q_e - q = 106 - 100.7 = 5.3\ (\text{L/min})$$

$$q' = n'_V - \Delta q = 500 \times 0.073\,1 - 5.3 = 31.25\ (\text{L/min})$$

(3) 当转速为 1 550 r/min 时，液压泵的驱动功率为

$$N_i = \frac{N_0}{\eta} = \frac{\Delta pq}{\eta} = \frac{2.5 \times 10^{-6} \times 100.7 \times 10^{-3}}{0.9 \times 0.95 \times 60} = 4900(\text{W}) = 4.9(\text{kW})$$

当转速下降到 500 r/min 时，液压泵的驱动功率为

$$\eta'_V = \frac{q'}{q'_e} = \frac{31.25}{31.25 + 5.3} = 0.855$$

$$N'_i = \frac{N'_0}{\eta'} = \frac{\Delta pq'}{\eta'} = \frac{2.5 \times 10^{6} \times 31.25 \times 10^{-3}}{0.9 \times 0.855 \times 60} = 1690(\text{W}) = 1.69(\text{kW})$$

例 3-3 某轴向柱塞泵有 7 个柱塞，柱塞直径为 23 mm，柱塞分布圆直径为 71.5 mm，当斜盘倾角 $\alpha=20°$，液压泵的排量是多少？当转速为 1500 r/min 时，容积效率为 0.93，此时液压泵的流量是多少？

解：当斜盘倾角 $\alpha=20°$时，泵的每转排量

$$V = \frac{\pi}{4} d^2 zD\tan\alpha = \frac{\pi}{4}(23 \times 10^{-3})^2 \times 7 \times (71.5 \times 10^{-3}) \times \tan 20° = 75.65 \times 10^{-6}(\text{m}^3/\text{r})$$

$$= 75.65 \times 10^{-3}(\text{L/r})$$

当 $n=1500$ r/min，$\eta_V=0.93$ 时，液压泵的流量

$$q = n_V\eta_V = 75.65 \times 10^{-3} \times 10^{-3} \times \frac{1500}{60} \times 0.93 = 1.759 \times 10^{-3}(\text{m}^3/\text{s}) = 105.5(\text{L/min})$$

习题

3-1 如何理解“液压泵的压力升高会使流量减小”的说法？

3-2 什么是泵的困油现象？各种泵为什么会产生困油现象？有什么危害？如何防止？

3-3 要提高齿轮泵的压力须解决哪些关键问题？通常都采用哪些措施？

3-4 外反馈限压式变量叶片泵的工作特性是什么？

3-5 叶片泵能否实现正、反转？请说出理由并进行分析。

3-6 简述齿轮泵、叶片泵、柱塞泵的优缺点及应用场合。

3-7　在实际系统中应如何选用泵？

3-8　已知某液压泵的输出压力为 5 MPa，排量为 10 mL/r，机械效率为 0.95，容积效率为 0.9，转速为 1200 r/min。求：①液压泵的总效率；②液压泵输出功率；③电动机驱动功率。

3-9　已知：某液压泵的转速为 950 r/min，排量 168 mL/r，在额定压力 29.5 MPa 和同样转速下，测得泵的实际流量为 150 L/min，额定工况下的总效率为 0.87，求：①泵的理论流量；②泵的容积效率和机械效率；③泵在额定工况下，所需电动机的驱动功率；④驱动泵的转矩。

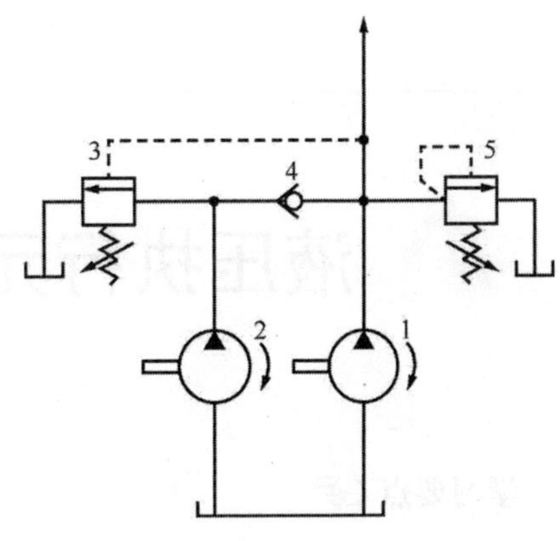

习题 3-10 图

3-10　如习题 3-10 图所示，某组合机床动力滑台采用双联叶片泵 YB-40/6，快速进给时两泵同时供油，工作压力为 10×10^5 Pa，工作进给时大流量泵卸荷（卸荷压力为 3×10^5 Pa）（注：大流量泵输出的油通过左方的阀回油箱），由小流量泵供油，压力为 45×10^5 Pa，若泵的总效率为 0.8，求该双联泵所需的电动机功率是多少？

第4章 液压执行元件

学习要点

（1）液压执行元件包括液压马达和液压缸。它们都是将压力能转换为机械能的能量转换装置。液压马达输出旋转运动，液压缸输出直线往复运动。（2）通过学习，掌握液压马达基本工作原理、结构和功用。特别是液压马达在工作时，如何产生转速和转矩。（3）注意液压泵与液压马达的输出和输入参数恰好互易的比较。（4）掌握液压缸的基本计算，特别是运动速度和输出力的计算，了解液压缸设计的基本步骤。

4.1 液压马达

4.1.1 液压马达概述

液压马达的作用是将液体的压力能转换为机械能，实现连续的旋转运动。

1. 液压马达的工作原理

图4-1所示为叶片马达的工作原理。叶片马达的结构与双作用叶片泵类似，也是由转子、定子、叶片、配油盘、壳体、端盖和输出轴等零件组成的。不同的是为保证马达能正、反转，叶片是沿径向放置的。叶片根部装有扭力弹簧，使叶片伸出顶在定子的内表面上，以保证有足够的启动力矩。进油腔接压力油，回油腔接油箱。叶片4、8位于进油腔之中，因为叶片两侧受同样的油压，产生的扭矩抵消了。而处于进油腔和回油腔之间的叶片1、7，一侧受高压油作用，另一侧受低压油作用，而且叶片1伸出面积大于叶片7伸出的面积，因此产生转矩。同理，叶片5伸出面积大于叶片3的伸出面积，也产生转矩，其合成转矩驱动转子沿逆时针方向旋转带动外负载做功。如果反向进油，则马达反转。

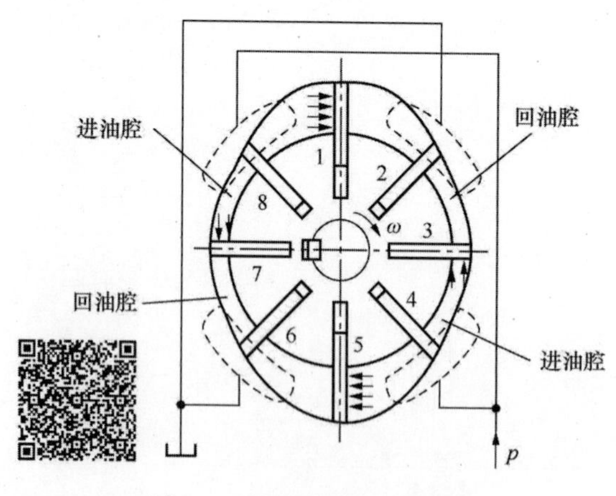

图4-1 叶片马达的工作原理

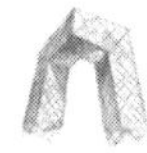

2. 液压马达的主要性能参数

1）压力

工作压力 p：指液压马达进口处的实际工作压力。其大小取决于马达驱动的负载转矩，负载转矩大，马达的工作压力高；负载转矩小，马达的工作压力低。

工作压差 Δp：指马达进口和出口的工作压差。

额定压力 p_e：是指液压马达在正常工作条件下，按试验标准规定能连续运转的最高压力。马达的额定压力受其结构强度和泄漏制约，超过此值就会过载。

2）排量和流量

排量 V：是指液压马达轴每转一周，由其密封工作腔的几何尺寸计算得到的液体体积。

流量 q：是指马达进口处的实际流量。由于马达存在间隙，产生泄漏 Δq，为达到要求的转速，则输入马达的实际流量 q 必须为

$$q = q_t + \Delta q \tag{4-1}$$

式中　q_t—马达没有无泄漏时，达到要求转速所需进口流量，称为理论流量。

3）功率和效率

输入功率 P_i：液压马达的输入功率是液压马达的实际工作压力和输入流量的乘积。

$$P_i = pq \tag{4-2}$$

输出功率液压 P_o：马达的输出功率是液压马达的实际输出转矩和角速度的乘积。

$$P_o = T\omega = 2\pi nT \tag{4-3}$$

式中　ω，n——液压马达的角速度和转速。

总效率 η：液压马达的总效率为液压马达输出功率和输入功率的比值，即

$$\eta = \frac{P_o}{P_i} \tag{4-4}$$

容积效率 η_V：由于液压马达工作时内部有泄漏，驱动马达做功的理论流量 q_t 比实际输入流量 q 小。液压马达的容积效率为

$$\eta_V = \frac{q_t}{q} \tag{4-5}$$

机械效率 η_m：由于马达工作时机件之间相对运动有摩擦损失，液压马达的实际输出转矩 T 小于理论转矩 T_t。因此，液压马达的机械效率为

$$\eta_m = \frac{T}{T_t} \tag{4-6}$$

液压马达的机械总效率又可以表示为

$$\eta = \eta_m \eta_V \tag{4-7}$$

4）转速和转矩

转速 n：由于有泄漏损失，液压马达的输出转速为

$$n = \frac{q}{V}\eta_V \tag{4-8}$$

转矩 T：由于有摩擦损失，液压马达的输出转矩为

$$T = \frac{\Delta pV}{2\pi}\eta_m \tag{4-9}$$

式中　Δp—液压马达进、出口的压力差。

3. 液压马达的分类

液压马达按照结构形式可以分为齿轮马达、叶片马达和柱塞马达等。按照排量是否可调可以分为定量马达和变量马达两种。按工作速度不同又可分为高速马达和低速马达两大类。

4.1.2　高速液压马达

一般将额定转速高于500 r/min的马达称为高速马达。高速马达的结构形式常采用齿轮式、叶片式和轴向柱塞式，其特点是转速高、转动惯量小、便于启动和制动，但是输出转矩较小（几十牛·米至几百牛·米），所以又称为高速小转矩马达。

1. 齿轮马达

图4-2所示为齿轮马达的工作原理。当压力油输入齿轮马达的进油腔之后，处于进油腔的所有轮齿表面均受到高压油的作用。由于啮合点的半径 x 和 y 永远小于齿顶圆半径，因而在齿1和齿2的齿面上产生如箭头所示的不平衡液压力。该液压力相对于轴线 O_1 和 O_2 产生转矩。在该转矩的作用下，齿轮马达按图示方向旋转，拖动外负载做功。

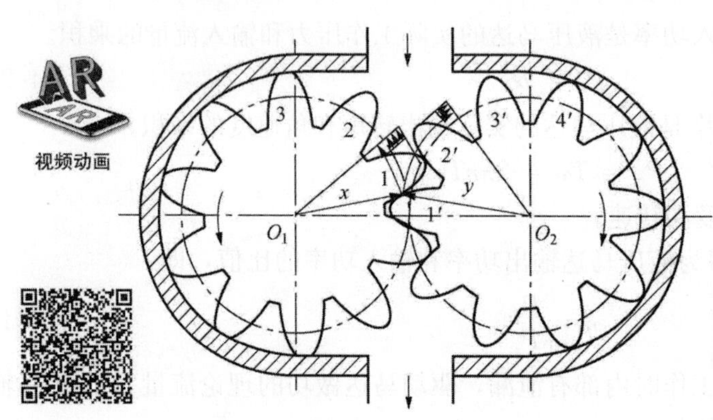

图4-2　齿轮马达的工作原理

齿轮马达和齿轮泵的结构组成基本一致，但由于马达需要满足正、反转的使用要求，所以齿轮马达的进、出油口大小相同。马达正反转时进回油腔变化，内部泄油出不去，需要采用单独的泄油口。

齿轮马达的密封性较差，容积效率、工作压力低，输出转矩较小。由于工作时啮合点的位置随着齿轮旋转不断变化（即 x 和 y 是变量），因此输出转矩和转速是脉动的，所以齿轮马达的低速稳定性较差。因此，齿轮马达仅适用于对工作平稳性要求不高的高速小转矩机械设备。

2. 叶片马达

由于叶片马达要求双向旋转，结构对称，因此只能是双作用式，其工作原理如图4-1所示。图4-3所示为双作用叶片马达的结构图，与叶片泵不同的是为保证马达启动前，叶片可靠地贴紧在定子的内表面，形成密封工作腔，每个叶片的底部都安装有燕式弹簧1叶片在转子槽内是沿径向放置的。

双作用叶片马达具有结构紧凑，体积小，输出转矩均匀，噪声较小等优点；低速性能优于齿轮马达，其缺点是抗污染能力较差，对油液的清洁度要求较高。

3. 轴向柱塞马达

图4-4所示为轴向柱塞马达的工作原理。轴向柱塞马达的斜盘和配油盘固定不动，缸体和马达轴通过键连接可以一起转动。当压力油经配油盘的窗口a进入缸体的柱塞孔时，处在高压腔中的柱塞在压力油的作用下向外伸出，压在斜盘上。斜盘对柱塞产生的反作用

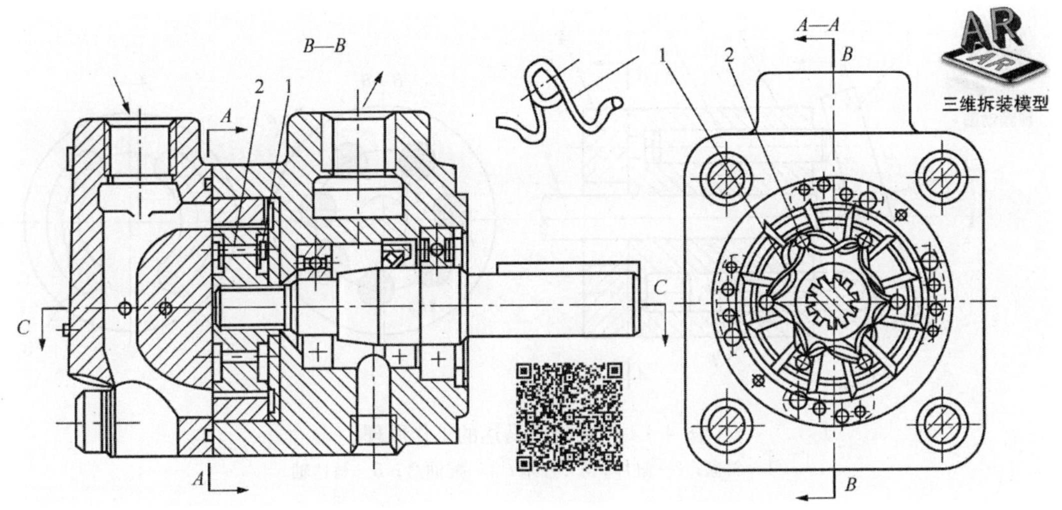

图 4-3　双作用叶片马达的结构图

1—燕式弹簧；2—销子

力 F 可以分解为轴向分力 F_x 和垂直分力 F_y。轴向分力 F_x 和作用在柱塞上的液压力相平衡，垂直分力 F_y 使柱塞对缸体中心产生转矩，带动马达轴沿逆时针方向旋转。设垂直分力 F_y 到缸体中心的距离为 r，一个柱塞上产生的转矩为

$$T_i = F_y r$$

$$F_x = p\,\frac{\pi d^2}{4}$$

轴向分力 F_x 和垂直分力 F_y 分别为

$$F_y = F_x \tan\delta$$

$$T_i = F_x \tan\delta R \sin\theta$$

因此，液压马达输出的转矩是处于高压腔的所有柱塞产生的转矩之和，即

$$T = \sum T_i = \sum F_x \tan\delta R \sin\theta \tag{4-10}$$

式中　δ——斜盘倾角；

R——柱塞在缸体中的分布圆半径；

θ——柱塞与缸体的中心连线和缸体垂直中心线的夹角。

随着缸体转动，柱塞与缸体的中心连线和缸体垂直中心线的夹角 θ 是变化的，每个柱塞对缸体中心产生的转矩也随之发生变化，所以轴向柱塞马达产生的总转矩是脉动的。

如果改变供油方向，让压力油经配油盘的窗口 b 进入缸体的柱塞孔时，马达则沿顺时针方向旋转，实现换向。若改变斜盘的倾角，则马达的排量改变，输出转矩和转速也随之改变。

轴向柱塞马达具有容积效率高，工作压力高和容易实现变量等优点；其缺点是结构比较复杂、对油液污染敏感、过滤精度要求较高、价格较高。常用于工程、矿山和起重运输等机械。

4.1.3　低速液压马达

一般将额定转速低于 500 r/min 的马达称为低速马达。低速马达的结构形式多采用径向柱塞式，其特点是排量大，输出转矩大，低速稳定性好，可在 10 r/min 以下平稳运转，因

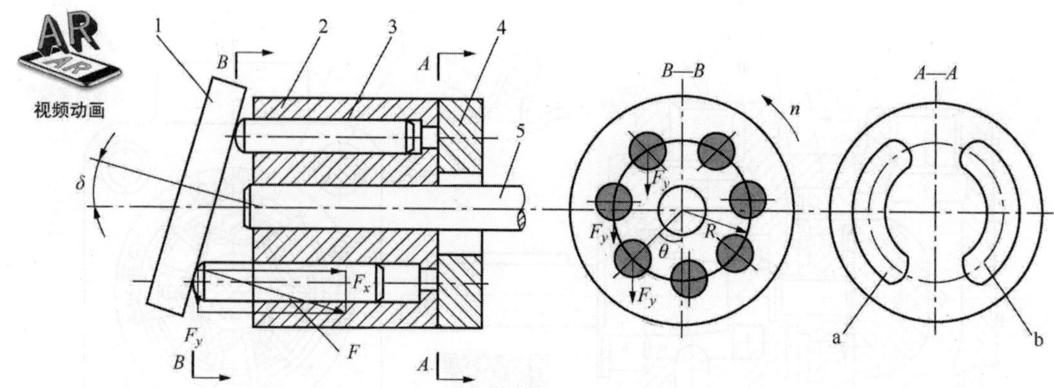

图 4-4　轴向柱塞马达的工作原理

1—斜盘；2—缸体；3—柱塞；4—配油盘；5—马达轴

此可直接与工作机构连接，不需要减速装置，使传动机构大为简化。通常，低速马达的输出转矩较大（可达几千牛·米至几万牛·米），所以又称低速大转矩马达。

1. 连杆型单作用径向柱塞马达

图 4-5 所示为连杆型单作用径向柱塞马达的结构原理图。它主要由壳体 1、柱塞 2、连杆 3、曲轴 4 和配油轴 5 等组成。在壳体 1 的圆周呈放射状均匀布置了五个柱塞缸，缸中的柱塞 2 和连杆 3 通过球铰相连接，连杆的顶部与曲轴 4 的偏心轮（偏心轮的圆心为 O_1，它与曲轴的旋转中心 O 的偏心距为 e）外缘相接触，配油轴 5 与曲轴 4 用联轴器相连。

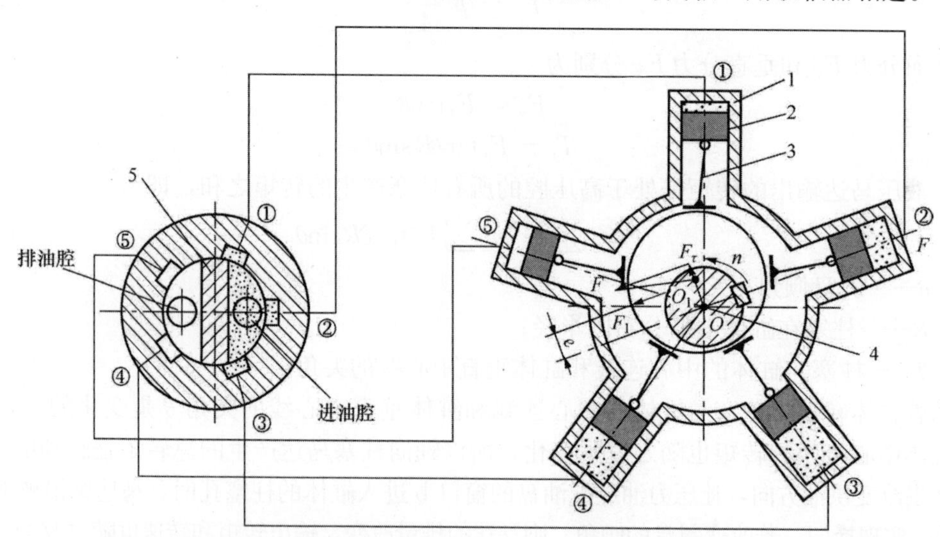

图 4-5　连杆型单作用径向柱塞马达的结构原理图

1—壳体；2—柱塞；3—连杆；4—曲轴；5—配油轴

压力油经配油轴进入马达的进油腔后，通过壳体上的槽①、②、③进入相应的柱塞缸的顶部，作用在柱塞上的液压作用力 F 通过连杆作用于偏心轮中心 O_1 上，它的切向分力 F_τ 对曲轴中心 O 形成转矩，使曲轴沿逆时针方向旋转。由于三个柱塞缸位置不同，所以产生的转矩大小也不同。曲轴输出的总转矩等于与进油腔相通的柱塞所产生的转矩之和。柱

塞缸④、⑤与排油腔相通，油液经配油轴流回油箱。曲轴旋转时带动配油轴同步旋转，因此，配流状态不断发生变化，从而保证曲轴会连续旋转。将马达的进、排油口交换，可实现马达的反转。

这种液压马达的优点是结构简单，工作可靠，输出转矩大，但其缺点是体积和质量较大，转矩脉动较大，低速稳定性较差。

2. 多作用内曲线径向柱塞马达

图 4-6 所示为多作用内曲线径向柱塞马达的结构原理图。它主要由缸体 1、配油轴 2、柱塞 3、横梁 4、衬套 5、滚轮 6 和定子 7 等组成。马达的配油轴 2 是固定的，其上有进油口和排油口。衬套 5 与缸体 1 为紧配合，和缸体一起转动。定子内表面由多段形状相同的曲面组成。压力油经配油窗口穿过衬套 5 进入缸体 1 的柱塞孔中，并作用于柱塞 3 的底部，推动柱塞 3 向外运动，将横梁 4 两端的滚轮 6 压向定子 7 的内壁。定子内壁对滚轮的反作用力 F_N 的径向分力 F_P 与柱塞底部的液压力相平衡，而切向分力 F 通过横梁的侧面传给缸体，对缸体中心产生转矩，使缸体及与其刚性连接的主轴转动；由于定子内壁由多段曲面构成，滚轮每经过一段曲面，柱塞往复运动一次，故称为多作用式。

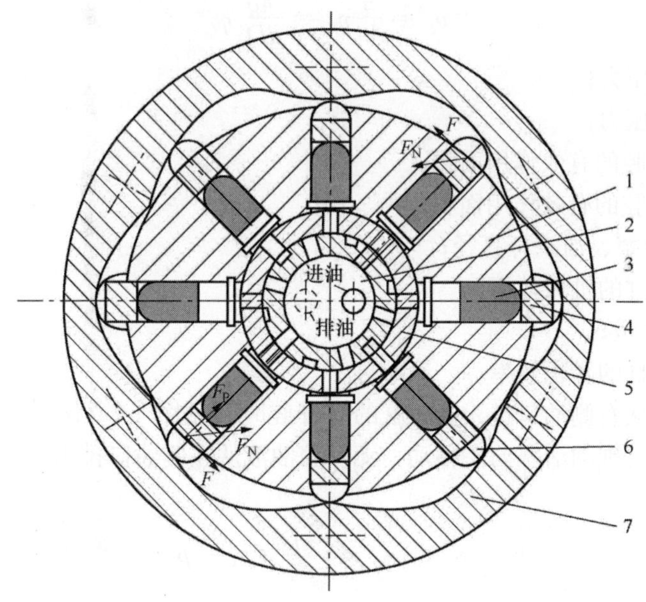

图 4-6　多作用内曲线径向柱塞马达的结构原理图

1—缸体；2—配油轴；3—柱塞；4—横梁；5—衬套；6—滚轮；7—定子

这种液压马达的优点是径向力平衡，转矩脉动小，能在很低的转速下稳定工作。其缺点是配油轴磨损后不能补偿，使效率下降。

4.2　液　压　缸

液压缸与液压马达一样，也是将液体的压力能转换成机械能的能量转换装置。与液压马达不同，液压缸是实现直线运动或摆动运动的执行元件。液压缸结构简单，工作可靠，在液压系统中得到了广泛的应用。

4.2.1 液压缸的分类及工作原理

液压缸按其结构形式，可以分为活塞缸、柱塞缸和摆动缸三大类；根据作用方式可分为单作用液压缸和双作用液压缸，单作用液压缸为单向液压驱动，回程靠弹簧或重力来实现，双作用液压缸两个方向的运动均由液压驱动。

1. 活塞缸

1）单杆活塞缸

图 4-7 所示为单杆活塞缸，主要由缸筒、活塞和活塞杆等组成。图 4-7（a）所示活塞缸缸筒固定，它的两侧有进出油口。当系统压力油从左侧油口进入液压缸的无杆腔时，压力油作用在活塞左侧，产生的液压力推动活塞向右移动，有杆腔油液从右侧油口排出。输出的推力 F_1 和运动速度 v_1 分别为

$$F_1 = (p_1A_1 - p_2A_2)\eta_m = [\frac{\pi D^2}{4}(p_1 - p_2) - \frac{\pi d^2}{4}p_2]\eta_m \tag{4-11}$$

$$v_1 = \frac{q}{A_1}\eta_V = \frac{4q}{\pi D^2}\eta_V \tag{4-12}$$

式中 p_1——进油压力；

p_2——回油压力；

A_1——无杆腔的有效作用面积；

A_2——有杆腔的有效作用面积；

D，d——活塞、活塞杆直径；

η_m——液压缸的机械效率；

q——输入流量；

η_V——液压缸的容积效率。

当系统压力油从右侧油口进入液压缸的有杆腔时［见图 4-7（b）］，压力油作用在活塞右侧，产生的液压力推动活塞向左移动，无杆腔油液从左侧油口排出。输出的推力 F_2 和运动速度 v_2 分别为

$$F_2 = (p_1A_2 - p_2A_1)\eta_m = [\frac{\pi D^2}{4}(p_1 - p_2) - \frac{\pi d^2}{4}p_2]\eta_m \tag{4-13}$$

$$v_2 = \frac{q}{A_2}\eta_V = \frac{4q}{\pi(D^2 - d^2)}\eta_V \tag{4-14}$$

由于单杆活塞缸两腔的有效工作面积不等，因此，输入同样压力和流量的油液，它在两个方向上的输出推力和速度不等。

将单杆活塞缸的左右两腔同时接入高压油时称为“差动连接”，这时活塞缸称为差动缸，如图 4-8 所示。差动缸两腔的油液压力相等，但是，有效工作面积不等，活塞将向右移动。设进入无杆腔的流量为 q_1，系统供油流量为 q，有杆腔流量为 q_2，则

$$q_1 = q + q_2$$

设此时的运动速度为 v_3，则

$$q_1 = A_1v_3, q_2 = A_2v_3$$

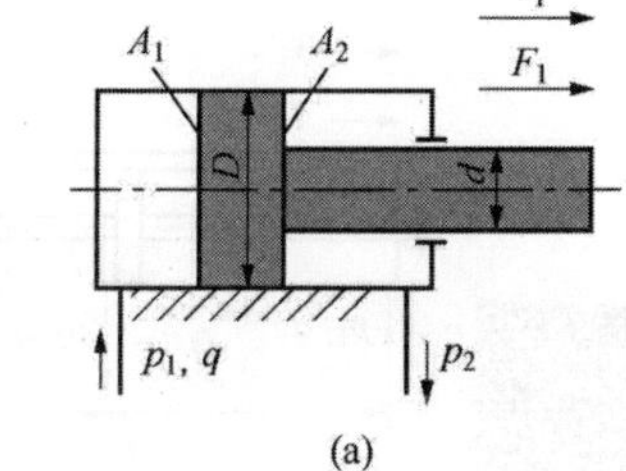

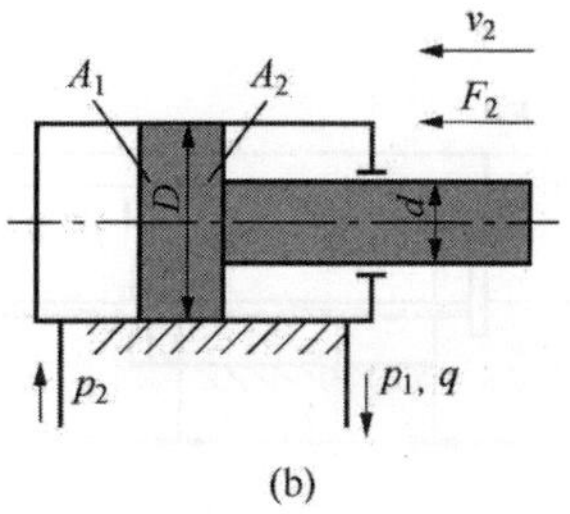

图 4-7　单杆活塞缸

（a）无杆腔进油；（b）有杆腔进油

$$A_1 v_3 = q + A_2 v_3 , q = v_3 (A_1 - A_2)$$

$$v_3 = \frac{q}{A_1 - A_2} = \frac{4q}{\pi d^2} \qquad (4\text{-}15)$$

输出的推力 F_3

$$F_3 = p(A_1 - A_2) = p\,\frac{\pi d^2}{4} \qquad (4\text{-}16)$$

如要求 $v_3 = v_2$ 时，由式（4-14）、式（4-15），可得 $D = \sqrt{2}d$。

单杆活塞缸的安装方式有缸筒固定和活塞杆固定两种形式，工作台的移动范围都是活塞（或缸筒）有效行程的两倍。

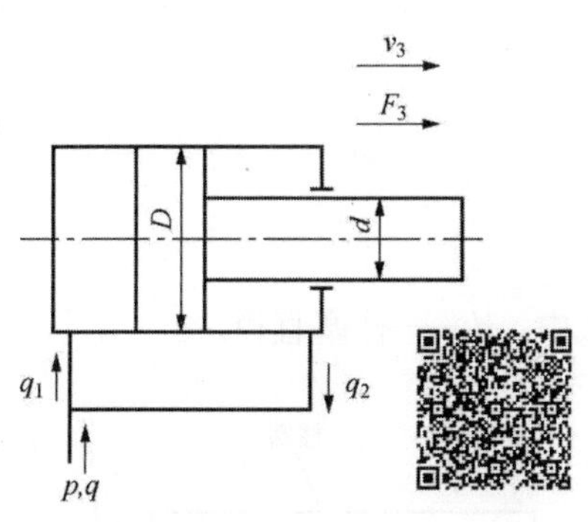

图 4-8　差动缸

2）双杆活塞缸

图 4-9（a）所示为缸筒固定的双杆活塞缸。它的进、出油口布置在缸筒两端，两活塞杆的直径是相等的，因此，当工作压力和输入流量不变时，两个方向上输出的推力和速度是相等的，其值为

$$F_1 = F_2 = (p_1 A - p_2 A)\eta_{\mathrm{m}} = \frac{\pi}{4}(D^2 - d^2)(p_1 - p_2)\eta_{\mathrm{m}} \qquad (4\text{-}17)$$

$$v_1 = v_2 = \frac{q}{A}\eta_{\mathrm{V}} = \frac{4q\eta_{\mathrm{V}}}{\pi(D^2 - d^2)} \qquad (4\text{-}18)$$

这种安装形式使工作台的移动范围约为活塞有效行程的 3 倍，占地面积大，宜用于小型设备中。

图 4-9（b）所示为活塞杆固定的双杆活塞缸。它的进、出油口可布置在活塞杆两端，油液经活塞杆内的通道输入液压缸；使用软管连接时，进、出油口亦可布置在缸筒两端。缸筒移动时输出的推力和速度大小都和缸筒固定式的相同。但这种安装形式使工作台的移动范围为缸筒有效行程的两倍，故可用于较大型的设备中。

2. 柱塞缸

图 4-10（a）所示为单作用柱塞缸，它只能实现一个方向的运动，反向运动要靠外力（弹簧力、立式部件的重力等）来实现。这种液压缸中的柱塞和缸筒不接触，运动时由缸盖上的导向套来导向，因此缸筒的内壁不须精加工，适用于行程较长的场合。如需双向液压驱动，可成对反向布置使用［见图 4-10（b）］。

柱塞缸输出的推力和速度分别为

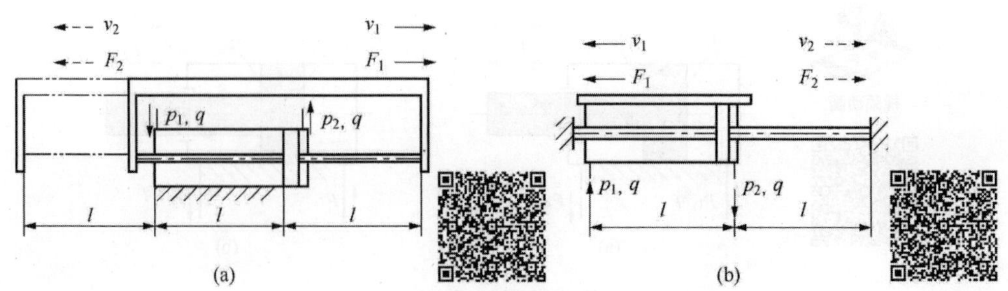

图 4-9　双杆活塞缸

(a) 缸筒固定，活塞移动；(b) 活塞固定，缸筒移动

$$F = pA\eta_m = p\frac{\pi d^2}{4}\eta_m \tag{4-19}$$

$$v = \frac{q}{A}\eta_V = \frac{4q}{\pi d^2}\eta_V \tag{4-20}$$

式中　d——柱塞直径。

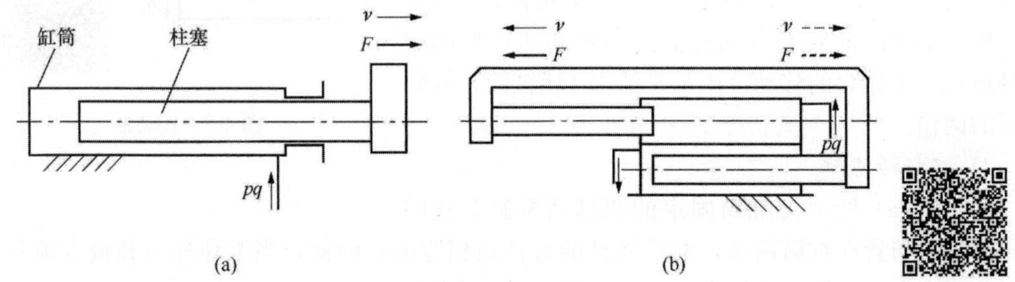

图 4-10　柱塞缸

(a) 单作用柱塞缸；(b) 双作用柱塞缸

3. 摆动缸

摆动液压缸是一种实现往复摆动的执行元件。常用的有单叶片式和双叶片式两种结构。图 4-11 (a) 所示为单叶片式摆动液压缸，它主要由缸筒、叶片、传动轴和隔板组成。当压力油从进油口进入缸筒时，作用在叶片上的液压力对轴心产生转矩，推动叶片和轴一起沿逆时针方向旋转，回油从缸筒的回油口排出。由于隔开高低压腔的隔板占据一定的空间，其摆动角度小于 300°。

摆动缸的输出转矩 T

$$T = \frac{b}{2}(R_2^2 - R_1^2)(p_1 - p_2)\eta_m \tag{4-21}$$

角速度 ω

$$\omega = \frac{2q}{b(R_2^2 - R_1^2)}\eta_V \tag{4-22}$$

式中　b——叶片宽度；

R_1，R_2——叶片底端、顶端半径；

p_1，p_2——进、出油口压力；

η_m，η_V——机械效率、容积效率。

图 4-11（b）所示为双叶片式摆动缸。它有两个叶片，摆角小于 150°。在相同的条件下，它的输出转矩为单叶片式的两倍，而角速度则为单叶片式的一半。

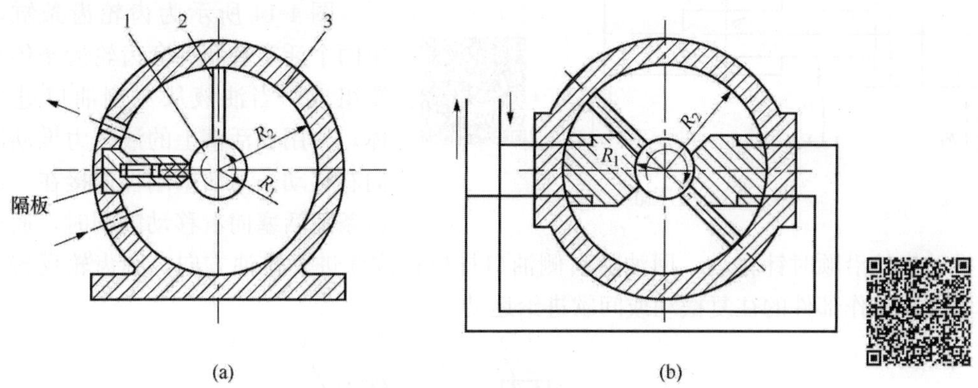

图 4-11　摆动液压缸

(a) 单叶片式；(b) 双叶片式

1—轴；2—叶片；3—缸筒

4. 伸缩缸

伸缩缸由两个或多个活塞缸套装而成，前一级活塞缸的活塞是后一级活塞缸的缸筒，伸出时可获得很长的工作行程，缩回时可保持很小的结构尺寸。图 4-12 所示为一种双作用式伸缩缸。通入压力油时各级活塞按有效工作面积大小依次先后动作，并在输入流量不变的情况下，输出推力逐级减小，速度逐级加大，其值为

$$F_i = p_1 \frac{\pi D_i^2}{4} \eta_m \tag{4-23}$$

$$v_i = \frac{4q}{\pi D_i^2} \eta_V \tag{4-24}$$

式中　i——第 i 级活塞缸。

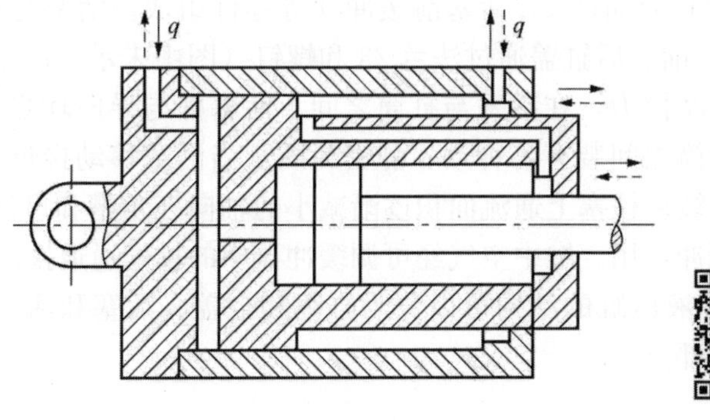

图 4-12　伸缩缸

5. 增压缸

图 4-13 所示为一种由活塞缸和柱塞缸组成的增压缸，由于利用活塞和柱塞的有效面积不同，使液压系统中的局部区域获得高压。当输入活塞缸的液体压力为 p_1，活塞直径为 D，

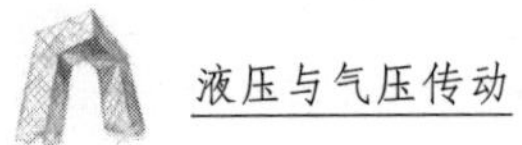

柱塞直径为 d 时，柱塞缸中输出的液体压力为高压，其值为

$$p_3 = p_1 \left(\frac{D}{d}\right)^2 \eta_m \tag{4-25}$$

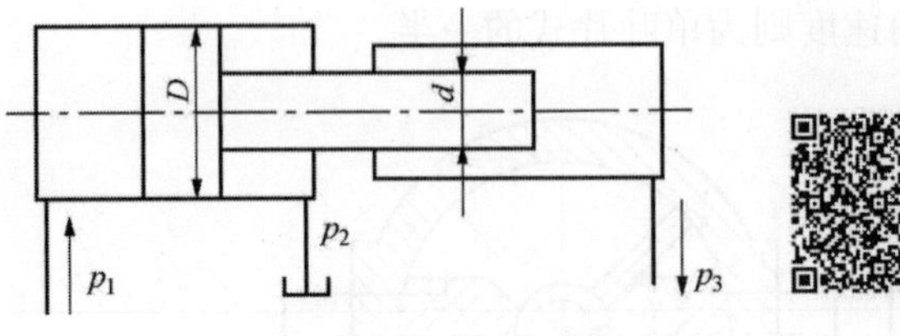

图 4-13　增压缸

6. 齿轮齿条缸

图 4-14 所示为齿轮齿条缸，它由两个活塞缸和一套齿轮齿条传动装置组成。当油液从左侧油口进入缸体，作用在活塞上的液压力推动活塞向右移动。与活塞刚性连接在一起的齿条随活塞向右移动的同时，通过啮合点推动齿轮沿顺时针转动，回油从右侧油口排出；改变进、排油方向，则齿轮反转。该缸用于实现工作部件的往复摆动或间歇进给运动。

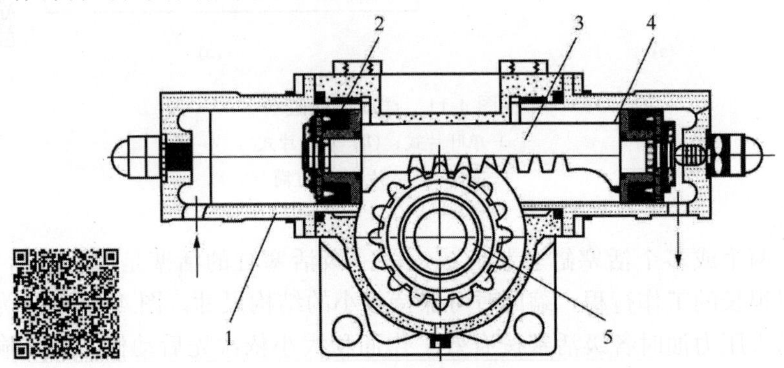

图 4-14　齿轮齿条缸

1—缸体；2—活塞；3—齿条；4—活塞；5—齿轮

4.2.2　液压缸的典型结构

图 4-15 所示为单杆活塞式液压缸的结构图，它主要由缸筒 26，活塞 11，活塞杆 1，前、后缸盖 22、29，活塞杆导向环 4，活塞前缓冲 9 等零件组成。活塞与活塞杆用螺纹连接，并用止动销 14 固定。前、后缸盖通过法兰 23 和螺钉（图中未示）压紧在缸筒的两端。为了提高密封性能并减小摩擦力，在活塞与缸筒之间、活塞杆与导向环之间、导向环与前缸盖之间、前后缸盖与缸筒之间装有各种动、静密封圈。当活塞移动接近左右终端时，液压缸回油腔的油只能通过缓冲柱塞上通流面积逐渐减小的轴向三角槽和可调缓冲器 24 回油箱，对移动部件起制动缓冲作用。缸中空气经可调缓冲器中的排气通道排出。

由图 4-15 可以看到，液压缸的结构可以分为缸筒和缸盖、活塞和活塞杆、密封装置、缓冲装置和排气装置五个部分。

1. 缸筒和缸盖

图 4-16 所示为常用的缸筒和缸盖结构。图 4-16（a）采用法兰连接，结构简单、加工和装拆都方便，但外形尺寸和质量都大。图 4-16（b）所示为半环连接，加工和装拆方便，但是，这种结构须在缸筒外部开有环形槽而削弱其强度，有时要为此增加缸的壁厚。图 4-16（c）所示为螺纹连接，这种缸筒端部结构复杂，装卸时需要使用专用工具。但其外

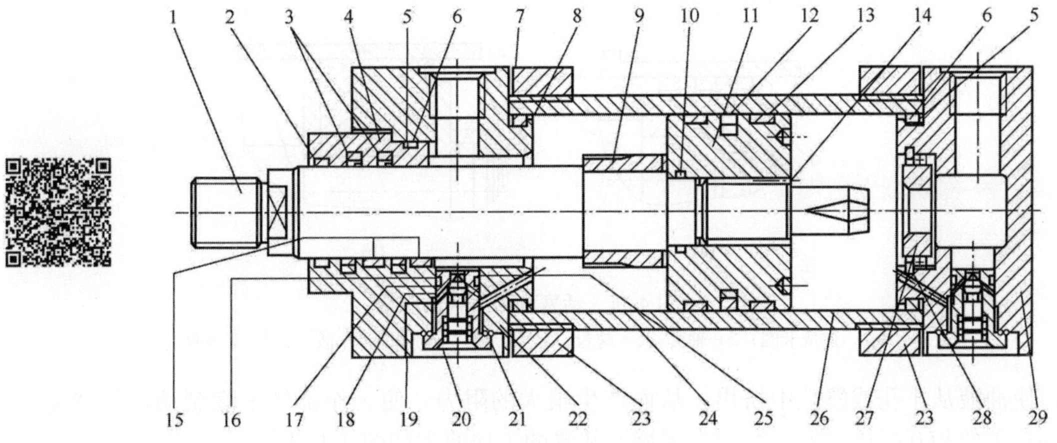

图 4-15　单杆活塞式液压缸的结构图

1—活塞杆；2—防尘圈；3—活塞密封；4—活塞杆导向环；5，7，16，19—反向密封圈；6，8，10，17，18—O 形密封圈；9—活塞前缓冲；11—活塞；12—活塞密封；13，15—低摩密封；14—螺杆止动销；20—止动销；21—密封圈；22—前缸盖；23—法兰；24—可调缓冲器；25—螺纹止动销；26—缸筒；27—后缓冲套；28—后止动环；29—后缸盖

形尺寸小，常用于无缝钢管或铸钢缸筒上。

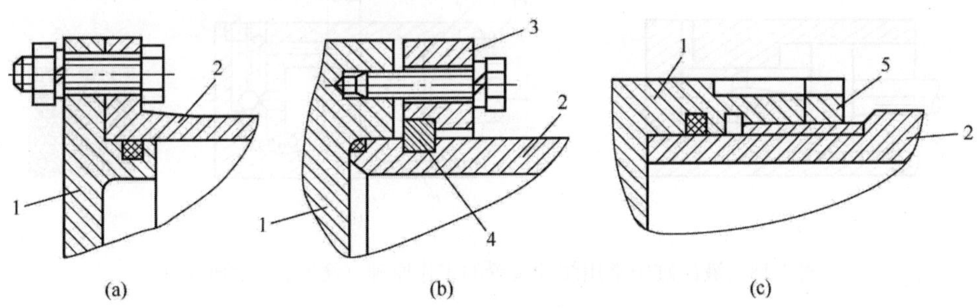

图 4-16　缸筒和缸盖结构

1—缸盖；2—缸筒；3—压板；4—半环；5—防松螺母

2. 活塞和活塞杆

活塞和活塞杆连接的方式很多，图 4-17（a）、（b）所示分别为螺纹式连接和半环式连接。螺纹式连接结构简单，但需有螺母防松装置。半环式连接结构复杂，但工作较可靠。此外，在尺寸较小的场合，活塞和活塞杆也有制成整体式结构的，但它只适合尺寸较小的场合。活塞一般用耐磨铸铁制造，活塞缸大多用钢料制造。

3. 密封装置

密封装置用来防止液压系统油液的内外泄漏和防止外界杂质侵入。它的密封机理、结构等将在第 6 章中详述。

4. 缓冲装置

为了防止活塞在行程终点时和缸盖相互撞击，引起噪声、冲击，通常设置缓冲装置。

缓冲装置是利用活塞或缸筒移动到接近终点时，将活塞和缸盖之间的一部分油液封住，

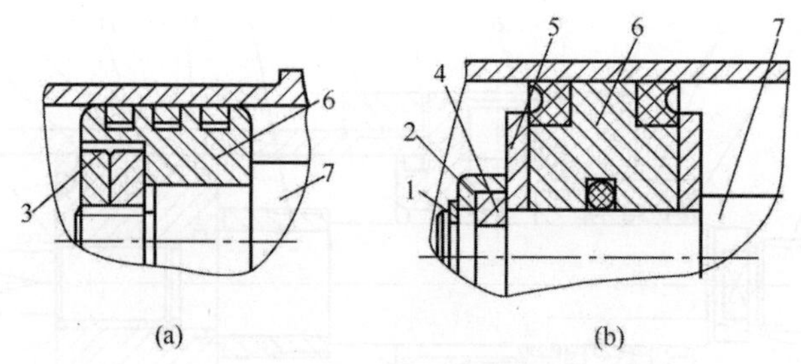

图 4-17　活塞和活塞杆的结构

1—弹簧卡圈；2—轴套；3—螺母；4—半环；5—压板；6—活塞；7—活塞杆

迫使油液从小孔或缝隙中挤出，从而产生很大的阻力，使工作部件平稳制动，并避免活塞和缸盖的相互碰撞。液压缸中常用缓冲装置的工作原理如图 4-18 所示。

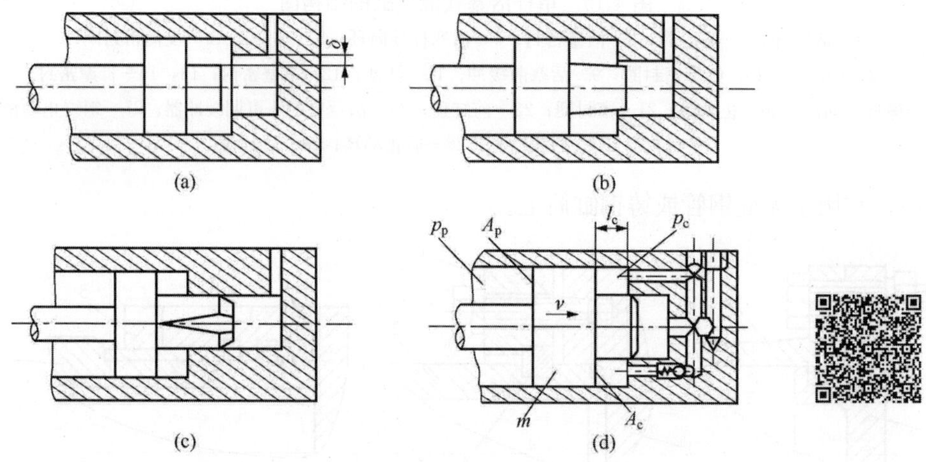

图 4-18　液压缸中常用缓冲装置的工作原理（缓冲柱塞的形式）

1）圆柱形环隙式缓冲装置

如图 4-18（a）所示，当缓冲柱塞进入与其相配的缸盖上的内孔时，孔中的液压油只能通过间隙排出，产生缓冲压力，从而实现减速制动。由于其节流面积不变，故缓冲开始时产生的制动力很大，但很快就降低了，其缓冲效果差。

2）圆锥形环隙式缓冲装置

如图 4-18（b）所示，由于缓冲柱塞为圆锥形，所以缓冲间隙随位移量而变化，即节流面积随缓冲行程的增大而缩小，使机械能的吸收比较均匀，其缓冲效果较好。

3）节流口变化式缓冲装置

如图 4-18（c）所示，它的缓冲柱塞上开有变截面的轴向三角形节流槽。当活塞移近端盖时，回油腔油液只能经过三角槽流出，因而使活塞受到制动作用。随着活塞的移动，三角槽通流截面逐渐变小，阻力作用增大，因此，缓冲作用均匀，冲击压力较小，制动位置精度高。

4）节流口可调式缓冲装置

如图 4-18（d）所示，当活塞上的缓冲柱塞进入端盖凹腔后，圆环形的油腔中的油液只

能通过针形节流阀流出，迫使活塞制动。调节节流阀的开口，可改变制动阻力的大小。这种缓冲装置起始缓冲效果好，随着活塞向前移动，缓冲效果逐渐减弱，因此它的制动行程较长。

5. 排气装置

当液压系统长时间停止工作，系统中的油液由于本身的重力作用流出，液压缸里会渗入空气。为了防止执行元件出现爬行、噪声和发热等不正常的现象，需要把缸中的空气排出去。一般在液压缸的最高处设置进出油口把空气带走，也可在最高部位设置图 4-19（a）所示的排气阀或图 4-19（b）所示的排气塞排气。两种排气装置都是在液压缸排气时打开，排气完毕后关闭。

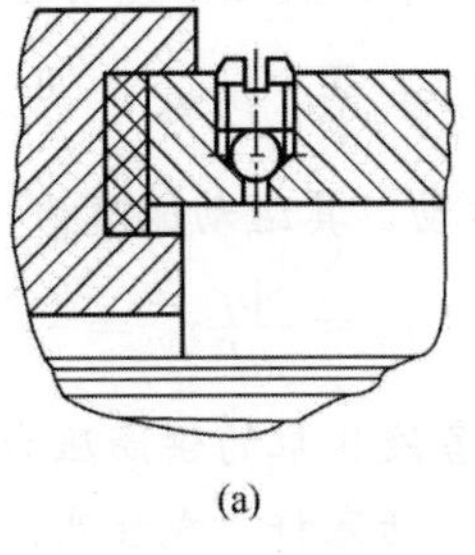

(a)

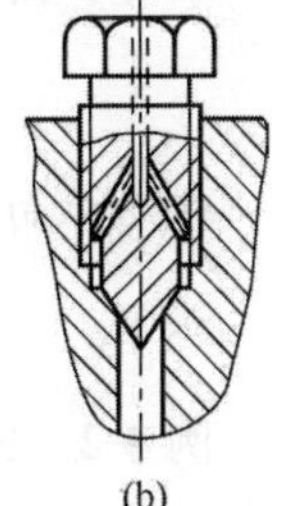

(b)

图 4-19　排气装置

例题

例 4-1　已知单活塞杆液压缸的缸筒内径 $D=100$ mm，活塞杆直径 $d=70$ mm，进入液压缸的流量 $q=25$ L/min，压力 $p_1=2$ MPa，$p_2=0$。液压缸的容积效率和机械效率分别为 0.98、0.97，试求在图（a）、（b）、（c）所示的三种工况下，液压缸可推动的最大负载和运动速度各是多少？并指出运动方向。

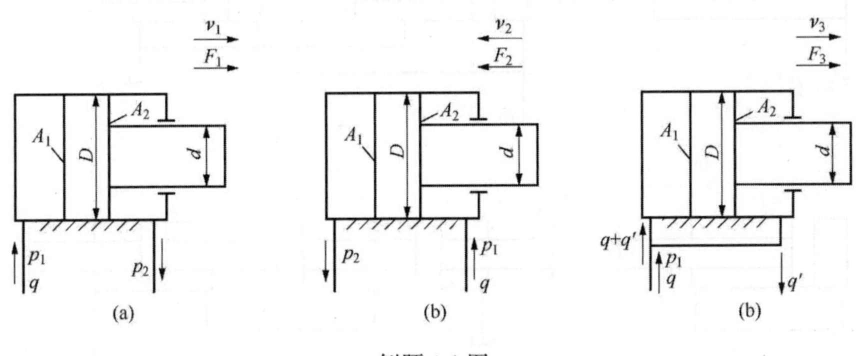

例题 4-1 图

解：（1）在图（a）中，无杆腔进压力油，回油腔压力为零，因此，可推动的最大负载为

$$F_1=\frac{\pi}{4}D^2p_1\eta_m=\frac{\pi}{4}\times0.1^2\times2\times10^6\times0.97=15\ 229(\text{N})$$

液压缸向右运动，其运动速度为

$$v_1=\frac{4q}{\pi D^2}\eta_V=\frac{4\times25\times10^{-3}\times0.98}{\pi\times0.1^2\times60}=0.052(\text{m/s})$$

（2）在图（b）中，液压缸有杆腔进压力油，无杆腔回油压力为零，可推动的负载为

$$F_2=\frac{\pi}{4}(D^2-d^2)p_1\eta_m=\frac{\pi}{4}(0.1^2-0.07^2)\times 2\times 10^6\times 0.97=7462(\mathrm{N})$$

液压缸向左运动，其运动速度为

$$v_2=\frac{4q}{\pi(D^2-d^2)}\eta_V=\frac{4\times 25\times 10^{-3}\times 0.98}{\pi\times(0.1^2-0.07^2)\times 60}=0.102(\mathrm{m/s})$$

(3) 在图 (c) 中，液压缸差动连接，可推动的负载为

$$F_3=\frac{\pi}{4}d^2p_1\eta_m=\frac{\pi}{4}\times 0.07^2\times 2\times 10^6\times 0.97=7462(\mathrm{N})$$

液压缸向右运动，其运动速度为

$$v_3=\frac{4q}{\pi d^2}\eta_V=\frac{4\times 25\times 10^{-3}\times 0.98}{\pi\times 0.07^2\times 60}=0.106(\mathrm{m/s})$$

例 4-2 图示各液压缸的供油压力 p 为 20×10^5 Pa，供油量 Q 为 30 L/min，各液压缸内孔断面为 100 cm²，活塞杆（或柱塞）的断面为 50 cm²，不计容积损失和机械损失，试确定各液压缸或活塞杆（柱塞）的运动方向、运动速度及牵引力（或推力）的值，并将它们分别填入表中相应位置。

解：(a) 图所示为一柱塞油缸。

缸筒运动方向：向左。

缸筒运动速度：

$$v=\frac{Q}{A_2}=\frac{30\times 10^{-3}}{50\times 10^{-4}}=6(\mathrm{m/min})$$

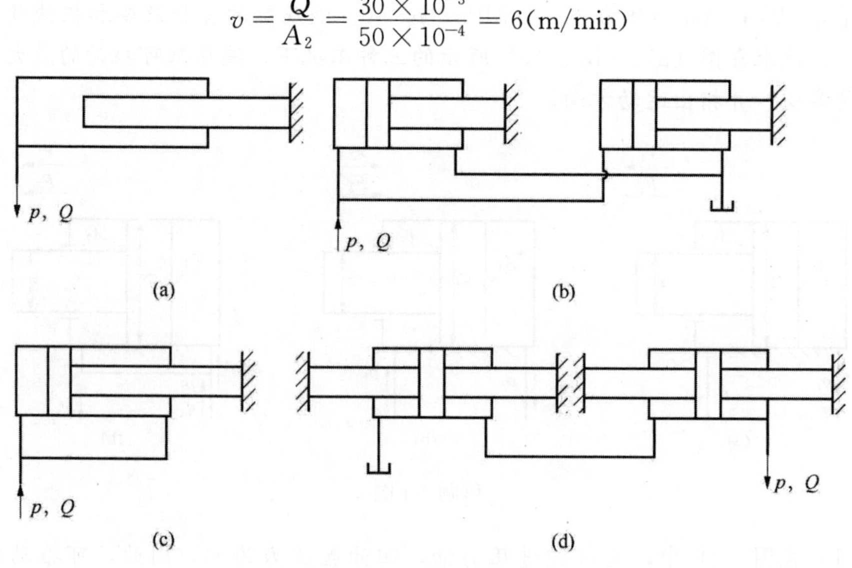

例题 4-2 图

牵引力：

$$F=pA_2=20\times 10^5\times 50\times 10^{-4}=10\ 000(\mathrm{N})$$

(b) 图所示为两个活塞杆固定的单杆油缸并联形式。

缸体运动方向：向左。

缸体运动速度：

$$v=\frac{\frac{1}{2}\times Q}{A_1}=\frac{\frac{1}{2}\times 30\times 10^{-3}}{100\times 10^{-4}}=1.5(\text{m/min})$$

牵引力：

$$F=pA_1=20\times 10^5\times 100\times 10^{-4}=20\ 000(\text{N})$$

(c) 图所示为一单杆油缸差动连接形式。

缸体运动方向：向左。

缸体运动速度：

$$v=\frac{Q}{A_2}=\frac{30\times 10^{-3}}{50\times 10^{-4}}=6(\text{m/min})$$

牵引力：

$$F=pA_2=20\times 10^5\times 50\times 10^{-4}=10\ 000(\text{N})$$

(d) 图所示为两个活塞杆固定的双杆油缸串联形式。

缸体运动方向：向右。

缸体运动速度：

$$v=\frac{Q}{A_1-A_2}=\frac{30\times 10^{-3}}{(100-50)\times 10^{-4}}=6(\text{m/s})$$

牵引力：

$$F=\frac{1}{2}p\times(A_1-A_2)=\frac{1}{2}\times 20\times 10^5\times(100-50)\times 10^{-4}\text{N}=5000(\text{N})$$

油缸形式	(a)	(b)	(c)	(d)
运动方向（左或右）	左	左	左	右
速度/（m/min）	6	15	6	6
牵引力/N	10000	20000	10000	5000

例 4-3　某液压系统执行元件采用单杆活塞缸，进油腔面积 $A_1=20\ \text{cm}^2$，回油腔面积 $A_2=12\ \text{cm}^2$，活塞缸进油管路的压力损失 $\Delta p_1=5\times 10^5$ Pa，回油管的压力损失 $\Delta p_2=5\times 10^5$ Pa，油缸的负载 $F=3000$ N，试求：

(1) 缸的负载压力 p_L 为多少？

(2) 泵的工作压力 p_P 为多少？

解：(1) 缸的负载压力

$$p_L=\frac{F}{A_1}=\frac{3000}{20\times 10^{-4}}=15\times 10^5(\text{Pa})$$

(2) 由活塞缸受力方程 $p_1A_1=F+p_2A_2$（式中 $p_2=\Delta p_2$），得泵的工作压力 p_P 为

$$p_P=p_1+\Delta p_1=(18\times 10^5+5\times 10^5)=23\times 10^5(\text{Pa})$$

例 4-4　一单杆活塞缸承受 55000 N 的静负载（受压），若选定缸筒内径为 $D=100$ mm，采用两端铰接式安装，计算长度 $l=1500$ mm，油液工作压力 $\Delta p_1=80\times 10^5$ Pa，求活塞杆采用 45 号钢材料时应选用多大的直径？

解：首先核算液压缸的推力。

活塞杆直径 d 可以按受力情况来确定：受压时，当 $p_1>70\times10^5$ Pa，取 $d=0.7D=70$ mm，并取背压 $p_2=3\times10^5$ Pa，取液压缸的机械效率 $\eta_m=0.95$，则液压缸的实际推力

$$F=\left[\frac{\pi}{4}D^2p_1-\frac{\pi}{4}(D^2-d^2)p_2\right]\eta_m$$

$$=\left[\frac{\pi}{4}\times0.1^2\times80\times10^5-\frac{\pi}{4}(0.1^2-0.07^2)\times3\times10^5\right]\times0.95$$

$$=58\ 519\text{N}>55\ 000\text{N}$$

可见，液压缸的推力能满足要求。

其次校核活塞杆的强度。

取 $[\sigma]=10\times10^7\text{m}^2$，由活塞杆强度计算式得

$$d=\sqrt{\frac{4F}{\pi[\sigma]}}=\sqrt{\frac{4\times55000}{\pi\times10\times10^7}}=0.0265(\text{m})=26.5\ \text{mm}<70\ \text{mm}$$

故活塞杆强度足够。

最后校核活塞杆的稳定性。

由于活塞杆截面的最小回转半径为

$$r_k=\sqrt{\frac{J}{A}}=\frac{d}{4}=\frac{70}{4}=17.5(\text{mm})$$

所以活塞杆细长比为

$$\frac{l}{r_k}=\frac{1500}{17.5}=85.71$$

由于 $\psi_1=85$，$\psi_2=1$，故 $J=\frac{\pi d^4}{64}=\frac{\pi\times(70\times10^{-3})^4}{64}=1.18\times10^{-6}\ (\text{m}^4)$

因此 $\frac{l}{r_k}>\psi_1\sqrt{\psi_2}$，故采用下式求临界负载 F_k：

$$F_k=\frac{\psi_2\pi^2EJ}{l^2}$$

式中 $J=\frac{\pi d^4}{64}=\frac{\pi\times(70\times10^{-3})^4}{64}=1.18\times10^{-6}\ (\text{m}^4)$，$E=2.06\times10^{11}\text{N/m}^2$。

故 $$F_k=\frac{1\times\pi^2\times2.06\times10^{11}\times1.18\times10^{-6}}{(1500\times10^{-3})^2}=10.65\times10^5\ (\text{N})$$

安全系数为

$$n_k=\frac{F_k}{F}=\frac{10.65\times10^5}{55000}=19.4>4$$

可见活塞杆的稳定性亦足够。

例 4-5 图示两液压缸，缸内径 D，活塞杆直径 d 均相同，若输入缸中的流量都是 q，压力为 p，出口处的油都直接通油箱，且不计一切摩擦损失，比较它们的推力、运动速度和运动方向。

解： 图 (a) 为两双杆活塞缸串联在一起的增力缸，杆固定，缸筒运动，缸所产生的推力

$$F=2pA=(\pi/2)p(D^2-d^2)$$

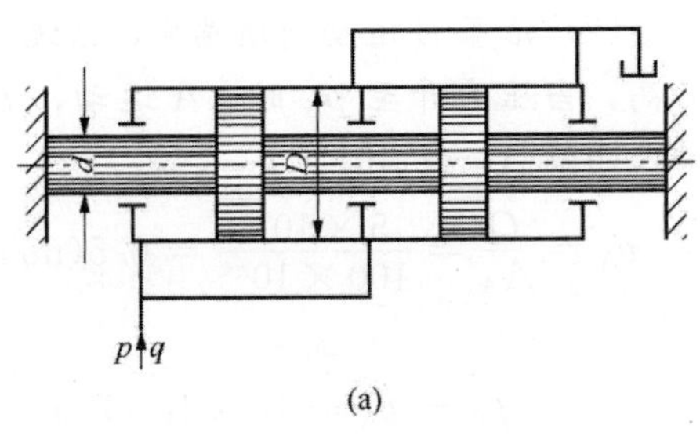

(a)

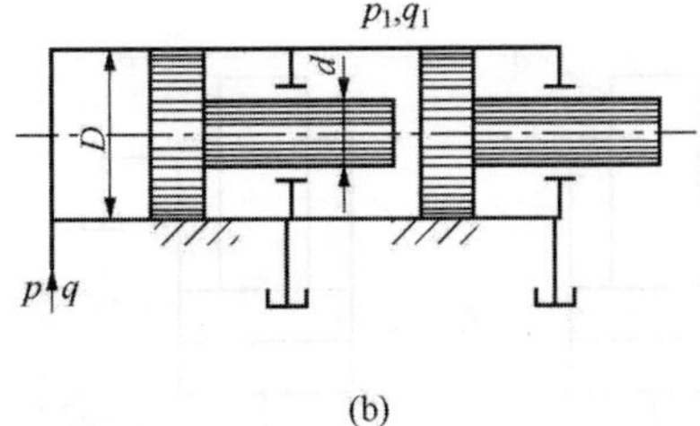

(b)

例题 4-5 图

输入两缸的总流量为 q，故输入每一缸的流量为 0.5q，故运动速度

$$v=(1/2)q/A=2q/[\pi(D^2-d^2)]$$

因杆固定，故缸运动方向向左。

图（b）为单杆缸和柱塞缸组成的增压缸，输出的压力为

$$p_1=p\,(D/d)^2$$

输出流量 q_1 为

$$q_1=q\times\frac{\pi d^2}{4}\times\frac{4}{\pi D^2}=q\left(\frac{d}{D}\right)^2$$

以增压后的压力输入另一单杆缸的无杆腔，产生的推力

$$F=p_1\times\frac{\pi D^2}{4}=p\left(\frac{d^2}{D^2}\right)\times\frac{\pi D^2}{4}=p\times\frac{\pi d^2}{4}$$

以 q_1 的流量输入单杆缸的无杆腔，活塞移动的速度为

$$v=q_1/\left(\frac{\pi D^2}{4}\right)=q\left(\frac{d}{D}\right)^2/\left(\frac{\pi D^2}{4}\right)=4q\,\frac{d^2}{\pi D^4}$$

活塞运动方向向右。

例 4-6　如图示，流量为 5 L/min 的油泵驱动两个并联油缸，已知活塞 A 重 10000 N，活塞 B 重 5000 N，两个油缸活塞工作面积均为 100 cm^2，溢流阀的调整压力为 20×10^5 Pa，设初始两活塞都处于缸体下端，试求两活塞的运动速度和油泵的工作压力。

解：根据液压系统的压力取决于外负载这一结论，由于活塞的 A、B 质量不同，可知：

活塞 A 的工作压力：

$$p_A=\frac{G_A}{A_A}=\frac{10000}{100\times10^{-4}}=10\times10^5\,(\text{Pa})$$

活塞 B 的工作压力：

$$p_B=\frac{G_B}{A_B}=\frac{5000}{100\times10^{-4}}=5\times10^5\,(\text{Pa})$$

故两活塞不会同时运动。

（1）活塞 B 负载小，B 先动，A 不动，流量全部进入油缸 B，此时：

$$v_B=\frac{Q}{A_B}=\frac{5\times10^{-3}}{100\times10^{-4}}=0.5(\text{m/min})$$

$$v_A=0$$

$$p_P=p_B=5\times10^5\,(\text{Pa})$$

（2）活塞 B 运动到顶端后，系统压力继续升高，当压力升至 p_A 时，A 运动，流量全部进入油缸 A，此时：

$$v_A = \frac{Q}{A_A} = \frac{5 \times 10^{-3}}{100 \times 10^{-4}} = 0.5(\text{m/min})$$

$$v_B = 0$$

$$p_P = p_A = 10 \times 10^5(\text{Pa})$$

（3）活塞 A 运动到顶端后，系统压力 p_P 继续升高，直至溢流阀打开，流量全部通过溢流阀回油箱，油泵的压力稳定在溢流阀的调定压力，即：

$$p_P = 20 \times 10^5(\text{Pa})$$

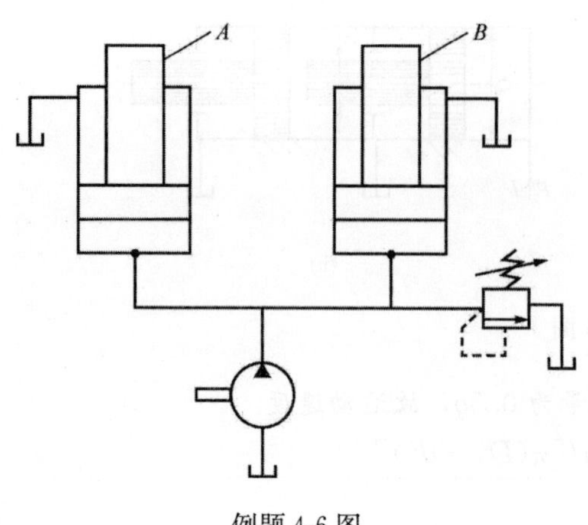

例题 4-6 图

习题

4-1　已知某液压马达的排量 $V=250$ mL/r，液压马达的入口压力为 $p_1=10.5$ MPa，出口压力 $p_2=1.0$ MPa，总效率 $\eta=0.9$，容积效率 $\eta_V=0.92$，当输入流量 $q=22$ L/min 时，试求液压马达的实际转速 n 和液压马达的输出转矩 T。

4-2　习题 4-2 图所示为由变量泵和定量马达组成的液压系统。低压辅助液压泵输出压力为 $p_Y=0.4$ MPa。变量泵的最大排量 $V_{Pmax}=100$ mL/r，泵的转速 $n_P=1\,000$ r/min，容积效率 $\eta_{PV}=0.9$，机械效率 $\eta_{Pm}=0.85$。马达的相应参数为 $V_M=50$ mL/r，容积效率 $\eta_{mV}=0.95$，机械效率 $\eta_{Mm}=0.9$，不计管路损失，当马达的输出转矩为 $T_M=40$ N·m，输出转速为 $n=110$ r/min 时，试求变量泵的排量、工作压力和输入功率。

4-3　习题 4-3 图所示两个结构和尺寸均相同相互串联的液压缸，无杆腔面积 $A_1=100$ cm^2，有杆腔面积 $A_2=80$ cm^2，缸 1 输入压力 $p_1=0.9$ MPa，输入流量 $q_1=12$ L/min，不计损失和泄漏。试求：

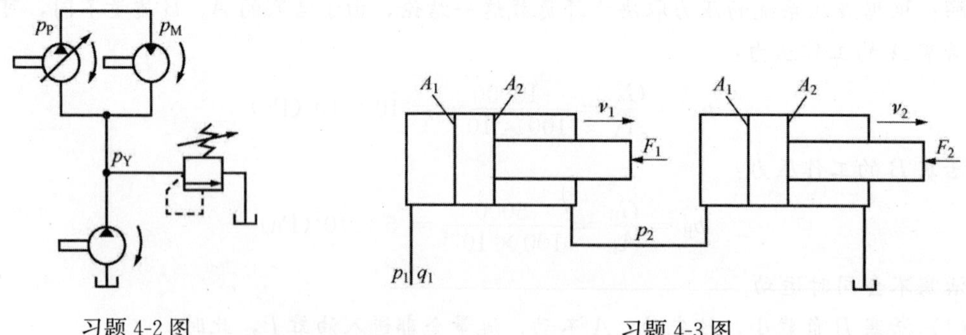

习题 4-2 图　　习题 4-3 图

（1）两缸承受相同负载（$F_1=F_2$）时，负载及两缸的运动速度各为多少？

（2）缸 1 不受负载时（$F_1=0$），缸 2 能承受多少负载？

（3）缸 2 不受负载时（$F_1=0$），缸 1 能承受多少负载？

4-4　一单杆活塞缸，快进时采用差动连接，快退时压力油输入液压缸的有杆腔。假如此缸快进、快退的速度都是 0.1 m/s，工进时活塞杆受压，推力为 25 000 N，已知输入流量 $q=25$ L/min，背压 $p_2=0.2$ MPa。①试确定活塞和活塞杆直径；②如缸筒材料采用 45 号钢，试确定缸筒壁厚；③如液压缸活塞杆铰接，缸筒固定，安装长度为 $z=1.5$ m，校核活塞杆的纵向稳定性。

第5章

液压控制元件

学习要点

液压系统中，液压控制阀是用来控制系统中油液的流动方向、调节系统压力和流量的控制元件。通过本章的学习：(1) 掌握液压阀的控制机理。(2) 熟悉液压阀的基本结构及其应用，为后续液压基本回路的学习做好基础准备。(3) 在三种基本阀类中，应了解直动式与先导式压力阀在控制方式上的区别；节流阀与调速阀在节流调速性能方面的区别；各种换向阀使油路换向、切换油路的功能以及三位换向阀的中位机能等。

5.1 液压阀概述

液压控制阀，简称液压阀，属于液压控制元件。在液压系统中，主要用于调节或控制工作液体的压力、流量和液流方向，从而实现对执行元件的输出力（力矩）、运动速度（转速）和运动方向的控制，以满足工作的要求。

作为液压控制元件，对液压阀的总体要求如下：

(1) 动作灵敏、使用可靠、工作时冲击和振动要小，噪声要低。

(2) 液流通过阀口时压力损失要小，阀芯工作时稳定性要好。

(3) 阀的内泄漏要小，无外泄漏。

(4) 所控的参量（压力或流量）稳定，具有较强的抗干扰能力。

(5) 结构简单紧凑，安装、维护、调整方便，满足系列化、标准化和通用化的要求。

5.1.1 液压控制阀的分类

液压阀的种类繁多，除了不同品种、规格的通用阀外，还有众多的专用阀和复合阀。就液压阀的基本类型来说，工程中对液压阀的分类常采用以下方式进行分类。

1. 根据液压阀的功能分类

1) 压力控制阀

直接用来调节和控制液压系统中液流的压力以及利用压力实现控制的阀类称为压力控制阀，如溢流阀、减压阀、顺序阀、电液比例溢流阀、电液比例减压阀，以及与其他阀组合的复合阀，如单向顺序阀等。

2) 流量控制阀

用来调节和控制液压系统中液流流量的阀类称为流量控制阀，如节流阀、调速阀、分

流阀、电液比例流量阀（调速阀）以及与其他阀组合的复合阀，如单向节流阀等。

3）方向控制阀

用来改变和控制液压系统中液流方向的阀类称为方向控制阀，如单向阀、液控单向阀、换向阀等。

2. 根据液压阀的控制方式分类

1）开关或定值控制阀

开关或定值控制阀指液压阀采用手动、机动、电磁铁和控制压力油等控制方式开启或关闭液流通路、定值控制液流的压力或流量的阀类。这类阀又称为普通液压阀，是最常见的一类液压阀，常用于以动作、恒力（或有级变化）、定速（或有级变化）的控制为主的液压传动系统中。

2）伺服控制阀

伺服控制阀指液压阀能根据电气、机械、气动等输入信号及反馈量成比例地连续控制液压系统中液流的压力、流量的阀类。该类阀具有很高的动态响应和静态性能，可对控制对象进行开环或闭环控制，主要用于控制精度要求很高的液压控制系统中。

3）电液比例控制阀

电液比例控制阀指液压阀能根据输入电信号的大小连续地成比例地控制液压系统中的压力、流量等的阀类，如电液比例溢流阀、电液比例减压阀、电液比例流量阀、电液比例换向阀等。这类阀的性能介于开关定值阀和伺服阀之间，同样可对控制对象进行开环或闭环控制，能满足一般工业生产对控制性能的要求。

4）数字控制阀

数字控制阀指用计算机数字信息直接控制阀口的开启和关闭，实现对液流的压力、流量、方向的控制的阀类。数字控制阀不需要 D/A 转换器，可以直接与计算机连接，与电液比例阀和伺服阀相比，数字控制阀具有结构简单、制造工艺性好、抗污染能力强、重复性好、工作可靠、功率消耗小、价廉等优点。

3. 根据液压控制阀的结构形式分类

液压控制阀的结构从总体上看一般都由阀体、阀芯以及操作控制结构等主要零件组成。按结构形式分类主要是根据阀芯的结构形式进行分类，具体有以下几类。

1）滑阀类

滑阀类的阀芯为一个具有多台肩的圆柱体，阀体上与阀芯台肩相对应处开设有供液流通过的沉割槽。通过阀芯在阀体孔内轴向滑动来开启或关闭、或改变液流通路开口大小，以实现对液流的压力、流量及方向的控制。

2）提升阀类

提升阀类利用阀芯相对于阀座的移动来开启、关闭，或改变液流通路开口大小，以实现对液流的压力、流量及方向的控制。该类阀的阀芯有锥阀、球阀、平板阀等。

3）喷嘴挡板阀类

喷嘴挡板阀类利用喷嘴和挡板之间的相对位移来改变液流通路开口的大小，实现对压力或流量的控制。该类阀主要用作电液伺服阀的先导级控制阀。

4. 根据液压控制阀的安装连接方式分类

1）管式连接阀

管式连接阀的阀体上的进、出油口为螺纹孔，液压管路通过管接头直接与阀相连而组成系统。该类阀连接方式简单，安装方便，仅需按照液压原理图进行配管安装。其缺点是元件布置分散，容易发生振动。在移动式设备或流量较小或所需元件较少的液压系统中应用较广。

2）板式连接阀

板式连接阀通过螺钉固定在过渡板上，过渡板上开设有与阀安装底板上油口相对应的进、出油孔，液压管路通过过渡板连接。过渡板上可以安装一个或多个液压阀，当安装多个阀时，又称为集成块。安装在集成块上的阀与阀之间的油路是通过集成块内的流道连通的，这样可以减少连接管路，元件集中，装配后外观比较规范整齐，调整、维修都比较方便。

3）插装阀

插装阀按结构不同，可分为二通插装阀、三通插装阀和螺纹插装阀。其中，二通插装阀是将基本的组件插入专门设计加工的阀体内，配以盖板、先导阀组成的一种多功能复合阀。该阀具有通流能力大、压力损失小、抗污染能力强、密封性好，并且结构紧凑、具有较好的互换性，因而可实现标准化、模块化，安装板设计制造方便等特点，特别适用于大流量的液压系统中。螺纹插装阀是将二通插装阀的连接方式改成了螺纹连接，整体结构上相对更加减小，进而使其安装更简捷方便。

4）叠加阀

叠加阀是在板式连接阀的基础上发展起来的、结构更为紧凑。该类阀的上下两面为安装面，主要特点是阀除了具有各自功能外，其阀体上还开有油路（主油路和控制油路）通道。同一规格、不同功能的阀的油口位置及尺寸和安装尺寸相同。使用时根据液压回路的需要，将所有的阀叠加在一起，用长螺栓固定在底板上，底板上开有与系统外接元件相连的油口。使用叠加阀组成液压系统时，换向阀始终是安装在最上面一层。

5.1.2 液压阀的控制原理

液压阀都是利用阀芯在阀体内的相对运动来控制阀口的通断和开口大小，以实现对压力、流量和方向的控制。液流通过阀口始终满足压力流量方程，即流经阀口的流量 q 与阀口前后的压力差 Δp 和阀口开口的过流面积 A 有关。在普通的液压控制阀中，常用的阀口形式有滑阀口和锥阀口（含球阀口）形式，如图 5-1 所示。

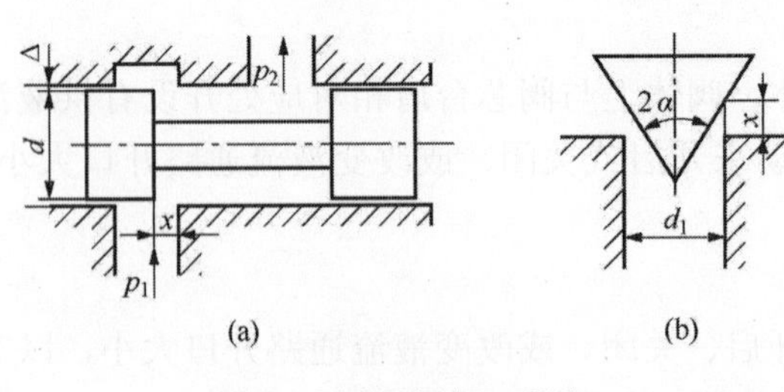

图 5-1 液压阀阀口形式

(a) 滑阀口；(b) 锥阀口

1. 滑阀口

1）滑阀的压力流量方程

如图 5-1（a）所示，设滑阀开口长度为 x，阀芯直径为阀口前后压力差 $\Delta p=p_1-p_2$，忽略阀芯与阀套之间的径向间隙（理想滑阀），过流面积 $A=\pi dx$。滑阀口的压力流量方程为

$$q = C_d \pi d x \sqrt{\frac{2\Delta p}{\rho}} \tag{5-1}$$

式中　C_d——滑阀口的流量系数，如滑阀口为锐边时，C_d=0.6～0.65；如滑阀口是圆边或有很小倒角时，C_d=0.8～0.9。

2）滑阀芯上的稳态液动力

流体经过滑阀时作用在阀芯上的稳态液动力为

$$F = \rho q v \cos\theta = 2C_d \pi d x \cos\theta \Delta p \tag{5-2}$$

式中　θ——液流流束与滑阀轴线之间的夹角。

作用在滑阀芯上稳态液动力的方向始终试图使阀口关闭。

2. 锥阀口

1）锥阀的压力流量方程

如图 5-1（b）所示，设锥阀芯的半锥角为 α，阀座孔直径为 d，阀口开度为 x，阀口前后压差 $\Delta p = p_1 - p_2$，过流面积 $A = \pi d x \sin\alpha$。锥阀口的压力流量方程为

$$q = C_d \pi d x \sin\alpha \sqrt{\frac{2}{\rho}\Delta p} \tag{5-3}$$

式中　C_d——锥阀口的流量系数，一般取值 0.77～0.82。

2）锥阀芯上的稳态液动力

$$F = \rho q v \cos\alpha = C_d \pi d x \sin 2\alpha \Delta p \tag{5-4}$$

如果液流是从锥阀芯小端向大端流动，作用在锥阀芯上的稳态液动力试图使阀芯关闭；反之，液流从大端流向小端，则稳态液动力试图使阀芯开启。

5.2　压力控制阀

压力控制阀简称压力阀，是用于调节或控制液压控制系统中液体压力的一类阀。按照功能和用途不同，可分为溢流阀、减压阀、顺序阀以及压力继电器等。压力阀工作原理的共同特点是根据阀芯受力平衡原理，利用被控液流的压力对阀芯的作用力与其他作用力（弹簧力、电磁力等）的平衡条件，调节或控制阀芯开口量的大小来改变液流阻力（液阻）的大小，从而达到调节和控制液压系统压力的目的。

5.2.1　溢流阀

溢流阀是液压阀中最重要的阀，几乎所有液压系统都要用上它，主要为液压系统起到定压和安全保护作用，其性能的好坏对整个系统的正常工作有很大影响。

溢流阀应满足的基本要求为：调压范围大、调压偏差小、压力摆动小、动作灵敏，过流能力大，噪声小。

1. 溢流阀的结构和工作原理

溢流阀按其结构形式可分为直动式和先导式两类，按阀芯结构可分为滑阀、锥阀、球阀等结构。

1）直动式溢流阀

直动式溢流阀是依靠压力油直接作用在阀上与弹簧力等相平衡，控制阀芯的开口大小以达到调节和控制系统压力的目的。图 5-2 所示为滑阀结构管式连接的直动式溢流阀的结构及图形符号。该阀由调节手柄 1、调压弹簧 2、上阀体 3、阀芯 4 和下阀体 5 等零件组成。图示位置，阀芯在调压弹簧力 F_t 的作用下处于最下端位置，阀芯台肩的封油长度 s 将进、出油口关闭，当压力油从进油口 P 进入阀后，经孔 f 和阻尼孔 g 进入阀芯 4 底部，形成的液压力作用在阀芯下端面 C 上。当进油压力 p 较小时，滑阀在弹簧力 F_t 作用下，处于关闭状态，将进出油口 P、T 隔开；当压力 p 升高到使作用在滑阀上的液压力等于或超过弹簧力时，滑阀上升，上移行程 s 后阀口打开，P、T 接通，随着通过阀口的流量增大，阀口进一步开启，油液从 T 口回油箱，此时阀芯处于受力平衡状态。调整螺帽 2 可改变弹簧压紧力，从而改变进油腔 P 的控制压力。当压力降低时，弹簧力使阀口关闭。

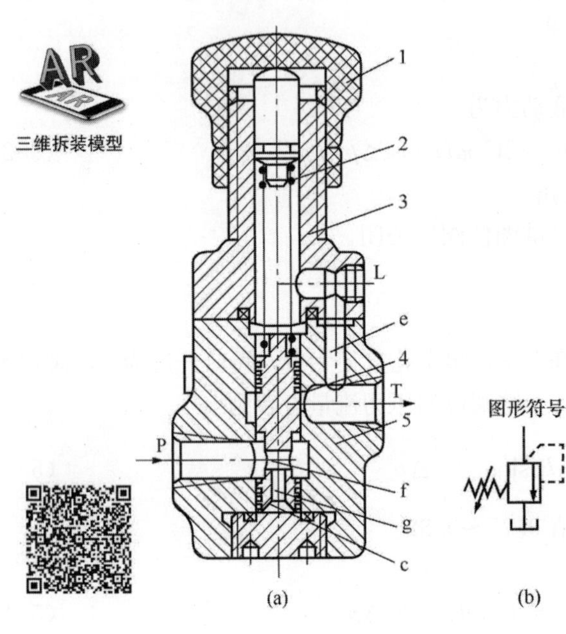

图 5-2 直动式溢流阀的结构及图形符号
1—调节手柄；2—调压弹簧；3—上阀体；4—阀芯；5—下阀体

溢流阀作为定压稳压作用时，正常工作中始终有一定流量通过阀口。当进油口压力为 p，不考虑阀芯自重、阀芯所受的摩擦力及稳态液动力时，阀芯工作时的力平衡方程为

$$pA = k(x_0 + s + \Delta x)$$

即

$$p=\frac{k\ (x_0+s+\Delta x)}{A} \tag{5-5}$$

式中 k——弹簧刚度；

x_0——弹簧的预压缩量；

Δx——阀芯工作开口；

s——阀芯与阀体之间的封油长度；

A——滑阀端面 C 的面积，$A=\frac{\pi d^2}{4}$；

d——阀芯直径。

由式（5-5）可知，当弹簧刚度一定时，调节弹簧的预压缩量 x_0，即可改变阀的进油口的压力 p。

由于作用在阀芯底部端面上的液压力是直接与弹簧力相平衡，溢流阀所调节的压力同时也取决于调压弹簧的刚度，当需要调节更高的工作压力时，必然要增大弹簧刚度，导致弹簧尺寸增大，相同的阀芯位移下，弹簧力的变化较大；另外，当通过阀口的流量发生变

化时，阀芯的工作开口 Δx 也会随之变化，导致弹簧力发生变化，当通过额定流量时，进油口的压力为最大，记为 p_s。所以，直动式溢流阀所控制的压力波动较大。

溢流阀中，把阀口刚开启时的进口压力称为溢流阀的开启压力 p_k，即

$$p_k = \frac{k(x_0 + s)}{A} \tag{5-6}$$

衡量溢流阀的静态特性时往往采用调压偏差 $\Delta p = p_s - p_k$ 或开启压力比 $n_k = p_k / p_s$ 进行评价。显然，调压偏差越小，溢流阀的性能越好。

由图 5-2 还可知，溢流阀阀芯弹簧端的泄漏油是直接与溢流阀的出油口 T 相连的，如果该出油口存在有压力（即背压），该压力势必会反作用在阀芯的弹簧端，这时，溢流阀的进油口压力将相应增大一个背压值。上述滑阀结构的直动式溢流阀是早期出现的直动式溢流阀，主要用于低压小流量的液压系统中，现已比较少用。

德国 BoschRexroth 公司开发了锥阀结构的 DBD 型直动式溢流阀，该系列阀最大流量可达 330 L/min，额定工作压力达 40 MPa。图 5-3 所示为该阀的结构示意图。其结构特点是，锥阀阀芯的右端有一个侧面被铣扁的阻尼活塞 3，压力油可以引到阻尼活塞底部，该阻尼活塞除了能增加运动阻尼提高阀的工作稳定性外，还可以对锥阀运动起导向作用且使锥阀在开启后不会倾斜。锥阀阀芯的左端有一个偏流盘 1，盘上开设有用来改变液流方向的环形槽，该环形槽一方面可以补偿锥阀 2 的液动力，另一方面由于液流方向的改变，可以产生一个与弹簧力相反的射流力，当通过溢流阀的流量增加时，虽然因锥阀阀口增大引起弹簧力增加，但由于与弹簧力方向相反的射流力也同时增加，可抵消弹簧力的增加，有利于提高阀的通流流量和工作压力。

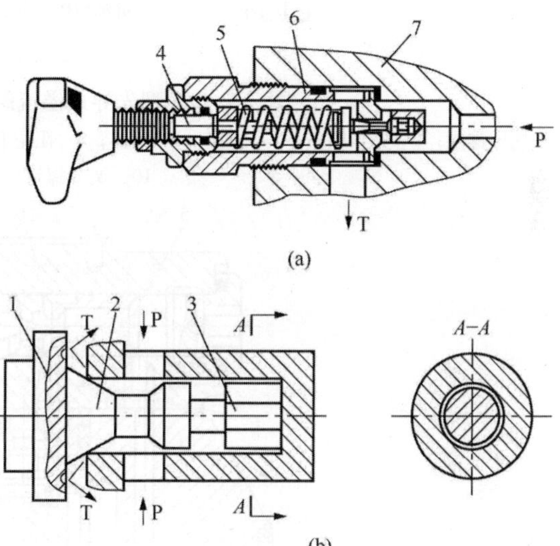

图 5-3　Rexroth 公司 DBD 型直动式溢流阀（插装式）

（a）结构图；（b）局部放大图

1—偏流盘；2—锥阀；3—阻尼活塞；4—调节杆；5—调压弹簧；6—阀套；7—阀座

2）先导式溢流阀

先导式溢流阀由先导阀和主阀两部分组成。先导阀为锥阀结构的小流量直动式溢流阀，主要作用是调节压力，主阀也为锥阀结构，主要作用是通流。图 5-4 和图 5-5 是先导式溢流阀常见的结构形式。

图 5-4 所示为三级同心结构，因主阀芯 6 的大直径与阀体 4 的阀孔、主阀芯锥面与主阀座 7、主阀芯上端小直径与阀盖 3 的孔三处要求同轴而得名。其工作原理是：图示位置主阀芯和先导锥阀芯均被弹簧压靠在各自的阀座上，主阀口和先导阀口处于关闭状态。当主阀进油口 P 接入压力油时，压力油除了直接作用在主阀芯的下腔作用面积 A 外，还分别经过主阀芯上的阻尼孔 5 引入到先导阀芯前端，对先导阀芯形成一个液压力 F_x。若液压力小于

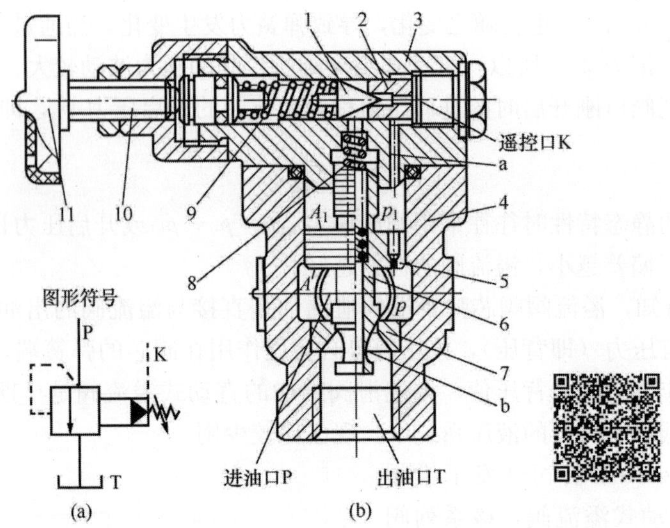

图 5-4　YF 型先导式溢流阀（三级同心、管式连接）

1—先导锥阀；2—先导阀座；3—阀盖；4—阀体；5—阻尼孔；6—主阀芯；7—主阀座；8—主阀弹簧；9—调压弹簧；10—调节螺钉；11—调节手轮

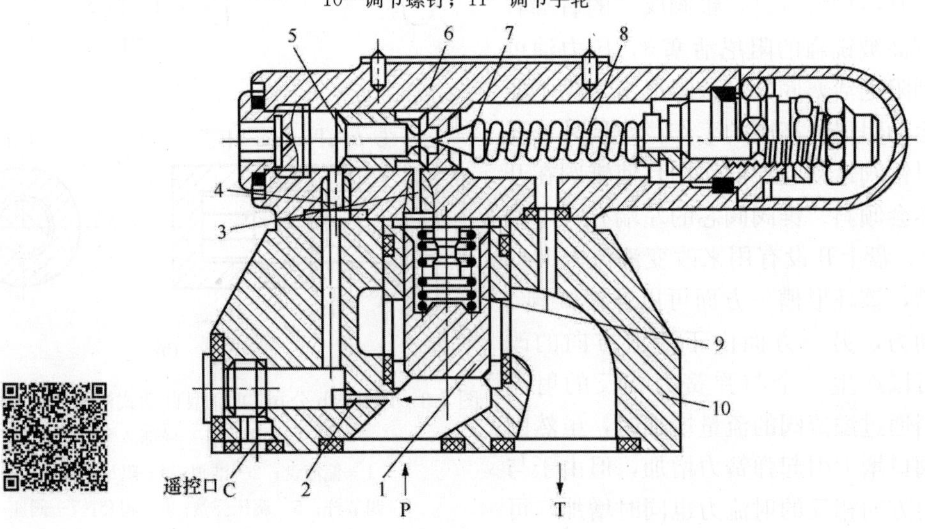

图 5-5　DB 型先导式溢流阀（二级同心、板式连接）

1—主阀芯；2，3，4—阻尼孔；5—先导阀座；6—先导阀体；7—先导阀芯；8—调压弹簧主阀弹簧；10—阀体；11—阀套

先导阀芯另一端的弹簧力心时，先导阀芯关闭，主阀上腔为一个密闭的静止容腔，阻尼孔 5 中无液体流动，主阀芯 6 的上、下腔处于静压状态，两腔这时的压力相等，即 $p=p_1$。由于该阀在结构设计时保证了主阀芯上腔作用面积 A_1 稍大于下腔作用面积 A（$A_1/A=1.03\sim1.05$），作用在主阀芯上、下腔的液压力差与主阀弹簧力的共同作用将主阀芯压紧在主阀座 7 上，主阀口关闭。随着进油口压力 p 的增加，作用在先导阀芯上的液压力 F_x 也随之增加，当液压力增加到等于或大于先导阀的弹簧力 F_{t2}时，先导阀的阀口开启，压力油经主阀芯上的阻尼孔 5、流道 a、先导阀阀口、主阀芯中心泄油孔 b 进入出油口 T。由于液流通过阻尼孔 5 时因液阻的作用将产生压力损失，使主阀上腔压力 p_1 低于主阀芯下腔的压力 p。

当压差（$p-p_1$）形成的液压力能克服主阀弹簧力时推动主阀芯上移，主阀口开启，溢流阀进油口 P 的压力油经主阀口进入出油口 T。主阀口开口一定时，主阀芯和先导阀芯分别处于受力平衡状态，阀口满足压力流量方程，主阀口压力为一定值。

2. 主阀芯和先导阀芯的力平衡方程

同样，如果不考虑阀芯自重和稳态液动力，主阀芯和先导阀芯的力平衡方程如下。

（1）先导阀芯的受力平衡方程

$$p_1 A_x = k_2(x_0 + \Delta x) \tag{5-7}$$

（2）主阀芯的受力平衡方程

$$p_2 = f(p_1) \tag{5-8}$$

从式（5-7）和式（5-8）中可得到进油口压力方程

$$p = \frac{A_1 k_2(x_0 + \Delta x)}{A A_x} + \frac{k_1(y_0 + \Delta y)}{A} \tag{5-9}$$

式中　k_1，k_2——主阀芯弹簧、先导阀芯弹簧刚度；

y_0，x_0——主阀芯弹簧、先导阀芯弹簧的预压缩量；

Δy，Δx——主阀芯、先导阀芯工作开口；

A_1，A——主阀芯上、下腔作用面积；

A_x——先导阀阀座孔面积，$A_x=\frac{\pi d^2}{4}$；

d——先导阀阀座孔直径。

3. 先导式溢流阀的特点

根据先导式溢流阀与直动式溢流阀的结构和工作原理，结合式（5-5）和式（5-9），先导式溢流阀具有如下特点。

（2）阀的进口压力是通过与先导阀芯和主阀阀芯预设弹簧力进行两次比较得到的。压力值主要由先导阀调压弹簧的预压缩量确定，流经先导阀的流量很小，溢流流量的大部分经主阀阀口流回出油口，主阀芯的弹簧只需在阀口关闭时起复位作用，其弹簧刚度可以做得较小，因而主阀口开启开度大小的变化不会导致进油口压力有较大的变化，从而提高了溢流阀控制压力的稳定性。

（2）因流经先导阀的流量很小，一般仅为主阀额定流量的 1%。因此，先导阀阀座孔的直径很小，即使要对高压进行调节和控制，其阀芯弹簧的刚度也不会大，可改善调节特性和压力控制精度。

（3）先导阀前腔有一个遥控口 K，在该遥控口处接电磁换向阀可组成电磁溢流阀，连接另一个溢流阀（一般为直动式溢流阀）可实现远程调压，或通过换向阀与溢流阀组合来实现多级调压。

需要注意的是，通过遥控口 K 实现远程调压或多级调压，主阀上的调节压力都必须调整到高于远程调压阀和多级调压阀的调整压力，也就是说，远程调压或多级调压只能在主阀设定压力以内进行调节，为了防止系统发生共振导致调压失灵，远程调压阀或多级调压阀的最高压力必须低于主阀设定压力值的 10%以上。

图 5-5 所示为板式连接的二级同心结构的先导式溢流阀，它的主阀芯 1 仍为锥阀，为一圆柱体下端面倒锥而成。要求主阀芯 1 的圆柱导向面与阀套 11 内表面、阀芯锥面与阀套 11

上的阀座孔两处同轴，所以称为二级同心。该结构的主阀芯上没有阻尼孔，而分别在阀体10和先导阀体1上分别开设了三个阻尼孔2、3、4，工作原理和图形符号与上述三级同心的先导式溢流阀相同。只不过油液从主阀下腔到主阀上腔需要经过三个阻尼孔。阻尼孔2、4串联，相当于三级同心式溢流阀中主阀芯上的阻尼孔，作用也是使主阀芯上腔与先导阀前腔产生压力差，再通过阻尼孔3作用在主阀芯上腔，从而控制主阀芯开启。采用两个阻尼孔2、4串联的优点是易于调节液阻大小，而且阻尼孔的长径比较小，阻尼孔不易堵塞。阻尼孔3的主要作用是提高主阀芯工作的稳定性。

与三级同心结构相比，二级同心的主阀芯圆柱导向面仅需要与阀套内孔和阀座孔同心，结构简单、加工和装配方便。二级同心主阀口的过流面积大，在相同流量的情况下开口小，对压力的稳定性影响较小，同时，主阀芯与阀套可通用化，便于批量生产。在中高压、大流量的情况下，采用先导式溢流阀。

4. 溢流阀的性能指标

1）静态性能指标

（1）压力调节范围：调压弹簧在规定的范围内调节时，溢流阀所控制的压力能平稳地升降，无压力突跳或迟滞现象时的最高和最低调定压力。对于额定压力为31.5 MPa的高压溢流阀，为了改善其压力调节性能，先导阀的调压弹簧一般都配备有自由高度相同、内径相同而刚度不同的四根弹簧，供在不同使用压力下选择，每根弹簧调节压力范围分别是0.5～7 MPa、3.5～14 MPa、7～21 MPa和14～31.5 MPa。

（2）压力流量特性溢流阀的压力流量特性也称为启闭特性，是指溢流阀从开启到闭合的过程中，通过溢流阀的流量与其控制的压力之间的关系。图5-6所示即为溢流阀压力流量特性曲线。

在溢流阀调压弹簧的预压缩量调定之后，其开启压力 p_k 既已确定，阀口开启后，随溢流量的增加，溢流阀阀口开度增大，使进油口压力略为升高，当通过的流量达到额定流量时的压力为最高，记为 p_s；随着通过的流量减小，阀口开度反向减小并趋于关闭，进油口的压力降低，阀口闭合时的压力记为 p_b。由于阀芯在开启和关闭过程中所受到摩擦力方向不同的影响，使 $p_b < p_k$。

溢流阀的压力流量特性的好坏一般采用调压偏差或开启压力比 n_k、闭合压力比 n_b 来评价。其中，调压偏差是指额定流量下的调定压力与开启压力、闭合压力之差值，即 $p_s - p_k$；开启压力比 $n_k = p_b/p_k$、闭合压力比 $n_b = p_b/p_s$。溢流阀的启闭特性是衡量溢流阀性能好坏的一个重要指标，显然，调压偏差越小越好，开启压力比和闭合压力比越大越好，并且开启压力比与闭合压力比越接近越好，说明溢流阀灵敏度高。一般要求溢流阀的 $n_k = 0.9$，$n_b = 0.85$。

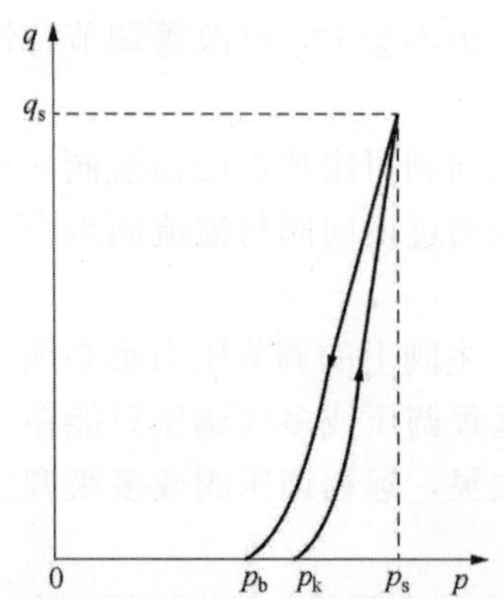

图5-6　溢流阀压力流量特性曲线

（3）卸荷压力：当先导式溢流阀的遥控口K直接接回油箱，即上腔压力为零，流经阀的流量为额定流量时，溢流阀的进油口的压力称为卸荷压力。这时阀进油口的压力仅只需要克服主阀芯复位弹簧力和阀口的液动力。溢流阀的卸荷压

力大小与阀的结构、阀内部流道以及阀口尺寸有关。溢流阀的卸荷压力反映了系统在卸荷状态下的功率损失和因功率损失所带来油液发热量，因此，卸荷压力越小越好。

（4）最小稳定流量和许用流量范围：当溢流阀通过的流量很小时，阀芯容易发生振动和噪声，导致压力不稳定。溢流阀控制的压力稳定、工作时无振动、无噪声时的最小溢流流量即为最小稳定流量。最小稳定流量与额定流量之间的范围即称为许用流量范围。溢流阀的最小稳定流量越小，许用流量范围越大，调节范围也就越大，阀的性能也越好。溢流阀的最小稳定流量取决于它的压力平稳性要求，一般规定为额定流量的 15%。

2）动态性能指标

当溢流阀的溢流量由零阶跃变化至额定流量时，其进口压力按图 5-7 所示迅速升高并超过其调定压力值，然后逐步衰减到最终的稳定压力，从而完成其动态过程。

动态性能指标主要有以下几种。

（1）压力超调量：定义最高瞬时压力峰值与调定压力值 p_s 的差值为压力超调量并将（$\Delta p/p_s$）×100%称为压力超调率。压力超调量是衡量溢流阀动态定压误差的一个重要指标，一般压力超调率要求小于 30%。

（2）响应时间：响应时间是从起始稳态压力与最终稳态压力 p_0 之差的 10%上升到 90%的时间 t_1，即图 5-7 中 A、B 两点的时间间隔。t_1 越小，溢流阀的响应越快。

（3）过渡过程时间：过渡过程时间是指从 0.9 的 B 点到瞬时过渡过程的最终时刻 C 点之间的时间 t_2，即图 5-7 中 B 点到 C 点的时间间隔。t_2 越小，溢流阀的动态过渡过程越短。

（4）升压时间：升压时间是指流量阶跃变化时，$0.1(p_s-p_0)$ 至 $0.9(p_s-p_0)$ 的时间 Δt_1，与响应时间一致。

（5）卸压时间：卸压时间是指卸压信号发出后，$0.9(p_s-p_0)$ 至 $0.1(p_s-p_0)$ 的时间 Δt_2，即图 5-8 中 E、D 两点的时间。

升压时间 Δt_1 和卸压时间 Δt_2 越小，溢流阀的动态性能就越好。

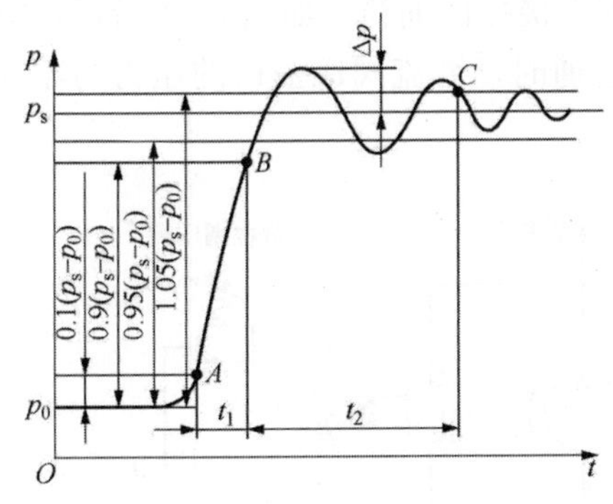

图 5-7　流量阶跃变化时溢流阀进口压力响应特性

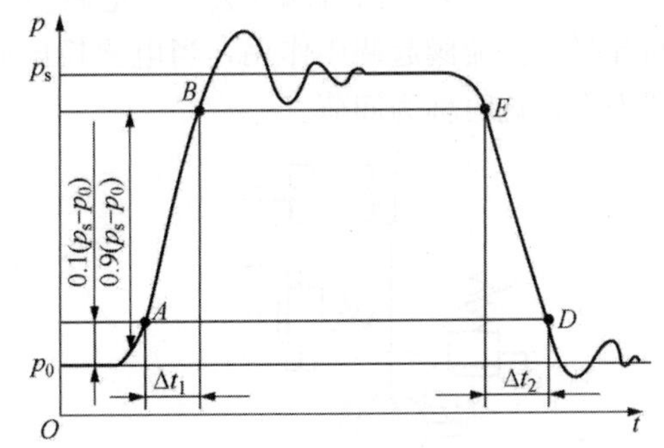

图 5-8　溢流阀的升压与卸荷特性

5. 溢流阀在液压系统中的作用

溢流阀在不同的系统中溢流所起的作用不同，具体有以下几种用途。

(1) 溢流定压作用：在定量泵节流调速系统中，调节节流阀的开口大小可调节进入执行元件的流量，而多余的油液从溢流阀流回油箱。工作中，溢流阀处于常开状态，保证了泵的工作压力基本不变，如图 5-9 所示。

(2) 防止系统过载：在变量泵调速系统中，当系统压力小于溢流阀调定值时，液压泵输出的油液全部供应系统，溢流阀处于常闭状态；当系统超载，系统的压力超过溢流阀调定值时，溢流阀迅速打开，油液流回油箱，防止系统过载，确保系统安全，所以称这时的溢流阀为安全阀，如图 5-10 所示。需要说明的是，溢流阀用作安全阀使用时，可以用在所有的液压系统中，以保证在作为压力控制和调节的溢流阀出现失灵后确保系统的安全，这时，安全阀的设定压力应高于系统最高工作压力 20%左右。

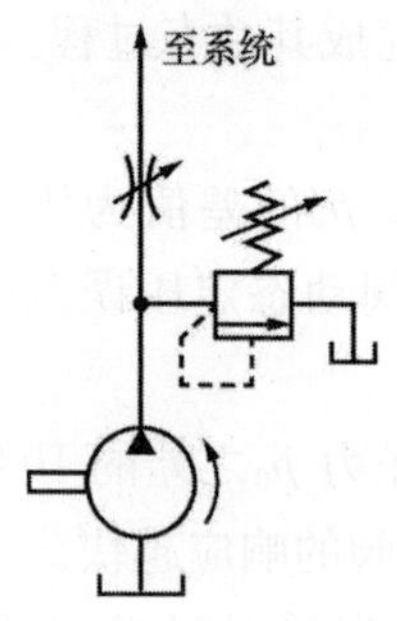

图 5-9　溢流阀的定压作用

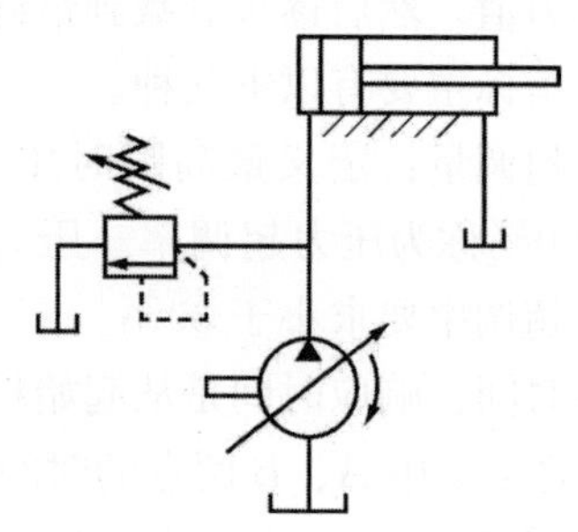

图 5-10　溢流阀的安全作用

(3) 背压作用：在液压系统的回油路上串联一溢流阀，形成背压，改善执行元件的运动平稳性，如图 5-11 所示。

(4) 远程调压和系统卸荷作用：图 5-12 所示是利用在溢流阀遥控口连接一个溢流阀来实现远程调压。图 5-13 所示为溢流阀的多级调压作用，即在主溢流阀 1 和远程调压溢流阀 3 之间连接一个二位二通电磁换向阀 2，当电磁换向阀 2 断开（电磁铁不通电）时，系统压力由上溢流阀 1 调定，当电磁换向阀接通（电磁铁通电）时，系统压力由溢流阀 3 调定，实现二级调压。如果将溢流阀 3 去掉，电磁换向阀直接接回油箱。如图 5-14 所示，电磁换向阀断开时，溢流阀起调压作用，当电磁换向阀接通时，溢流阀遥控口的压力为零，系统压力即为零，这时称为卸荷。

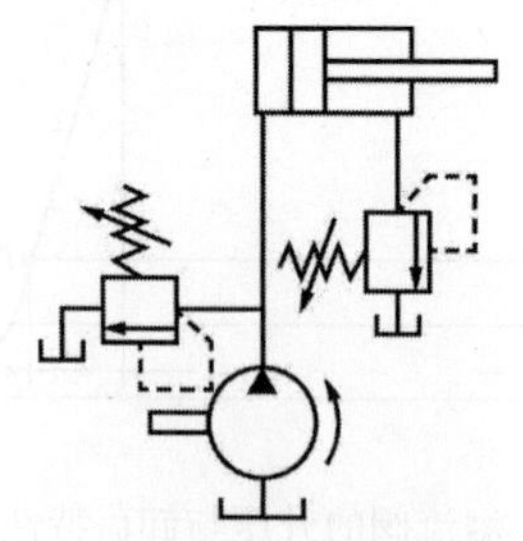

图 5-11　溢流阀的背压作用

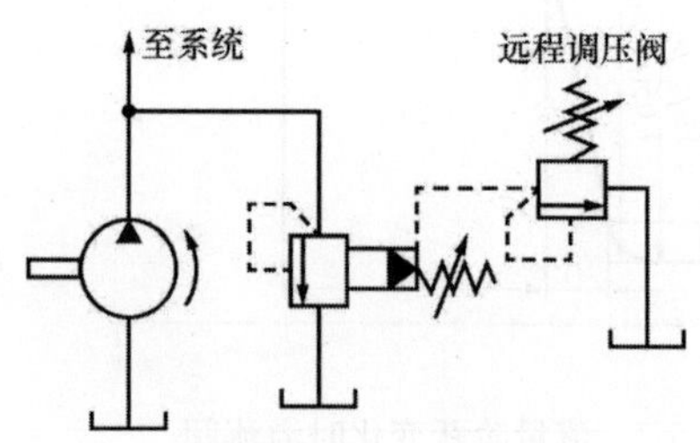

图 5-12　溢流阀的远程调压作用

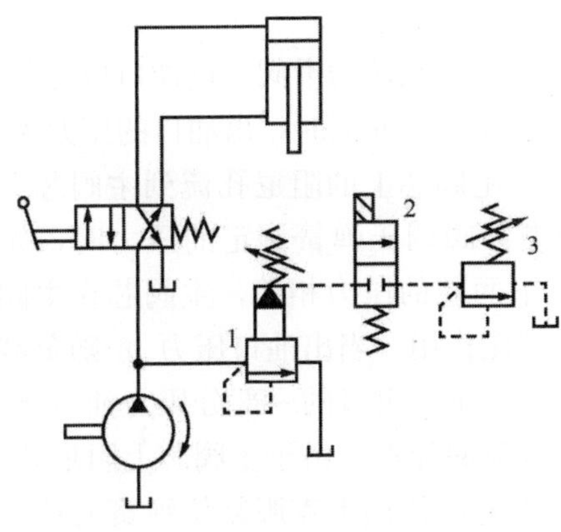

图 5-13　溢流阀的多级调压作用

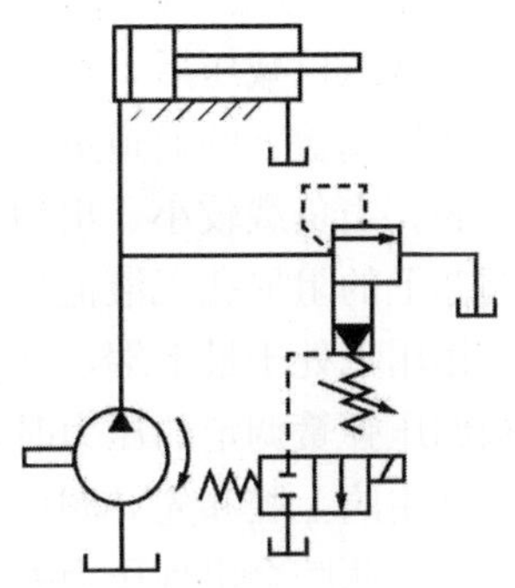

图 5-14　溢流阀的卸荷作用

5.2.2　减压阀

减压阀是用于降低液压系统某一局部回路的压力，使之得到一个比液压泵供油压力低的稳定压力的压力控制阀，其减压原理是利用液流流过缝隙产生压力损失实现的。按调节功能要求不同，减压阀可分为定值减压阀、定比减压阀和定差减压阀。液压系统中作为独立元件使用的主要是定值减压阀，简称为减压阀。定差和定比减压阀主要与其他液压元件组合成具有其他功能的液压元件，如定差减压阀与节流阀组合成调速阀等。

1. 减压阀的结构和工作原理

定值减压阀按结构形式有直动式和先导式两种。直动式减压阀主要用在叠加式结构中。

1）直动式减压阀的结构及工作原理

图 5-15 所示为直动式减压阀的结构及图形符号。减压阀芯为滑阀结构，进油口的压力为 p_1 的压力油经过减压口减压后从出油口输出，压力为 p_2，同时，压力为 p_2 的压力油通过油孔引入到滑阀芯左端部。当出油口压力 p_2 不足以克服弹簧的调定力时，阀芯处于最左端，这时减压口处于全开状态，进油口的压力与出油口的压力相等，减压阀不起减压作用。当出油口压力 p_2 升高超过弹簧的预压缩力时，滑阀向右移动，减压口的过流面积减小，减压口起到减压作用；当出油口压力 p_2 作用在滑阀芯的力与调压弹簧力相平衡时，输出压力为一定值 p_2。调节调压弹簧的预压缩量即可调节出油口压力 p_2。

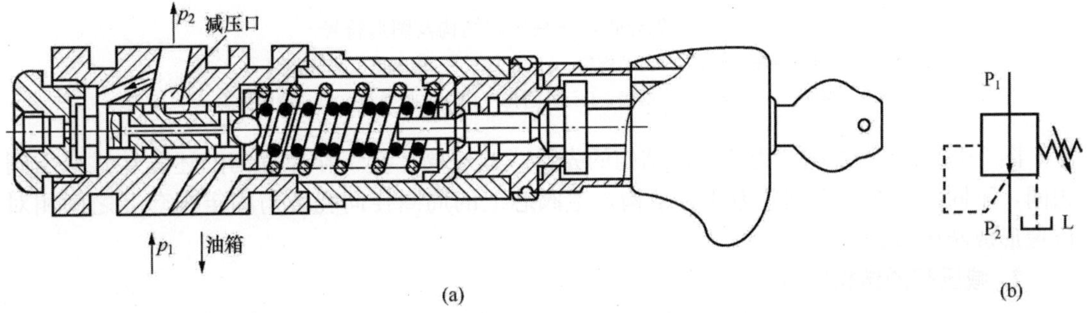

图 5-15　直动式减压阀的结构及图形符号

2）先导式减压阀的结构及工作原理

图 5-16 所示为先导式减压阀结构及图形符号，其主阀芯为滑阀。进油口压力为 p_1 的压力油经主阀减压口减压后，从出油口输出二次压力 p_2，与此同时，出油口的压力为 p_2 的压力油经阀体、端盖上的通道进入主阀芯下端，再经主阀芯上的阻尼孔流到主阀芯上端和先导阀的前腔。当负载较小、出油口压力 p_2 低于先导阀调压弹簧调定的压力时，先导阀关闭，主阀芯上的阻尼孔无液流通过，主阀芯上、下两腔的压力相等，主阀芯在主阀上端复位弹簧的作用下处于最下端，减压口全开，不起减压作用。当出油口压力 p_2 随负载增大超过先导阀调压弹簧调定的压力时，先导阀阀口开启，主阀出口的一部分压力油 p_2 经主阀芯阻尼孔流到主阀上腔和先导阀口，再经过泄漏油口流回油箱。由于主阀芯上阻尼孔的作用，主阀芯上、下两腔会出现压力差，主阀芯在此压力差的作用下克服复位弹簧的预压缩力而向上移动，减压口过流面积减小实现减压作用。当出油口压力 p_2 与先导阀调定压力相平衡时，减压口的过流面积为定值，使输出压力为一定值。调节先导阀调压弹簧的预压缩量即可调节出油口压力 p_2。

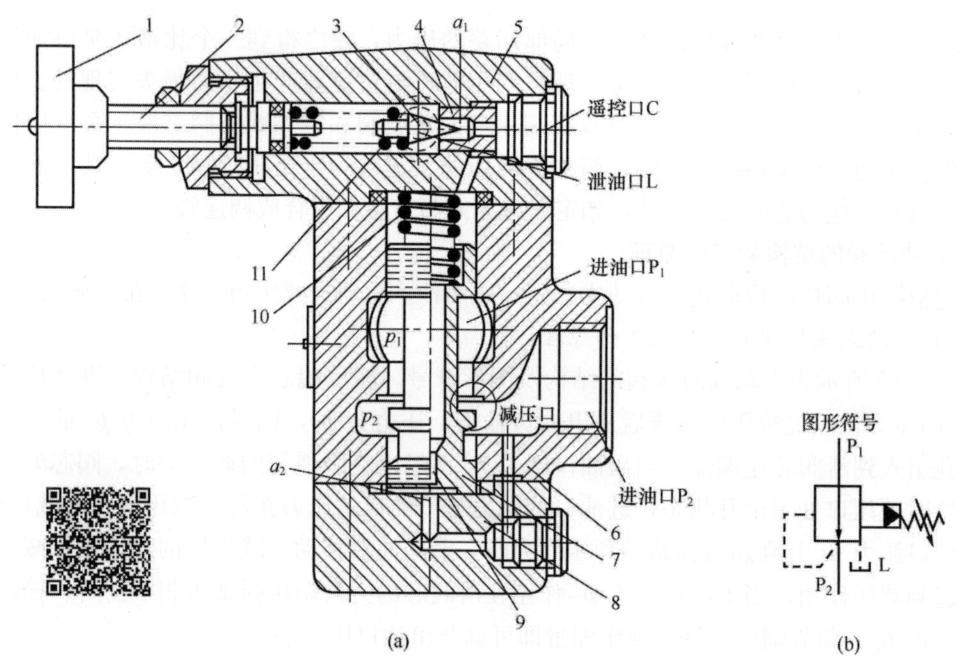

图 5-16　先导式定压减压阀结构及图形符号

1—调压手轮；2—调节螺钉；3—锥阀；4—锥阀座；5—阀盖；
6—阀体；7—主阀；8—端盖；9—阻尼孔；10—主阀弹簧；11—调压弹簧

图 5-17 所示为主阀芯为插装阀结构的先导式减压阀。其工作原理与上述先导式减压阀相同，不同之处在于主阀芯为插装结构，主阀芯上的周圈径向孔群与固定阀套 2 之间相对位置形成减压口。

2. 减压阀的结构特点

减压阀和溢流阀都是用于对液流压力进行调节和控制的，从结构和工作原理上看有很大的相似之处，如先导式阀都有一个遥控口，通过该遥控口可以实现远程调压和多级调压，与

溢流阀同样，远程控制减压后的压力只能在减压阀调定的范围之内。但存在以下显著差别。

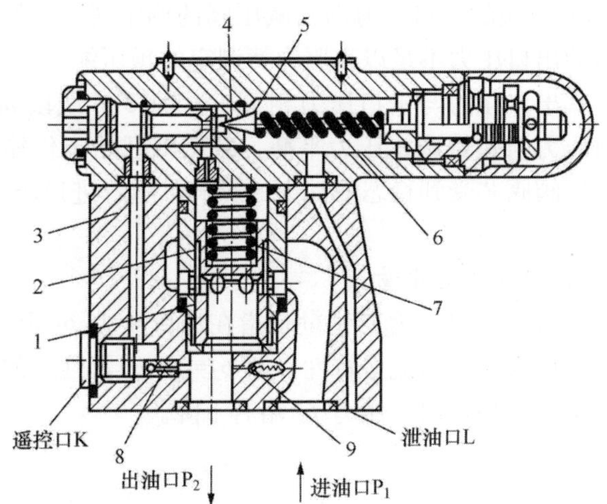

图 5-17　插装阀结构的先导式减压阀

1—主阀芯；2—阀套；3—阀体；4—先导阀座；
5—先导锥阀；6—调压弹簧；7—主阀弹簧；8—阻尼孔；9—单向阀

(1) 减压阀保持出油口压力不变，控制阀芯的移动的压力来自出油口的压力油；而溢流阀是保持进油口压力不变，控制阀芯移动的压力来自进油口压力油。

(2) 不工作时，减压阀的阀口处于开启状态，进、出油口的压力相等；而溢流阀的进、出油口处于关闭状态。

(3) 减压阀的出油口压力为工作压力，其泄漏油必须从专门的泄油口单独引回到油箱；而溢流阀的出油口直接回油箱，其泄漏油可通过阀体内部引到出油口。

3. 减压阀的主要静态性能指标

减压阀的主要静态性能指标有：调压范围、压力稳定性、压力偏差、进口压力变化引起的出口压力变化量、流量变化引起的出口压力变化量、外漏量、反向压力损失和动作可靠性等，下面对前几个进行简要介绍。

1) *调压范围*

减压阀的调压范围是指将减压阀的调压手轮从全松开到全关闭，阀的出口压力的可调范围，出口压力应随调压手轮的调节而平稳地上升或下降，不出现突跳和迟滞现象。

2) *压力稳定性*

减压阀的压力稳定性是指出口压力的摆动。对额定压力为 16 MPa 以上的减压阀，一般要求其出口压力的摆动不超过±0.5 MPa；对额定压力为 16 MPa 以下的减压阀，其压力摆动不超过±0.3 MPa。

3) *压力偏差*

减压阀的压力偏差是指调定的出口压力在规定时间内的偏移量。对四个不同压力等级的调压弹簧，其压力偏差量分别为 0.2 MPa、0.5 MPa、0.6 MPa 和 1.0 MPa。

4) *进口压力变化引起的出口压力变化量*

进口压力变化引起的出口压力变化量是指在通过减压阀的流量不变的条件下，出口压力随进口压力变化的特性，即 $p_2=f(p_1)$ 特性，如图 5-18 所示。图中，减压阀出口压力曲线由两段组成。拐点 m 所对应的出口压力即为减压阀的调定压力。线段 Om 段是减压阀的启动阶段，这时减压阀的出口压力不足以克服弹簧调定的预压缩力，减压口处于全开状态，不起减压作用，理论上其出口压力与进口压力相等，θ 为 45°。线段 mn 段是减压阀的工作段，此时，减压阀出口压力与弹簧调定压力平衡，减压口开始工作输出一定值压力。但由于液流流动过程中，减压阀阀芯受到稳态液动力的影响，随着进口压力 p_1 的增加，出口压力 p_2 略有下降。

5）流量变化引起的出口压力变化量

减压阀的流量变化引起的出口压力变化量是指在进口压力 p_1 恒定时，出口压力 p_2 随流量的变化量，也称为减压阀的压力流量特性，即 $p_2=f(q)$ 特性，如图 5-19 所示。因稳态液动力的影响，随着流量的增加，出口压力 p_2 略有下降。

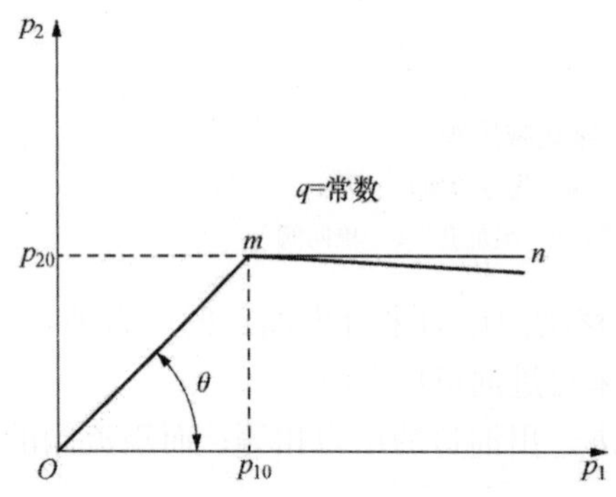

图 5-18 减压阀的 $p_2=f(p_1)$ 特性曲线

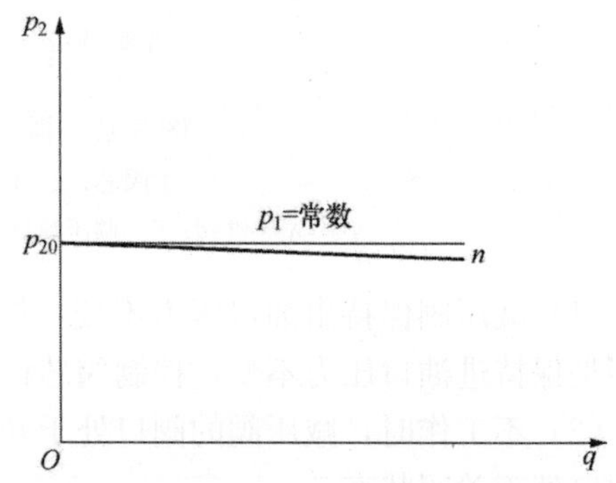

图 5-19 减压阀的 $p_2=f(q)$ 特性曲线

4. 定差减压阀

定差减压阀是指保持阀的进口、出口的压差为恒定值的减压阀，它主要用来与其他阀组成复合阀，如与节流阀串联组成调速阀。图 5-20 所示为定差减压阀的工作原理图及图形符号。高压油 p_1 经减压口减压后以低压 p_2 流出，同时低压油 p_2 经阀芯中心孔将压力传至阀芯上腔，工作时，作用在阀芯上的液压力与弹簧力处于平衡状态，其受力平衡方程为

$$p_1\frac{\pi}{4}(D^2-d^2)=p_2\frac{\pi}{4}(D^2-d^2)+K(x_0+x) \tag{5-10}$$

根据其受力平衡方程可得到进、出口压差为

$$\Delta p=p_1-p_2=\frac{K(x_0+x)}{\pi(D^2-d^2)/4} \tag{5-11}$$

式中 K ——弹簧刚度；

x_0，x——弹簧预压缩量和阀芯开口量；

D，d——阀芯大端外径和小端外径。

由式（5-11）可知，只要尽量减小弹簧刚度 K，并使 x 的变化尽量小，就可使压差 Δp 近似保持为定值。

5. 定比减压阀

定比减压阀可使进、出口压力的比值保持定值。如图 5-21 所示，如不考虑液动力和阀

芯自重即摩擦力的影响，阀芯的受力平衡方程为

$$p_1A_1+K(x_0+x)=p_2A_2 \tag{5-12}$$

式中　K——弹簧刚度；

　　x_0，x——弹簧预压缩量和阀芯开口量。

由于弹簧仅起复位作用，其刚度较小，因此弹簧力可忽略，则

$$\frac{p_2}{p_1}=\frac{A_1}{A_2} \tag{5-13}$$

由此可见，只要适当选择阀芯两端的作用面积 A_1 和 A_2，便可得到所要求的压力比值，且该比值近似定值。

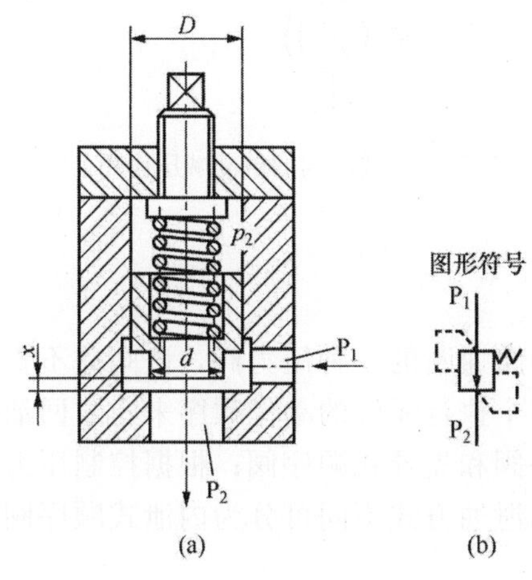

图 5-20　定差减压阀的工作原理及图形符号

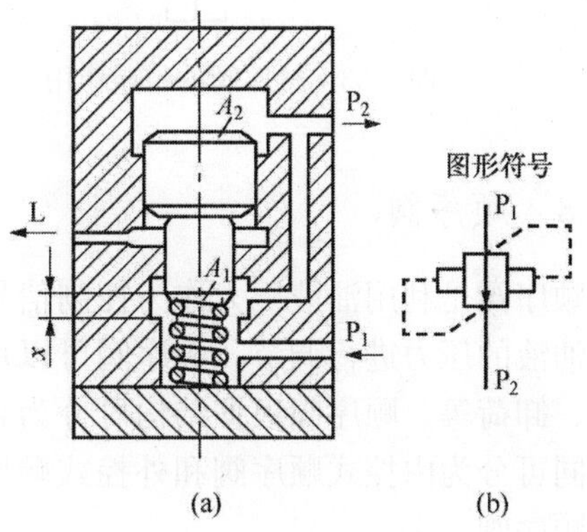

图 5-21　定比减压阀

6. 减压阀在液压系统中的作用

减压阀用于液压系统获得低于系统压力的二次回路，如夹紧回路、控制油回路、润滑回路等。

1）减压作用

图 5-22 所示为减压回路，在主系统的支路上串联一个减压阀，用于降低或调节该支路液压缸的最大输出力。

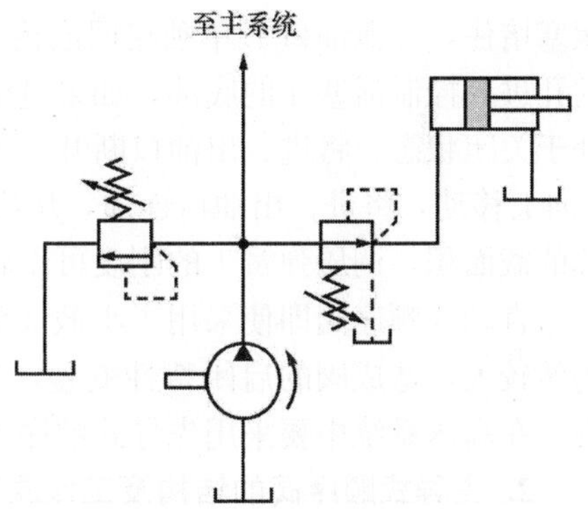

图 5-22　减压回路

2）稳压作用

如图 5-23 所示，当液压缸 B 需要有较稳定的输入压力时，为防止因液压缸 A 速度变化带来的系统压力的波动对其影响，则在液压缸 B 的进油路上串联一个减压阀，溢流阀所控制的压力波动将不会对液压缸 B 产生影响。

3）单向减压作用

当执行元件正反两个方向需要不同的压力时，将减压阀与单向阀并联组成单向减压阀，如图 5-24 所示。

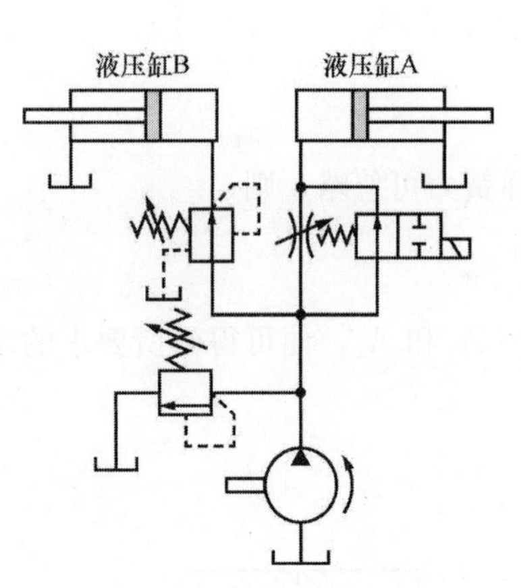

图 5-23　减压阀的稳压作用

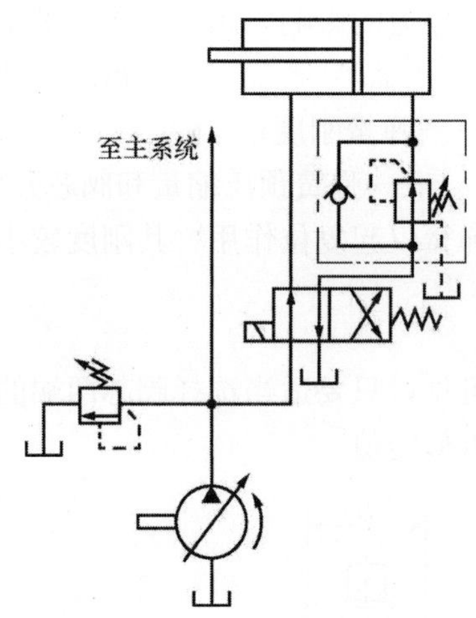

图 5-24　减压阀的单向减压作用

5.2.3　顺序阀

顺序阀是利用油液压力作为控制信号来控制油路通断的一种压力阀，该阀并不直接参与对油液的压力进行调节。顺序阀可以用于控制多个执行元件的动作顺序来建立回油路的背压、卸荷等。顺序阀根据结构可分为直动式顺序阀和先导式顺序阀；根据控制压力来源的不同可分为内控式顺序阀和外控式顺序阀；根据泄油方式不同可分为内泄式顺序阀和外泄式顺序阀。

1. 直动式顺序阀的结构及工作原理

图 5-25 所示直动式顺序阀的结构及图形符号，其进油口与控制活塞相连，外控口 K 用螺塞堵住，外泄油口 L 单独接回油箱。当压力油从进油口通入后，经过阀体 3 和底盖 5 上的孔进入控制活塞 4 的底部，如果进油口的压力 p_1 低于调压弹簧 1 调定的压力时，阀芯 2 处于关闭状态，将进、出油口断开；如果进油口压力 p_1 大于调压弹簧 1 的调定压力，阀芯 2 向上移动，将进、出油口连通，从出油口输出压力 p_2。由于控制活塞 4 的截面积小于阀芯的截面积，调压弹簧 1 的刚度可以较小。

直动式顺序阀即使采用了小截面的控制活塞，当在高压条件下使用时，调压弹簧刚度仍然较大，造成阀的启闭特性变差，所以直动式顺序阀主要用于低压（7MPa 以下）系统中。在高压系统中要采用先导式顺序阀。

2. 先导式顺序阀的结构及工作原理

图 5-26 所示为内控外泄式的先导式顺序阀结构，该阀的主阀芯为滑阀结构，与先导式溢流阀和先导式减压阀一样，顺序阀的先导阀为一直动式溢流阀。P_1 为进油口，P_2 为出油口，顺序阀的工作原理与先导式溢流阀的工作原理相似，不同之处是顺序阀的出油口没有直接接回油箱，而是连接到某一压力油路，因而其泄漏油口必须单独接回油箱。

对于图 5-26 所示结构的先导式顺序阀，将先导阀 1 和端盖 3 在装配时相对于主阀体 2 转过一定的位置，即可得到内控内泄、外控外泄、外控内泄三种控制形式。

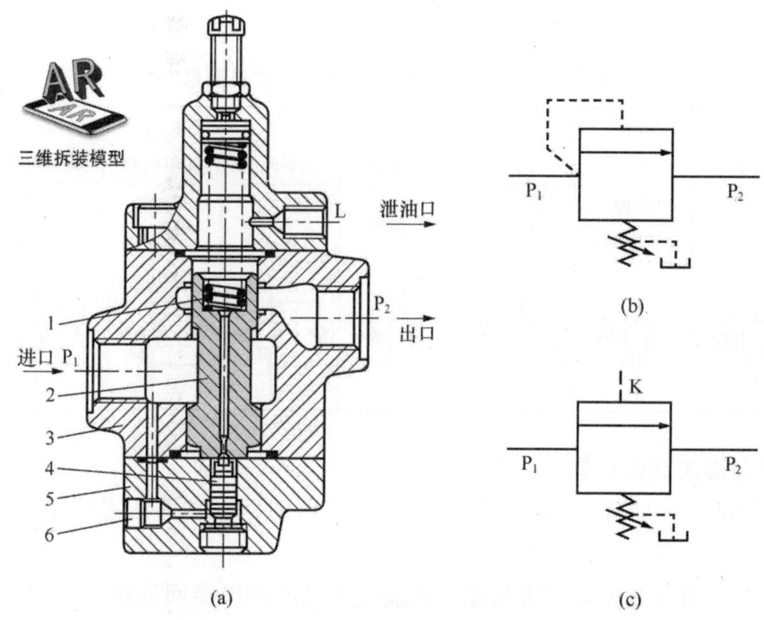

图 5-25　直动式顺序阀的结构及图形符号

(a) 结构图；(b) 内控顺序阀符号；(c) 外控顺序阀符号

1—调压弹簧；2—阀芯；3—阀体；4—控制活塞；5—底盖；6—外控口 K

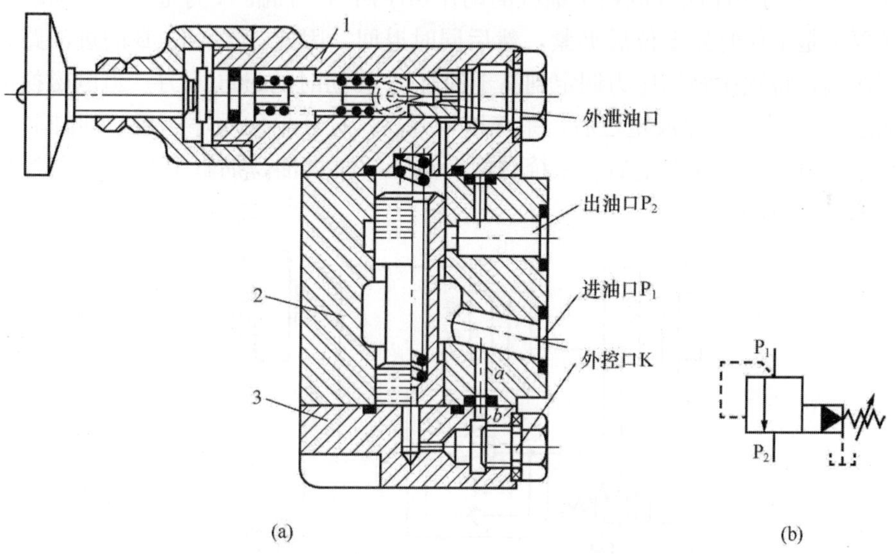

图 5-26　先导式顺序阀的结构及图形符号

(a) 结构图；(b) 符号

1—先导阀；2—主阀阀体；3—端盖

对于外控式顺序阀，其阀口是否开启与阀的进油口压力的大小无关，仅取决于外控口处接入的控制压力的大小。

在顺序阀的阀体内并联单向阀可构成单向顺序阀。表 5-1 所示为各种顺序阀的控制与泄漏方式及图形符号。

表 5-1　各种顺序阀的控制与泄漏方式及图形符号

控制与泄油方式	内控外泄	外控外泄	内控内泄	外控内泄加单向阀	内控外泄加单向阀	外控外泄加单向阀	内控内泄加单向阀	外控内泄加单向阀
名称	顺序阀	外控顺序阀	背压阀	卸荷阀	内控单向顺序阀	外控单向顺序阀	内控平衡阀	外控平衡阀
图形符号								

3. 顺序阀与溢流阀的比较

尽管顺序阀的工作原理与溢流阀有相似之处，但因两者在液压系统中的作用不同，它们之间有如下两点区别：

（1）顺序阀出油口与负载油路相连，而溢流阀的出油口接回油箱。

（2）顺序阀的泄漏油口必须单独接回油箱，而溢流阀的泄漏油可以与出油口连通。

4. 顺序阀在液压系统中的应用

1）控制多个执行元件的顺序动作

图 5-27 所示为顺序阀控制两个油缸的动作顺序回路。油缸 A 为定位缸、油缸 B 为夹紧缸。动作要求是工作时先定位后夹紧，然后同时退回。因此，在油缸 B 的进油路上串联一个单向顺序阀，将顺序阀的压力调定到高于油缸 A 移动时的最高压力。当电磁换向阀不通电时，油缸 A 先动作，完成定位后，系统压力升高，打开单向顺序阀后，油缸 B 才开始动作完成夹紧。电磁换向阀通电后，系统对两个油缸同时供油，油缸 B 的回油路经单向阀流回油箱，两缸同时动作。

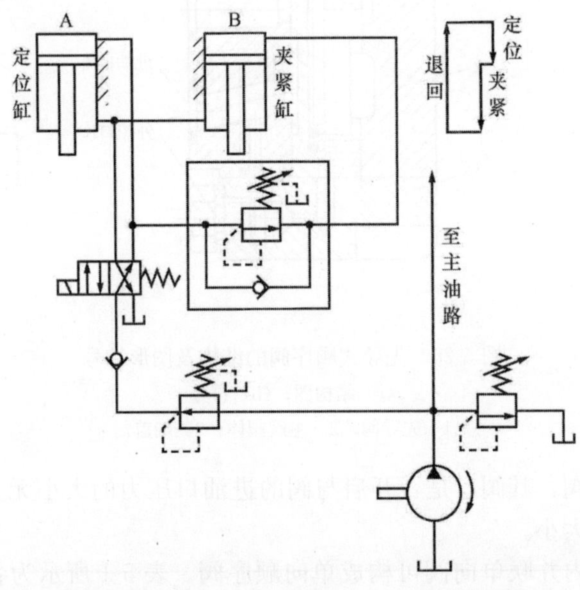

图 5-27　顺序阀控制两个油缸的动作顺序回路

2）用作卸荷阀

图 5-28 所示的双泵供油系统中，将外控内泄式顺序阀的出油口接回油箱实现卸荷。当执行元件快速运动时，系统所需压力较低，顺序阀关闭，两个泵同时供油；当执行元件转为慢速工进或停止运动时，系统压力升高，打开顺序阀，使低压大流量泵 2 卸荷。

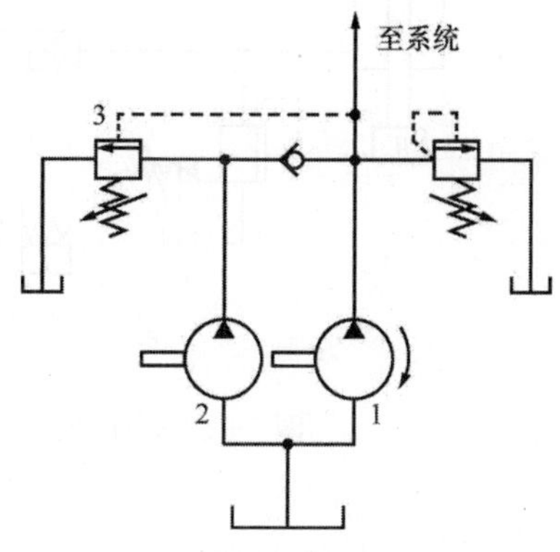

图 5-28　用顺序阀卸荷回路
1—高压泵；2—低压大流量泵

3）用作背压阀

采用顺序阀作背压阀可使液压系统某一部分始终保持一定的压力。如图 5-29 所示，顺序阀的作用是保证控制油路具有一定的压力，防止因液压泵卸荷时减压阀的进油口压力为零，使控制油路没有压力，导致外控电液换向阀不能换向。

4）用作平衡阀

将顺序阀与单向阀组合成单向顺序阀，用于“负负载”系统中对执行元件起到平衡作用（当负载力的方向与负载运动方向相同时，称为负负载，也称超越负载），如图 5-30 所示。将单向顺序阀串联在油缸下腔的油路中，将其压力调节到正好与活塞运动部分的重力相平衡的背压力，防止活塞因自重而下落失去控制。

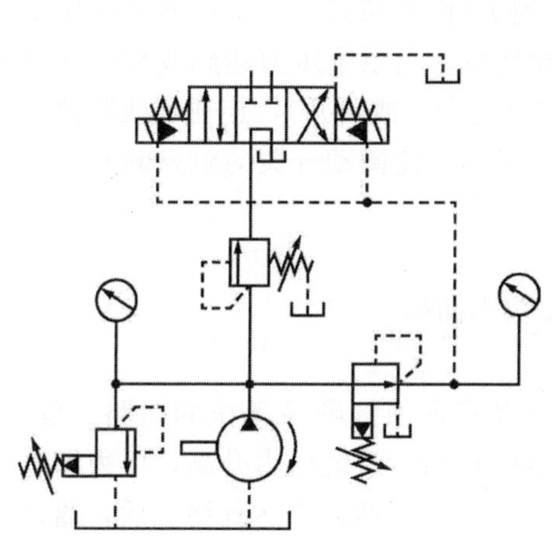
图 5-29　用顺序阀的背压回路

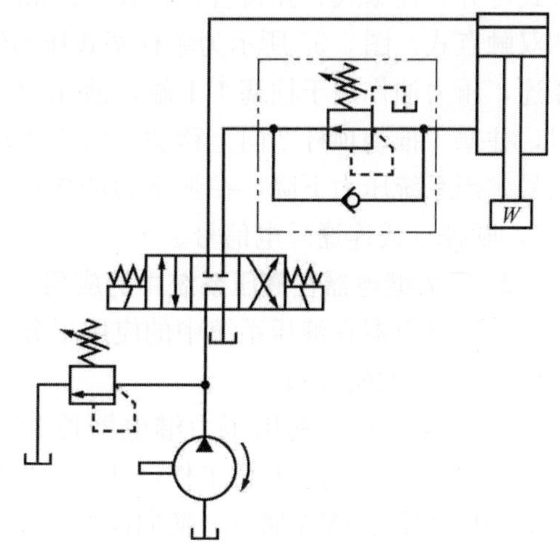

图 5-30　顺序阀作平衡阀回路

5）用作普通溢流阀

如图 5-31 所示，当油缸下行时，如果液控单向阀失灵，油缸下腔产生的高压油可经顺序阀流回油箱，起到安全阀的作用，这时顺序阀的调定压力应高于系统压力。图 5-32 所示将顺序阀的出油口直接接回油箱，系统压力由顺序阀调节，但顺序阀作为溢流阀调节系统压力，其压力稳定性较差。

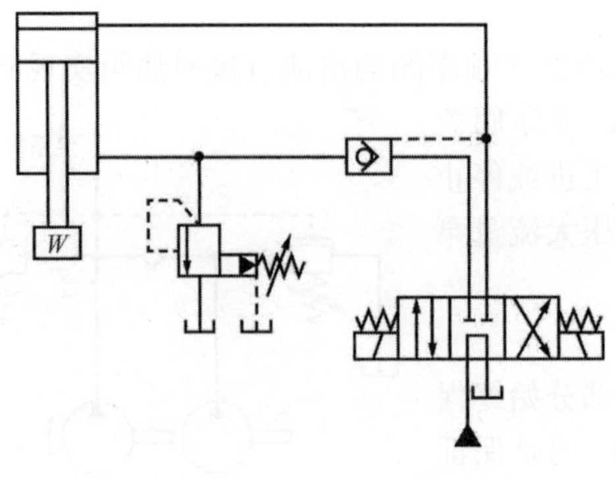

图 5-31　顺序阀作安全阀

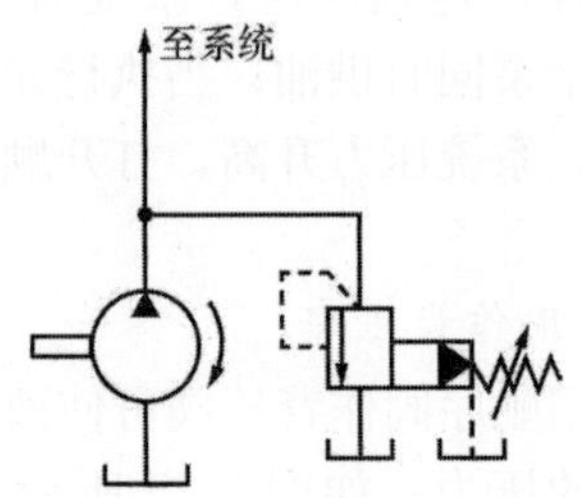

图 5-32　顺序阀作溢流阀

5.2.4　压力继电器

压力继电器是一种将液压系统的压力信号转换为电信号输出的元件。其作用是：当进入压力继电器的压力达到设定压力值时发出电信号，控制电器元件动作，实现油路的转换、安全保护、连锁、油泵卸荷、执行元件的顺序动作等功能。

1. 压力继电器的结构及工作原理

压力继电器由压力-位移转换装置和微动开关两部分组成。压力-位移转换装置按结构形式可分为柱塞式、弹簧管式、膜片式和波纹管式；按发出电信号的功能可分为单触点式和双触点式。图 5-33 所示为单柱塞式压力继电器的结构及图形符号，控制口 P 和液压系统相连，压力油作用于柱塞 1 下端，液压力与弹簧力相比较，当系统压力达到或超过弹簧力时，柱塞 1 推动顶杆 2 向上移动，使微动开关 4 的触点闭合（或断开），连通（或断掉）电信号。当系统压力下降，在弹簧力的作用下，柱塞往下移，使微动开关的触点断开（或闭合），断掉（或连通）电信号。

2. 压力继电器在液压系统中的应用

压力继电器在液压系统中的应用十分广泛，以下仅举两列。

1）顺序控制作用

图 5-34 所示是利用压力继电器控制电磁换向阀以实现油缸顺序动作的回路。首先，1YA 通电，换向阀 1 左位工作，油缸 5 先右移，达到终点后，系统压力升高，压力继电器 3 发出电信号使 3YA 通电，换向阀 2 左位工作，油缸 6 右移。油缸 6 达到终点后，通过电路设计使 4YA 通电，换向阀 2 右位工作，油缸 6 左移，达到终点后，系统压力升高，压力继电器 5 发出电信号，使 2YA 通电，换向阀 1 右位工作，油缸 5 左移。实现顺序动作。

2）安全保护作用

图 5-35 所示为压力继电器用于安全保护作用回路。压力继电器安装在油缸的进油腔，当油缸前进遇上阻碍或负载过大，进油腔的压力升高，达到压力继电器设定的压力时，便发出电信号使 2YA 断电，油缸返回。

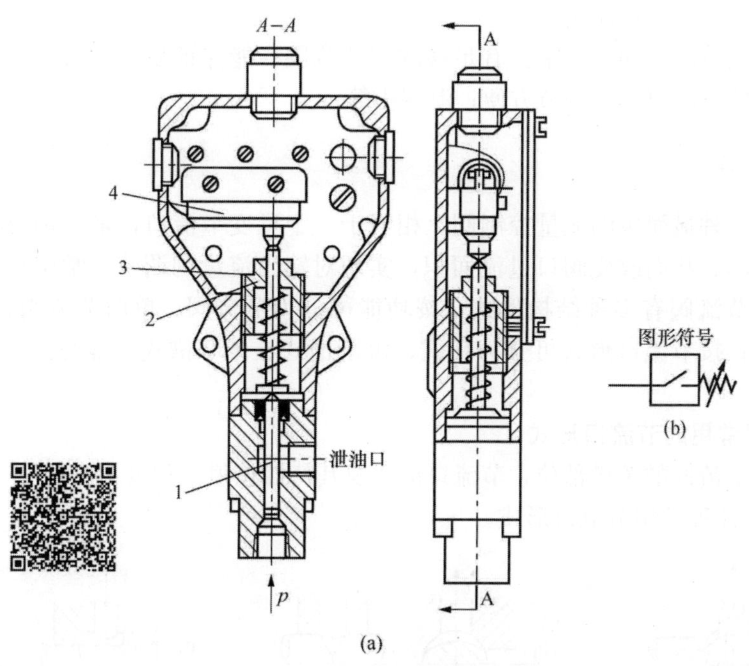

图 5-33　单柱塞式压力继电器的结构及图形符号

1—柱塞；2—顶杆；3—调节螺套；4—微动开关

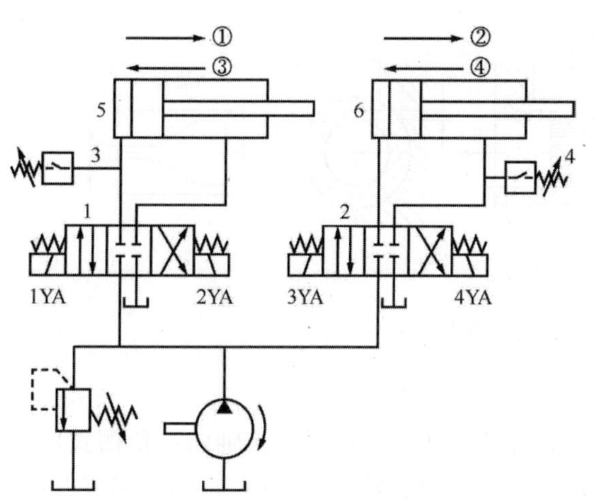

图 5-34　压力继电器用于顺序控制回路

1，2—换向阀；3，4—压力继电器；5，6—油缸

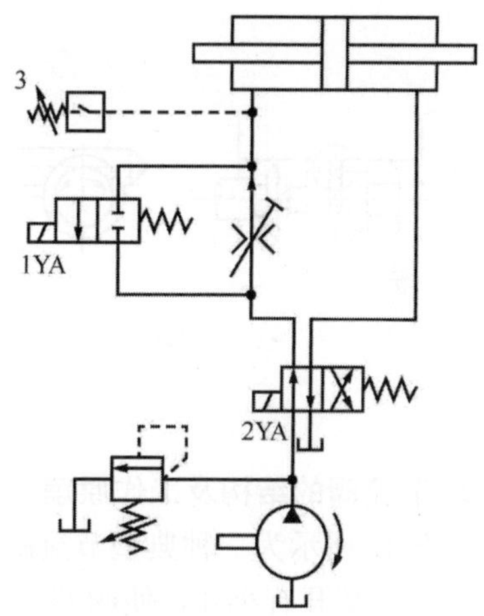

图 5-35　压力继电器用于安全保护作用的回路

5.3　流量控制阀

流量控制阀，简称流量阀，是液压系统中用于调节和控制液流流量的一类阀，通过流量控制阀可以调节或控制执行元件的运动速度。流量控制阀的工作原理是通过改变液流流经的节流口面积大小控制通过阀口的流量。流量阀按功能和作用不同可分为节流阀、调速

阀、溢流节流阀和分流集流阀等。

流量控制阀应满足如下要求：有足够的调节范围；能保证稳定的最小流量；流量受温度和压力变化的影响要小；调节方便；泄漏小等。

5.3.1 节流阀

节流阀是一种最简单的流量控制阀，相当于一个可变节流口，采用调节机构使阀芯相对于阀体孔运动，从而改变阀口过流面积，实现对输出流量的调节，常用在定量泵的节流调速回路中。节流阀有多种结构形式，按功能可分为节流阀、单向节流阀、精密节流阀、节流截止阀等；按节流口形式可分为针式、沉割槽式、偏心槽式、锥阀式、三角槽式、薄刃式等。

1. 节流阀常用的节流口形式

节流口是节流阀的关键部位，节流口形式及其特性在很大程度上决定了节流阀的性能。图 5-36 所示为几种常用节流口形式。

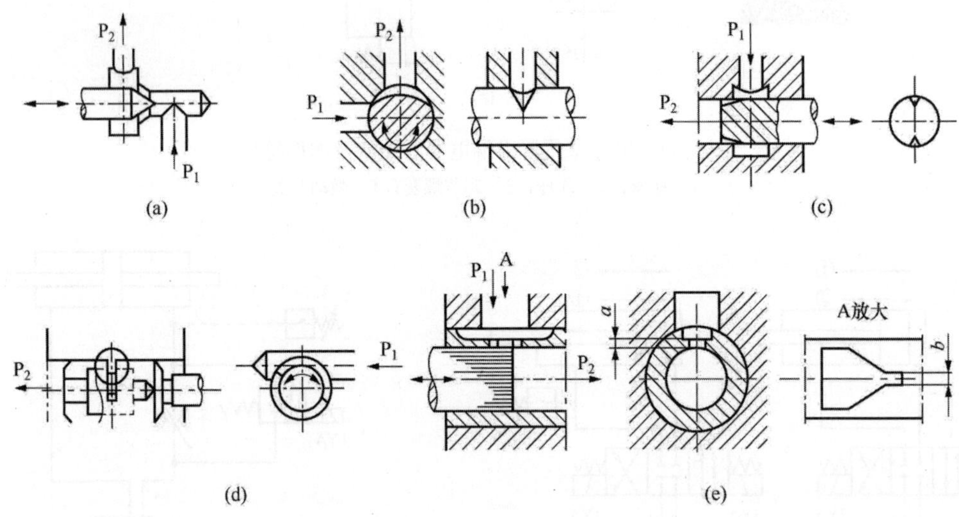

图 5-36 常用节流口形式

2. 节流阀的结构及工作原理

图 5-37 所示为一种典型节流阀的结构及图形符号。其节流口形式为轴向三角槽式，节流阀芯 1 右端开有小孔，使阀芯左右两端的液压力可相互抵消掉一部分，减小了调节力矩，适合于在高压条件下使用。压力油从进油口 P_1 流入，经节流阀芯 1 左端的三角沟槽和出油口 P_2 流出，复位弹簧 4 抵住节流阀芯 1 并压紧推杆 2，旋转调节手轮 3 时通过推杆 2 使阀芯轴向移动，从而调整节流开口的大小，实现对流量的调节。

3. 节流阀的特性

根据流体力学理论可知，通过节流口的流量与节流口两端压差的关系（流量特性方程）为

$$q = KA\,(\Delta p)^m \tag{5-14}$$

式中 q——通过节流口的流量；

Δp ——节流口两端的压差；

K——由节流口形状、液体流态、油液性质等因素决定的系数；

A——节流口的通流面积；

m——由节流口形状决定的节流阀指数，对细长孔 $m=1$、薄壁孔 $m=0.5$。

图 5-38 所示为节流阀流量特性曲线。

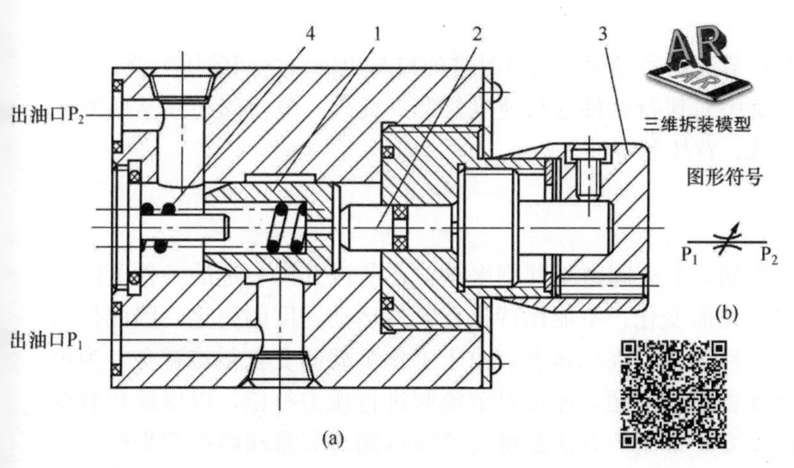

图 5-37　节流阀的结构及图形符号

1—节流阀芯；2—推杆；3—调节手轮；4—复位弹簧

图 5-38　节流阀流量特性曲线

从流量特性方程及流量特性曲线可知，即使节流阀开口形式和开口面积 A 一定，流经节流口的流量会随节流口两端的压差变化而变化，即会受到节流阀出口负载压力变化的影响。同时，液压油的温度会导致黏度和密度的改变，致使流量特性方程中的 K 值发生变化，使流经节流阀的流量变化。为此，引入节流阀刚度概念，所谓节流阀的刚度，是指节流阀开口面积一定时，节流阀前后压差的变化量与流经阀的流量变化量之比，它相当于是流量特性曲线上某点切线斜率的倒数，表示为

$$T=\frac{\partial \Delta p}{\partial q} \tag{5-15}$$

根据流量特性方程，节流阀的刚度为

$$T=\frac{(\Delta p)^{1-m}}{KAm} \tag{5-16}$$

显然，刚度 T 越大，节流阀的性能就越好；减小 m 值，可提高节流阀的刚度，为此，节流阀的开口多采用薄壁孔，其 $m=0.5$。此外，加大节流阀前后压差也有利于提高其刚度，但压差过大，会增加能量损失，还会增加因节流口过小而出现的堵塞现象。

4. 节流阀的主要性能指标

1）流量调节范围

流量调节范围是指当节流阀的进、出口压差为最小（一般为 0.5 MPa）时，由小到大改变节流口的过流面积，通过节流阀最小稳定流量和最大流量之间的范围。

2）流量变化率

当节流阀进、出口压差为最小时，将节流阀的流量调至最小稳定流量，在一定时间间

隔内测量出油口流量，将几次测得的流量的最大值与最小值之差与流量的平均值之比称为流量变化率。

3）内泄漏量

内泄漏量是指节流阀全关闭，进油口压力调至额定压力时，油液由进油口经阀芯和阀体之间的配合间隙泄漏至出油口的流量。

4）压力损失

压力损失是指节流口全开，节流阀通过额定流量时进油口与出油口之间的压力差。

节流阀常被用于定量泵系统中对执行元件进行速度控制。此外，节流阀还在某些液压系统中或液压实验台中用于加载、背压和缓冲。

5.3.2 调速阀

从节流阀的流量特性方程可知，节流阀由于其刚度差，在节流开口一定的条件下通过阀口的流量会因阀口前后压差变化而变化，不能保持执行元件运动速度的稳定，因此仅适用于负载变化不大和对速度稳定性要求不高的场合。由于工作负载的变化很难避免，为解决负载变化大的执行元件的速度稳定性问题，通常对节流阀进行压力补偿，以保证负载变化时节流阀前后的压力差维持不变。常用的方法是将定差减压阀与节流阀串联起来组成调速阀；或将节流阀与溢流阀并联组成溢流节流阀，称为旁通型调速阀。此外，为防止温度变化带来节流阀流量的变化还出现了温度补偿调速阀。

1. 调速阀的结构及工作原理

图 5-39 所示为调速阀的结构及图形符号，调速阀为节流阀与定差减压阀串联而成，定差减压阀既可放置在节流阀之前，也可放置在节流阀之后。

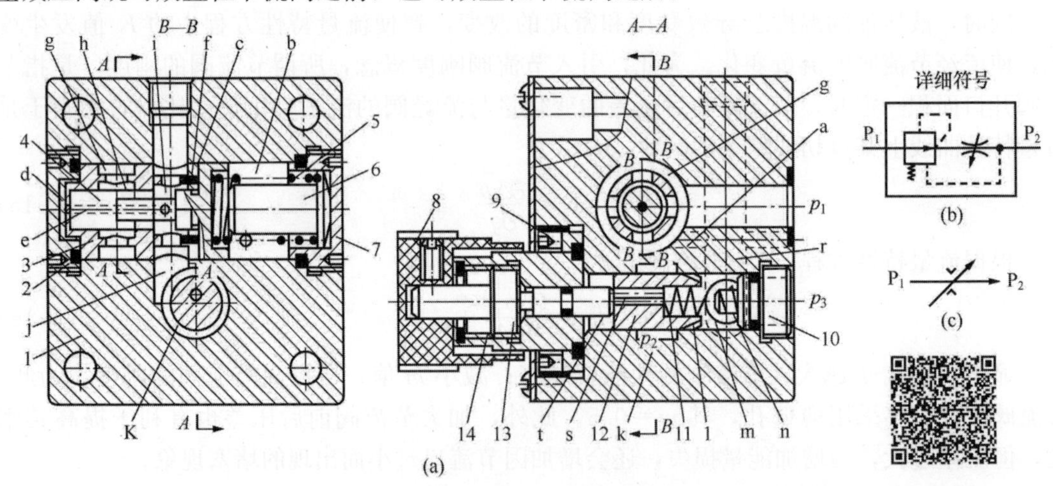

图 5-39 调速阀的结构及图形符号

1—阀体；2，7—阀盖；3—阀套；4—减压阀芯；5—减压阀弹簧；6—弹簧导柱；8—调节手轮；9—紧固螺钉；10—螺塞；11—节流阀弹簧；12—节流阀芯；13—调节螺钉；14—调节螺套

图 5-40 所示为定差减压阀放置在节流阀之前的调速阀的工作原理。当压力为 p_1 的油液流入时，经减压阀阀口 h 减压后变为 p_2，p_2 同时经孔道 b 和 f 被引入到定差减压阀阀芯 1

的 c 腔和 e 腔，d 腔即为减压阀出口，也是节流阀 2 的入口。油液经节流阀阀口后压力降为 p_3。压力油 p_3 经节流阀出口进入执行元件，另一部分经孔道 g 进入减压阀芯 1 的上腔 a。调速阀稳定工作时，减压阀芯 1 在 a 腔的弹簧力、压力为 p_3 的油压力和 c、e 腔的压力为 p_2 的油压力的作用下处于平衡位置，节流阀开口两端的压力差为定值。当负载增加导致压力 p_3 增加时，a 腔的压力也增加，减压阀芯向下移动，减压阀口 h 增大，减压能力降低，压力 p_2 相应增大，仍可保持节流阀阀口两端的压力（p_2-p_3）基本保持不变。反之亦然。于是通过调速阀的流量不变，液压缸的速度稳定，不再受负载变化的影响。

2. 调速阀与节流阀的流量特性比较

图 5-41 所示为调速阀与节流阀的流量特性比较。从图中曲线可以看出，节流阀的输出流量随其进、出口压差的变化而变化；而调速阀在其进出口压差大于一定值后，输出的流量基本不变。当调速阀进、出油口的压差很小时，其内部减压阀阀芯在弹簧力的作用下处于最下端，减压口全开，不起减压作用，调速阀此时完全相当于一个节流阀，流量特性曲线上两者是重合的。

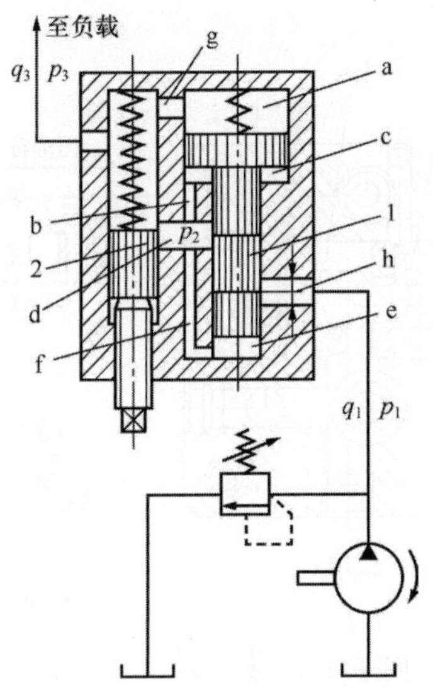

图 5-40　调速阀的工作原理

1—减压阀芯；2—节流阀

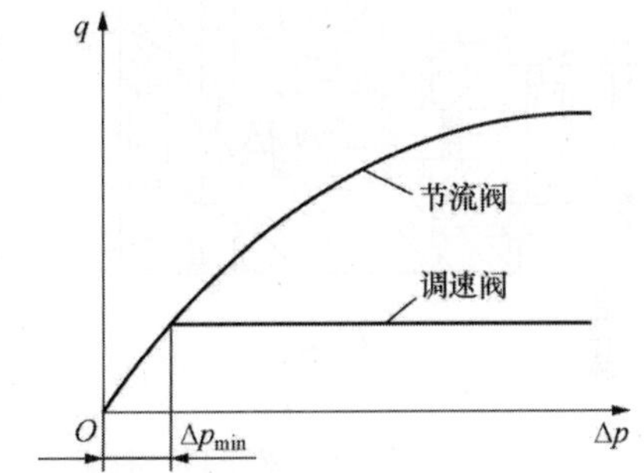

图 5-41　调速阀与节流阀的流量特性比较

3. 调速阀的主要性能指标

1）最小工作压差

最小工作压差是指调速阀的节流口全开，流过额定流量时，调速阀进、出口的最小压差。压差过低，减压阀不能正常工作，不能对节流阀进行压力补偿，影响流量稳定性。所以，要保证调速阀能正常工作，应使其进、出口保持一定的最小压力差值，一般调速阀的最小压力差应大于 0.5 MPa。

2）最小稳定流量

最小稳定流量是指调速阀能正常工作的最小流量，要求流量变化率不大于 10%，不出现断流现象。

3）流量调节范围

流量调节范围是指调速阀在最小工作压差时，由小到大改变节流口的过流面积所通过的最小稳定流量和最大流量之间的范围。

4）内泄漏量

内泄漏量是指调速阀节流口全关闭时，将调速阀的进口压力调节至额定压力，从出油口流出的流量。

调速阀在液压系统中的应用与节流阀相似，与定量泵、溢流阀组成节流调速系统，与变量泵组成容积节流调速系统等。不同之处是，调速阀组成的调速回路具有很高的速度刚度，执行元件的运动速度几乎不受负载变化的影响，具有较高的速度稳定性。

5.3.3 溢流节流阀

溢流节流阀，也称为旁通型调速阀，该阀与调速阀不同，是节流阀与溢流阀并联而成的，节流阀进、出油口的压力补偿是通过溢流阀来实现的。图 5-42 所示为溢流节流阀的结构及图形符号。

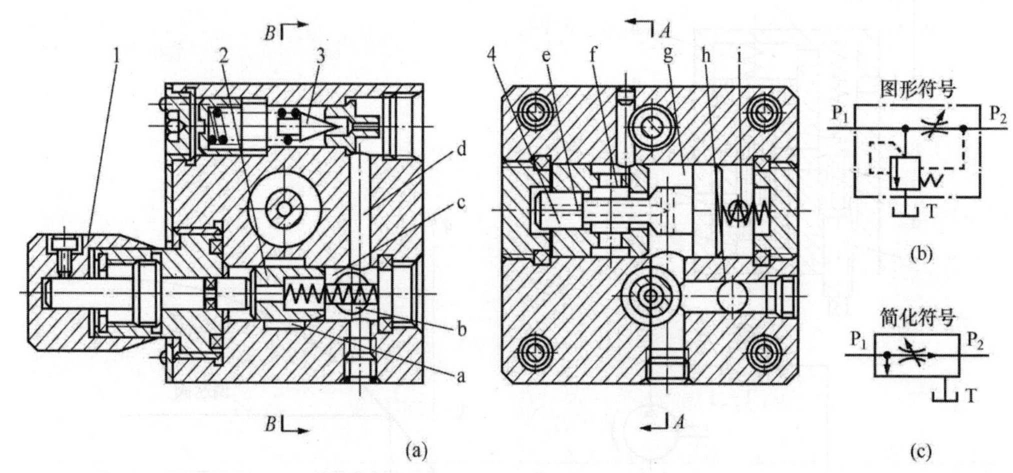

图 5-42 溢流节流阀的结构及图形符号

1—调节手轮；2—节流阀；3—安全阀；4—溢流阀

图 5-43 所示为溢流节流阀的工作原理。来自液压泵的压力油 p_1 进入阀后，一部分经节流阀 2 后形成压力为 p_2 的压力油进入执行元件，另一部分经溢流阀阀芯 1 的溢油口流回油箱。溢流阀阀芯上腔 a 和节流阀出口相通，压力也为 p_2，溢流阀阀芯大台肩下端的油腔 b、阀芯小端油腔 c 和节流阀的进口相通，油液压力为 p_1。当负载增大时导致节流阀出口压力 p_2 增大时，溢流阀上腔 a 的压力也会增大，阀芯则下移，关闭溢流口，使节流阀入口压力 p_1 增大，因而可保持节流阀前后差（p_1-p_2）基本不变。反之亦然。使通过节流阀的流量不会受负载影响。

溢流节流阀在结构上还设计有一个安全阀 3，当出口压力 p_2 增大超过安全阀调定压力时，安全阀打开，使 p_2 不再升高，防止系统过载。

溢流节流阀用于液压系统调速时只能安装在执行元件的进油路上，并且液压泵的供油

压力是随负载而变化的，负载小时，供油压力也低，因此功率损失较小。但是，该阀通过的流量是液压泵的全部流量，故溢流阀的阀芯的尺寸相应要设计得大一些，其弹簧刚度要比调速阀中的减压阀弹簧刚度大，这就使得节流口前后的压力差值不如调速阀稳定，其流量稳定性不如调速阀。所以，溢流节流阀适用于对速度稳定性要求稍低而功率又较大的调速回路中，如机床中插床、拉床和刨床等。

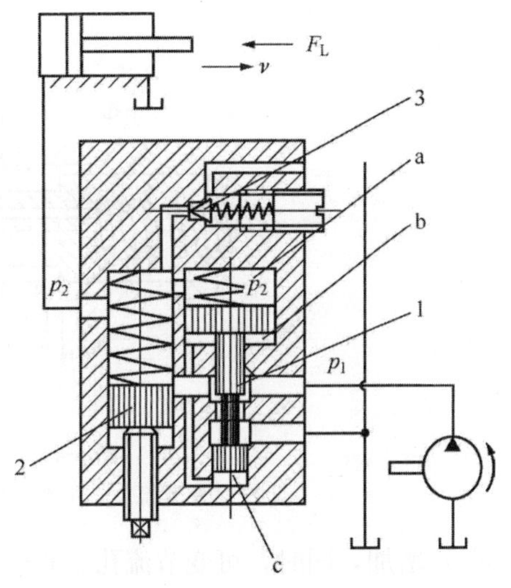

图 5-43　溢流节流阀的工作原理
1—溢流阀阀芯；2—节流阀；3—安全阀

5.3.4　分流集流阀

分流集流阀包括分流阀、集流阀和分流集流阀三种不同的控制类型。分流阀安装在执行元件的进油路上，使液压系统中由同一个能源向两个执行元件供应相同的流量（等量分流）或按一定比例向两个执行元件供应流量（比例分流），以实现两个执行元件的速度保持同步或成比例关系；集流阀安装在执行元件的回油路上，保持两个执行元件的回油量相同或成比例关系。分流阀和集流阀都只能保证执行元件单方向的运动同步或成比例关系，当要求执行元件双向同步或成比例关系时，则采用分流集流阀，分流集流阀兼有分流阀和集流阀的功能。图 5-44 所示为分流集流阀图形符号。

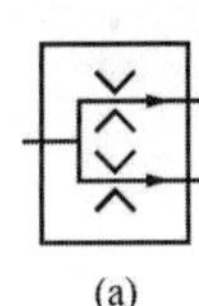
(a)

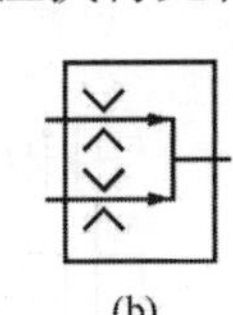
(b)

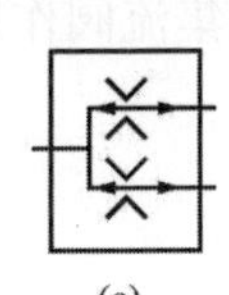
(c)

图 5-44　分流集流阀图形符号
(a) 分流阀；(b) 集流阀；(c) 分流集流阀

1. 分流阀

图 5-45 所示为分流阀的结构及工作原理。它由两个固定节流孔 1、2、阀体 5、阀芯 6 和两个对中弹簧 7 等主要零件组成。阀芯的中间台肩将阀分成完全对称的左右两部分，位于左边的油腔 *a* 通过阀芯上的轴向小孔与阀芯右端弹簧腔相通，位于右边的油腔 *b* 通过阀芯上的另一轴向小孔与阀芯左端弹簧腔相通，装配时由对中弹簧 7 保证阀芯处于中间位置，阀芯两端台肩与阀体沉割槽组成的两个可变节流孔 3、4 的过流面积相等。来自液压泵的压力油（压力为 p_0）经过固定节流孔 1、2 后分别进入油腔 a 和 b（压力分别为 p_1 和 p_2），然后通过可变节流口 3、4 至阀的出口 Ⅰ 和 Ⅱ（压力分别为 p_3 和 p_4），再通往两个执行元件。在两个执行元件的负载相等时，即 $p_3=p_4$，则两条支路的进、出口压力差相等，因此在两条支路 Ⅰ 和 Ⅱ 上输出的流量 $q_1=q_2$。当执行元件的几何尺寸完全相同时，即可实现同步动作。

若因支路 Ⅰ 上的执行元件的负载变化导致阀出口压力 p_3 大于另一支路 Ⅱ 的出口压力 p_4，在阀芯还没有动作时，压力差 $(p_0-p_3)<(p_0-p_4)$，导致两个输出口的流量 $q_1<q_2$。这时，输出的流量偏差一方面使执行元件的速度出现不同步；另一方面又使固定节流孔 1 的压力损失小于固定节流孔 2 的压力损失，出现 $p_1>p_2$。因 p_1 和 p_2 被分别反馈作用到阀芯的右端和左端，其压力差将使阀芯向左移，可变节流口 3 的过流面积增大，液阻减小，

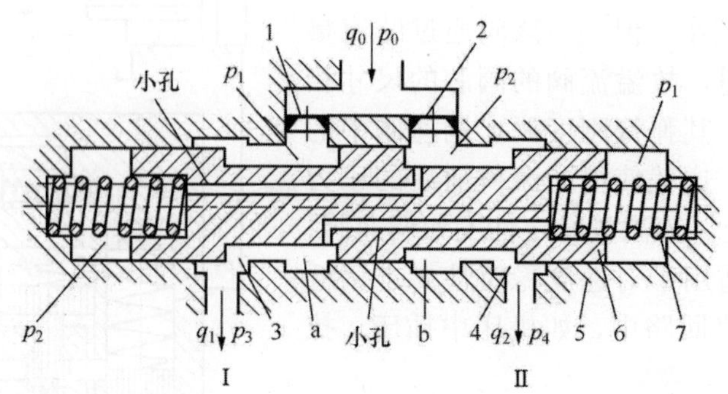

图 5-45　分流阀的结构及工作原理

1，2—固定节流孔；3，4—可变节流口；5—阀体；6—阀芯；7—对中弹簧

流量 q_1 增加，同时，可变节流孔 4 的过流面积减小，液阻增大，流量 q_2 减小，直至 $p_1=p_2$、$q_1=q_2$，阀芯受力重新平衡处于新的工作位置，两执行元件的速度恢复同步。显然，分流阀中的固定节流孔起到检测流量的作用，它将流量信号转变为压力信号 p_1 和 p_2；可变节流孔起到压力的补偿作用，通过压力 p_1 和 p_2 的反馈作用调节过流面积的大小。

2. 分流集流阀

图 5-46 所示为一螺纹插装、挂钩式分流集流阀的结构及工作原理。图中二位三通阀的右位工作时阀起分流阀作用，左位工作时起集流阀作用。

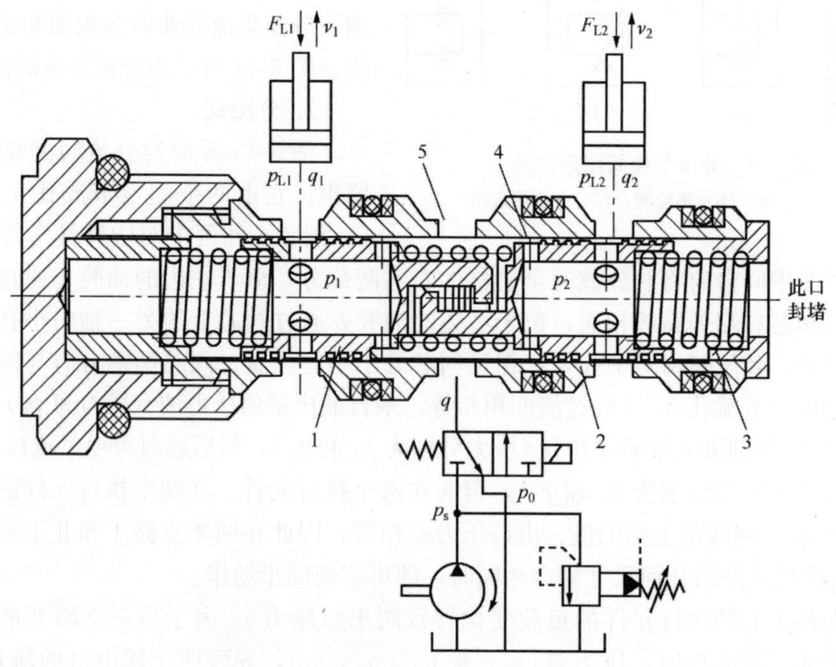

图 5-46　分流集流阀的结构及工作原理

1—阀芯；2—阀套；3，5—弹簧；4 —固定节流孔

该阀在结构上有两个完全相同的带挂钩的阀芯 1，阀芯上有固定节流孔 4 按流量规格不

同，固定节流孔 4 的直径及数量不同；两侧的流量比例为 1∶1 时，两个阀芯上的固定节流孔尺寸完全相同。阀芯上还有通油孔和沉割槽，沉割槽与阀套 2 的圆孔组成可变节流口。

当作分流阀用时，假设两缸完全相同，开始时负载 F_{L1} 和 F_{L2} 以及负载压力 p_{L1} 和 p_{L2} 完全相等。油泵流量 q 等分为 q_1 和 q_2，油缸速度 v_1 和 v_2 相同。这时，由于流量 q_1 和 q_2 流经固定节流孔产生的压力差作用，左右两个阀芯相离，挂钩互相钩住，两端的弹簧产生相同的压缩量。若 F_{L1} 和 F_{L2} 发生变化，两个负载压力 p_{L1} 和 p_{L2} 不再相同，假设 F_{L1} 增大，则 p_{L1} 升高，p_1 也随之升高，两个阀芯则同时右移，使左边的可变节流口开大、右边的可变节流口减小，从而又使 p_2 升高，阀芯处于新的平衡位置。若不考虑弹簧压缩量变化的影响，阀芯在新的平衡位置上仍保持相同，因而经过固定节流孔的流量 q_1 和 q_2 也相等。此时可变节流口前后的压差是不相同的，但由于可变节流口的过流面积也发生相应了改变，所以进入两个负载的流量仍会相同，只是其流量值比原来阀芯处于中间位置时稍小。由此可见，即使负载不相同的条件下，分流阀可以保持输入到两个执行元件的流量相等。同样分析，若 F_{L1} 减小后，q_1 和 q_2 也相同，只是其流量值比原来阀芯处于中间位置时稍大。

当作集流阀用时，同样，当负载相同时，左右阀芯处于中间平衡位置，p_1 和 p_2 相同，因阀芯两端压力 p_1 和 p_2 高于回油压力 p_0，两个阀芯相向靠拢，两个阀芯上的可变节流口的过流面积也相同，两个执行元件的回油流量 q_1 和 q_2 相等。若 F_{L1} 增加导致 p_{L2} 增加，则 p_2 增加，两个阀芯整体向左移，右边阀芯上的可变节流口减小，右边阀芯上的可变节流口开大，达到新的平衡位置后，$p_1=p_2$，通过两个阀芯固定节流孔的流量相等，即 $q_1=q_2$。同理可分析其他情况得出无论负载压力如何变化，两支路上的流量始终相等。

与分流阀相同，分流集流阀中的固定节流孔的作用是检测流量变化，并转换为压力信号反馈作用于阀芯上，通过改变可变节流口的开口面积对压力的变化进行补偿，保证流量不受负载压力的影响。但是，阀芯的位移是通过弹簧力与液压力相互作用实现的，弹簧力的微小变化也会对节流口前后压差产生偏差，并且两个固定节流孔也难以制造得完全相同，由此，分流集流阀所控制的同步回路存在 2%～5%的同步误差。

5.4　方向控制阀

方向阀是用来控制液流通断和改变液流方向的液压元件。开关类方向控制阀的主要工作原理是利用阀芯与阀体之间的相对位置的改变来实现对液流通断和改变液流方向的控制。常见的方向控制阀主要有单向阀和换向阀两大类。

5.4.1　单向阀

单向阀又称为止回阀，它是一种只允许液流沿一个方向通过，而反方向液流被截止的阀。按照控制方式不同分为普通单向阀和液控单向阀两类。对单向阀的主要性能要求是：液流正向通过时压力损失要小，反向截止时密封性要好；动作灵敏，工作中无撞击，噪声小。

1. 单向阀

普通单向阀，简称单向阀，主要由阀体、阀芯和弹簧等零件组成。阀芯的形状可分为球形、锥形和滑阀形。其中，滑阀阀芯的单向阀密封性较差，目前已很少使用。球阀阀芯的结构简单，但密封性比锥阀差，且钢球没有液流导向部分，工作中容易产生振动和噪声，一般只用于流量较小的场合。而锥阀芯具有较好的液流导向，密封性可靠，应用较广。

普通单向阀按进、出油路的布置形式可分为直通式单向阀和直角式单向阀两种。其中，直通式单向阀的进、出油口在同一轴线上，一般都采用可直接安装在油路上的管式连接结构；而直角式单向阀的出油口和进油口成直角布置，一般都采用板式连接。图 5-47 和图 5-48所示分别为直通式单向阀和直角式单向阀结构及图形符号。

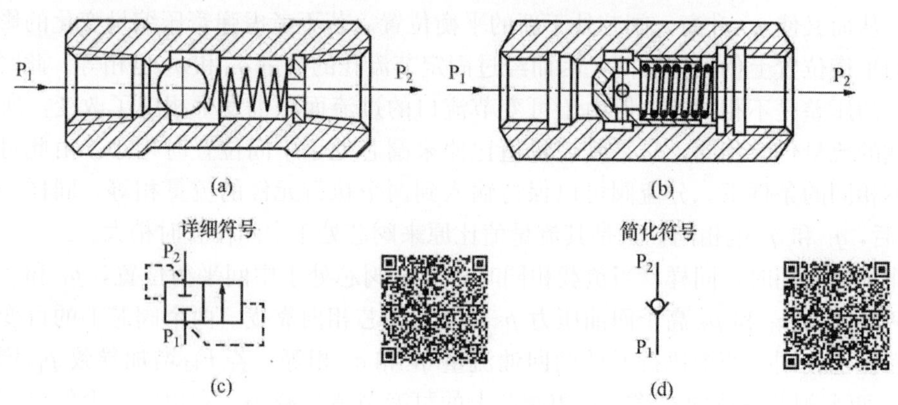

图 5-47　直通式单向阀结构及图形符号

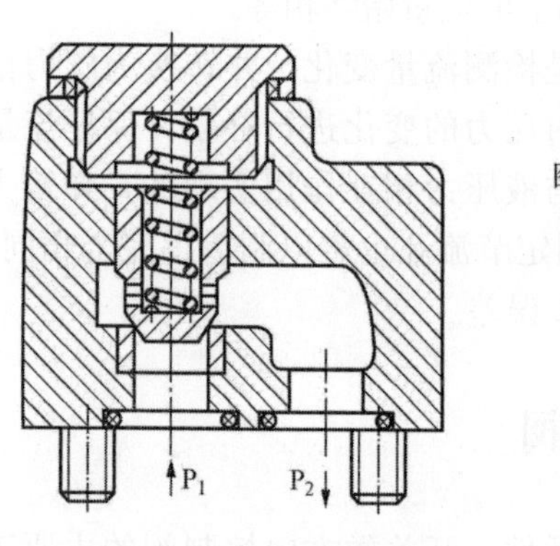

图 5-48　直角式单向阀（锥阀式）结构及图形符号

无论是直通式还是直角式单向阀，它们的工作原理都是液流从 P_1 口进入，克服弹簧力而将阀芯打开，再从 P_2 口流出；当液流反向流动时，因阀芯被紧压在阀座上，液流被截止。

单向阀的油液正向流动时，阀芯的开启压力受弹簧刚度的影响，因单向阀中的弹簧主要用来克服阀芯的摩擦力和惯性力，使其抵住阀座。一般来说，要求单向阀工作灵敏可靠，压力损失小，所以弹簧力应小一些，弹簧的开启压力为 0.03～0.05 MPa。如果将单向阀用作背压阀，则应相应更换刚度较大的弹簧，一般用作背压阀时单向阀的开启压力应达到 0.3～0.5 MPa。

单向阀常被安装在油泵的出口，一方面防止系统的压力冲击影响泵的正常工作，另一方面在泵不工作时可防止系统的油液倒流经泵流回油箱。此外，单向阀还用于液压系统中来阻隔油路之间的干扰，并与其他阀组成复合阀，如单向节流阀、单顺序阀等。

2. 液控单向阀

液控单向阀由单向阀和液控装置两部分组成。当液控装置不通压力油时，它和普通单向阀一样，起到单向通流作用；当液控装置通压力油时，阀保持开启状态，油液双向都能通过。液控单向阀有不带卸荷阀芯和带有卸荷阀芯两种结构，如图 5-49 所示。

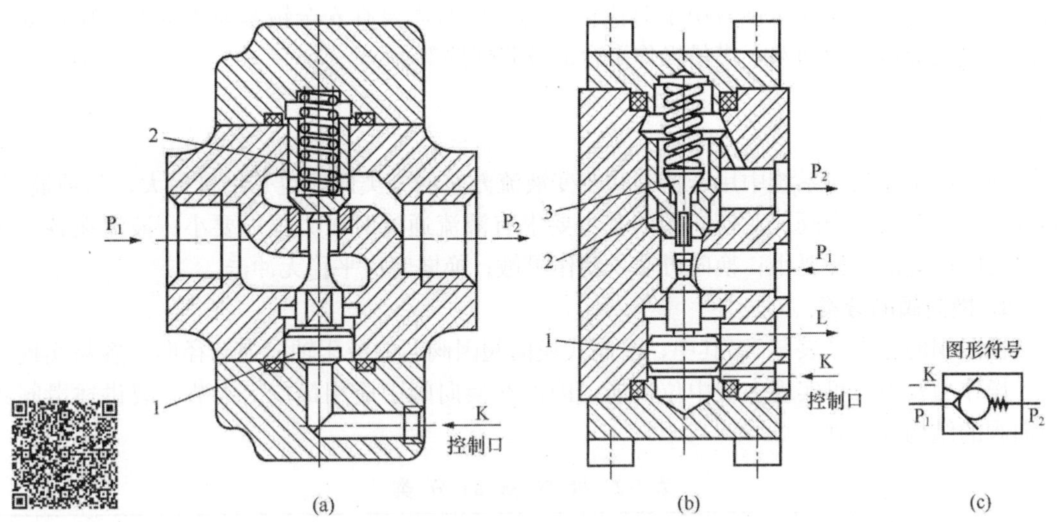

图 5-49　液控单向阀的结构及图形符号

(a) 普通液控单向阀；(b) 带卸荷阀芯的液控单向阀；(c) 图形符号

1—控制活塞；2—单向阀芯；3—卸荷阀芯

不带卸荷阀芯的液控单向阀也称为简式液控单向阀，当控制口 K 无压力油时，压力油只能从进油口 P_1 流向出油口 P_2，反向被截止。当控制口 K 有压力油时，压力油推动控制活塞 1 向上移动，顶开单向阀芯 2，液流即可从进油口 P_1 流向出油口 P_2，或反向流动。

带卸荷阀芯的液控单向阀也称为卸载式液控单向阀，当控制口 K 通入压力油时，控制活塞 1 上移，先顶开卸荷阀芯 3，使主油路卸压，然后再顶开单向阀芯 2，使进油口 P_1 和出油口 P_2 连通，液流即可双向流动。卸载式液控单向阀可大大减小控制压力，因此可用于压力较高的场合，避免简式液控单向阀中当控制活塞顶开单向阀芯时，高压封闭回路内油液的压力突然释放所产生的较大冲击和噪声。

液控单向阀的最小控制压力约为主油路压力的 30%。控制活塞的泄漏油也分为内泄式和外泄式。对于内泄式，单向阀芯反向开启时所需要的控制压力较高，一般情况下，液控单向阀反向工作时，其出口压力较低时采用内泄式，高压时则采用外泄式。

3. 双向液压锁

双向液压锁也称为双向闭锁阀，它是由两个液控单向阀共用一个阀体和控制活塞组成，如图 5-50 所示。当压力油从 A_1 进入时，压力油自动将左边的单向阀阀芯顶开，油液从 A_1 流到 A_2，同时，压力油推动控制活塞右移动将右边的单向阀阀芯顶开，使 B_1 与 B_2 连通，也即当一个液控单向阀正向开启时，另一个液控单向阀将反向开启。当 A_1 和 B_1 都无压力油时，A_2 和 B_2 的压力油将被反向截止，如 A_2 和 B_2 连接的是执行元件，则执行元

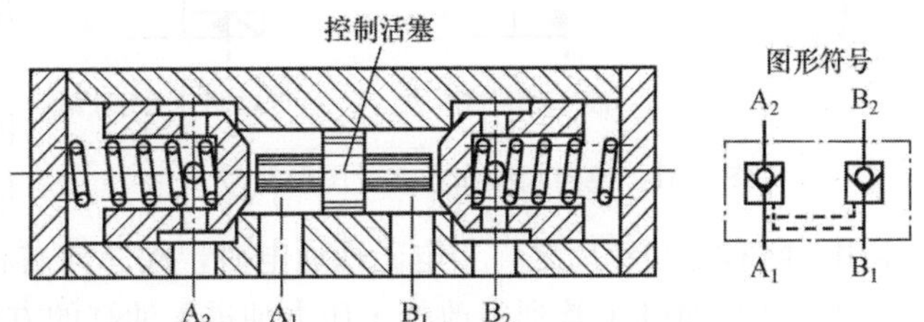

图 5-50　双向液压锁的结构及图形符号

件被双向锁住。双向液压锁常用于对执行机构工作时需要有安全锁紧要求的系统中，如汽车起重机的液压支腿回路，塔吊操作平台的升降回路等。

5.4.2 换向阀

换向阀是在液压系统中用于控制和改变液流方向的一类阀，也是用量最大、品种最多、名称最为复杂的一类阀。对换向阀的基本要求有液流通过时压力损失要小；液流在各关闭油口之间的缝隙泄漏要小；换向可靠，动作灵敏；换向时应平稳无冲击。

1. 换向阀的分类

换向阀的分类见表 5-2。其中，滑阀式换向阀因阀芯的液压轴向力和径向力容易实现平衡，操作力较小，可实现多种中位机能，因而在换向阀中应用最广。本节主要讲述滑阀式换向阀的结构及原理。

表 5-2 换向阀的分类

分类方法	类型
按阀芯的运动方式	滑阀式、转阀式
按阀的操作方式	手动、机动、电动、液动、电液动
按阀的工作位置数和通路数	二位二通、二位三通、二位四通、三位四通、三位五通等
按阀的安装方式	管式、板式、法兰式

2. 换向阀的工作原理

换向阀都是由阀体和阀芯组成的，它们的工作原理是通过外力（机械力、电磁力、液压力等）使阀芯在阀体内做轴向相对运动来改变油路的通断实现换向功能的。采用不同的操作方式、不同的换向阀工作位置数目以及不同的油路的通路数即可组成不同形式的换向阀，如二位四通电磁换向阀、三位四通电液换向阀等。图 5-51 所示为换向阀操作方式及其图形符号。

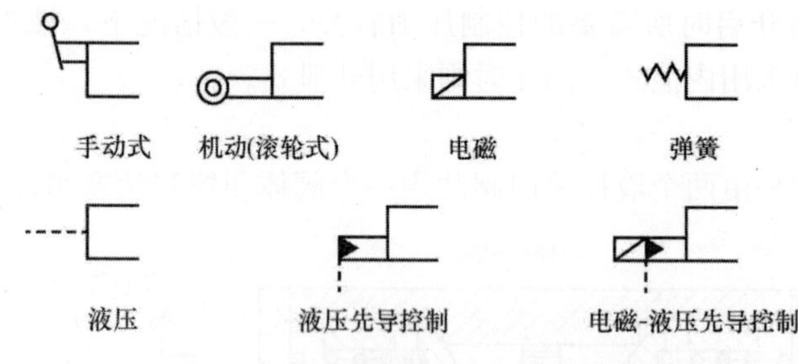

图 5-51 换向阀操作方式及图形符号

图 5-52 所示为一个二位四通电磁换向阀的工作原理图及图形符号，阀芯的运动由电磁铁驱动。当电磁铁不通电时，阀芯在复位弹簧的作用下向左移，阀体上的油口 P 与油口连通，压力油进入油缸活塞左端，油口 A 与油口 T 连通，油缸活塞杆侧的油与油箱相通，油缸在压力油的作用下向右运动；反之，当电磁铁通电时，阀芯向右移动，阀体上的油口 P 与油口 A 连通、油口 B 与油口 T 连通，改变了压力油进入油缸的方向，油缸则向左运动。

3. 换向阀的“位”和“通”及图形符号

“位”和“通”是换向阀的重要概念，不同的“位”和“通”构成了不同类型的换向阀。

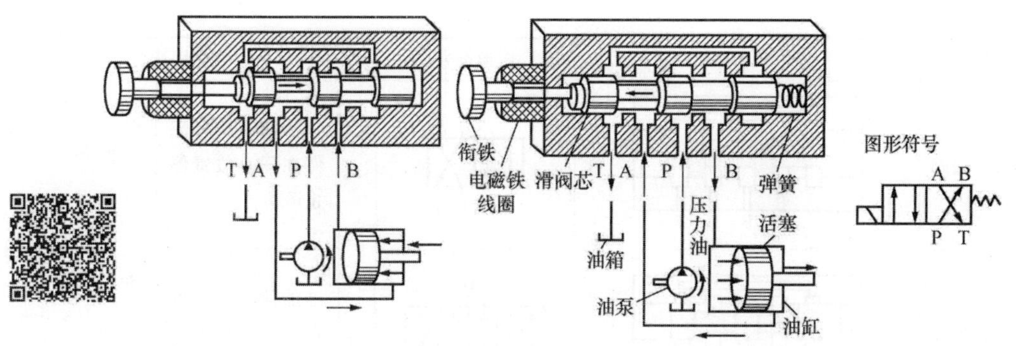

图 5-52 二位四通电磁换向阀的工作原理及图形符号

换向阀的“位”是指阀芯相对于阀体的稳定工作位置数目，有几个稳定工作位置即称为几位阀，如阀芯相对于阀体有三个稳定的工作位置称为“三位阀”。当阀芯在外部操作机构驱动下在阀体内从一个“位”转换到另一个“位”时，阀体上各个主油口的连通形式必然会发生变化。

换向阀的“通”是指阀体上的主油口（不含控制油口和泄漏油口）数目，有几个主油口即称为几通阀。

表 5-3 所示为滑阀式换向阀主体结构及图形符号，在换向阀的图形符号中，一般作如下规定。①用方框表示阀的工作位置即“位”，有几个方框就表示几位阀。②方框内用箭头“↑”或“↓”表示阀芯处于这一工作位置上的油路接通状态，但不一定表示油液流动的方向。③方框内用符号“⊥”或“⊥”表示此油路被阀芯封闭。④阀芯在未受到操作力作用时所处的位置称为初始位置或常位。通常，在阀的初始位置的方框处，方框的上下两边与外部连接的接口数就表示“通”，并用 P 表示阀的供油口，用 T 表示阀的回油口（也可以用 O 表示回油口），回油如果有两个回油口，则分别用 T_1 和 T_2 表示，用 A、B 分别表示工作油口。如有泄漏油口则用 L 表示，控制油口用 K 表示。

实际上，为了全面地表明阀的特性，一个换向阀的名称总是将其位、通、操作方式等特征包含在内，如二位三通电磁换向阀、三位四通电液换向阀等。而相应的图形符号既要反映上述特征，还应表示出阀芯的复位和定位方式，图 5-53 所示为换向阀的图形符号示例。

表 5-3 滑阀式换向阀主体结构及图形符号

名称	结构原理图	图形符号	使用场合
二位二通阀	A P	A P	控制油路的接通与切断（相当于一个开关）
二位三通阀	A P B	A B P	控制液流方向（从一个方向变换成另一个方向）

续表

名称	结构原理图	图形符号	使用场合		
二位四通阀			控制执行元件换向	不能使执行元件在任一位置停止运动	执行元件正、反向运动时回油方式相同
三位四通阀				能使执行元件在任一位置停止运动	
二位五通阀				不能使执行元件在任一位置停止运动	执行元件正、反向运动时可以得到不同的回油方式
三位五通阀				能使执行元件在任一位置停止运动	

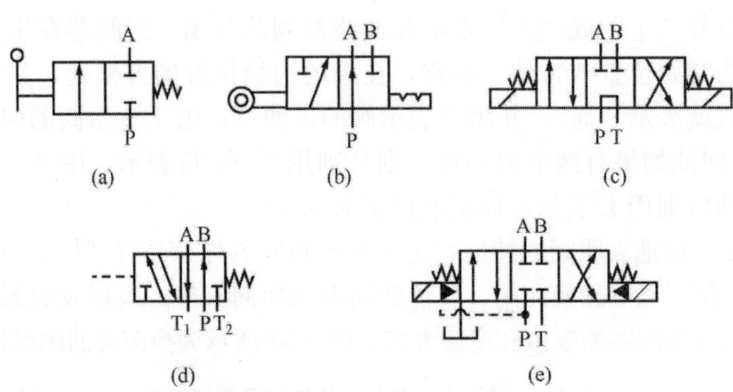

图 5-53　换向阀的图形符号示例

(a) 二位通手动换向阀（弹簧复位）；(b) 二位三通机动换向阀（钢球定位）；
(c) 三位四通电磁换向阀（弹簧对中，M 型机能）；(d) 二位五通液动换向阀（弹簧复位）；
(e) 三位四通电液换向阀（弹簧对中、O 型机能、内控外泄）

4. 换向阀的中位机能

对于三位四通和三位五通换向阀，滑阀处于中位时各油口的连通方式称为换向阀的中位机能或滑阀机能，不同的中位机能可满足系统的不同要求。表 5-4 所示为三位阀常见的中位机能，常用一个字母来表示其中位形式。在结构上，不同的中位机能主要是通过改变阀芯的台肩结构、轴向尺寸以及阀芯上径向通孔的数量来实现的。需要说明的是，表 5-4 中的中位机能代号是针对国内（大陆）自主设计和生产的换向阀的一种通用描述，国内外

各制造商的换向阀对中位机能有可能出现以不同的字母进行描述，如国内的 O 型和 M 型中位机能在 Rexroth 产品上则分别称为 E 型和 G 型等。所以，在选用换向阀时，应根据中位机能要求参考制造商提供的产品本身进行选择产的型号代号。

表 5-4　三位阀常见的中位机能

中位机能	中位时的滑阀状态	中位符号		中位时各油口连通的特点
		三位四通	三位五通	
O 型	$T(T_1)$ A P B $T(T_2)$	A B P T	A B T_1 P T_2	各油口全部关闭，系统保持压力，执行元件各油口封闭
H 型	$T(T_1)$ A P B $T(T_2)$	A B P T	A B T_1 P T_2	各油口 P、T、A、B 全部连通，泵卸荷，执行元件两腔与回油连通
Y 型	$T(T_1)$ A P B $T(T_2)$	A B P T	A B T_1 P T_2	A、B、T 口连通，P 口保持压力，执行元件两腔与回油连通
J 型	$T(T_1)$ A P B $T(T_2)$	A B P T	A B T_1 P T_2	P 口保持压力，缸 A 口封闭，B 口与 T 口连通
C 型	$T(T_1)$ A P B $T(T_2)$	A B P T	A B T_1 P T_2	执行元件 A 口通压力油，B 口与回油口 T 不通
P 型	$T(T_1)$ A P B $T(T_2)$	A B P T	A B T_1 P T_2	P 口与 A、B 都连通，回油口 T 封闭
K 型	$T(T_1)$ A P B $T(T_2)$	A B P T	A B T_1 P T_2	P、A、T 口连通，泵卸货，执行元件 B 口封闭

续表

中位机能	中位时的滑阀状态	中位符号		中位时各油口连通的特点
		三位四通	三位五通	
X 型	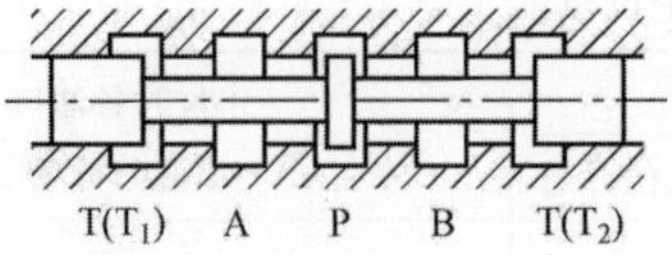 $T(T_1)$ A P B $T(T_2)$	 A B / P T	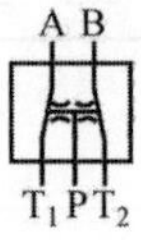 A B / T_1PT_2	P、T、A、B 口半开启连通，P 口保持一定压力
M 型	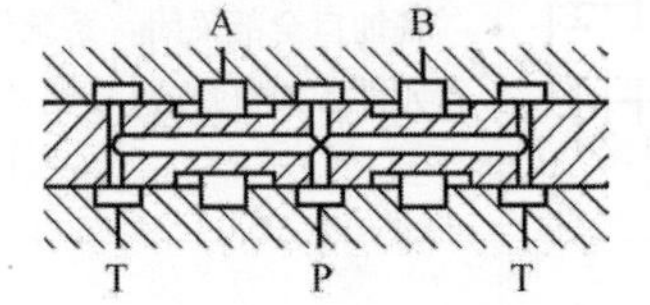 A B / T P T	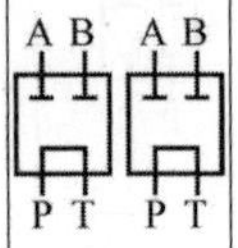 A B A B / P T P T	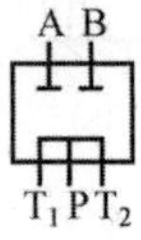 A B / T_1PT_2	P、T 口连通，泵卸货，执行元件 A、B 两油口都封闭
U 型	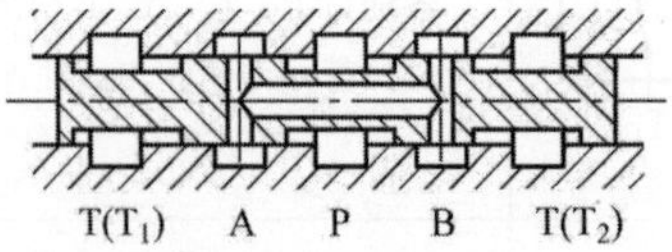 $T(T_1)$ A P B $T(T_2)$	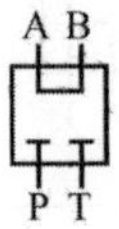 A B / P T	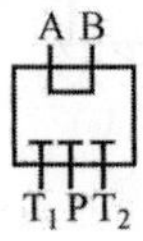 A B / T_1PT_2	A、B 口接通，P、T 口封闭，P 口保持压力

中位机能不仅直接影响液压系统的工作性能，而且在换向阀由中位向右位或左位转换时对液压系统的工作性能也有影响。因此，在设计液压系统时，应合理选择换向阀的中位机能，一般可按如下原则进行选择。

（1）当系统中液压泵有卸荷要求时，应选用 P 口与 T 口具有畅通的中位机能阀，如 H 型、M 型、K 型等。

（2）当系统中要求液压泵保持压力时，应选用 P 口是封闭的中位机能阀，如 O 型、Y 型、J 型、U 型和 N 型。

（3）当系统对换向精度要求较高时，应选用工作口 A 口、B 口都是封闭的中位机能阀，如 O 型、M 型等，但换向过程中容易产生压力冲击，换向的平稳性较差。反之，要求换向冲击小、平稳性较高时，应选用工作口 A 口、B 口都与 T 口相通的中位机能阀，如 Y 型。但这时的换向精度较低，执行元件不易快速制动。

（4）当系统对启动平稳性有要求时，应选用工作口 A 口、B 口都不与 T 连通的中位机能阀，如 O 型、C 型、P 型、M 型等，这可防止因执行元件一侧的油液从工作口 A 口或 B 口漏回油箱后造成的空隙，换向启动时执行元件易发生“前冲”现象。

（5）当系统要求执行元件能够处于浮动状态时，应选用工作口 A 口和 B 口相连通的中位机能阀，如 U 型；当系统要求油缸能差动连接时，则可选用 P 口、A 口、B 口相连通的中位机能阀，如 P 型。

三位换向阀除了中位有各种机能外，有时也把阀芯在其一端位置时的油口连通状况设计成特殊机能，这时可分别用第一个字母、第二个字母和第三个字母表示中位、右位和左位的滑阀机能，如图 5-54 所示。

另外，当对换向阀从一个工作位置过渡到另一个工作位置的各油口间通断关系也有要

求时，还规定和设计了过渡机能。这种过渡机能在图形符号上被画在各工作位置符号之间，并用虚线与之隔开，如图 5-55 所示。如 H 型过渡机能，表示滑阀在换向过程中，P、A、B、T 四油口呈连通状态，这样可避免换向过程中由于 P 口突然完全封闭而引起系统的压力冲击。

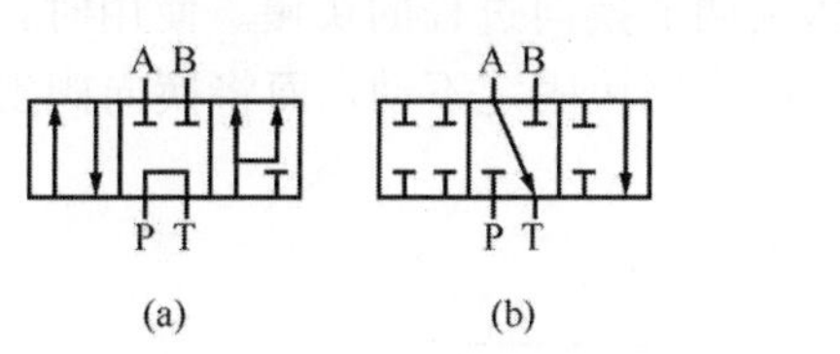

图 5-54　滑阀的特殊机能

（a）MP 型；（b）NJ0 型

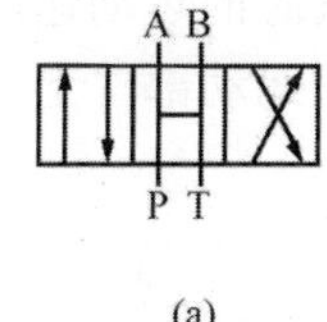

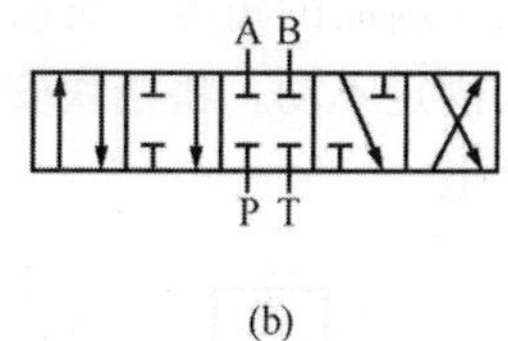

图 5-55　滑阀的过渡机能

（a）二位阀的 H 型过渡机能；（b）三位阀的 O 型过渡机能

5. 常用滑阀式换向阀结构及工作原理

1）手动换向阀

利用手动杠杆等机构来操作阀芯移动，改变阀芯与阀体相对位置实现换向的换向阀称为手动换向阀。常见的手动换向阀有弹簧复位和钢球定位两种结构。图 5-56 所示为三位四通手动换向阀结构及图形符号。左右操作手柄 1 即可通过杠杆使阀芯 3 在阀体 2 内向右和向左移动，从而实现改变油口的连通方式。松开操作手柄后，阀芯在复位弹簧 4 的作用下回复到中位。该阀的阀芯不能在两端位置定位，也称为自动复位手动换向阀。适合于换向频繁、持续工作时间较短的场合。如果将复位弹簧端的阀芯结构设计成钢球定位结构，即可让阀芯在左右两端位置稳定工作。

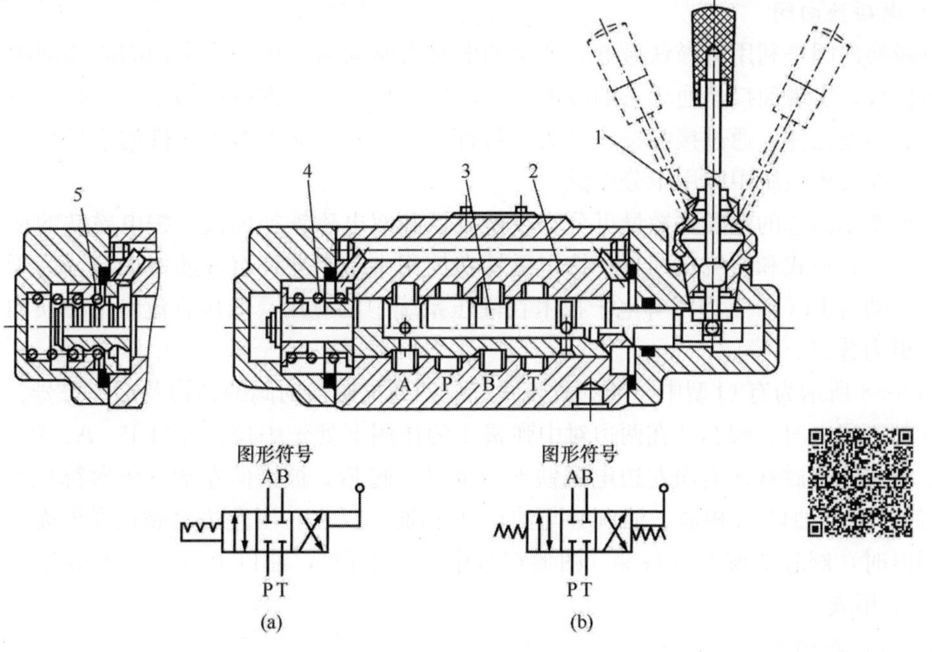

图 5-56　三位四通手动换向阀结构及图形符号

（a）钢球定位；（b）弹簧复位

1—手柄；2—阀体；3—阀芯；4—复位弹簧；5—定位钢球

2）机动换向阀

机动换向阀是利用挡块或凸轮推动阀芯移动来实现换向的换向阀，常用来控制运动部件的行程，故又称为行程换向阀。图 5-57 所示为二位二通机动换向阀的结构和图形符号。改变挡块 1 斜面的角度，可改变阀芯的运动速度达到调节换向过程的快慢。使用时，即可使换向阀固定不动，将挡块安装在运动部件上，也可将挡块固定不动，而将换向阀安装在运动部件上。

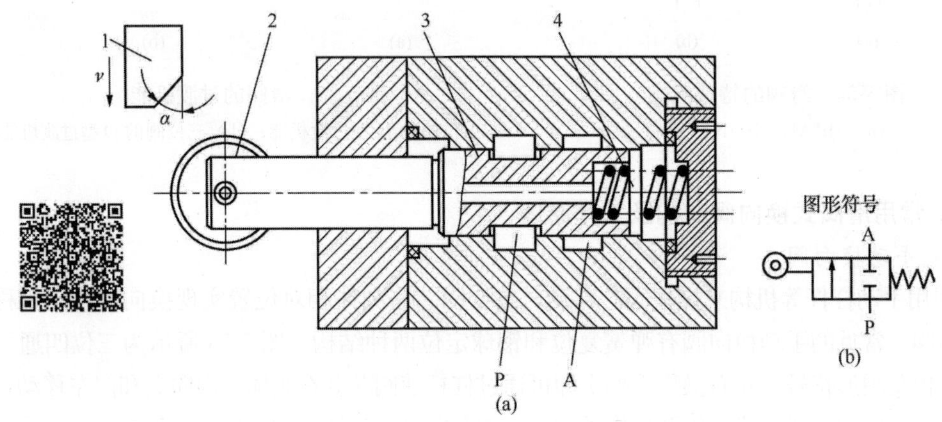

图 5-57　二位二通机动换向阀的结构和图形符号

1—挡块；2—滚轮；3—阀芯；4—复位弹簧；5—阀体

3）电磁换向阀

电磁换向阀是利用电磁铁通电后产生的电磁力驱动衔铁运动来推动阀芯移动改变阀芯的工作位置，实现油口连通状态的改变，从而实现换向。电磁换向阀是电气系统与液压系统之间的转换元件，通过接收按钮开关、行程开关、压力继电器等元件的信号易于实现自动控制，在液压系统中应用十分广泛。

根据驱动阀芯的电磁铁数量可分为单电磁铁和双电磁铁换向阀；按电磁铁的使用电源不同可分为直流式和交流式两种；按电磁铁在使用中是否允许有油液侵入又分为干式和湿式两种。随着 PLC、工控机等电子技术在液压系统中的应用，低压直流型电磁换向阀的应用相对更为普遍。

图 5-58 所示为有 O 型中位能的直流式三位四通电磁换向阀的结构及图形符号。当两个电磁铁都不通电时，阀芯 2 在两边对中弹簧 4 的作用下处于中位，油口 P、A、B、T 互不相通；当右边电磁铁通电而左边电磁铁不通电时，阀芯 2 被推向左端（图形符号中右位工作），油口 P 与油口 A 相通、油口 B 与油口 T 相通；反之，当左边电磁铁通电而右边电磁铁不通电时，阀芯 2 被推向右端（图形符号中左位工作），油口 P 与油口 B 相通、油口 A 与油口 T 相通。

4）液动换向阀

由于电磁铁的输出力一般较小，因而电磁换向阀只适合于流量不大的场合，一般都小于 70 L/min。当通过换向阀的流量较大时，阀芯的尺寸及作用在阀芯上的液动力也相应增大，导致推动阀芯的外力增大，这时则需要采用液压驱动换向。液动换向阀就是利用压力

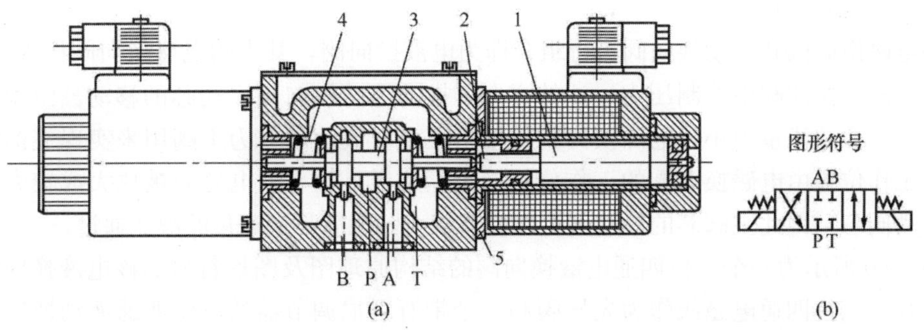

图 5-58　直流式三位四通电磁换向阀的结构及图形符号（O 型中位机能）

1—电磁铁；2—推杆；3—阀芯；4—对中弹簧；5—挡圈

油在阀芯端部产生的液压力来推动阀芯移动，从而改变阀芯位置来实现换向的一类换向阀。

对于三位液动换向阀，按阀芯的对中形式可分为弹簧对中型和液压对中型；按其换向时间是否可调又可分为可调式和不可调式。图 5-59 所示为三位四通液动换向阀的结构及图形符号，其中，图 5-59（a）所示为换向时间不可调式液动换向阀及图形符号，其阀芯两端分别连接控制油口 K_1 和 K_2。当 K_1 通入压力油、K_2 连通回油口时，阀芯移动到右端位置，则 P 口与 A 口连通，B 口与 T 口连通；当 K_2 通入压力油、K_1 连通回油口时，阀芯移动到左端位置，则 P 口与 B 口连通，A 口与 T 口连通；当 K_1 和 K_2 都连通回油口时，阀芯在两端的对中弹簧作用下处于中位。图 5-59（b）所示为液动换向阀的换向时间调节器结构及图形符号，换向时间可调式液动换向阀是在滑阀两端控制油路 K_1 和 K_2 中分别添加了阻尼调节器，该阻尼调节器由一个单向阀和一个节流阀并联组成，单向阀用来保证滑阀芯端面进油畅通，而节流阀则用来调节滑阀芯端面的回油流量，调节节流阀的开口大小即可调整阀芯移动的时间。带阻尼调节器的液动换向阀除了能调整换向时间外，还可提高阀的换向平稳性。

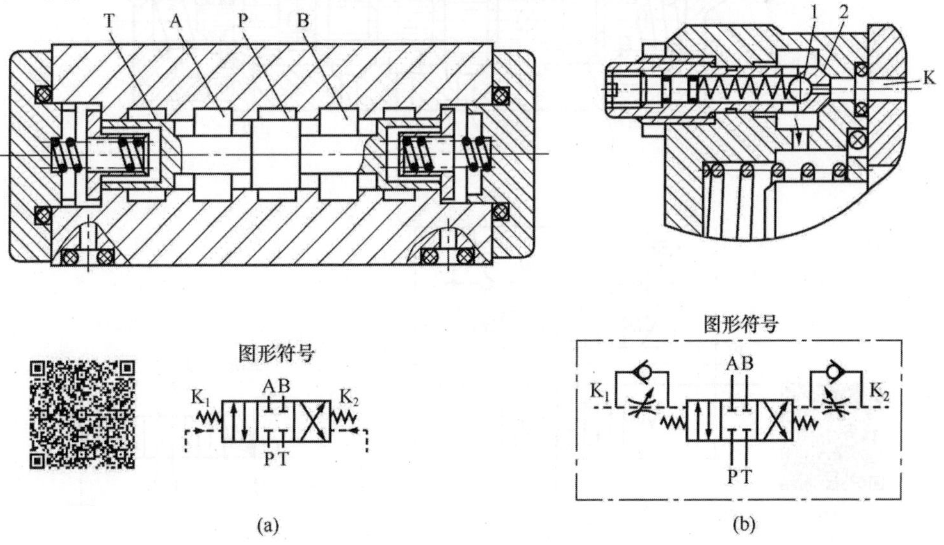

图 5-59　三位四通液动换向阀的结构（弹簧对中、O 型机能）及图形符号

（a）换向时间不可调式；（b）换向时间可调式

1—单向阀球阀芯；2—节流阀芯

5）电液换向阀

将电磁换向阀和液动换向阀进行组合即为电液换向阀，其中的电磁换向阀作为先导阀，用以控制液动换向阀中控制压力、油的方向，推动液动换向阀主阀芯的移动。由于所需要的控制压力油的流量很小，电磁换向阀的规格很小。液动阀作为主阀用来实现主油路的换向，其工作位置由电磁换向阀的工作位置确定。这样，较小的电磁力被放大成较大的液压力来推动阀芯，因此主阀芯的尺寸就可以做得较大，能满足大流量的液流通过。

图 5-60 所示为一个三位四通电液换向阀的结构原理图及图形符号。该电液换向阀由一个小通径的三位四通电磁阀作为先导阀和一个带有阻尼调节器的三位四通液动换向阀作为主阀组合而成，液动阀阀芯 1 的左、中、右三个工作位置由电磁换向阀控制，其中位的对中形式有弹簧对中和液压对中两种形式。当两个电磁铁 4 和 6 都不通电时，电磁换向阀的阀芯处于中位，液动阀阀芯 1 的两端都没有通压力油而是直接接回油箱，在对中弹簧的作用下阀芯 1 也处于中位；如果电磁铁 4 通电、电磁铁 6 不通电的时，电磁换向阀的阀芯 5 移动到右位，控制压力油经单向阀 2 进入液动阀的阀芯 1 的左端，阀芯 1 右端的回油则经节流阀 8、电磁换向阀流回油箱，这样阀芯 1 移动到右位，液动阀阀体 9 上的油口 P 与油口 A 相通、油口 B 与油口 T 相通；同样，当电磁铁 6 通电、电磁铁 4 不通电，液动阀的阀芯

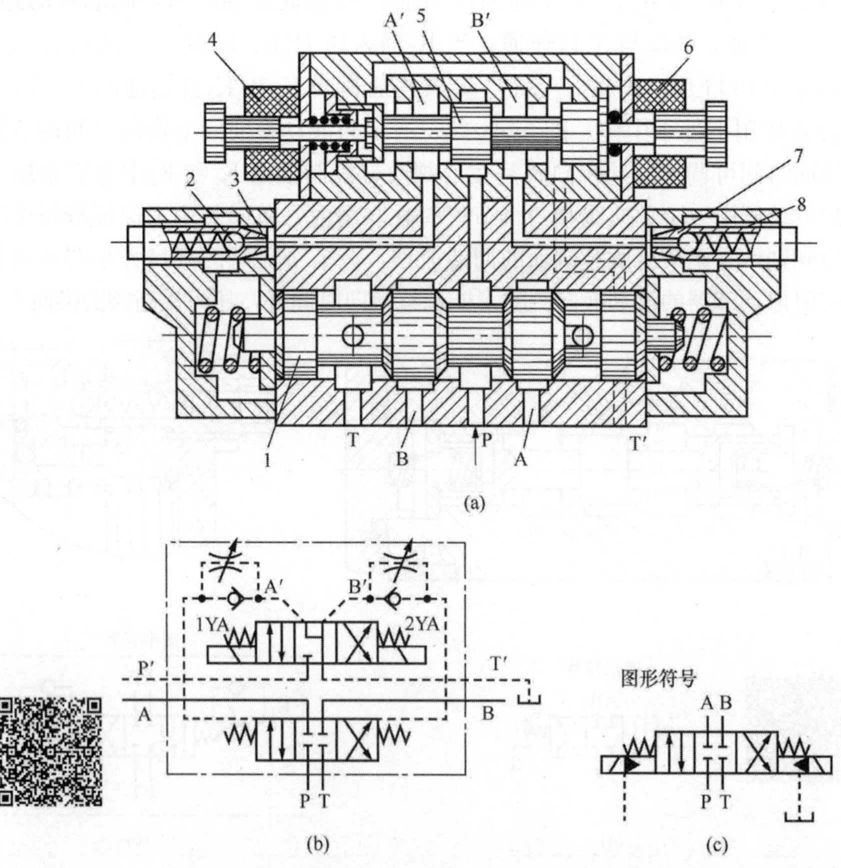

图 5-60　三位四通电液换向阀的结构及图形符号

1—液动阀阀芯；2，7—单向阀；3，8—节流阀；4，6—电磁铁；5—电磁阀阀芯；9—阀体

1 在电磁换向阀的控制下移动到左位，液动阀的阀体 9 上的油口 P 与油口 B 相通、油口 A 与油口 T 相通，实现换向动作。调节节流阀 3 或 8 的开口大小即可调整液动阀阀芯 1 的换向速度。在该阀中，控制压力油是来自主阀进油口的压力油，电磁换向阀的回油口 L 单独接回油箱，因此，该阀也称为内控外泄式电液换向阀。

电液换向阀按控制压力油的来源和回油方式不同可分为外控外泄、外控内泄、内控内泄，内控外泄四种类型。表 5-5 为电液换向阀在不同控制压力油和回油情况下的简化图形符号。

表 5-5　电液换向阀的不同图形符号

控制油路方式	内控内泄	内控外泄	外控内泄	外控外泄
简化图形符号	AB PT	AB L PT	AB K PT	AB K L PT

为了保证液动阀的阀芯 1 在电磁换向阀的电磁铁都不通电时，能在弹簧的作用下可靠回到中位，电磁换向阀的中位机能一般都选择为 Y 型。为此，在选用电液换向阀时应注意以下两点。

（1）电液换向阀的中位机能是指主阀的中位机能。

（2）电液换向阀的控制油必须具有一定的压力，当选用内控式电液换向阀时，应确保主阀进油口有最低的控制压力。因此，对主阀具有中位卸荷功能的阀，如 M 型、H 型、K 型等不应该选择内控方式，否则应在回油路上加上背压阀。同时，还应该考虑到负载变化和其他支回路上工况变化对控制压力的影响。

6. 换向阀的主要性能指标

1）换向可靠性

换向阀的换向可靠性包括两个方面：换向信号发出后，阀芯能灵敏地移动到预定的工作位置；换向信号撤出后，阀芯能在复位弹簧的作用下自动恢复到常位。

换向阀换向时要克服的阻力包括摩擦力（主要是液压卡紧力）、液动力和弹簧力。其中摩擦力与工作压力有关，液动力除了与工作压力、通过阀的流量有关外，还与阀芯所处的工作位置上的机能有关。同一通径的换向阀，机能不同，可靠换向的压力和流量会不同，一般用工作性能极限曲线表示，如图 5-61 所示。需要说明的是，制造商所给出的某一机能的换向阀的压力-流量工作性能极限曲线是在阀同时承受两个方向液流流动条件下（如 P 到 A 和 B 到 T）得到的，由于阀内产生的液动力影响，对于单一流向（如 P 到 A 而 B 堵死后），允许的

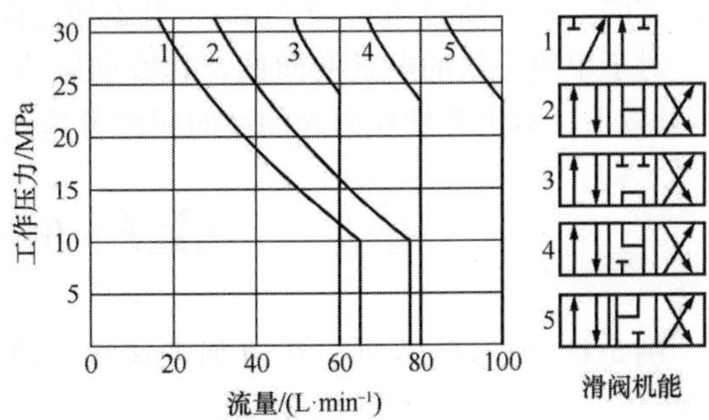

图 5-61　换向阀的工作性能曲线

压力-流量工作性能极限可能会明显降低。

2）压力损失

换向阀的压力损失包括阀口压力损失和流道压力损失，它与阀的机能、阀口的液流流动方向以及通过的流量有关。图 5-62 所示为同一通径不同机能的换向阀的压力损失曲线。

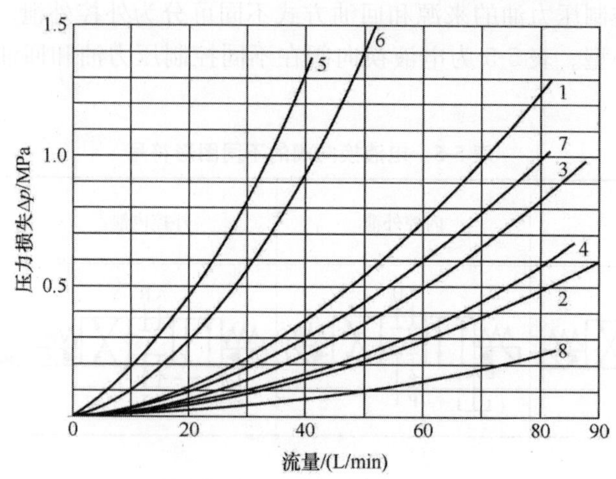

图 5-62　换向阀的压力损失曲线

3）内泄漏量

滑阀式换向阀为间隙密封，内泄漏不可避免。在间隙和封油长度一定时，内泄漏量随工作压力的增高而增大。泄漏不仅带来功率损失而发热，还会有产生误动作的可能，影响系统正常工作。一般应在设计制造中尽可能地减小阀芯与阀体孔间的径向间隙，并保证同心，确保阀芯台肩与阀体孔有足够的封油长度。

4）换向平稳性

换向平稳性就是要求换向阀在换向时的压力冲击要小。手动和电液换向阀可以通过控制换向时间来改变压力冲击。

5）换向时间和换向频率

电磁换向阀的换向时间与电磁铁有关，交流电磁铁的换向时间为 30～150 ms，而直流电磁铁的换向时间为 100～300 ms。电磁换向阀的换向时间小于电液换向阀。

对于单电磁铁的电磁换向阀，其换向频率一般为 60 次/分，高性能的换向阀可达 200 次/分以上；双电磁铁换向阀的换向频率可达到单电磁铁换向阀的两倍。

例题

例 5-1　如图所示为一压力调节回路，该回路可实现几级压力调节？试说明其工作原理。

解：该回路可实现三级调压和卸荷功能，其工作原理如下。

(1) 图示状态下，两个电磁铁都不通电状态，控制油从先导式溢流阀 5 的遥控口经阀 3、阀 4 直接回油箱，溢流阀 5 的主油路全开，液压泵处于卸荷状态，系统压力为零。

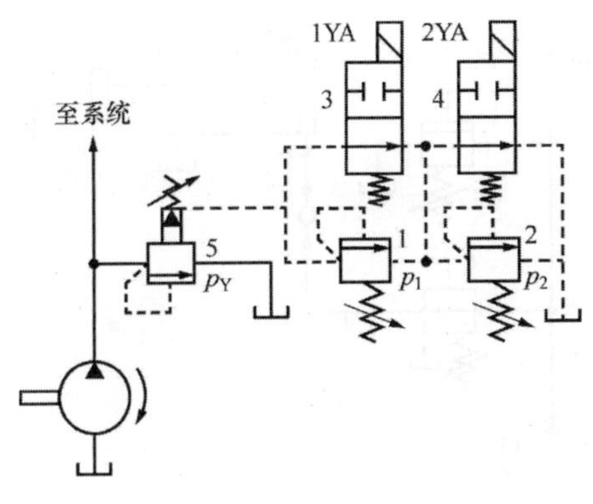

例题 5-1 图

(2) 当电磁铁1YA通电、2YA失电时，先导式溢流阀5的遥控口与远程调压阀1连通后，控制油经阀4接回油箱，这时回路的压力由远程调压阀1调定，系统压力为 p_1。

(3) 当电磁铁2YA通电、1YA失电时，先导式溢流阀5的遥控口经阀3与远程调压阀2连通后，控制油接回油箱，这时回路的压力由远程调压阀2调定，系统压力为 p_2。

(4) 当电磁铁1YA＋YA同时通电时，远程调压阀1＋串联在阀5的遥控口。这时，远程调压阀2的进口压力 p_2 经阀1的弹簧腔泄油通道反馈作用在阀1的调压弹簧端，因此远程调压阀1的进口压力增大为 p_1+p_2 这时系统的压力又分为以下两种情况：

a. 当溢流阀5的压力 p_Y 大于（p_1+p_2）时，系统压力由远程调压阀1、2共同调定，系统压力为（p_1+p_2）。溢流阀5的调定压力（p_1+p_2）可作为系统安全压力。

b. 当溢流阀5的压力 p_Y 小于（p_1+p_2）时，系统压力由溢流阀5调定，远程调压阀1、2共同调定的压力可作为系统的安全压力。

例5-2　图示回路中，减压阀调定压力为 p_J，负载压力为 p_L，试分析下述各情况下，减压阀进、出口压力的关系及减压阀口的开启状况：

(1) $p_Y<p_J$，$p_J>p_L$。

(2) $p_Y>p_J$，$p_J>p_L$。

(3) $p_Y>p_J$，$p_J=p_L$。

(4) $p_Y>p_J$，$p_J=\infty$。

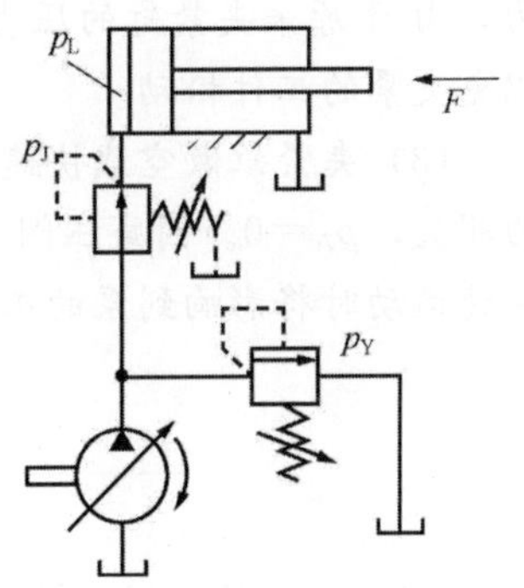

例题 5-2 图

解：(1) 当 $p_Y<p_J$，$p_J>p_L$ 时，即负载压力小于减压阀调定值，溢流阀调定值也小于减压阀调定值。此时，减压阀口处于全开状态，进口压力、出口压力及负载压力基本相等。

(2) 当 $p_Y>p_J$，$p_J>p_L$ 时，即负载压力仍小于减压阀调定值，溢流阀调定值大于减压阀调定值。此时，与(1)情况相同，减压阀口处于小开口的减压工作状态，其进口压力、出口压力及负载压力基本相等。

(3) 当 $p_Y>p_J$，$p_J=p_L$ 时，即负载压力等于减压阀调定值，而溢流阀调定值仍大于减压阀 调定值。此时，减压阀口处于小开口的减压工作状态，其进口压力等于溢流阀调定值，出口压 力等于负载压力。

(4) 当 $p_Y>p_J$，$p_J=\infty$ 时，即负载压力相当大（为液压缸运动到行程终点时）。此时，减压阀口处于基本关闭状态，只有少量油液通过阀口流至先导阀；进口压力等于溢流阀调定值，出口压力等于减压阀调定值。

例5-3　图示回路中，溢流阀的调整压力 $p_Y=5$ MPa，减压阀的调整压力 $p_J=$

2.5 MPa。试分析下列各种情况，并说明减压阀阀口处于什么状态？

当泵压力 $p_B=p_Y$ 时，夹紧缸使工件夹紧后，A、C 点的压力为多少？

(2) 当泵压力由于工作缸快进，压力降到 $p_B=1.5$ MPa 时（工件原先处于夹紧状态），A、C 点的压力各为多少？

(3) 夹紧缸在未夹紧工件前作空载运动时，A、B、C 三点的压力各为多少？

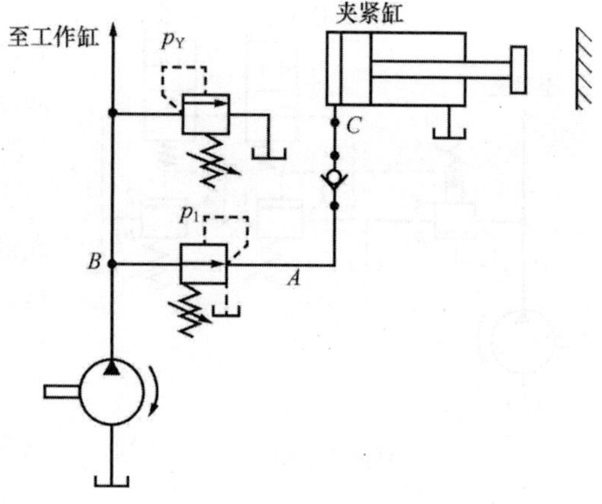

例题 5-3 图

解：(1) 工件夹紧时，夹紧缸压力即为减压阀调整压力 $p_A=p_C=2.5$ MPa。减压阀开口很小，这时仍有一部分油通过减压阀阀芯的小开口（或三角槽），将先导阀打开而流出，减压阀阀口始终处于工作状态。

(2) 泵的压力突然降到 1.5 MPa 时，减压阀的进口压力小于调整压力 P_J，减压阀阀口全开而先导阀处于关闭状态，阀口不起减压作用，$p_A=p_B=1.5$ MPa。单向阀后的 C 点压力，由于原来夹紧缸的压力为 2.5 MPa，单向阀在短时间内有保压作用，故 $p_C=2.5$ MPa，以免夹紧的工件松动。

(3) 夹紧缸做空载快速运动时，$p_C=0$。A 点的压力如不考虑油液流过单向阀造成的压力损失，$p_A=0$。因减压阀阀口全开，若压力损失不计，则 $p_B=0$。由此可见，夹紧缸空载快速运动时将影响到泵的工作压力。

习题

5-1 液压控制阀是根据什么原理进行工作的？

5-2 溢流阀、减压阀分别在液压系统中有哪些作用？为什么高压大流量时溢流阀和减压阀要采用先导型结构？

5-3 现有三个外观形状相似的溢流阀、减压阀和顺序阀，铭牌已脱落，在不拆开阀的情况下，请根据它们的结构特点将它们区别开来。

5-4 何谓节流阀的刚度？其刚度大小与哪些因素有关？试比较节流阀和调速阀的流量调节性能。

5-5 将调速阀中的定差减压阀改为定值减压阀，是否仍能保证执行元件速度的稳定性？为什么？

5-6 何谓换向阀的“位”和“通”？

5-7 什么是换向阀的中位机能？说明 O 型、M 型、P 型和 H 型三位四通换向阀在中间位置时的特点。

5-8 弹簧对中型的三位四通电液换向阀的先导阀和主阀的中位机能可以任选吗？为什么？

5-9 插装阀和螺纹插装阀各有哪些特点？

5-10　习题 5-10 图所示的四个系统中，当节流阀完全关闭后，液压泵的出口压力各为多少？

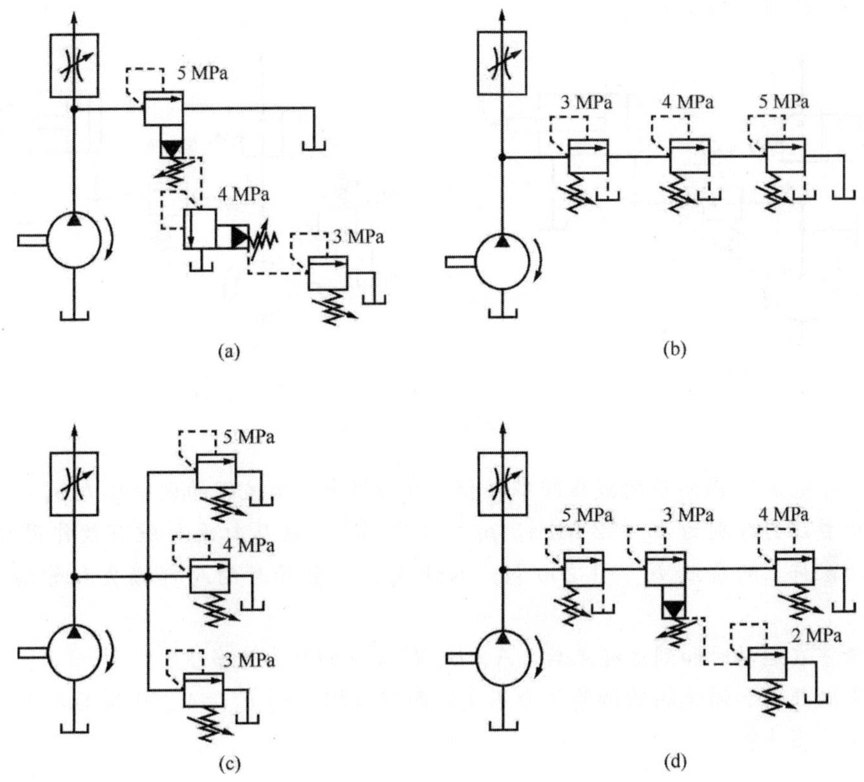

习题 5-10 图

5-11　习题 5-11 图所示的系统中，在电磁铁 3YA 不通电的条件下，试确定出下列情况下液压 泵的出口压力：(1) 电磁铁 1YA、2YA 都不通电；(2) 电磁铁 1YA 通电、2YA 不通电；(3) 电磁铁 1YA 不通电、2YA 通电。

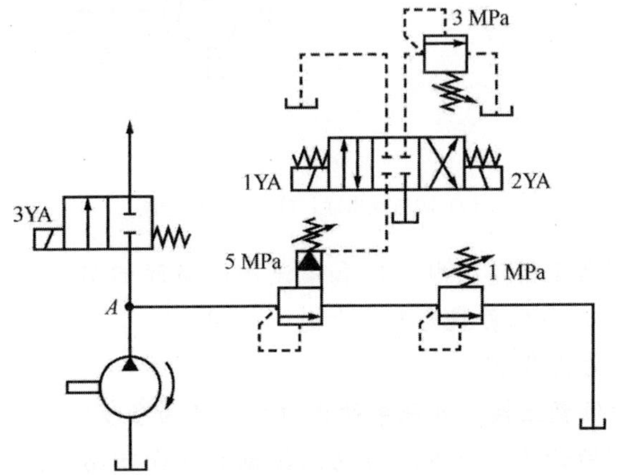

习题 5-11 图

5-12　两个系统中各液压阀的调定压力如习题图 5-12 所示，若液压缸无杆腔活塞的面积为 $5\times10^{-3}\,m^2$，负载 F_L=10 000 N。试分别确定两个系统在活塞运动中和活塞运动到终端停止时 A、B 两点的压力。

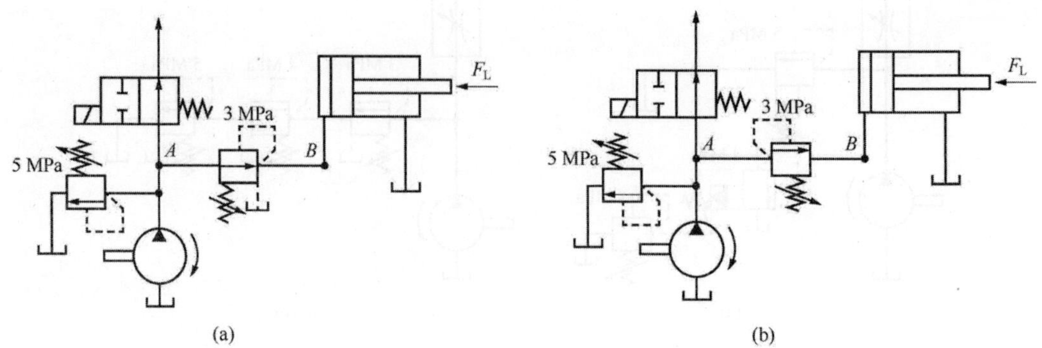

习题 5-12 图

5-13　习题 5-13 图所示的减压阀串联和并联回路中，溢流阀的调整压力 p_Y=4.5 MPa，减压阀的调整压力分别为 p_{J1}=2 MPa，p_{J2}=3.5 MPa。液压缸无杆腔有效作用面积 A_1=15 cm^2，活塞杆上的负载 F_L=1 200 N。不计减压阀全开时的局部损失和管路损失。试确定：

（1）活塞在运动时和到达终点后，A、B、C 各点的压力为多少？

（2）若减压阀和溢流阀的调整压力不变，而负载增加到 F_L=4 200 N 后，A、B、C 各点的压力又为多少？

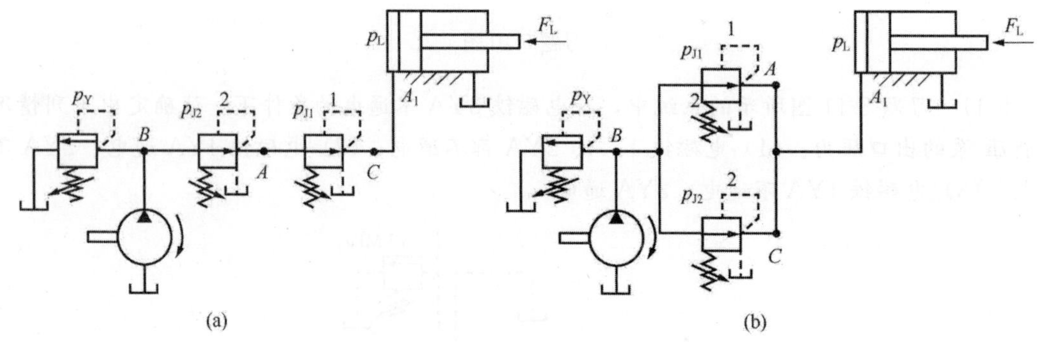

习题 5-13 图

（a）减压阀串联；（b）减压阀并联

5-14　习题 5-14 图所示回路为顺序阀和溢流阀的串联回路，顺序阀的调整压力为 p_X、溢流阀的调整压力为 p_Y，当外负载为无穷大时，试问：

（1）液压泵出口压力为多少？

（2）若将两个阀的位置互换，液压泵的出口压力又为多少？

5-15　习题 5-15 图所示为一个电液换向阀控制的换向回路，请问该回路是否能完成油缸的换向动作？为什么？如果不能，如何改正？

5-16　节流阀前后压力差 $\Delta p=0.3$ MPa，通过的流量为 $q=25$ L/min，假设节流孔为薄壁小孔（流量系数为 0.62），油液密度为 $\rho=900$ kg/m^3。试求通流截面积 A。

5-17　请利用四个插装阀单元组合起来做主级，以适当的电磁换向阀做先导级，构成具有 O 型中位机能的三位四通电液换向阀。

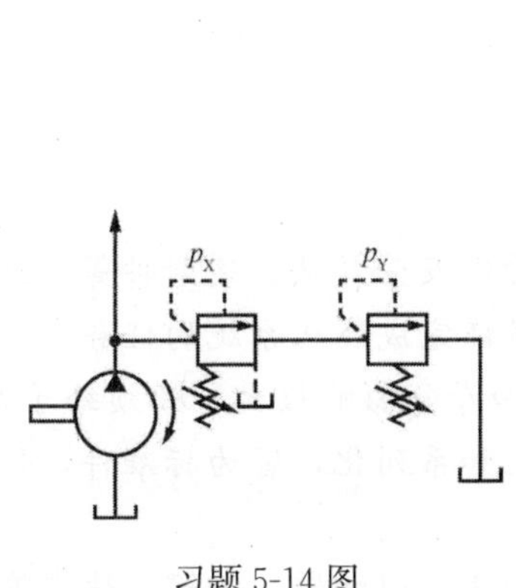

习题 5-14 图

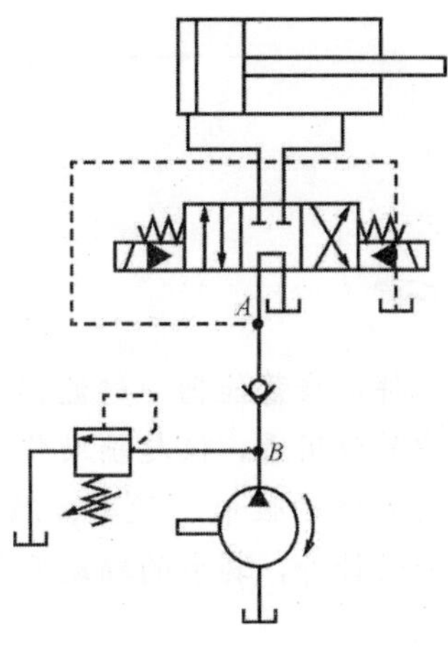

习题 5-15 图

第6章

液压辅助元件

学习要点

液压辅助元件包括蓄能器、过滤器、油箱、管道及管接头、密封件等。这些元件，从其在液压系统中的作用看，仅起辅助作用，但从保证完成液压系统的任务看，它们是非常重要的。它们对系统的性能、效率、温升、噪声和寿命影响极大，必须给予足够的重视。除油箱常需自行设计外，其余的辅助元件已标准化和系列化，皆为标准件，但应注意合理选用。

液压系统的辅助元件是指密封件、管件、压力表、过滤器、油箱、热交换器和蓄能器等液压件。从液压传动的工作原理来看，它们只起着辅助作用，然而从保证液压系统有效地传递力和运动以及提高液压系统其他工作指标来看，它们却是系统不可缺少的重要组成部分。实践证明，它们对液压系统的性能、效率、温升、噪声和寿命等的影响极大。如果选用或使用不当，会影响整个液压系统的工作性能，甚至使之无法正常工作。所以，在设计、制造和使用液压设备时，必须重视辅助元件。其中油箱可供选择的标准件较少，通常是根据液压设备和系统的要求自行设计，其他一些辅助元件则做成标准件，供设计时选用。

6.1 蓄　能　器

6.1.1 蓄能器的作用

蓄能器是一种特殊的容器。当系统有多余的能量时，压力油液克服外力充入蓄能器。这些外力可以是重力、弹簧力或气体压力。当系统需要时，蓄能器又可释放出一定体积的压力油液。简单地说，蓄能器是液压系统中储存和释放液压能的元件，其具体功能如下。

1. 作应急动力源

在有些液压系统中，当泵或电源发生故障，供油突然中断时，可能会发生事故。如果在液压系统中增设蓄能器作为应急动力源，当供油突然中断时，在短时间内仍可维持一定的压力，使执行元件继续完成必要的动作。

2. 作辅助动力源

当执行元件做间歇运动或只做短时间的快速运动时，为了节省能源和功率，降低油温，提高效率，可采用蓄能器做辅助动力源和液压泵联合使用的方式。当执行元件慢进或不动时，蓄能器储存液压泵的输油量；当执行元件需快速动作时，蓄能器和液压泵一起供油。

3. 补漏保压

当执行元件停止运动时间较长，且要求保压时，如果在液压系统中增设蓄能器，利用蓄能器储存的压力油补偿油路上的泄漏损失，就可保持系统所需压力。此时泵可卸荷。

4. 吸收压力脉动，缓和液压冲击

在液压系统中，液压泵存在着不同程度的流量和压力脉动。另外，运动部件的启动、停止和换向又会产生液压冲击。压力脉动过大会影响液压系统的工作性能，冲击压力过大会使元件损坏。若在脉动源处设置蓄能器，就可达到吸收脉动压力，缓和液压冲击的效果。

此外，在液压伺服系统中，蓄能器还用于降低系统的固有频率，增大阻尼系数，提高稳定度，改善动态稳定性。

6.1.2 蓄能器的类型及选用

蓄能器按蓄能方式的不同可分为重力式蓄能器、弹簧式蓄能器、充气式蓄能器三类。最常采用的蓄能器是充气式蓄能器，它利用气体（常用氮气）压缩和膨胀储存、释放液压能。充气式蓄能器又可分为活塞式、气囊式、隔膜式、管式、波纹式等几种。

1. 活塞式蓄能器

如图 6-1（a）所示，这种蓄能器用浮动自由活塞将气相和液相隔离，上腔经充气阀充气，下腔接通压力油，活塞上凹主要是增加气室容积。活塞和筒状蓄能器内壁之间有密封。这种蓄能器结构简单，安装和维修方便，寿命长、强度高。但存在加工精度要求较高、活塞的密封性问题，充气压力受到限制。因密封件的摩擦和活塞惯性的影响，动态响应较慢。不适于作吸收脉动和液压冲击用。最高工作压力为 17 MPa，总容量为 1～39 L，温度适用于 4～80 ℃，适应于工作介质和橡胶不相溶的系统，如用磷酸酯做工作介质的液压系统。

2. 气囊式蓄能器

如图 6-1（b）所示，气体和油液被气囊 5 隔开，气囊内充入一定压力的氮气，压力油经壳体 4 底部的限位阀 6 通入，气囊 5 受压而储能，限位阀 6 用于保护气囊不被挤坏。这种蓄能器的优点是惯性小、反应灵敏、结构紧凑、尺寸小、质量轻、安装方便。缺点是制造困难。气囊式蓄能器有折合形和波纹形两种，前者适用于储能，后者适用于吸收压力冲击，在现代液压系统中应用最广。目前我国生产的这种蓄能器的工作压力为 3.5～35 MPa，容量范围为 0.16～200 L，温度范围为－10～＋65 ℃。

3. 蓄能器的容量

蓄能器的容量包括气腔和液腔的容积之和，是选用蓄能器时的一个重要参数，其容量大小与用途有关。对气囊式蓄能器，若设充气压力为 p_0，充气容积为 V_0（容量），工作时要求释放的油液体积为 ΔV，系统的最高和最低工作压力为 p_1 和 p_2，相应的容积为 V_1 和 V_2。由气体状态方程有

$$p_0V_0^n = p_1V_1^n = p_2V_2^n = \text{常数} \tag{6-1}$$

式中 n——多变指数，其值由气体的工作条件决定。

当蓄能器用作补偿泄漏，起保压作用时，因释放能量的速度缓慢，可认为气体在等温下工作，取 $n=1$；当蓄能器用作辅助油源时，因释放能量迅速，认为气体在绝热条件下工作，取 $n=1.5$ 实际上蓄能器工作过程多属于多变过程，储油时气体压缩为等温过程，放油

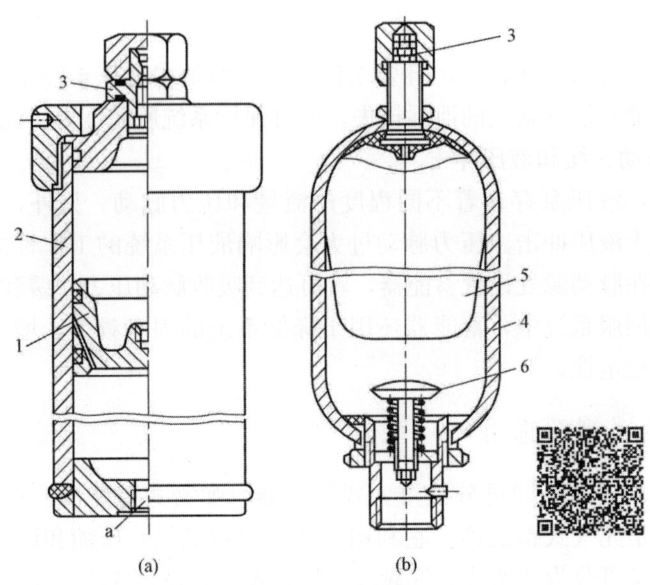

图 6-1 充气式蓄能器

(a) 活塞式蓄能器；(b) 气囊式蓄能器

1—活塞；2—缸筒；3—充气阀；4—壳体；5—气囊；6—限位阀

时气体膨胀为绝热过程，故一般推荐 $n=1.25$。由

$$\Delta V = V_1 - V_2 \tag{6-2}$$

可求得蓄能器的容量

$$V_0 = \frac{\Delta V}{p_0^{\frac{1}{n}}\left[\left(\frac{1}{p_2}\right)^{\frac{1}{n}} - \left(\frac{1}{p_1}\right)^{\frac{1}{n}}\right]}$$

理论上，p_0 可与 p_2 相等，但因系统有泄漏，为保证系统压力为 p_2 时，蓄能器还能释放压力油，补偿泄漏，应使 $p_0 < p_2$。一般，折合形取 $p_0 \approx (0.8 \sim 0.85) p_2$，波纹形取 $p_0 \approx (0.6 \sim 0.65) p_2$。

用于吸收液压冲击的蓄能器的容量与管路布置、油液流态、阻尼情况及泄漏大小有关。准确计算比较困难，实际计算常采用下述经验公式：

$$V_0 = \frac{0.004 q p_2 (0.0164 L - t)}{p_2 - p_1} \tag{6-3}$$

式中 q——阀口关闭前管道的流量（L/min）；

t——阀口由开到关闭的持续时间（s）；

p_1——阀开、闭前工作压力（MPa）；

p_2——系统允许的最大冲击压力（MPa），一般取 $p_2 = 1.5 p_1$；

L——产生冲击波的管道长度。

6.1.3 蓄能器的安装

蓄能器在安装使用时，根据其发挥的作用不同，安装位置也有所不同，安装时需注意以下问题。

蓄能器需安装在便于检查、维修的位置并要远离热源。

（1）蓄能器特别是气囊式蓄能器一般垂直安装，油口向下，充气阀朝上。

（2）装在管路上的蓄能器，必须有牢固的固定装置加以固定。

（3）用于吸收液压冲击、压力脉动和降低噪声的蓄能器应尽可能靠近振源。

（4）蓄能器与液压泵之间应装单向阀，以防液压泵停车或卸荷时，蓄能器内的压力油倒流 而使泵反转。

（5）蓄能器与管路之间应安装截止阀，以便于充气和检修之用。

6.2 过　滤　器

实践表明，液压系统 75％以上的故障是由于油液污染造成的。污染严重的液压油会对系统的工作和性能产生严重影响。当液压系统油液中混有杂质微粒时，会卡住滑阀，堵塞小孔，加剧零件的磨损，缩短元件的使用寿命。油液污染越严重，系统工作性能越差，可靠性就越低，甚至会造成故障。油液污染是液压系统发生故障、液压元件过早磨损、损坏的重要原因。

污染物主要有固体颗粒污染、水、空气、化学、微生物等几类。

为了保持油液清洁，一方面尽可能防止或减少油液污染，另一方面要把已污染的油液净化。一般在液压系统中采用滤油器来保持油液清洁。

6.2.1　过滤器的主要性能指标

1. 过滤精度

过滤精度是过滤器的一项重要性能指标。过滤精度指滤芯所能滤掉的杂质颗粒的公称尺寸，以 μm 来度量。例如，过滤精度为 20μm 的滤芯，从理论上说，允许直径尺寸为 20 的颗粒通过，而大于 20μm 的颗粒应完全被滤芯阻挡。实际上在滤芯下游仍发现有少数大于 20μm 的颗粒。此种概念的过滤精度称为绝对过滤精度，简称过滤精度。滤油器按过滤精度可以分为粗过滤器（d＝100μm）、普通过滤器（d＝10～100μm）、精过滤器（d＝5～10μm）和特精过滤器（d＝1～5μm）四种，它们分别能滤去公称尺寸为 100μm 以上、10～100 μm、5～10 μm 和 5 μm 以下的杂质颗粒。

液压系统所要求的过滤精度应使杂质颗粒尺寸小于液压元件运动表面间的间隙或油膜厚度，以免卡住运动件或加剧零件磨损，同时也应使杂质颗粒尺寸小于系统中节流孔和节流缝隙的最小开度，以免造成堵塞。液压系统不同，液压系统的工作压力不同，对油液的过滤精度要求也不同，其推荐值见表 6-1。

表 6-1　过滤精度推荐值表

系统类别	润滑系统	传动系统			伺服系统
系统工作压力/MPa	0～2.5	＜14	14～32	＞32	21
过滤精度/μm	＜100	25～50	＜25	＜10	＜5
滤油器精度	粗	普通	普通	普通	精

2. 压降特性

压降特性主要是指油液通过，过滤器滤芯时所产生的压力损失，在相同流量下，滤芯精度越高，产生的压降越大；滤芯的有效过滤面积越大，其压降就越小。油液的黏度值越大，压力降越大。

3. 纳垢容量

纳垢容量是指过滤器在压力降达到规定值之前，可以滤除并容纳的污垢数量，纳垢容量越大，过滤器的使用寿命越长。

4. 承压能力

承压能力是指滤油器壳体所能承受的最大工作压力。滤油器的承压能力根据其在系统中所处的位置而不同。

6.2.2 过滤器的典型结构

液压系统中常用的过滤器，按滤芯形式分，有网式、线隙式、纸芯式、烧结式、磁式等；按过滤方式有表面型、深度型和中间型过滤器；按连接方式又可分为管式、板式、法兰式和进油口用四种。

1. 各种形式的过滤器及其特点

1）网式过滤器

网式过滤器结构如图 6-2 所示，它由上盖 2、下盖 4 和几块不同形状的金属丝编织方孔网或金属编织的滤网 3 组成。为了使过滤器具有一定的机械强度，金属丝编织方孔网或特种网包在四周都开有圆形窗口的金属和塑料圆筒芯架上。标准产品的过滤精度只有 80μm、100μm、180μm 三种，压力损失小于 0.01 MPa，最大流量可达 630 L/min。网式过滤器属于粗过滤器，一般安装在液压泵吸油路上，以此保护液压泵。它具有结构简单、通油能力大、阻力小、易清洗等特点。

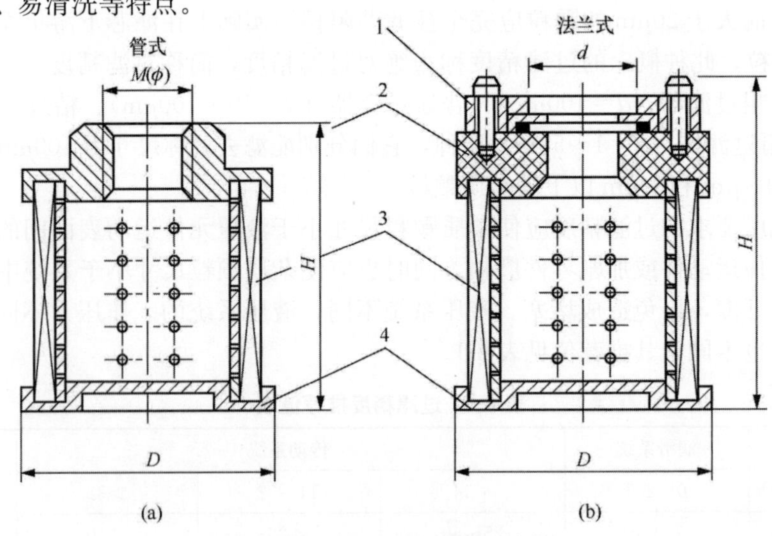

图 6-2 WU 型网式过滤器结构

（a）管式；（b）法兰式

1一法兰；2—上盖；3—滤网；4—下盖

2）线隙式过滤器

线隙式过滤器结构如图 6-3 所示，它由端盖 1、壳体 2、带有孔眼的筒形芯架 3 和绕在芯架外部的铜线或铝线 4 组成。过滤杂质的线隙是把每隔一定距离压扁一段的圆形截面铜线绕在芯架外部时形成的。这种过滤器工作时，油液从孔 a 进入过滤器，经线隙过滤后进入芯架内部，再由孔 b 流出。这种过滤器的特点是结构较简单，过滤精度较高，通油性能好；其缺点是不易清洗，滤芯材料强度较低。这种过滤器一般安装在回油路或液压泵的吸油口处，有 30μm、50μm、80μm、100μm 四种精度等级，额定流量下的压力损失为 0.02～0.15 MPa。这种过滤器有专用于液压泵吸油口的 J 型，它仅由筒形芯架 3 和绕在芯架外部的铜线或铝线 4 组成。

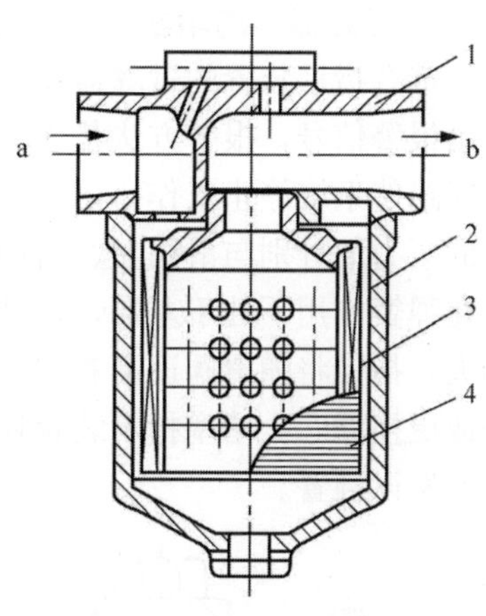

图 6-3　XU 型线隙式过滤器结构

1—端盖；2—壳体；3—筒形芯架；4—铜线或铝线

3）纸芯式过滤器

纸芯式过滤器与线隙式过滤器的区别只在于用纸质滤芯代替了线隙式滤芯，图 6-4 所示为其结构。纸芯部分是把平纹或波纹的酚醛树脂或木浆微孔滤纸绕在带孔的用镀锡铁片做成的骨架上。为了增大过滤面积，滤纸成折叠形状。这种过滤器压力损失为 0.01～0.12 MPa，过滤精度高，有 5μm、10μm、20μm 等规格，但这种过滤器易堵塞，无法清洗，经常需要更换纸芯，因而费用较高，一般用于需要精过滤的场合。

4）金属烧结式过滤器

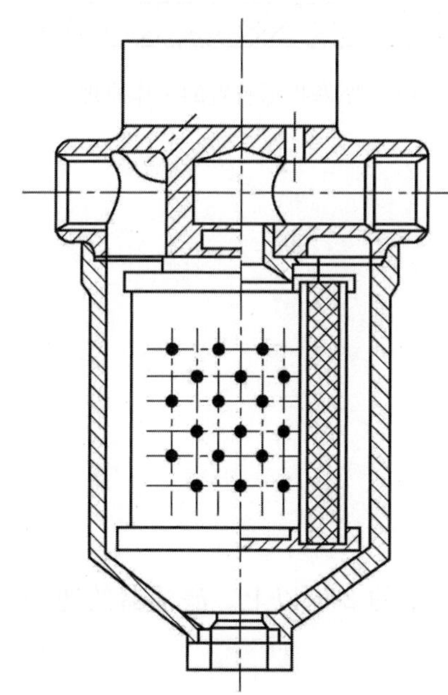

图 6-4　纸芯式过滤器结构

金属烧结式过滤器有多种结构形状，图 6-5 所示是其中一种，由端盖 1、壳体 2、滤芯 3 等组成，有些结构加有磁环 4 用来吸附油液中的铁质微粒，效果尤佳。滤芯通常由颗粒状青铜粉压制后烧结而成，它利用铜颗粒的微孔过滤杂质。这种过滤器的过滤精度一般在 10～100 μm，压力损失 0.03～0.2 MPa。这种过滤器的特点是滤芯能烧结成杯状、管状、板状等各种不同的形状，它的强度大、性能稳定、抗腐蚀性好、制造简单、过滤精度高，适用于精过滤。缺点是铜颗粒容易脱落，堵塞后不易清洗。

5）其他形式的过滤器

过滤器除了上述几种基本形式外，还有其他的形式。磁性过滤器是利用永久磁铁来吸附油液中的铁屑和带磁性的磨料。目前，一种微孔塑料过滤器已开始应用。过滤器也可以做成复式的，例如，在纸芯式过滤器的纸芯内，装置一个圆柱形的永久磁铁，便于进行两种方式的过滤。

2. 过滤器上的堵塞指示装置和发讯装置

带有指示装置的过滤器能指示出滤芯堵塞的情况，当堵塞超过规定状态时发讯装置便发出报警信号，报警方法是通过电气装置发出灯光或音响信号，或切断液压系统的电气控制回路使系统停止工作。图 6-6 所示为滑阀式堵塞指示装置的工作原理。过滤器进、出油口的压力油分别与滑阀左、右两端连通，当滤芯通油能力良好时，滑阀两端压差很小，滑阀在弹簧作用下处于左端，指针指在刻度左端，随着滤芯的逐渐堵塞，滑阀两端压差逐渐加大，指针将随滑阀逐渐右移，给出堵塞情况的指示。根据指示情况，就可确定是否应清洗或更换滤芯。堵塞指示装置还有磁力式、片簧式等形式。若将指针更换为电气触点开关就是发讯装置。

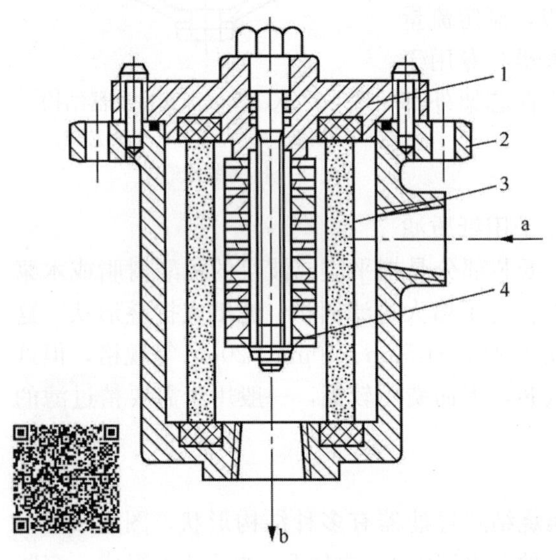

图 6-5　烧结式过滤器

1—端盖；2—壳体；3—滤芯；4—磁环

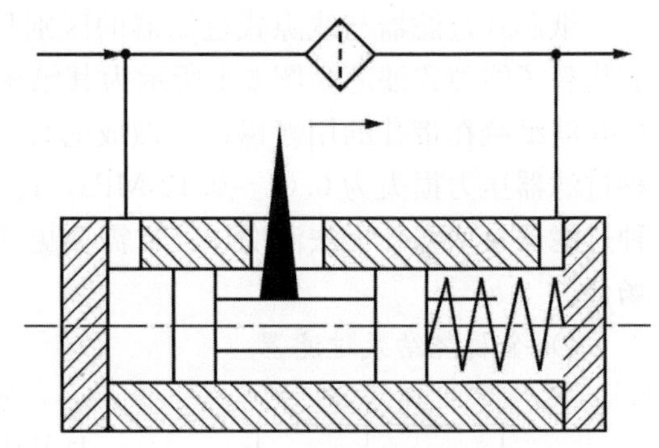

图 6-6　堵塞指示装置的工作原理

6.2.3　过滤器的选择和安装

1. 过滤器的选择

选用过滤器时，应考虑以下几点：

（1）过滤精度应满足系统设计要求。

（2）具有足够大的通油能力，压力损失小。

（3）滤芯具有足够强度，不因压力油的作用而损坏。

（4）滤芯抗腐蚀性好，能在规定的温度下长期工作。

（5）滤芯的更换、清洗及维护方便容易。

（6）选择滤油器的通油能力时，一般应为实际通过流量的 2 倍以上。滤油器的通油能力可按下式计算：

$$q=\frac{KA\Delta p}{\eta}\times 10^{-6} \tag{6-4}$$

式中　q——滤油器通油能力；

η——液压油的动力黏度；

A——有效过滤面积；

Δp——滤油器的压力差；

K——滤油器能力系数（m^3/m^2），网式滤芯，$K=0.34$；线隙式滤芯，$K=0.17$；纸质滤芯，$K=0.006$；烧结式滤芯，$K=(1.04D^2\times10^{-3})/\delta$，其中 D 为粒子平均直径，δ 为滤芯的壁厚。

2. 过滤器的安装位置

过滤器在液压系统中有下列几种安装方式：

1）安装在液压泵的吸油管路上

如图 6-7（a）所示，过滤器安装在液压泵的吸油管路上，保护液压泵。这种方式要求过滤器具有较大的通油能力和较小的压力损失（通常不应超过 0.01～0.02 MPa），否则将造成液压泵吸油不畅或引起空穴。所以常采用过滤精度较低的网式或线隙式过滤器。

2）安装在液压泵的压油管路上

如图 6-7（b）所示，过滤器安装在液压泵的出口，这种方式可以保护除液压泵以外的全部元件。过滤器应能承受系统工作压力和冲击压力，压力损失不应超过 0.35 MPa。为避免过滤器堵塞，引起液压泵过载，甚至把过滤器击穿，过滤器必须放在安全阀之后或与一压力阀并联，此压力阀的开启压力应略低于过滤器的最大允许压差。采用带指示装置的过滤器也是一种方法。

3）安装在回油管路上

如图 6-8 所示，这种安装方式不能直接防止杂质进入液压泵及系统中的其他元件，只能清除系统中的杂质，对系统起间接保护作用。由于回油管路上的压力低，故可采用低强度的过滤器，允许有稍高的过滤阻力。为避免过滤器堵塞引起系统背压力过高，应设置旁路阀。

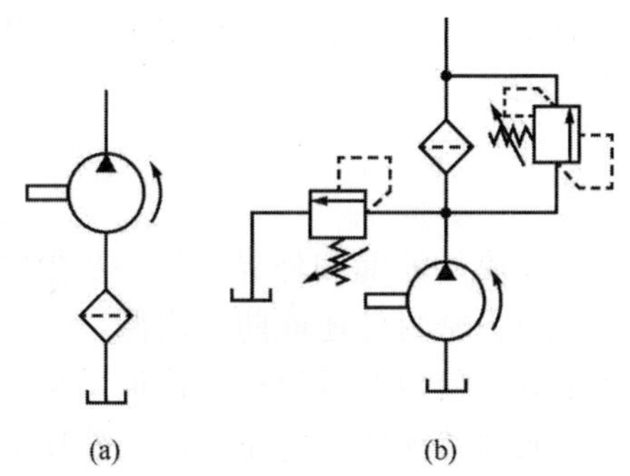

图 6-7　滤油器安装在吸油、压油管路上

（a）安装在吸油管路上；（b）安装在压油管路上

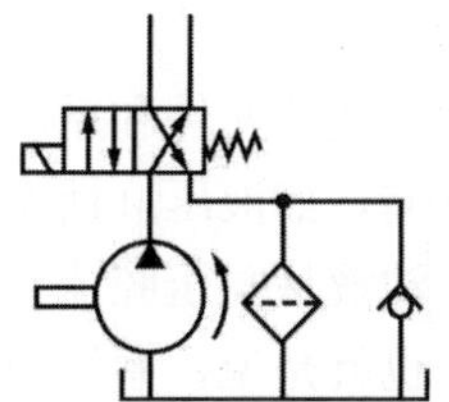

图 6-8　滤油器安装在回油路上

4）安装在支管油路上

安装在液压泵的吸油、压油或系统回油管路上的过滤器都要通过泵的全部流量，所以过滤器规格大，体积也较大。如图 6-9 所示，若把过滤器安装在经常只通过泵流量 20%～30%流量的支管油路上，这种方式称为局部过滤。这种安装方法不会在主油路中造成压力

损失，过滤器也不必承受系统工作压力。其主要缺点是不能完全保证液压元件的安全，仅间接保护系统。局部过滤的方法有很多种，如节流过滤、溢流过滤等。

5）单独过滤系统

如图 6-10 所示，用一个专用的液压泵和过滤器组成一个独立于液压系统之外的过滤回路，它可以经常清除油液中的杂质，达到保护系统的目的，适用于大型机械设备的液压系统。

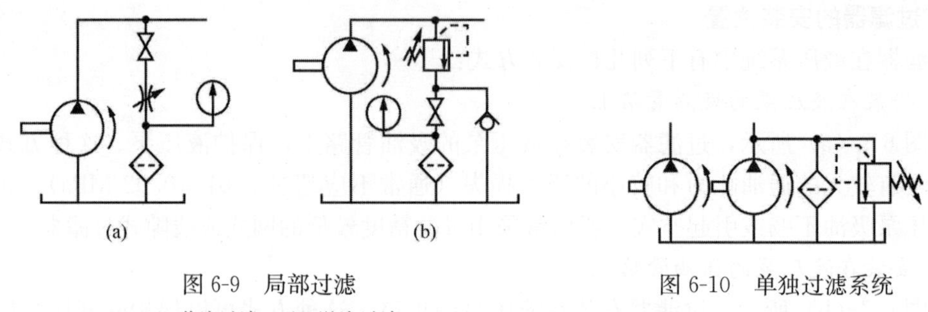

图 6-9　局部过滤

（a）节流过滤；（b）溢流过滤

图 6-10　单独过滤系统

在液压系统中，在一些重要元件，如伺服阀等，在其前面单独安装过滤器来确保它们的性能。在使用过滤器时应注意油流方向。堵塞报警器报警时要及时清洗或更换滤芯。

6.3 密　封　件

密封是解决液压系统泄漏问题最重要、最有效的手段。液压系统如果密封不良，可能出现不允许的外泄漏，外泄漏的油液将会污染环境；可能使空气进入吸油腔，影响液压泵的工作性能和液压执行元件运动的平稳性。若密封过度，虽可防止泄漏，但会造成密封部分的剧烈磨损，缩短密封件的使用寿命，增大液压元件内的运动摩擦阻力。因此，合理地选用和设计密封装置在液压系统的设计中是很重要的。

6.3.1　密封件的作用和分类

密封装置在液压元件和系统中用来防止工作介质的泄漏和外界空气、灰尘的侵入。密封件能防止外漏，如液压缸活塞杆和端盖处的密封。密封件还能防止内漏，如液压缸活塞的密封可防止油液从高压腔流到低压腔。密封不好会使内漏量超过允许值，从而降低系统的容积效率。也就是说，系统内漏过大，系统和元件就无法保持正常的工作压力，从而会导致系统和元件最终无法正常工作。密封件也能防止空气和灰尘以及其他污染物侵入系统。空气侵入系统后使油的弹性模量降低，产生气穴，增加系统的噪声和振动，油被污染等。灰尘侵入系统后，增加了油的污染度，阻塞缝隙，增加磨损，降低寿命，等等。

密封件虽小，但任何液压元件都必须用到，而且在系统多处分布，起的作用不小。

根据被密封部位的耦合面在机械运转时有无相对运动，密封件可以分为静密封和动密封两大类。密封件的具体分类见表 6-2。

表 6-2　密封件的具体分类

<table>
<tr><th colspan="4">分类</th><th>主要密封件</th></tr>
<tr><td rowspan="4">静密封</td><td colspan="3">非金属静密封</td><td>O 形密封圈、橡胶垫片、聚四氟乙烯带</td></tr>
<tr><td colspan="3">半金属静密封</td><td>组合密封垫圈</td></tr>
<tr><td colspan="3">金属静密封</td><td>金属密封垫圈、空心金属 O 形密封圈</td></tr>
<tr><td colspan="3">液态静密封</td><td>密封胶</td></tr>
<tr><td rowspan="7">动密封</td><td colspan="3">非接触式密封</td><td>间隙密封</td></tr>
<tr><td rowspan="6">接触式密封</td><td rowspan="2">自封式</td><td>压紧型密封</td><td>O 形密封圈、滑环组合 O 形密封圈、异形密封圈</td></tr>
<tr><td>自紧型密封（唇形密封）</td><td>O 形密封圈、V 形密封圈、组合 U 形密封圈、复合唇形密封圈、双向组合唇形密封圈</td></tr>
<tr><td colspan="2">活塞环密封</td><td>活塞环</td></tr>
<tr><td colspan="2">机械密封</td><td>机械密封件</td></tr>
<tr><td colspan="2">油封</td><td>油封件</td></tr>
<tr><td colspan="2">防尘密封</td><td>防尘圈</td></tr>
</table>

6.3.2　密封件的材料

1. 密封材料的一般要求

密封材料应满足密封功能要求，根据工作介质及工作条件不同，其应具有不同的适应性，一般需满足以下要求：

（1）致密性好，不易泄漏介质。

（2）有适当的机械强度和硬度，压缩性和回弹性好，永久变形小。

（3）温度适应性好，在高温下不软化、不分解，在低温下不硬化、不脆裂。

（4）耐腐蚀性能好，在酸、碱、油等介质中能长期工作，其体积和硬度变化小，且不黏附在金属表面上。

（5）在工作介质中有良好的化学稳定性，对工作装置中的液压液和润滑油有一定的耐受性，不溶胀、不收缩、不软化、不硬化。

（6）摩擦因数小，耐磨性好。

（7）与密封面贴合的柔软性和弹性好。

（8）耐老化性好，经久耐用。

（9）加工制造方便，价格便宜，取材容易等。

2. 常用密封材料

液压系统和元件中，常用的密封材料主要是橡胶、热塑性、合成橡胶、合成树脂和夹织物橡胶。

1）橡胶

橡胶密封制品品种繁多，除天然橡胶外，更多使用的是在天然橡胶中加入各种添加物的合成橡胶。合成橡胶材料具有弹性大、伸缩性大、抗疲劳强度大等优点；同时也具有低温下会丧失橡胶弹性，受热、遇酸会老化，遇油脂会膨胀或收缩，变形恢复会有少量延迟等缺点。

满足一般密封要求最常用的橡胶材料是丁腈橡胶；对耐热性、耐油性有特别要求时，可用氟橡胶；对耐磨性和耐压性要求较高时，可选用聚氨酯橡胶。

2）热塑性合成橡胶

热塑性合成橡胶机械强度较大，可得到从低硬度橡胶到硬质塑料的硬度范围很大的各种材料。其中，聚酯合成橡胶和聚酰胺橡胶有优良的耐油性；聚氨酯、聚酯合成橡胶有优良的耐磨性；聚氨酯橡胶在橡胶材料中机械强度最高，且有良好的弹性、耐油性和耐磨性，大量用于高压往复运动密封中，但在水中易于分解，不能用于水系介质中；还有某些热塑性合成橡胶材料的脆化温度优于普通橡胶，可达−70℃，是很有发展前景的密封材料。

3）合成树脂

常用合成树脂中，使用最多的是聚四氟乙烯树脂。在聚四氟乙烯树脂中掺入不同的充填材料，可改善和提高其综合物理化学性能，扩大其使用范围。与合成橡胶相比，合成树脂刚度大、强度高，摩擦因数小，同时又具有优于橡胶的相容性，但弹性、柔软性相对较差，一般不作为单独的密封件。

4）夹织物橡胶

夹织物橡胶是橡胶和织物的混合材料，通过对纤维织物浸胶制成。改变织物的织法，可以控制混合材料的强度性能，改变织物纤维的材料，可以控制混合材料对温度等使用条件的适应能力。当需要高的耐压和耐磨性能时，可选用夹织物橡胶材料。

6.3.3 常用密封件及特点

常用密封件按其断面形状可分为O形密封圈和唇形密封圈，而唇形密封圈又可分为Y形密封圈和V形密封圈等。

1. O形密封圈

O形密封圈简称O形圈，截面呈圆形。O形密封圈一般由耐油橡胶（丁腈橡胶、聚氨酯橡胶等）制成，与常用的石油基液压油有良好的相容性。它主要用于静密封和滑动密封，在转动密封中用得较少。在用于滑动密封时，使用速度要求在0.005～0.3 m/s。

O形密封圈的内、外侧及端部都能起密封作用，其密封原理如图6-11所示。当O形圈装入密封槽后，其截面受压缩变形。在无液体压力时，靠O形圈的弹性对接触面产生预接触压力p_0来实现初始密封，如图6-11（a）所示；在密封腔充满压力油后，在液压力p的作用下，O形圈在油压作用下被挤向密封槽的一侧，封闭了间隙，同时变形增大，密封面上的接触压力上升到p_m，所以O形圈具有良好的密封作用，如图6-11（b）所示。

O形圈受到的液体压力

$$p_m = p_0 + p_H$$

$$p_H = Kp$$

式中 p_H——被密封的有压液体通过O形圈传给接触面的压力；

K——压力传递系数，$K>1$。

O形圈在工作过程中，只有保持一定的p_m值，才能可靠地密封，当然，增大p_m值后，必然导致摩擦阻力的升高。沟槽中O形圈变形量越大，p_m值就越大；同时，若增大p值，也会使p_m值增大。这就是O形圈的显著优点，被密封的有压液体压力越高密封性就越好。

密封圈在安装时，必须保证适当的预压缩量。预压缩量过小不能起密封作用，过大则

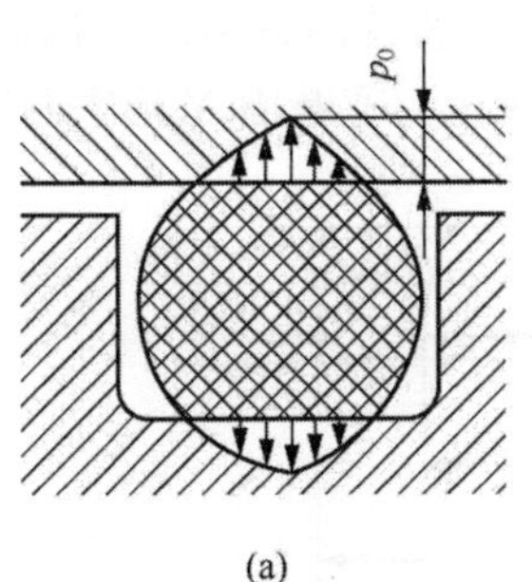

(a)

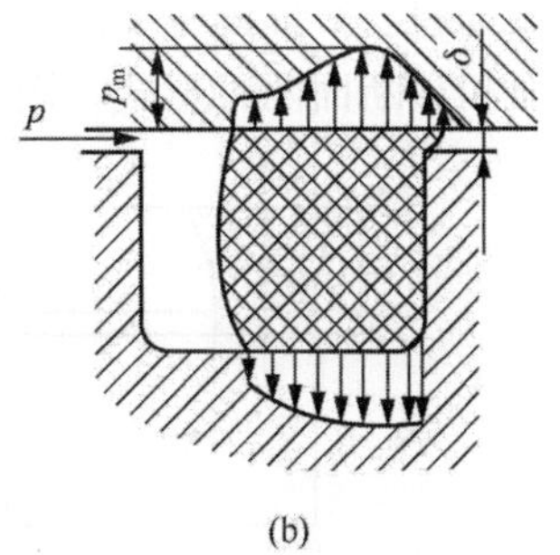

(b)

图 6-11　O 形密封圈的密封原理

会使摩擦力增大，且易损坏。因此，安装密封圈的沟槽的形状、尺寸和表面加工精度必须按有关手册给出的数据进行确定。不管是静密封还是动密封，当压力较高时，O 形圈可能会被挤入配合间隙中而损坏，解决的办法是在 O 形圈低压侧或同时在两侧增加挡圈。挡圈用较硬的聚四氟乙烯制成，如图 6-12 所示。用于静密封时，当压力 p 超过 32 MPa 时则要装挡圈，这样密封压力最高可达 70 MPa。用于动密封时，当压力 p 大于 10 MPa 时也要装挡圈，此时密封压力最高可达 32 MPa。

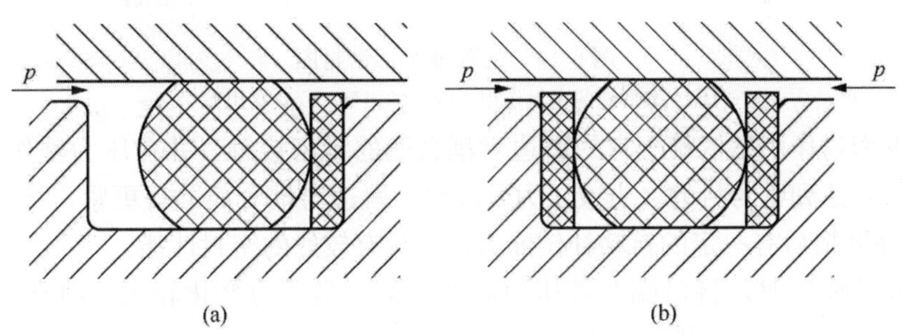

(a)　　(b)

图 6-12　挡圈的设置

（a）侧有挡圈；（b）两侧有挡圈

O 形密封圈是液压系统中应用最广泛的一种密封元件，具有以下一些特点：

（1）密封性好，寿命较长。

（2）用一个密封圈即可起到双向密封的作用。

（3）动摩擦阻力较小。

（4）对油液的种类、温度和压力适应性强。

（5）体积小、质量轻、成本低。

（6）结构简单、装拆方便。

（7）既可作动密封用，又可作静密封用。

（8）可在－40～120℃较大的温度范围内工作。

O 形密封圈与唇形密封圈相比，寿命较短，对密封装置机械部分的精度要求高。

2. Y 形密封圈

Y 形密封圈整体呈圆形，截面呈 Y 形，如图 6-13 所示。它属于唇形密封圈类，一般用耐油的丁腈橡胶制成。它是一种密封性、稳定性和耐压性较好，摩擦阻力小，寿命较长的

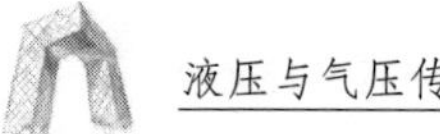

密封圈，故应用比较普遍。Y形圈主要用于往复运动装置的密封。根据截面长宽比的不同，Y形圈可分为宽断面和窄断面两种形式，图6-14所示为宽断面Y形密封圈。

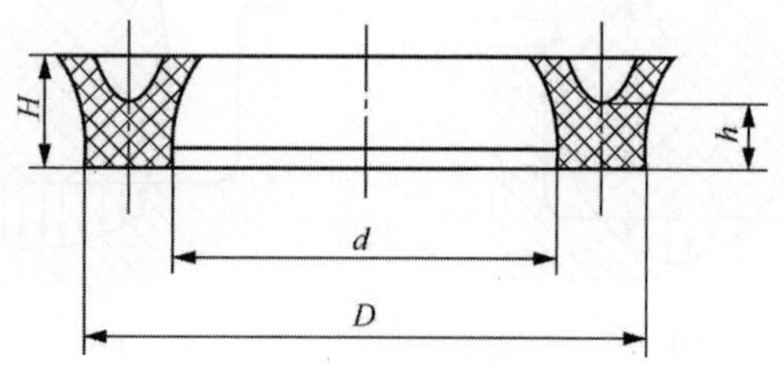

图6-13　Y形密封圈

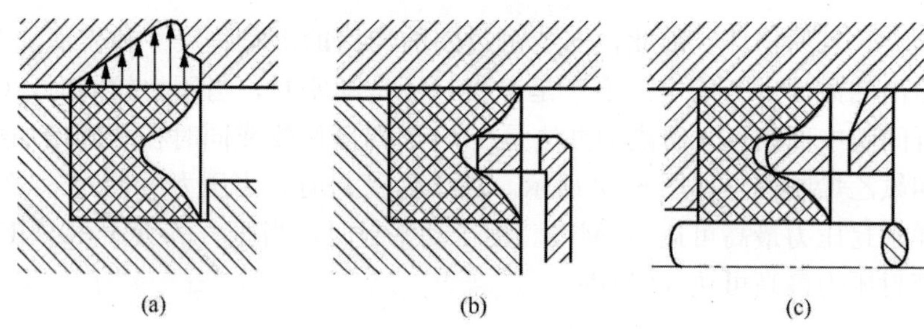

图6-14　宽断面Y形密封圈

(a) Y形圈的密封作用；(b) 轴用型；(c) 孔用型

Y形圈的密封作用是依赖于它的唇边对耦合面的紧密接触，并在压力油作用下产生较大的接触压力，达到密封目的。当液压力升高时，唇边与耦合面贴得更紧，接触压力更高，并且Y形圈在磨损后有一定的自动补偿能力，故具有较好的密封性能。

Y形圈安装使用时，唇口端对着压力高的一侧。当压力变化较大、滑动速度较高时，要使用支承环，以固定密封圈，如图6-14 (b) 所示。

宽断面Y形圈一般适用于工作压力不大于20 MPa、工作温度为−30～100 ℃、使用速度不大于0.5 m/s的场合。

窄断面Y形密封圈如图6-15所示，它是宽断面Y形圈的改型产品。其截面的长宽比在2倍以上，因而不易翻转，稳定性好。它有等高唇Y形圈和不等高唇Y形圈两种。后者又有孔用和轴用之分，其短唇与密封面接触，滑动摩擦阻力小，耐磨性好，寿命长；其长唇与非运动表面有较大的预压缩量，摩擦阻力大，工作时不易窜动。

窄断面Y形圈一般适于在工作压力不大于32 MPa、使用温度为−30～100 ℃的条件下工作。

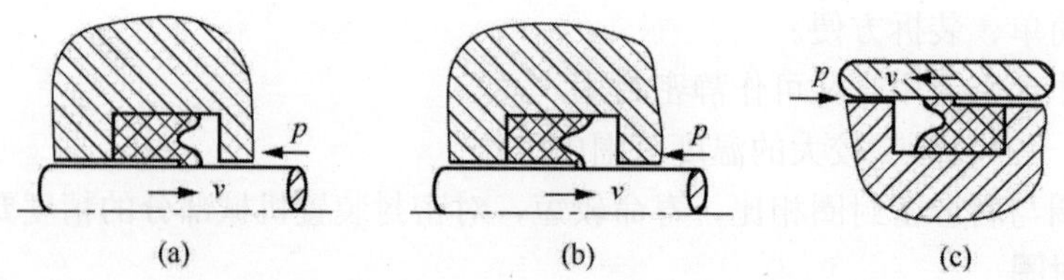

图6-15　窄断面Y形密封圈

(a) 等高唇通用型；(b) 等高唇轴用型；(c) 等高唇孔用型

3. V 形密封圈

V 形圈由多层涂胶织物压制而成，它的截面为 V 形，如图 6-16 所示。V 形密封装置是由压环、V 形圈和支承环组成的，使用时必须成套使用。它适宜在工作压力不大于 50 MPa、温度为－40～80 ℃的条件下工作。当工作压力高于 10 MPa 时，可增加 V 形圈的数量，以提高密封效果，但最多不超过六个。安装时，V 形圈的开口应面向压力高的一侧。V 形圈密封具有以下优点：

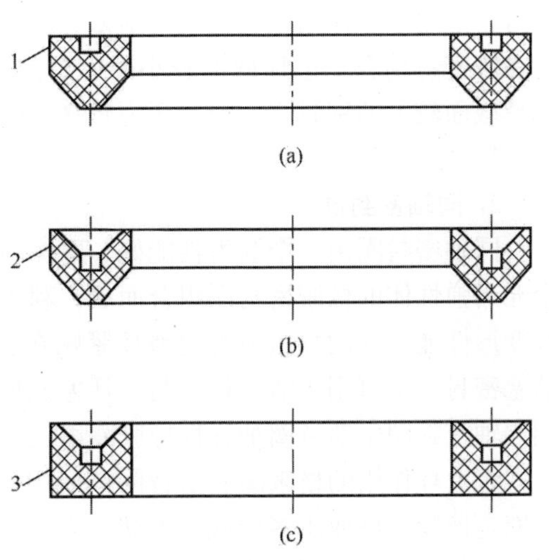

图 6-16　V 形密封圈

1—压环；2—V 形圈；3—支承环

（1）性能良好，耐高压，寿命长。

（2）通过调节压紧力，可获得最佳的密封效果。

（3）能在偏心状态下可靠密封。

（4）当无法从轴向装入时，可切交错开口安装，不影响密封效果。

但 V 形密封装置的摩擦阻力及结构尺寸较大，检修和拆装不方便。它主要用于活塞及活塞杆的往复运动密封。

4. 油封

油封通常是指对润滑油的密封，用于旋转轴上，对内封油，对外防尘，如图 6-17 所示。油封分为无骨架油封和有骨架油封两种。

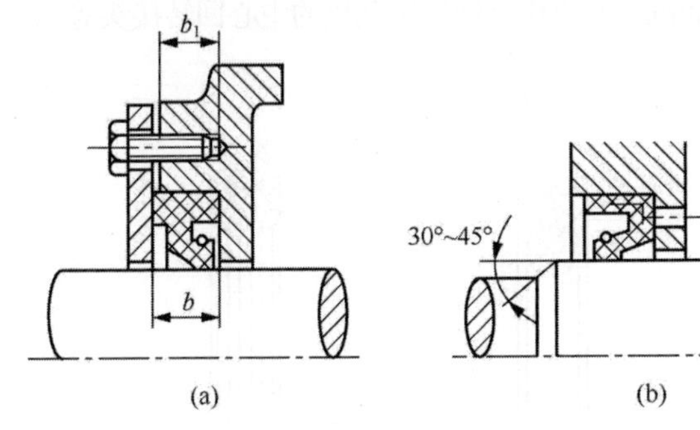

图 6-17　油封

（a）无骨架；（b）有骨架

油封装在轴上，要有一定的过盈量。油封的唇边对轴产生一定的径向压力，形成一稳定的油膜。油封的工作温度比工作介质温度一般高 20～50 ℃，所以一般采用丁腈胶和丙烯酸酯橡胶。油封的工作压力不能超过 0.05 MPa。油封安装时，一定要使唇端朝着被密封的油液一侧。

6.3.4　其他密封件

1. 星形密封圈

星形密封圈是有四个唇的密封圈。它是一种无接缝的圆形环，硫化成形，其截面近似正方形，如图 6-18 所示。星形密封圈是一种由介质压力施力的双作用密封圈，依靠它在密封耦合面上的接触应力进行密封。因此，虽然它在使用和作用上与 O 形密封圈相似，但是其密封性能更有效。

星形密封圈一般以各种合成橡胶作为制造材料，主要应用于动密封场合，也可用于静密封，适用于双作用往复运动的活塞、活塞杆、柱塞等。一般在静密封场合，选择截面较小的密封圈；在动密封场合，选择截面较大的密封圈。通常压力较高、间隙较大时，选择硬度较高的材料。

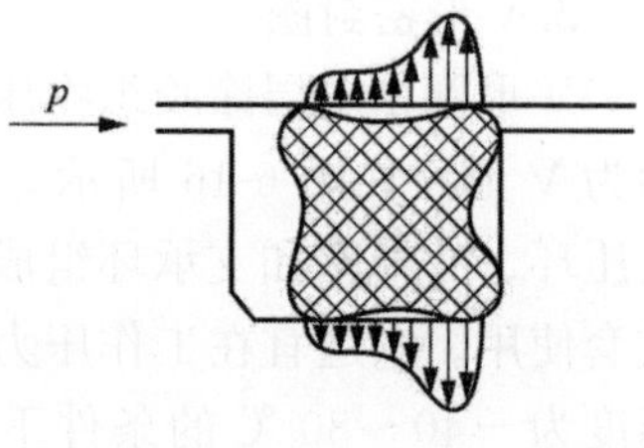

图 6-18　星形密封圈及其应力分布

2. 同轴密封圈

同轴密封圈由一个润滑性能好、摩擦因数小的滑环和一个充当弹性体的橡胶密封圈组合而成，利用橡胶圈的良好弹性变形性能产生的预压缩力使滑环紧贴在密封耦合面上起密封作用。同轴密封圈既可用于活塞密封，也可用于活塞杆密封。活塞用同轴密封圈由格来圈加弹性橡胶圈组成，活塞杆用同轴密封圈由斯特圈加弹性橡胶圈组成，结构如图 6-19 所示。

起滑环作用的格来圈和斯特圈按使用条件，以各种填充聚四氟乙烯树脂制成；弹性橡胶圈是橡胶，可使用多种截面形状，它不直接与滑移面接触，对强度、硬度及耐磨性要求不高，材料选择范围较大。

3. 旋转格来圈

旋转格来圈如图 6-20 所示，为适应高速和低速不同工况的需要，根据格来圈截面大小不同，在密封面上开设了一个或两个环形沟槽，可作为润滑油腔蓄油，降低摩擦力，增强密封效果。

旋转格来圈应用于有旋转运动的轴、杆、销等动密封，可承受两侧压力和交变压力的作用，可在高压及每分钟几十转的运动速度条件下工作，如汽车起重机、液压装载机的中心回转接头等。

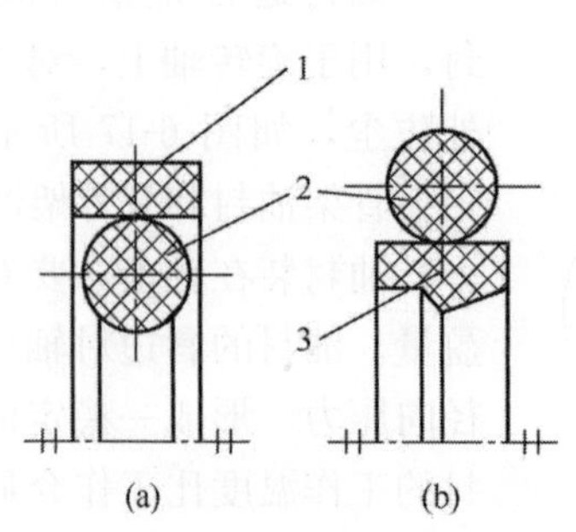

图 6-19　同轴密封圈结构

1—格来圈；2—O 形密封圈；3—斯特圈

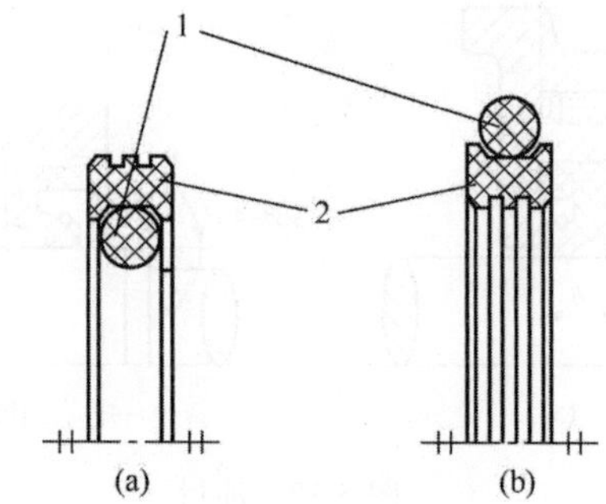

图 6-20　旋转格来圈

（a）外圈密封；（b）内圈密封

1—O 形密封圈；2—格来圈

6.4　热　交　换　器

液压系统中常用液压油的工作温度以 30～50 ℃为宜，最高不超过 65 ℃，最低不低于 15℃。油温过高将使油液迅速变质，同时使液压泵的容积效率下降；油温过低则使液压泵的启动吸入困难。为此，当依靠自然热交换不能使油温控制在 30～50 ℃范围内时，就须安装热交换器。具体地讲：如当液压系统依靠自然冷却不能使油温控制在上述范围内时，则须安装冷却器；反之，若环境温度太低，致使液压泵无法启动或正常运转时，则须安装加热器。

异常温度对液压元件的影响见表 6-3，常用工作介质的工作温度范围见表 6-4，典型液压设备的工作温度范围见表 6-5。

表 6-3　异常温度对液压元件的影响

元件	低温的影响	高温的影响
液压泵与马达	启动困难，启动效率降低，吸油侧压力损失大，易产生气蚀	不易建立油膜，摩擦副表面易磨损烧伤；泄漏增加，导致有效工作流量下降或马达转速下降
液压缸	密封件弹性降低，压力损失增大	密封件早期老化；活塞热胀，容易卡死
控制阀	压力损失增大	内、外泄漏增大
滤油器	压力损失增大	非金属滤芯早期老化
密封件	弹性降低	元件材质易老化，泄漏量增大

表 6-4　常用工作介质的工作温度范围

液压油液	矿物油	水-乙二醇	油水乳化液	磷酸酯
最高使用温度/℃	110	66	66	150
连续工作推荐温度/℃	66	40	40	95
寿命最初推荐温度/℃	40	22	22	66

表 6-5　典型液压设备的工作温度范围

液压设备名称	正常工作温度/℃	最高允许温度/℃	油及油箱温升/℃
机床	30～50	55～70	30～35
数控机床	30～50	55～70	25
金属加工机械	40～70	60～90	—
机车车辆	40～60	70～80	35～40
工程矿山机械	50～80	70～90	35～40
船舶	30～60	80～90	35～40
液压试验台	45～50	～90	45

6.4.1　冷却器

1. 冷却器的分类、特点及安装位置

冷却器按冷却介质可分为水冷式、风冷式及冷媒式三类。表 6-6 所示为不同冷却方式的比较。表 6-7 为不同结构类型冷却器的分类及其特点。

表 6-6　不同冷却方式的比较

项目	种类		
	水冷式	风冷式	冷媒式
冷却温度界限	水温以上	室温以上	室温上下
油温调整	难	难	易
运行费用	中	低	中

续表

项目	种类		
	水冷式	风冷式	冷媒式
设备投资	低	中	高
冷却能力	大	小	中
外形尺寸	小	中	大
噪声	小	中	中
安装	较复杂	较复杂	简单
冷却水的应用	用	不用	不用

表 6-7　冷却器的分类及特点

分类		简图	特点	效果
水冷式	盘管式	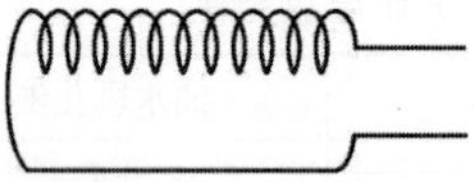	结构简单、直接装在油箱中	传热面积小，油速低，换热效果差
	列管式	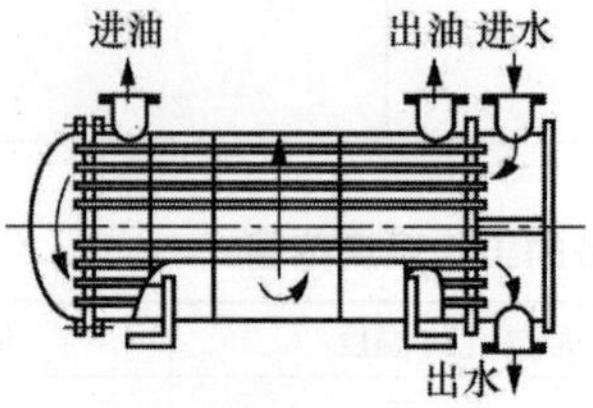 进油 出油 进水 出水	水从管中流过，油从壳中流过，中间有折流板，采用双程或四程流动	换热面积大，流速大，换热效果好：k=350～580 W/(m^2·℃)
	波纹板式	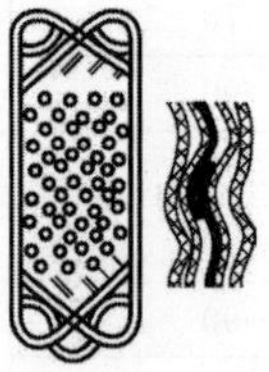	利用板片人字形波纹结构形成紊流，提高换热效果	换热面积大，传热系数可达 230～815W/(m^2·℃)
油冷式	板翅式	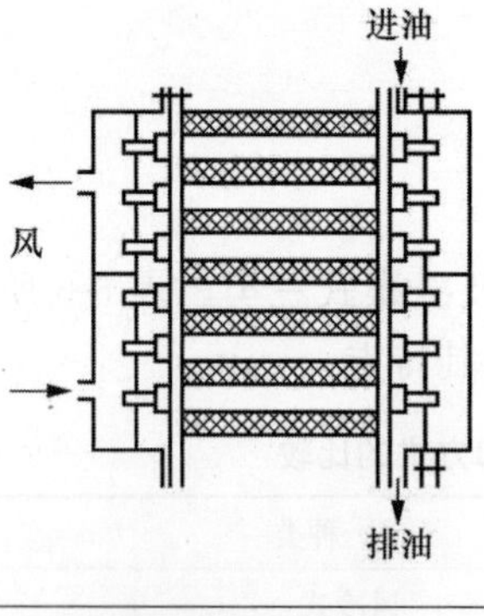 进油 风 排油	结构紧凑，也可用于水冷或油冷，耐压 0.8～2 MPa，耐热 250 ℃	散热效率高，传热系数风冷：35～350 W/(m^2·℃)，油冷：116～175W/(m^2·℃)
	翅片管式	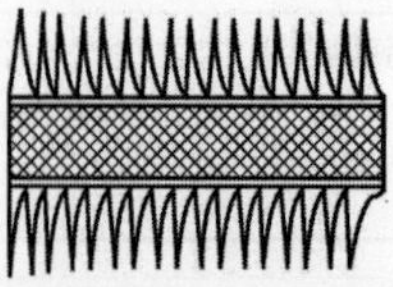	散热面积为光管 8～10 倍，用椭圆管更好	钢管：k = 145W/(m^2·℃)，黄铜管：k=250 W/(m^2·℃)

续表

分类		简图	特点	效果
媒冷式	制冷机	进油 回制冷机 蒸发器 制冷机冷媒 回油	用制冷机强制换热	冷却效果好，易控制油温

冷却器一般安装在回油管或低压管路上，如图 6-21 所示。

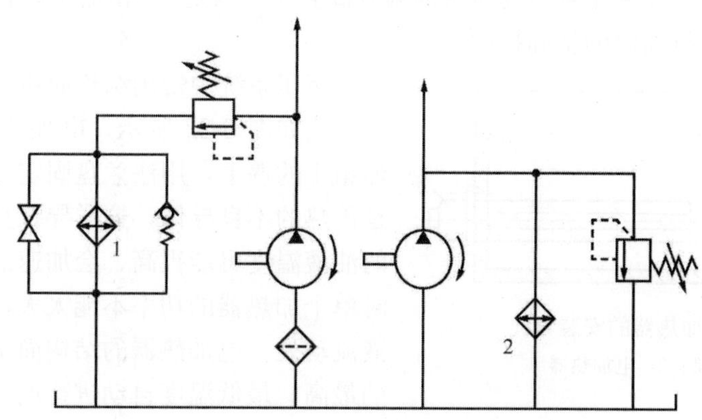

图 6-21 冷却器在液压系统中的各种安装位置

冷却器 1：装在主溢流阀溢流口，使溢流阀产生的热油直接获得冷却，同时也不受系统冲击压力影响，单向阀起保护作用，截止阀可在启动时使液压油液直接回油箱。

冷却器 2：由单独的液压泵将热的工作介质通入其内，不受液压冲击的影响。

2. 冷却器的计算

如果油箱的表面积不能满足散热的要求，则需用冷却器来强制冷却，以保持系统正常工作的油温。

1）散热表面积计算

$$A = \frac{\Phi}{(k\Delta\theta_{\mathrm{m}})} \tag{6-5}$$

式中 A——冷却器的散热面积（m^2）；

Φ——需冷却器单位时间内散掉的热量（W）；

k——冷却器的总传热系数［W/(m^2 · ℃)］，见有关样本手册；

$\Delta\theta_{\mathrm{m}}$——油和水之间的平均温差（℃）。

$$\Delta\theta_{\mathrm{m}} = [(\theta_1 + \theta_2)/2] - [(\theta_1' + \theta_2')/2] \tag{6-6}$$

式中 θ_1，θ_2——冷却器进、出口油温（℃）；

θ_1'，θ_2'——冷却器进、出口水（或其他冷却介质）的温度（℃）。

计算出 A 后，可按产品样本选取冷却器。

2）冷却水流量（q'）计算

$$q'=\frac{c\rho(\theta_2-\theta_1)}{c'\rho'(\theta'_2-\theta'_1)}q \tag{6-7}$$

式中 c，c'——油及水的比热容，其中，$c=1675\sim2093$ J/(kg · K)，$c'=5187$ J/(kg · K)；

ρ、ρ'——油及水的密度，$\rho=990$ kg/m³，$\rho'=1000$ kg/m³。

油液流过冷却器的压降应不大于 0.05～0.08 MPa；水流过冷却器的流速不大于 1.2 m/s。

6.4.2 加热器

加热器的作用是在液压泵启动时将油温升高到 15 ℃以上。在液压试验设备中，则加热器与冷却器一起进行油温的精确控制。

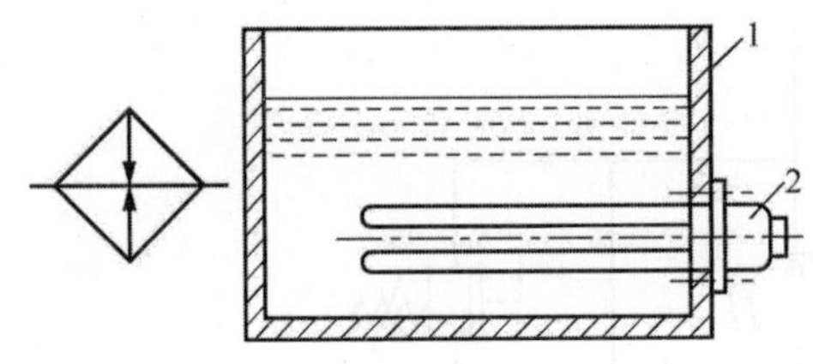

图 6-22 加热器的安装方式
1—油箱；2—电加热器

液压系统中常用结构简单的电加热器，其安装方式如图 6-22 所示，电加热器 2 通常安装在油箱 1 的壁上，用法兰盘固定。由于液压油通常是传热的不良导体，这样导致直接和加热器接触的油液温度可能很高，会加速油液老化，故工作时单个加热器的功率不能太大，且应装在箱内油液流动处。电加热器的结构简单，可根据所需要的最高、最低温度自动进行调节。

6.5 油箱的结构与设计

6.5.1 油箱的功用和结构

油箱的功用主要是储存油液、散发系统中累积的热量（在周围环境温度较低的情况下则是保持油液中热量）、促进油液中气体的分离、沉淀油液中的污物等。

液压系统中的油箱有整体式和分离式两种。整体式油箱利用主机的内腔作为油箱，这种油箱结构紧凑，各处漏油易于回收，但增加了设计和制造的复杂性，维修不便，散热条件不好，且会使主机产生热变形。分离式油箱单独设置，与主机分开，减少了油箱发热和液压源振动对主机工作精度的影响，因此得到了普遍的采用，特别是在精密机械上。

开式油箱的典型结构如图 6-23 所示。由图可见，油箱内部用隔板 7 将吸油管 4、滤油器 9 和泄油管 3、回油管 2 隔开。顶部、侧部和底部分别装有空气滤清器 5、注油器 1 及液位计 12 和排放污油的堵塞 8。安装液压泵及其驱动电动机的安装板 6 则固定在油箱顶面上。

此外，近年来又出现了充气式的闭式油箱，它不同于图 6-23 开式油箱之处，在于油箱整个是封闭的，顶部有一充气管，可送入 0.05～0.07 MPa 过滤纯净的压缩空气。空气或者直接与油液接触，或者被输入到蓄能器式的皮囊内不与油液接触。这种油箱的优点是改善了液压泵的吸油条件，但它要求系统中的回油管、泄油管承受背压。油箱本身还须配置安

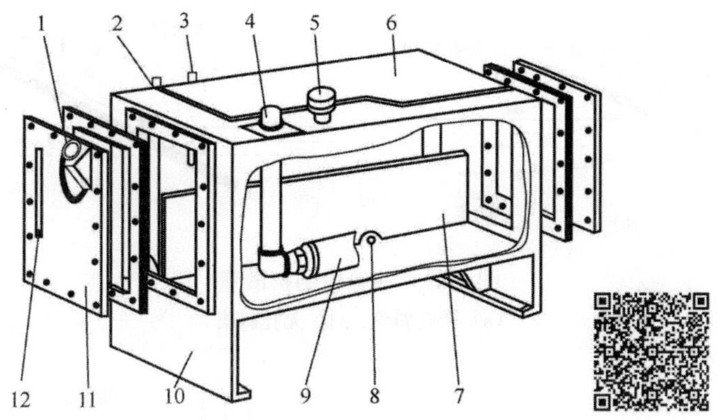

图 6-23　开式油箱的典型结构

1—注油器；2—回油管；3—泄油管；4—吸油管；5—空气滤清器；
6—安装板；7—隔板；8—堵塞；9—滤油器；10—箱体；11—端盖；12—液位计

全阀、压力表等元件，以稳定充气压力，因此它只在特殊场合下使用。

6.5.2　油箱的设计要点

油箱的有效容积（油面高度为油箱高度 80％时的容积）应根据液压系统发热、散热平衡的原则来计算，这项计算在系统负载较大、长期连续工作时是必不可少的。但对于一般情况来说，油箱的有效容积可以按液压泵的额定流量 q(L/min) 估计出来。例如，适用于机床或其他一些固定式机械的估算式为

$$V = \xi q \tag{6-8}$$

式中　V——油箱的有效容积（L）；

ξ——与系统压力有关的经验数字，低压系统 $\xi=2\sim4$，中压系统 $\xi=5\sim7$，高压系统 $\xi=10\sim12$。

吸油管和回油管应尽量相距远些，两管之间要用隔板隔开，以增加油液循环距离，使油液有足够的时间分离气泡，沉淀杂质，消散热量。隔板高度最好为箱内油面高度的 3/4。

吸油管入口处要安装粗滤油器。粗滤油器与回油管管端在油面最低时仍应没在油中，防止吸油时卷吸空气或回油冲入油箱时搅动油面而混入气泡。回油管管端宜斜切 45°以增大出油口截面积，减慢出口处油流速度，此外，应使回油管斜切口面对箱壁，以利油液散热。当回油管排回的油量很大时，宜使它出口处高出油面，向一个带孔或不带孔的斜槽（倾角为 5°～15°）排油，使油流散开，一方面减慢流速，另一方面排走油液中空气，如图 6-24 所示。减慢回油流速、减少它的冲击搅拌作用，也可以采取让它通过扩散室的办法来达到，如图 6-25 所示。泄油管管端亦可斜切并面壁，但不可没入油中。

管端与箱底、箱壁间距离均不宜小于管径的 3 倍。粗滤油器距箱底不应小于 20 mm。

为了防止油液污染，油箱上各盖板、管口处都要妥善密封。注油器上要加滤油网。防止油箱出现负压而设置的通气孔上须安装空气滤清器。空气滤清器的容量至少应为液压泵额定流量的 2 倍。油箱内回油集中部分及清污口附近宜装设一些磁性块，以去除油液中的铁屑和带磁性颗粒，如图 6-26 所示。

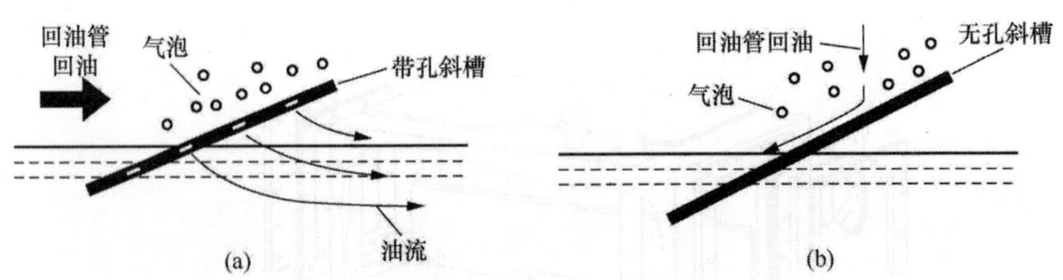

图 6-24　油箱中的扩散室

(a) 带孔斜槽；(b) 无孔斜槽

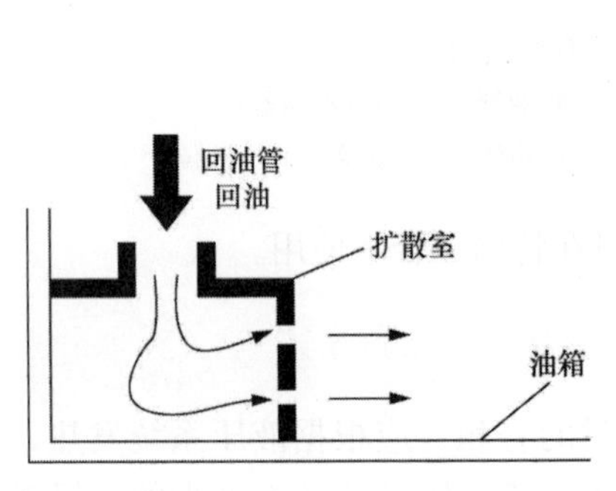

图 6-25　油箱中的扩散室

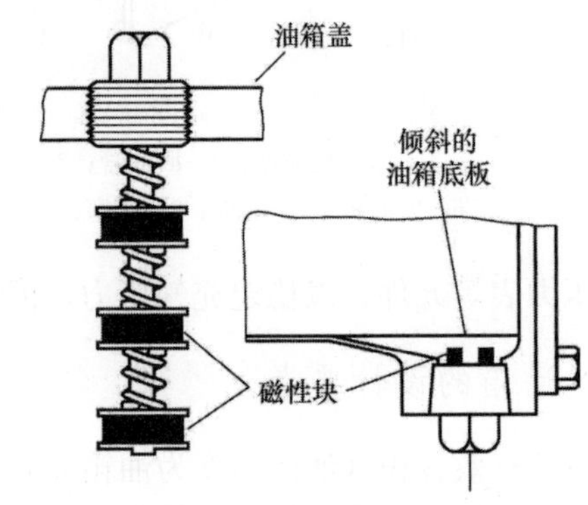

图 6-26　油箱中的磁性块

为了易于散热和便于对油箱进行搬移及维护保养，按 GB/T 3766—2001 规定，箱底离地至少应在 150 mm 以上。箱底应适当倾斜，在最低部位处设置堵塞或放油阀，以便排放污油。按照 GB/T 3766—2001 规定，箱体上注油口的近旁必须设置液位计。滤油器的安装位置应便于装拆。箱内各处应便于清洗。

油箱中如要安装热交换器，必须考虑好它的安装位置，以及测温、控制等措施。

分离式油箱一般用 2.5～4 mm 厚度钢板焊成。箱壁越薄，散热越快。大尺寸油箱要加焊角板、肋条，以增加刚度。当液压泵及其驱动电动机和其他液压件都要安装在油箱上时，油箱顶盖要相应地加厚。

油箱内壁应涂上耐油防锈的涂料。外壁如涂上一层极薄的黑漆（不超过 0.025 mm 厚度）会有很好的辐射冷却效果。铸造的油箱内壁一般只进行喷砂处理，不涂漆。

6.6 液压管件

管件包括管道、管接头和法兰等，其作用是保证油路的连通，并便于拆卸、安装；根据工作压力、安装位置确定管件的连接结构；与泵、阀等连接的管件应由其接口尺寸决定管径。

在液压系统中所有的元件，包括辅件在内，全靠管道和管接头等连接而成，管道和管接头的质量约占液压系统总量的 1/3。它们的分布遍及整个系统。只要系统任一根管件或任一个接头损坏，都可能导致系统出现故障。因此，管件和接头虽然结构简单，但在系统中

不可缺少。

6.6.1　管道

1. 管道的类型

管道的分类见表 6-8。

表 6-8　管道的分类

液压管道	
硬管	软管
无缝钢管、铜管、铝管、不锈钢管	橡胶软管、尼龙管、金属软管、塑料软管

2. 管道特点和适用范围

管道的特点和适用范围见表 6-9。

表 6-9　管道的特点及适用范围

种类	特点和适用范围
钢管	价廉、耐油、抗腐、刚性好，但装配时不易弯曲成形，常在拆装方便处用作压力管道，中压以上用无缝管，低压时也可采用焊接钢管
紫铜管	价格高，抗振能力差，易使油液氧化，但易弯曲成形，用于仪表和装配不便处
尼龙管	半透明材料，可观察流动情况。加热后可任意弯曲成形和扩口冷却后即定型，承压能力较低一般在 2.8～8 MPa
塑料管	耐油、价廉、装配方便，长期使用会老化，只用于压力低于 0.5 MPa 的回油或泄油管路中
橡胶管	用耐油橡胶和钢丝编织层制成，多用于高压管路；还有一种用耐油橡胶和帆布制成，用于回油管路

3. 尺寸的计算

管道的内径 d 和壁厚可采用下列两式计算，并需圆整为标准数值，即

$$d = 2\sqrt{\frac{q}{\pi[v]}} \tag{6-9}$$

$$\delta = \frac{pdn}{2[\sigma_b]} \tag{6-10}$$

式中　$[v]$——允许流速，推荐值：吸油管为 0.5～1.5 m/s，回油管为 1.5～2 m/s，压力油管为 2.5～5 m/s，控制油管取 2～3 m/s，橡胶软管应小于 4 m/s；

n——安全系数，对于钢管，$p=7$ MPa 时，$n=8$；7 MPa$<p<$17.5 MPa 时，$n=6$；$p>$17.5 MPa 时，$n=4$；

$[\sigma_b]$——管道材料的抗拉强度（Pa），可由相关材料手册查出。

4. 安装要求

（1）管道应尽量短，最好为横平竖直，拐弯少。为避免管道皱褶，减少压力损失，管道装配的弯曲半径要足够大。

（2）管道悬伸较长时要适当设置管夹及支架。

（3）管道尽量避免交叉，平行管间距要大于 100 mm，以防接触振动，并便于安装管接头和管夹。

（4）软管直线安装时要有 30%左右的余量，以适应油温变化、受拉和振动的需要。弯曲半径要大于 9 倍软管外径，弯曲处到管接头的距离至少等于 6 倍外径。

6.6.2 管接头

管接头是管道与管道、管道与其他元件的可拆卸连接件，如泵、阀、集成块等的连接。管接头与其他元件之间可采用普通细牙螺纹连接或锥螺纹连接，如图 6-27 所示。

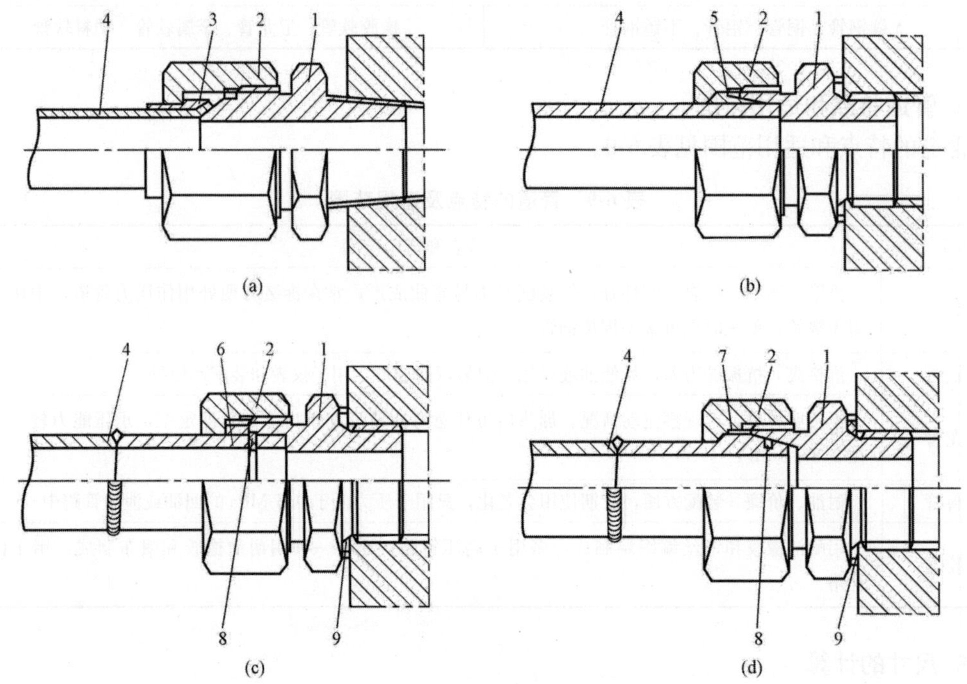

图 6-27 硬管接头

(a) 扩口式；(b) 卡套式；(c)、(d) 焊接式

1—接头体；2—接头螺母；3—管套；4—管子；5—卡套；

6—平面接管；7—锥面接管；8—O 形密封圈；9—组合密封垫圈

1. 硬管接头

按管接头和管道的连接方式分，有扩口式管接头、卡套式管接头和焊接式管接头三种。扩口式管接头，适用于紫铜管、薄钢管、尼龙管和塑料管等低压管道的连接，拧紧接头螺母，通过管套使管子压紧密封。

卡套式管接头，拧紧接头螺母后，卡套发生弹性变形便将管子夹紧，它对轴向尺寸要求不严，装拆方便，但对连接用管道的尺寸精度要求较高。

焊接式管接头，接管与接头体之间的密封方式有球面、锥面接触密封和平面加 O 形圈密封两种。前者自位性好，安装要求低，耐高温，但密封可靠性稍差，适用于工作压力不高的液压系统；后者密封性好，可用于高压系统。

此外尚有二通、三通、四通、铰接等数种形式的管接头，供不同情况下选用，具体可查阅有关手册。

2. 胶管接头

胶管接头有可拆式和扣压式两种，随管径和所用胶管钢丝层数的不同，工作压力在 6～40 MPa，图 6-28 所示为扣压式胶管接头。

3. 快速管接头

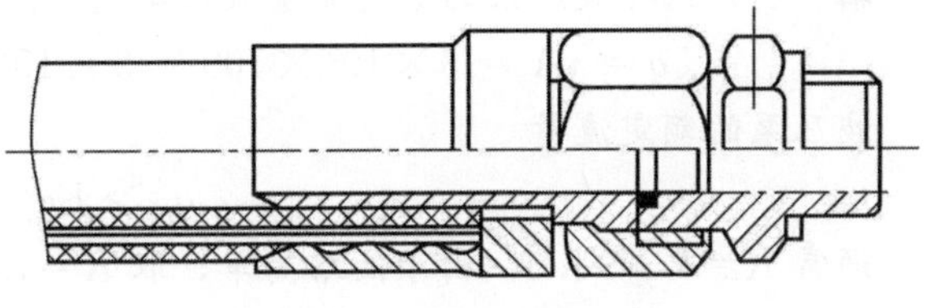

图 6-28　扣压式胶管接头

快速管接头是一种不需要工具就能快速装拆的管接头，多用于农业机械和工程机械的液压系统中。工作压力小于 30 MPa，工作温度是 −20～80℃。通过接头的压力损失小于 0.15 MPa，可分为自动密封式、非自动密封式和插销式快速管接头等几种。

例题

例 6-1　有一气囊式蓄能器，总容量为 2.5 L，充气压力 p_0 为 3 MPa，要求最高工作压力 p_1 为 6.3 MPa，最低工作压力 p_2 为 4.5 MPa。求所能放出的油量为多少？

解： 分为两种情况计算。

(1) 用于慢速放油时

$$\Delta V=p_0V_0\left(\frac{1}{p_2}-\frac{1}{p_1}\right)=30\times10^5\times2.5\times\left(\frac{1}{45\times10^5}-\frac{1}{63\times10^5}\right)=0.48\ (\text{L})$$

(2) 用于快速放油时

$$\Delta V=p_0{}^{0.71}V_0\left(\frac{1}{p_2{}^{0.71}}-\frac{1}{p_1^{0.71}}\right)=(30\times10^5)^{0.71}\times2.5\times\left[\frac{1}{(45\times10^5)^{0.71}}-\frac{1}{(63\times10^5)^{0.71}}\right]$$
$$=0.4(\text{L})$$

例 6-2　某液压系统，使用 YB 叶片泵，压力为 6.3 MPa，流量为 40 L/min，试选油管的尺寸。

解： (1) 压油管。

由手册查得钢管抗拉强度=420 MPa，取安全系数 $n=8$，设管内流速 $v=3$ m/s，于是

$$d=2\sqrt{\frac{q}{\pi v}}=2\times\sqrt{\frac{40\times10^{-3}}{3.14\times3\times60}}\times10^3=16.8\ (\text{mm})$$

$$\delta=\frac{pdn}{2\delta_b}=\frac{6.3\times16.8\times8}{2\times420}=1\ (\text{mm})$$

查手册，取公称通径 15 mm 或 1/2″，选取 $\phi22\times1.6$ 无缝钢管。

查设计手册，与泵配用的控制阀（溢流阀或换向阀）接口尺寸为 3/4″，与计算所得公称通径并不相同，为布置管方便，压油管也可取通径 3/4″管，选 $\varphi22\times2$ 无缝钢管。

(2) 吸油管。

查设计手册，该泵的吸油口径为 1″，取 34×2 钢管为吸油管，再进行校核。

$$v=\frac{4q}{\pi d^2}=\frac{4\times 40\times 10^{-3}}{3.14\times(34-2\times 2)^2\times 10^{-6}\times 60}=0.94\ (\mathrm{m/s})$$

该值符合吸油管推荐流速值，即 0.5～1.5 m/s。

例 6-3 如果液压缸的有效工作面积 $A=100\ \mathrm{cm}^2$，活塞快速移动速度 $v=3$ m/min，应选择多大的液压泵（管路简单）？油箱有效容量为多少？

解：(1) 选择液压泵的额定流量液压缸所需流量

$$q=vA=3\times 10^2\times 100=3\times 10^4(\mathrm{cm^3/min})=30(\mathrm{L/min})$$

液压泵的额定流量

$$q_h\geqslant Kq_{max}$$

通常 $K=1.1\sim1.3$，由于油路简单，取 $K=1.1$，所以

$$q_h\geqslant 1.1\times 30=33(\mathrm{L/min})$$

为避免造成过大的功率损失，选择泵的额定流量 $q_h=32$ L/min。

(2) 油箱的有效容量 V。

在低压系统中：$V=(2\sim4)q_h=(2\sim4)\times 32\mathrm{L}=(64\sim128)\mathrm{L}$

在中压系统中：$V=(5\sim7)q_h=(5\sim7)\times 32\mathrm{L}=(160\sim224)\mathrm{L}$

在高压系统中：$V=(6\sim12)q_h=(6\sim12)\times 32\mathrm{L}=(192\sim384)\mathrm{L}$

习题

6-1 如何确定油管的内径？

6-2 选择滤油器安装方式时要考虑哪些问题？如果一个液压系统采用轴向柱塞泵，已购置了一个壳体能承受高压的精滤油器，其规格与泵的流量相同，该滤油器可安装在液压系统中的什么位置上？

6-3 蓄能器有什么用途？有哪些类型？简述活塞式蓄能器的工作原理。

6-4 O 形密封圈在液压系统中可以用于动密封和固定密封，在使用压力上及装配方面应考虑哪些问题？

6-5 过滤器应安装在系统的什么位置上？它的安装特点是什么？

6-6 有一系统，采用输油量为 400 mL/s 的泵，系统中的最大表压力为 7 MPa，执行元件做间歇运动，在 0.1 s 内需要用油 0.8 L，如执行元件间歇运动的最短间隔时间为 30 s，系统允许的压力降为 1 MPa，试确定系统中所用蓄能器的容量。

6-7 一单杆液压缸，活塞直径为 100 mm，活塞杆直径为 56 mm，行程为 500 mm。现从有杆腔进油，无杆腔回油，求由于活塞的移动而使有效底面积为 200 cm^2 的油箱内液面高度的变化是多少？

第7章

液压基本回路

学习要点

液压系统依照不同的使用场合，有着不同的组成形式。但不论实际的液压系统多么复杂，它总不外乎是由一些基本回路组成的。所谓基本回路，就是由相关液压元件组成的，能实现某种特定功能的典型油路。它是从一般的实际液压系统中归纳、综合、提炼出来的，具有一定的代表性。熟悉和掌握基本回路的组成、工作原理、性能特点及其应用，是分析和设计液压系统的重要基础。基本回路按其在液压系统中的功能可分为压力控制回路、速度控制回路、方向控制回路和多执行元件动作控制回路等。

一台设备的液压系统不论多么复杂，都可以看作是一些液压基本回路的组合。所谓液压基本回路是指由一些液压元件组成的、完成某些特定功能的典型油路。例如：用来调节执行元件（液压缸或液压马达）速度的调速回路；用来控制系统全局或局部压力的调压回路、减压回路或增压回路；用来改变执行元件运动方向的换向回路等。熟悉和掌握这些回路的构成、工作原理、性能及其应用，是正确分析和合理设计液压系统的基础。

7.1 压力控制回路

压力控制回路利用压力控制阀控制整个液压系统或某一分支油路的压力，达到调压、减压、增压、保压、卸荷、泄压等目的，满足液压系统执行元件对力或转矩的要求。压力控制回路一般包括调压回路、减压回路、增压回路、卸荷回路、保压回路、泄压回路和平衡回路等。

7.1.1 调压回路

调压回路就是调定或限制液压系统或某一部分的最高工作压力的回路。包括单级调压回路、远程调压回路、多级调压回路和无级阀调压回路等。一般由溢流阀来实现这一功能。

1. 单级调压回路

如图 7-1（a）所示，它是最基本的调压回路。溢流阀 2 与液压泵 1 并联，溢流阀限定了液压泵的最高工作压力。当系统工作压力上升至溢流阀的调整压力时，溢流阀开启溢流，便使系统压力基本维持在溢流阀的调定压力上（根据溢流阀的压力流量特性可知，在不同溢流量时，压力值稍有波动）；当系统工作压力低于溢流阀的调定压力时，溢流阀关闭，此时系统工作压力取决于负载的情况。这里，溢流阀的调整压力必须大于执行元件的最大工作压力和管路上各种压力损失之和，作溢流阀使用时可大 5%～10%；作安全阀使用时可大

10%～20%。

2. 远程调压回路

将先导式溢流阀的遥控口接一远程调压阀 2（小流量的直动式溢流阀）的进油口，远程调压阀 2 的出口接油箱，即可实现远距离调压，如图 7-1（b）所示。工作时，先导式溢流阀 1 主阀上腔只要达到远程调压阀 2 的调定压力值，主阀芯即可抬起溢流，实现远程调压。在进行远程调压时，主阀中的先导阀处于关闭状态。应当注意的是，主阀的调整压力需大于远程阀的调整压力，这样，远程调压阀才可以起到调压作用。

3. 多级调压回路

图 7-1（c）所示为三级调压回路。先导式溢流阀 1 的遥控口通过三位四通换向阀 4 分别串接具有不同调定压力的远程调压阀 2 和 3。图示三位四通换向阀处于中位时，系统压力由负载决定。一旦负载压力值增大到先导式溢流阀 1 的调定压力 p_1 时，先导式溢流阀 1 溢流保证泵口的压力稳定在其调定值 p_1。当换向阀处于左位时，压力由远程调压阀 2 调定；换向阀处于右位时，压力由远程调压阀 3 调定。应当注意的是先导式溢流阀 1 的调定压力 p_1 必须大于远程调压阀 2 和 3 的调定压力 p_2 和 p_3。

4. 无级调压回路

图 7-1（d）所示为通过电液比例溢流阀进行无级调压的比例调压回路。根据执行元件工作过程各个阶段的不同要求，调节输入比例溢流阀 1 的电流，即可达到调节系统工作压力的目的。

7.1.2 减压回路

减压回路的功用是使系统中的某一分支油路具有低于系统压力调定值的稳定工作压力，如机床液压系统中的工件夹紧回路、导轨润滑回路等。常见的减压回路是把定值减压阀串联到需要低压的分支油路上，如图 7-2（a）所示。主油路的压力由溢流阀调定，支路的压力由减压阀调定。为了使减压回路工作可靠，减压阀的最低调整压力不应小于 0.5 MPa，最高调整压力至少应比系统压力小 0.5 MPa。所以，减压阀的调压范围在 0.5 MPa 至溢流阀的调定压力之间。单向阀防止主油路压力降低（低于减压阀调整压力）时油液倒流，作短时保压之用。需要注意的是，当支路上的工作压力低于减压阀的调整压力时，减压阀不起减压作用，处于常开状态。

减压回路也可以采用两级或多级减压，在图 7-2（b）所示回路中，先导型减压阀 1 的远控口接一个远控溢流阀 2，则先导型减压阀 1、远控溢流阀 2 各获得一种低压。但要注意，远控溢流阀 2 的调整压力要低于先导型减压阀 1 的调定压力。

由于减压阀工作时有阀口的压力损失和泄漏引起的容积损失，所以减压回路总有一定的功率损失。故大流量回路不宜采用减压回路，而采用辅助泵低压供油。

7.1.3 增压回路

增压回路的功用在于使液压系统中某一支路获得比系统压力高的压力。利用增压回路，液压系统可以采用压力较低的液压泵来获得较高压力的压力油。增压回路中实现油液压力放大的元件主要是增压缸。主要用在需要压力较高、流量不大的场合。

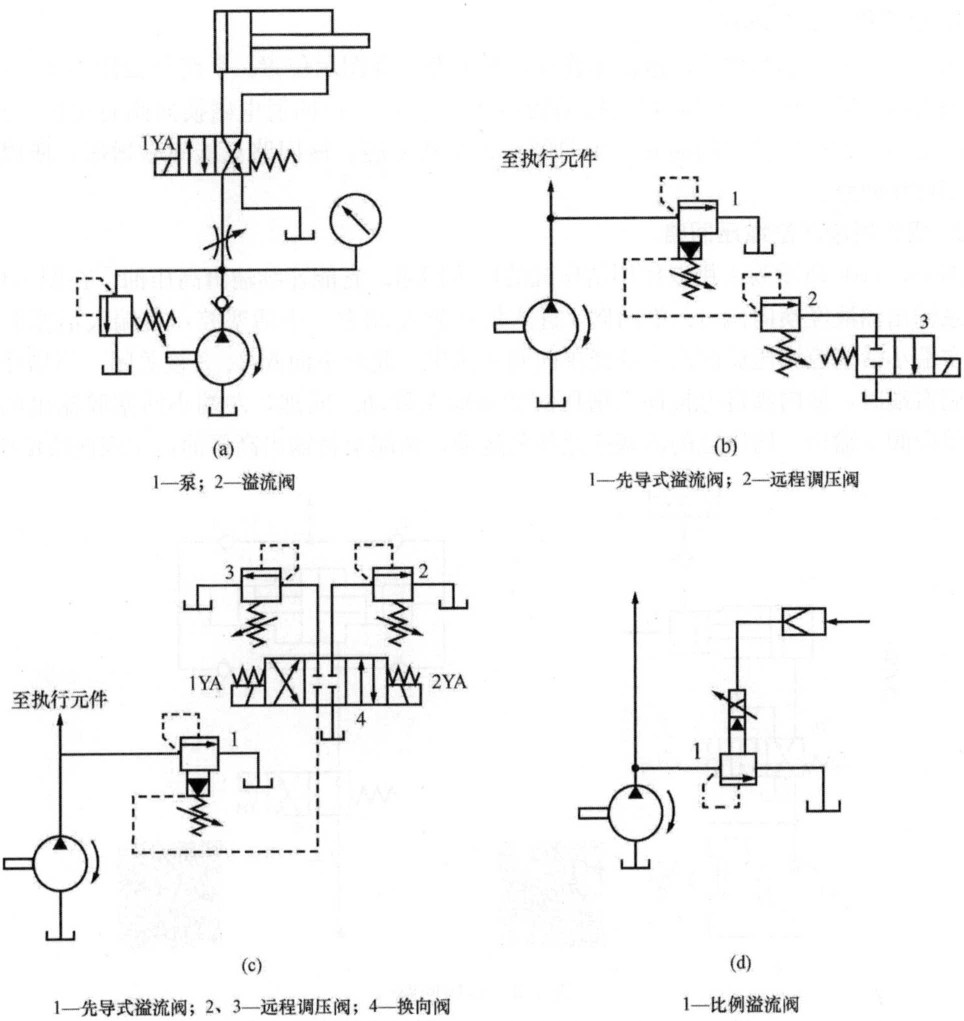

1YA

至执行元件

1

2

3

(a)

1—泵；2—溢流阀

(b)

1—先导式溢流阀；2—远程调压阀

3　2

1YA　2YA

4

至执行元件

1

1

(c)

1—先导式溢流阀；2、3—远程调压阀；4—换向阀

(d)

1—比例溢流阀

图 7-1　调压回路

(a) 单级调压回路；(b) 远程调压回路；(c) 多级调压回路；(d) 比例调压回路

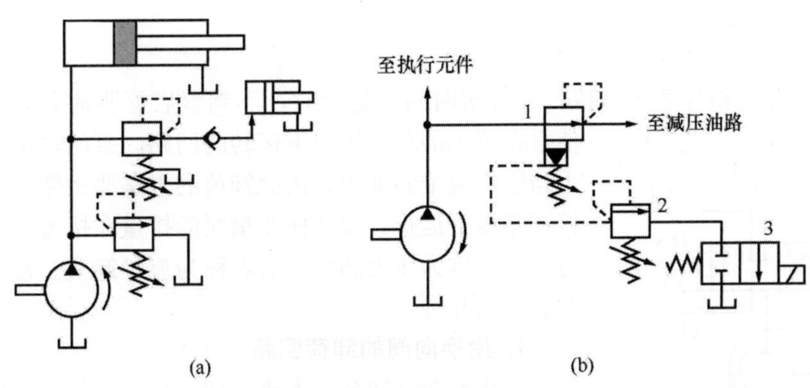

图 7-2　减压回路

(a) 单级减压回路；(b) 多级减压回路

1—先导型减压阀；2—远控溢流阀

1. 单作用增压缸增压回路

图 7-3（a）所示为用增压缸的单作用增压回路。在图示位置，系统供油压力 p_1 进入增压缸的大活塞腔，在小活塞腔得到所需较高压力 p_2；二位四通电磁换向阀右位接入系统，增压缸返回，辅助油箱中的油液经单向阀补入小活塞腔。该回路只能间歇增压，所以称为单作用增压回路。

2. 双作用增压缸增压回路

图 7-3（b）所示为采用双作用增压缸的增压回路。它能连续输出高压油。在图示位置，液压泵输出油液经换向阀 5、单向阀 1 进入增压缸左端大、小活塞腔，右端大活塞腔通油箱，右端小活塞腔增压后的高压油经单向阀 4 输出，此时单向阀 2、3 被关闭。当增压缸活塞移到右端时，换向阀得电换向，增压缸活塞向左移动。同理，左端小活塞腔输出的高压油经单向阀 3 输出。增压缸的活塞连续往复运动，两端交替输出高压油，实现连续增压。

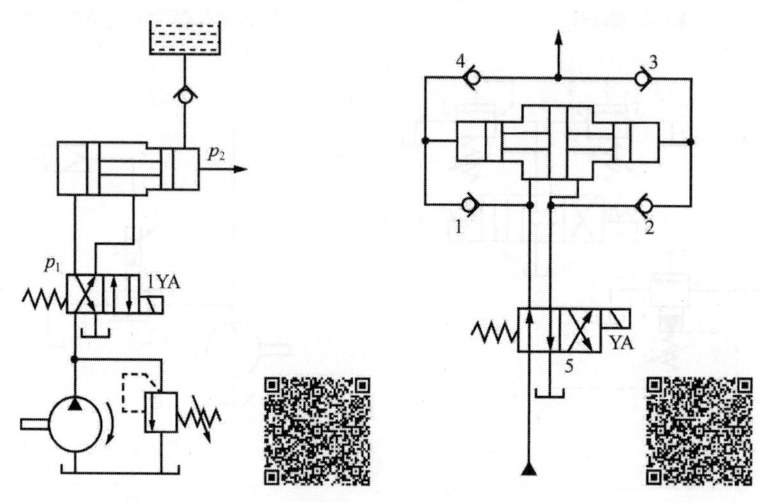

图 7-3　增压回路

（a）用增压缸的单作用增压回路；（b）采用双作用增压缸的增压回路

1，2，3，4—单向阀；5—换向阀

7.1.4　卸荷回路

卸荷回路是在液压系统的执行元件短时间不运动时，不频繁启停驱动泵的原动机，而使泵在很小的功率输出下运转的回路。泵的输出功率等于压力与输出流量的乘积，因此卸荷的方法要么使泵出口压力在接近零压下运行，要么使变量泵的排量在接近零的状态下运行。前者称为压力卸荷，后者称为流量卸荷。常见的卸荷回路有下述几种：

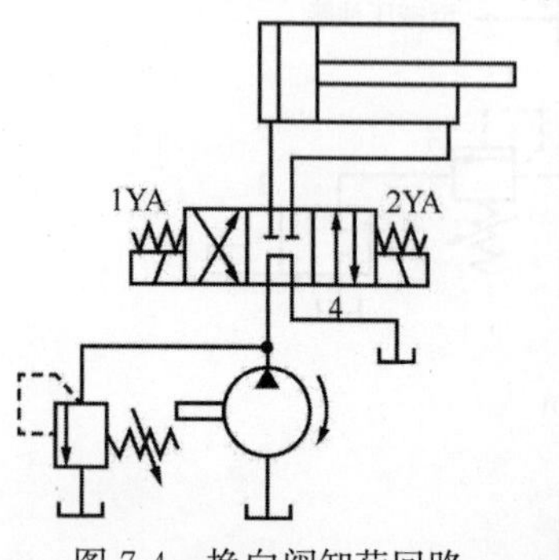

图 7-4　换向阀卸荷回路

1. 用换向阀的卸荷回路

采用换向阀卸荷，主要是利用换向阀的中位机能使液压泵和油箱连通进行卸荷。因此，主阀必须采用中位机能。图 7-4所示为采用 M 型三位四通换向阀卸荷回路。

这种卸荷方法比较简单，但只适用于单缸和流量较小的液压系统。用于压力大于 3.5 MPa、流量大于 40 L/min 的液压系统时，易产生液压冲击。

2. 用二位二通滑阀的卸荷回路

图 7-5 所示为用二位二通电磁滑阀使液压泵卸荷的回路。电磁阀 2 通电，液压泵即卸荷。由于受电磁铁吸力的限制，这种卸荷方式通常只用于液压泵流量在 63 L/min 以下的场合。

3. 用外控顺序阀的卸荷回路

在双泵供油的液压系统中，常采用图 7-6 所示的卸荷回路，即在快速行程时，两液压泵同时向系统供油，进入工作行程阶段后，由于压力升高，打开液控顺序阀使低压大流量泵 1 卸荷。

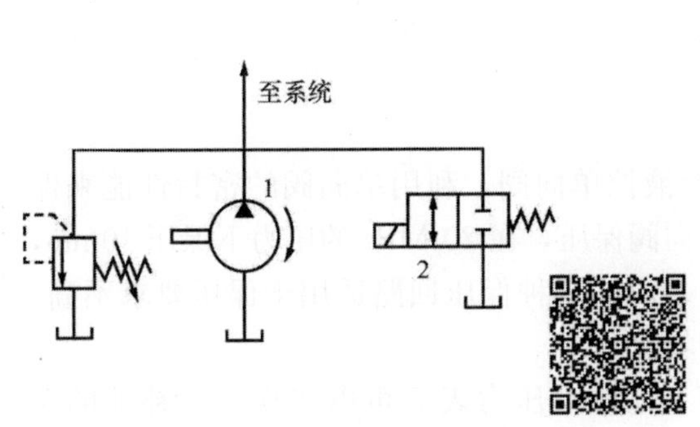

图 7-5　二位二通滑阀卸荷回路

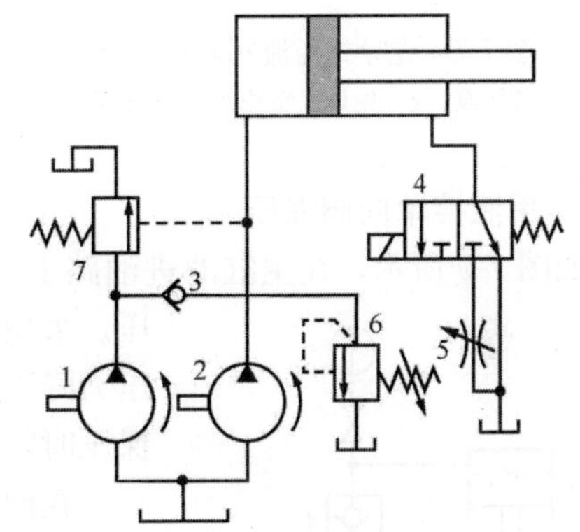

图 7-6　外控顺序阀卸荷回路

1—低压大流量泵；2—高压小流量泵；3—单向阀
4—电磁阀；5—节流阀；6—溢流阀；7—液控顺序阀

4. 用先导式溢流阀的卸荷回路

图 7-7 所示为用先导式溢流阀卸荷的回路。采用小型的二位二通换向阀 3，将先导式溢流阀 2 的遥控口接通油箱，即可使液压泵卸荷。

5. 限压式变量泵的卸荷回路

限压式变量泵的卸荷回路为流量卸荷，如图 7-8 所示，当液压缸 3 活塞运动到行程终点或换向阀 2 处于中位时，限压式变量泵 1 的压力升高，流量减少，当压力接近限压式变量泵调定的极限值时，泵输出的流量只补充液压缸或换向阀的泄漏，回路实现保压卸荷。系统中的溢流阀 4 作安全阀用。

7.1.5　保压回路

保压回路是要求执行机构进口或出口油压维持恒定的回路。在此过程中，执行机构维持不动或移动速度几乎为零。保压性能主要是保压时间和压力稳定性两个指标。因此，保压回路就是试图保持高压腔油液的压力，一方面可以通过减少高压腔油液的泄漏，另一方面是弥补高压腔泄漏的方法。最简单的保压回路是使用密封性能较好的液控单向阀的回路，当要求保压时间长时，则采用补油的办法来保持回路中压力的稳定。常见的保压回路有以下几种：

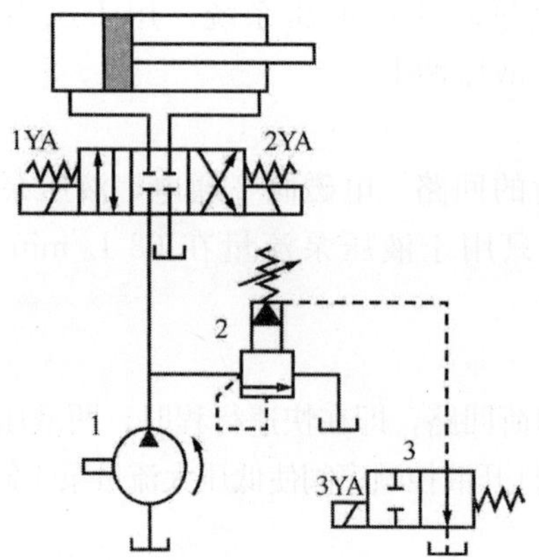

图 7-7　先导式溢流阀卸荷回路

1—液压泵；2—先导式溢流阀；3—换向阀

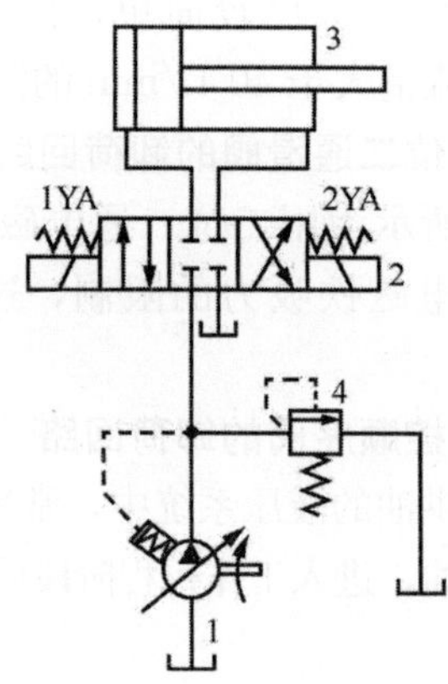

图 7-8　限压式变量泵卸荷回路

1—限压式变量泵；2—换向阀；3—液压缸；4—溢流阀

1. 用液控单向阀保压

如图 7-9 所示，在主缸的进油路上串联一个液控单向阀，利用单向阀的密封性能来保压。采用液控单向阀保压，在 20 MPa 的压力下保压 10min，压力降不超过 2 MPa。这种保压回路适用于保压要求不高、保压时间较短的场合。

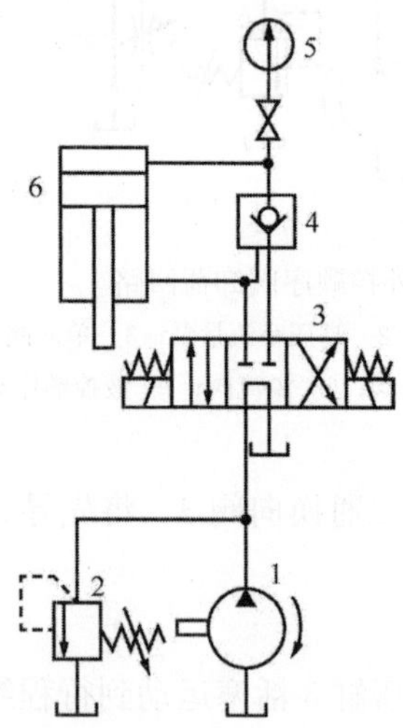

图 7-9　自动补油的保压回路

1—定量泵；2—液流阀；3—换向阀；4—液控单向阀；5—电接点压力表；6—液压缸

在回路中接入电接点压力表 5 可以实现自动补油的保压。当换向阀 3 右位接入回路时，压力油经换向阀 3、液控单向阀 4 进入液压缸 6 上腔。当压力达到要求的调定值时，电接点压力表 5 发出电信号，使换向阀 3 切换至中位，这时液压泵卸荷，液压缸上腔由液控单向阀 4 进行保压。当液压缸上腔的压力下降至预定值时，电接点压力表 5 又发出电信号并使换几阀 3 右位接入回路，液压泵又向液压缸上腔供油，使其压力回升，实现补油保压。当换向阀 3 左位接入回路时，液压单向阀 4 打开，活塞向上快速退回。这种保压回路保压时间长，压力稳定性较高，适用于保压性能要求较高的液压系统，如液压机液压系统。

2. 用辅助泵保压

如图 7-10 所示，在回路中增设一台小流量高压辅助泵 2，当加压过程完毕要求保压时，由压力继电器发讯，电液换向阀 3 的电磁铁断电，电液换向阀 3 处于中位，主泵 1 卸荷，辅助泵 2 继续向主缸供油，维持压力稳定。由于辅助泵 2 只需补偿泄漏量，排量可尽量小。保压稳定性取决于溢流阀 5 的性能，保压时间没有限制。

3. 用蓄能器保压

采用蓄能器保压回路既能节约功率，压力又基本不变。如图 7-11 所示，蓄能器与主缸相通，补偿系统泄漏。蓄能器出口设有单向节流阀，其作用是防止换向阀切换时，蓄能器突然泄压而造成冲击。这种保压回路保压性能好、工作可靠、压力稳定，但需装设蓄能器，

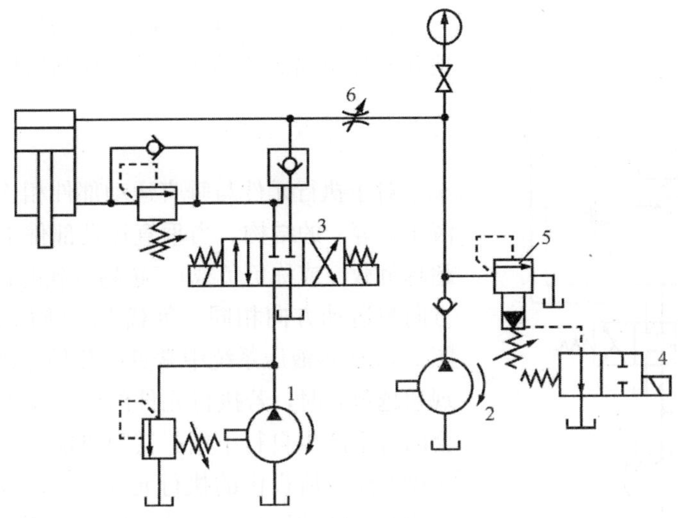

图 7-10　用辅助泵的保压回路

1—主泵；2—辅助泵；3—电液换向阀；4—换向阀；5—溢流阀；6—节流阀

增加设备费用，在 24 小时内，压力下降不超过 0.2 MPa。

7.1.6　泄压回路

很多大型液压机均有保压要求，保压时由于主机的弹性变形、油的压缩和管道的膨胀而储存了一部分能量，故保压后必须泄压，泄压过快，将引起液压系统剧烈的冲击、振动和噪声，甚至会使管路和阀门破裂。泄压回路的功能在于使执行元件高压腔中的压力缓慢地释放，以免泄压过快而引起剧烈的冲击和振动。泄压回路又叫作释压回路。

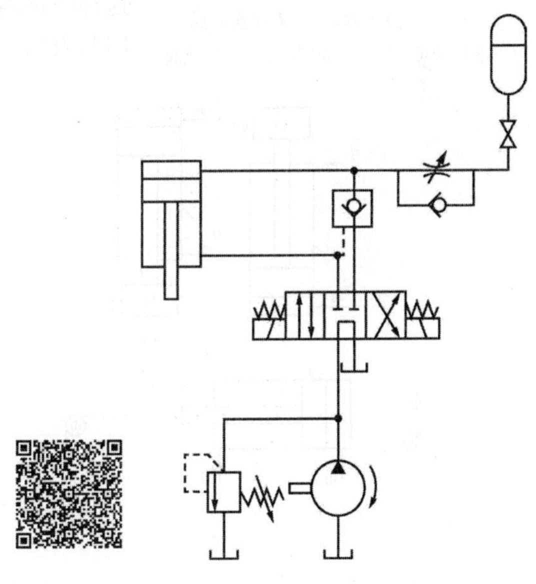

图 7-11　用蓄能器的保压回路

1. 延缓换向阀切换时间的泄压回路

采用带阻尼器的中位滑阀机能为 H 或 Y 型的电液换向阀控制液压缸的换向。当液压缸保压完毕要求反向回程时，由于阻尼器的作用，换向阀延缓换向过程，使换向阀在中位停留时液压缸高压腔通油箱泄压后再换向回程。这种回路适用于压力不太高、油液的压缩量较小的系统。

2. 用顺序阀控制的泄压回路

回路采用带卸载阀芯的液控单向阀实现保压与泄压，泄压压力和回程压力均由顺序阀控制。如图 7-12 所示，保压完毕后手动换向阀 3 左位接入回路，此时液压缸上腔压力油没有泄压，压力油将顺序阀 5 打开，泵 1 进入液压缸下腔的油液经顺序阀 5 和节流阀 6 回油箱，由于节流阀的作用，回油压力（可调至 2 MPa 左右）虽不足以使活塞回程，但可以打开液控单向阀 4 的卸载阀芯，使缸上腔泄压。当上腔压力降低至低于顺序阀 5 的调定压力

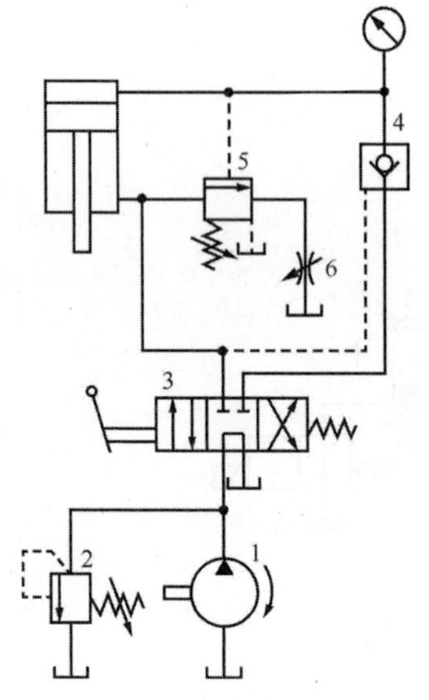

图 7-12　用顺序阀控制的泄压回路

1—泵；2—溢流阀；3—手动换向阀；4—液控单向阀；5—顺序阀；6—节流阀

（一般调至2～4 MPa），顺序阀 5 关闭，泵 1 压力上升，顶开液控单向阀 4 的主阀芯，使活塞回程。

7.1.7　平衡回路

对于执行元件与垂直运动部件相连（如竖直安装的液压缸等）的结构，当垂直运动部件下行时，都会出现超越负载（或称负负载）。超越负载的特征是：负载力的方向与运动方向相同，负载力将助长执行元件的运动。图 7-13 所示液压系统中常见的几种超越负载情况。在出现超越负载时，若执行元件的回油路无压力，运动部件会因自重产生自行下滑，甚至可能产生超速（超过液压泵供油流量所提供的执行元件的运动速度）运动。如果在执行元件的回油路设置一定的背压（回油压力）来平衡超越负载，就可以防止运动部件的自行下滑和超速。这种回路因设置背压与超越负载相平衡，故称平衡回路；因其限制了运动部件的超速运动，又称限速回路。

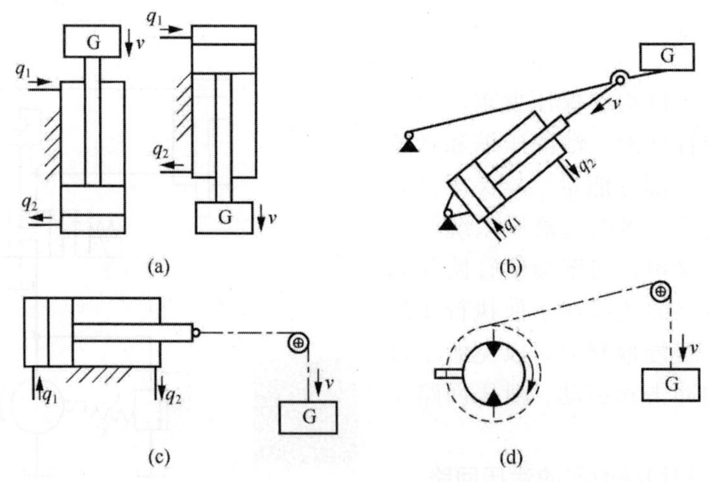

图 7-13　常见的几种超越负载情况

(a) 液压缸竖直安装；(b) 液压缸倾斜安装；(c) 液压缸水平安装；(d) 液压马达驱动卷筒

在平衡回路工作过程中，均有三种运动状态，即举重上升、承载静止、负载下行。在承载静止过程中，要求闭锁性能好。在负载下行过程中，要保证活塞在重力负载的作用下平稳下降，必须满足两个方面的平衡，一方面是力的平衡问题，另一方面是速度的平稳问题（流量连续问题）。

图 7-14（a）所示为采用单向顺序阀的平衡回路。这里的顺序阀为内控内泄的顺序阀，在这里起背压阀的作用，其压力调定应按照运动部件的自重设置。当换向阀处于中位时，液压缸即可停在任意位置，但由于顺序阀的泄漏，悬停时运动部件总要缓缓下降。当换向阀处于左位时，油缸下腔的由自重产生的压力打开顺序阀，平稳下行。运动部件质量发生

变化，要调整顺序阀以平衡新的负载。当把顺序阀的打开压力调得较高时，可以满足一定的重物质量的变化，但在质量较小的时候，需要上腔加压活塞才能下行。当把顺序阀的打开压力调得较低时，重物增加会使活塞自动下滑。因此，这种回路适用于运动部件质量不大，变化不大，停留时间较短的系统。

图 7-14（b）所示为采用外控单向顺序阀的平衡回路。该回路中，由于采用外控顺序阀，只有上腔给压力时才能下行，可以克服图 7-14（a）回路中可能发生的误动作，比较安全可靠。此回路的背压由单向节流阀产生，对应不同重物负载的变化，需要对应调节节流口的大小。其余性能与 7-14（a）回路相似。

图 7-14（c）所示为采用液控单向阀平衡回路。由于液控单向阀采用锥面密封，泄漏量小，故其闭锁性能好，活塞能够较长时间停止不动。回油路上串联单向节流阀，平衡背压靠节流阀实现，节流阀口的大小与重物负载的质量有关。节流阀口小，系统运行平稳，但需在上腔施加压力活塞才能下行；节流阀口大，则可能会造成运动部件由于自重加速下降，上腔失压，液控单向阀关闭。液控单向阀关闭后又建立压力，再次打开，运动部件抖动下降，造成“点头现象”。

上述三个回路适用于垂直运行部件质量基本不变的机构，如液压机的滑块。对于变负载的机构，如液压起重机的变幅机构油缸、起重卷扬滚筒等负载随时变化的机构，如果采用上述机构，只能按最大负载调定背压。这样，在轻载情况下，就需要在上腔施加压力，无法利用重物的势能做功，反而要消耗一部分能量。

图 7-14（d）所示为采用专用远控平衡阀的平衡回路。远控平衡阀是一种特殊结构的外控顺序阀，它不但具有很好的密封性，能起到长时间的锁闭定位作用，而且阀口大小能自动适应不同载荷对背压的要求，保证了活塞下降速度的稳定性不受载荷变化的影响。

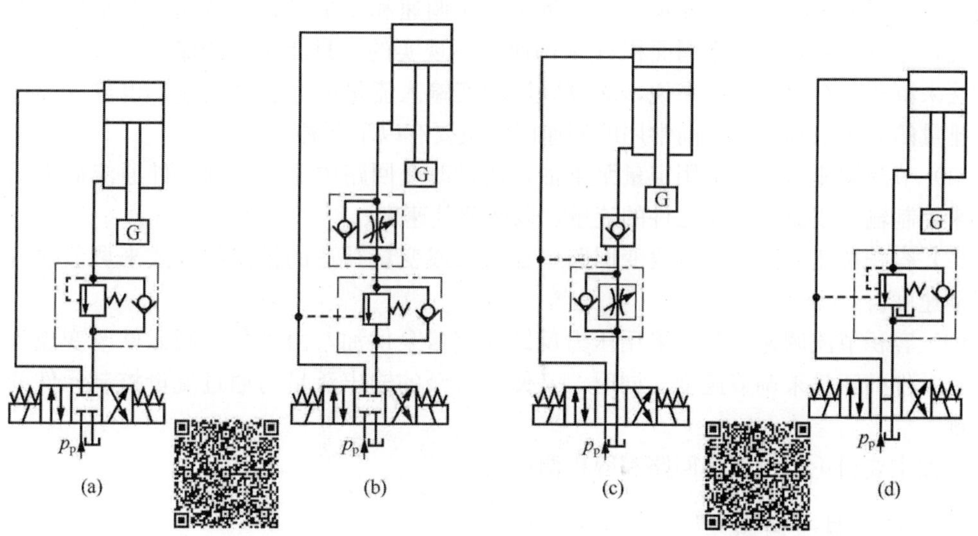

图 7-14　平衡回路

（a）采用单向顺序阀的平衡回路；（b）采用外控单向顺序阀的平衡回路

（c）采用液控单向阀平衡回路；（d）采用专用远程平衡阀的平衡回路

7.2 速度控制回路

速度控制回路主要讨论液压执行元件的速度调节和速度换接过程中的问题，主要有调速回路、快速回路和速度换接回路。

在液压系统中，调速回路性能往往对系统的整个性能起着决定性的影响，特别是那些对执行元件的运动要求较高的液压系统（如机床液压系统等）尤其如此。因此，调速回路在液压系统中占有突出的地位。

在液压系统中往往需要调节液压执行元件的运动速度，以适应主机的工作循环需要。液压系统中的执行元件主要是液压缸和液压马达，其速度或转速与输入的流量及自身的几何参数有关。在不考虑油液压缩性和泄漏的情况下：

液压缸的速度

$$v=\frac{q}{A}$$

液压马达的转速

$$n=\frac{q}{V_{\mathrm{m}}}$$

式中 q——输入液压缸或液压马达的流量；

A——液压缸的有效面积；

V_{m}——液压马达的排量。

由以上两式可以看出，要调节或控制液压缸和液压马达的工作速度，可以通过改变进入执行元件的流量来实现，也可以通过改变执行元件的几何参数来实现。改变输入执行元件的流量，根据液压泵是否变量分为定量泵节流调速和变量泵容积调速。对于确定的液压缸来说，通过改变其有效作用面积 A 来调速是不现实的，只能用改变输入到液压缸的流量的方法来调速。对变量马达来说，既可以用改变输入流量的办法来调速，也可以通过改变马达排量的方法来调速。目前常用的调速回路主要有以下几种：

（1）节流调速回路。采用定量泵供油，通过改变回路中流量控制元件通流截面面积的大小来控制输入或流出执行元件的流量，以调节其速度。

（2）容积调速回路。通过改变回路中变量泵或变量马达的排量的方式来调节执行元件的运动速度。

（3）容积节流调速回路。采用压力反馈式变量泵供油，由流量控制元件改变流入或流出执行元件的流量来调节速度。同时，又使变量泵的输出流量与通过流量控制元件的流量相匹配。

下面主要讨论节流调速回路和容积调速回路。

7.2.1 节流调速回路

节流调速回路由定量泵、溢流阀、流量控制阀和执行元件组成。通过改变流量控制阀节流口的通流截面面积来调节和控制输入或输出执行元件的流量实现速度调节，这种方法称为节流调速。按节流阀在回路中的安装位置不同分为进口节流调速回路、出口节流调速

回路和旁路节流调速回路三种基本形式。

分析三种形式的节流调速回路的性能时，执行元件以液压缸为例，也适用于液压马达。节流阀的阀口采用薄壁小孔。为了分析问题方便起见，分析性能时不考虑油液的泄漏损失、压力损失和机械摩擦损失，以及油液的压缩性影响。

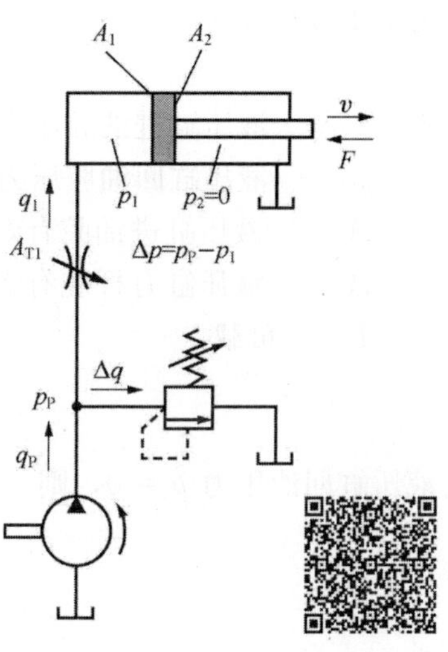

图 7-15　进口节流调速回路

1. 进口节流调速回路

1）回路的组成

如图 7-15 所示，将节流阀安置在定量泵与液压缸之间，即液压缸的进油路上，通过调节节流阀节流口的大小，调节进入液压缸的流量，来调节液压缸的运动速度，定量泵输出的多余流量经溢流阀溢回油箱。由于节流阀串联在液压缸的进油路上，故称为进口节流调速回路。

2）工作原理

定量泵输出的流量 q_p 是恒定的，一部分流量 q_1 经节流阀输入给液压缸左腔，用于克服负载 F，推动活塞右移，另一部分泵输出的多余流量 Δq 经溢流阀溢回油箱，其流量满足关系式：

$$q_p = q_1 + \Delta q \tag{7-1}$$

从流量关系式不难看出，节流阀必须与溢流阀配合使用才能起调速作用，输入液压缸的流量越少，从溢流阀溢回油箱的流量越多。由于溢流阀在进口节流调速回路中起溢流作用，因此处于常开状态，泵的出口压力与负载无关，它等于溢流阀的调整压力，其值基本恒定。

从图 7-15 可看出活塞运动速度决定于进入液压缸的流量 q_1 和液压缸进油腔的有效面积 A_1，即

$$v = \frac{q_1}{A_1} \tag{7-2}$$

根据连续性方程，进入液压缸的流量 q_1 等于通过节流阀的流量，而通过节流阀的流量可由节流阀的流量特性方程决定。即

$$q_1 = CA_T\Delta p^m$$

式中　A_T——节流阀节流口的通流面积；

C——与节流阀节流口形状和液体黏性等有关的系数；

Δp——节流阀进、出油口两端压差；

m——节流阀指数，一般为 0.5～1。近似薄壁孔时，接近于 0.5；近似细长孔时，接近于 1。

节流阀出口压力与液压缸进油腔的压力 p_1 相等，它取决于负载的大小，而节流阀进口压力与泵的出口压力相等，它等于溢流阀的调整压力，因而节流阀的压差 Δp 为

$$\Delta p = p_p - p_1 \tag{7-3}$$

因此，活塞的运动速度为

$$v = \frac{CA_T\ (p_p - p_1)^m}{A_1} \tag{7-4}$$

从式（7-4）可看出，活塞的运动速度与 p_1 有关，当活塞克服负载等速运动时，活塞受力平衡方程式为

$$p_1A_1 = p_2A_2 + F \tag{7-5}$$

式中 p_1——液压缸进油腔压力；

p_2——液压缸回油腔压力；

A_1——液压缸进油腔有效面积；

A_2——液压缸有杆腔有效面积；

F——负载。

$$p_1 = \frac{p_2A_2 + F}{A_1} = p_2\frac{A_2}{A_1} + \frac{F}{A_1}$$

若液压缸回油压力 $p_2=0$，则

$$p_1 = \frac{F}{A_1}$$

于是

$$\Delta p = p_{\mathrm{p}} - \frac{F}{A_1}$$

则活塞的运动速度为

$$v = \frac{CA_{\mathrm{T}}\,(p_{\mathrm{p}}A_1 - F)^m}{A_1^{1+m}} \tag{7-6}$$

式（7-6）为进口节流调速回路的速度负载特性公式。公式中泵的出口压力 p_{p} 等于溢流阀的调整压力，由于溢流阀处于常开状态，因此压力恒定。必须注意，调节溢流阀的压力时，应考虑最大负载时的压力、节流阀正常工作的最小压力差、进回油管的压力损失等，调得过小不能驱动较大的负载，而调得过高则功率损失会很大。

3）进口节流调速性能

（1）速度负载特性。活塞的运动速度 v 与负载 F 的关系，称为速度负载特性。从式（7-6）可看出，负载加大，液压缸运动速度降低；负载减小，液压缸运动速度加快。速度随负载变化的程度不同，表现出速度负载特性曲线的斜率不同，常用速度刚性 k_v 来评定

$$k_v = -\frac{\partial F}{\partial v} = -\frac{1}{\tan\theta}$$

它表示负载变化时回路阻抗速度变化的能力。以活塞运动速度 v 为纵坐标，负载 F 为横坐标，将式（7-6）按节流口的不同通流面积 A_{T} 作图，可描绘成图 7-16 所示的曲线，称为速度负载特性曲线。曲线表明速度 v 随负载 F 变化的规律，曲线越陡，说明负载变化对速度影响越大，即速度刚性差。当节流阀通流面积一定时，随着负载增加，活塞运动速度按抛物线规律下降，重载区域的速度刚性比轻载区的速度刚性差（$\Delta v_1 < \Delta v_2$）。同时还可看出，活塞运动速度与节流阀通流面积成正比，通流面

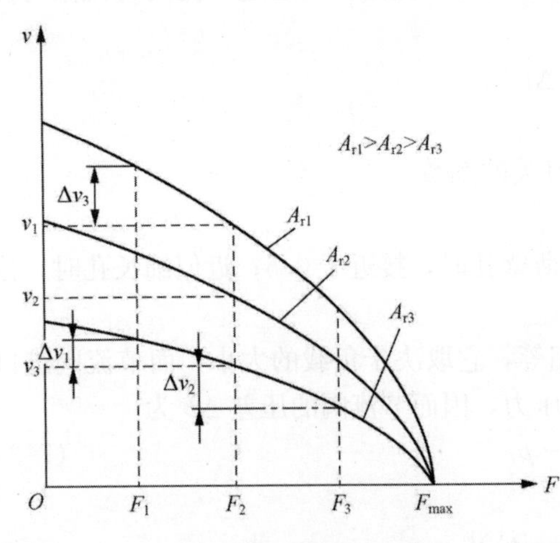

图 7-16 速度负载特性曲线

积越大，速度越高。在相同负载情况下工作时，节流阀通流面积大的速度刚性要比通流面积小的速度刚性差，即高速时的速度刚性差（$\Delta v_1 < \Delta v_3$）。由于节流阀的节流口采用薄壁小孔，可将节流阀的节流口调至最小，以得到最小稳定流量，故液压缸可获得极低的速度；若将节流口调至最大，可获得最高运动速度。采用进口节流调速，液压缸的调速范围大，可达 1：100。

（2）最大承载能力。当节流阀的通流面积和溢流阀的调定值一定时，负载 F 增加，工作速度 v 减小，当负载 F 增加到（$F/A_1 = p_Y$）溢流阀的调定值时，工作速度为零，活塞停止运动，液压泵输出流量全部经溢流阀溢回油箱。由图 7-16 可看出，此时液压缸的最大承载能力 $F_{max} = p_Y A_1$ 不变，也就是说液压缸最大承载能力不随节流阀通流面积的改变而改变，称为恒推力调速（对于液压马达而言称为恒转矩调速）。

（3）功率特性。

液压泵输出总功率为

$$P_p = p_p q_p \tag{7-7}$$

液压缸输出有效功率为

$$P = Fv = p_1 q_1 = p_1 C A_T \sqrt{p_Y - p_1} \tag{7-8}$$

功率损失为

$$\Delta P = p_Y \Delta q + \Delta p q_1 \tag{7-9}$$

式中　Δq——溢流阀溢流量；

Δp——节流阀前后压差；

q_1——通过节流阀的流量。

当不计管路能量损失时，进口节流调速回路的功率损失由溢流损失 $p_Y \Delta q$ 和节流损失 $\Delta p q_1$ 两部分组成。当系统以低速、轻载工作时，液压缸输出有效功率极小；当液压缸工作压力 $p_1 = 0$ 时，液压缸输出有效功率为零；当 $p_1 = p_Y$ 时，因节流阀两端压差为零，进入液压缸的流量为零，液压缸停止运动，即 $v = 0$，液压缸输出有效功率也为零。

对式（7-8）求导可知，当 $p_1 = \frac{2}{3} p_Y$ 时，液压缸输出有效功率最大。

（4）效率。调速回路的效率是液压缸输出的有效功率与液压泵输出的总功率之比，即

$$\eta = \frac{p_1 q_1}{p_p q_p} \tag{7-10}$$

当 $p_1 = \frac{2}{3} p_Y$ 时，效率最高。由于 $q_1 < q_p$，根据有关公式推导 $\eta < 0.385$；当系统以低速，轻载工作时，$\eta \ll 0.385$；可见进口节流调速回路效率是很低的。

4）进口节流调速特点

在工作中液压泵的输出流量和供油压力不变。而选择液压泵的流量必须按执行元件的最高速度所需流量选择，供油压力按最大负载情况下所需压力考虑，因此泵输出功率较大。但液压缸的速度和负载却常常是变化的，当系统以低速轻载工作时，有效功率很小，相当大的功率消耗在节流损失和溢流损失上，功率损失转换为热能，使油温升高。特别是节流后的热油液直接进入液压缸，会加大管路和液压缸的泄漏，影响液压缸的运动速度。

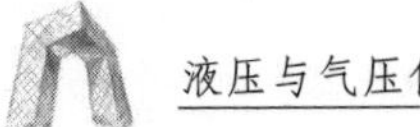

节流阀安装在执行元件的进油路上，回油路无背压，当负载消失时，工作部件会产生前冲现象，也不能承受负载。为提高运动部件的平稳性，需要在回油上增设一个0.2～0.3 MPa的背压阀。节流阀安装在进油路上，启动时冲击较小。节流阀节流口通流面积可由最小调至最大，所以调速范围大。

5）应用

由前面的分析可知，进口节流调速回路工作部件的运动速度随外负载的变化而变化，难以得到稳定的速度，回路的效率低，因而进口节流调速回路不适宜用在负载大、速度高或负载变化较大的场合。其在低速、轻载下速度刚性较好，所以适用于负载变化较小的小功率液压系统中，如车床、镗床、磨床、钻床、组合机床等的进给运动和一些辅助运动。

2. 出口节流调速回路

1）回路的组成

如图 7-17 所示，将节流阀串联在液压缸的回油路上，即安装在液压缸与油箱之间，由节流阀调节排出液压缸的流量，从而调节活塞的运动速度。进入液压缸的流量受排出流量的限制，因此由节流阀调节排出液压缸的流量，也就调节了进入液压缸的流量。定量泵输出的多余油液经溢流阀流回油箱，溢流阀处于工作状态。

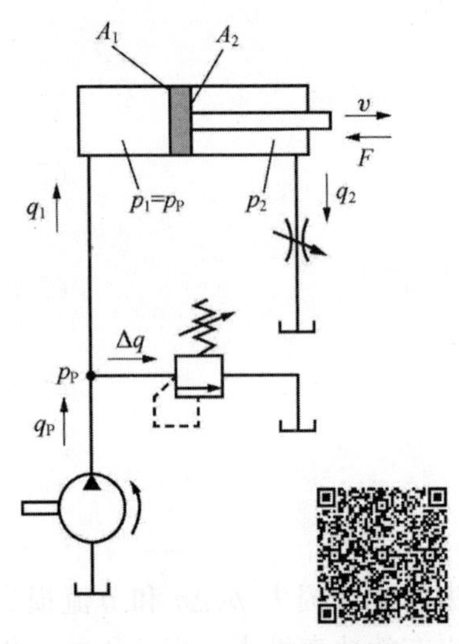

图 7-17　出口节流调速回路

2）工作原理

在出口节流调速回路中，液压缸的运动速度 v 为

$$v = \frac{q_2}{A_2} = \frac{q_1}{A_1} \tag{7-11}$$

溢流阀的溢流量 Δq 为

$$\Delta q = q_p - q_1 \tag{7-12}$$

式中　v——液压缸活塞的运动速度；

q_p——液压泵输出流量；

q_1——进入液压缸的流量；

q_2——排出液压缸的流量；

A_1——液压缸无杆腔有效面积；

A_2——液压缸有杆腔有效面积。

液压缸排出的流量 q_2 等于通过节流阀的流量 q_T，即

$$q_2 = q_T = CA_T\Delta p^m$$

式中　A_T——节流阀节流口的通流面积；

C——流量系数；

Δp——节流阀进、出油口两端压力差；

m——与节流口形状有关的指数，$0.5 < m < 1$。

因此活塞的运动速度 v 为

$$v = \frac{CA_T\Delta p^m}{A_2} \tag{7-13}$$

由图 7-17 可知，节流阀的出口直接接油箱，故节流阀的进、出口压力差为

$$\Delta p = p_2 \tag{7-14}$$

根据油缸活塞受力平衡方程，可求出 p_2，即

$$p_2 = \frac{p_1 A_1 - F}{A_2}$$

式中　p_1——液压缸进油腔压力；

p_2——液压缸回油腔压力；

A_1——液压缸无杆腔有效面积；

A_2——液压缸有杆腔有效面积；

F——负载。

这里 $p_1 = p_Y = p_p$，液压缸的进油压力等于溢流阀的调整压力，也就是泵的出口压力。因此

$$p_p A_1 = F + \Delta p A_2 \tag{7-15}$$

$$\Delta p = \frac{p_p A_1 - F}{A_2}$$

将 Δp 代入式（7-13）得

$$v = \frac{CA_T \left(\dfrac{p_p A_1 - F}{A_2}\right)^m}{A_2} \tag{7-16}$$

将式（7-16）进行整理得

$$v = \frac{CA_T\ (p_p A_1 - F)^m}{A_2^{1+m}} \tag{7-17}$$

式（7-17）为出口节流调速的速度公式。由于进入液压缸的流量小于泵输出的流量，因此系统在工作时，溢流阀是常开的，将泵输出的多余流量溢回油箱。泵的出口压力等于溢流阀的调整压力，其值为恒定。

3）出口节流调速性能

进口节流调速公式（7-6）和出口节流调速公式（7-17）相比较，基本相同，若 $A_1 = A_2$（双杆活塞缸）其公式就完全相同了，因此它们的速度负载特性和最大承载能力也相同，出口节流调速回路也存在溢流损失和节流损失，因此功率损失较大，回路效率较低，与进口节流调速回路的功率特性和效率相同。

4）出口节流调速特点

出口节流调速性能与进口节流调速性能相同，但与进口节流调速相比还有其许多特点。

（1）由于节流阀安装在液压缸与油箱之间，液压缸排油腔排出的油液经节流阀流回油箱，这样温度升高的油液可进入油箱冷却，冷却后的油液重新进入泵和液压缸，降低了系统的温度，减少了系统的泄漏。

（2）节流阀安装在回油路上，液压缸回油腔具有背压力，提高了执行元件的运动平稳性。出口节流调速比进口节流调速低速平稳性高，因此出口节流调速可获得更小的稳定速度。若进口节流调速回路的回油路加背压阀，进口节流调速回路可获得更低的稳定速度。

（3）液压缸排油腔存在背压，因此有承受负值负载的能力。由于背压力的存在，在负

值负载作用下，液压缸的速度仍然会受到限制，不会产生失控现象。

(4) 出口节流调速回路，回油腔压力较高，轻载工作时，回油腔的背压力有时比进油压力还高，由受力平衡方程式 $p_1A_1=F+p_2A_2$ 可知，若 $F\to 0$ 时，由于 $A_1>A_2$，所以 $p_1<p_2$，背压力 p_2 增大，使泄漏增加。如 $A_1/A_2=2$，回油腔的压力将是进油腔压力的两倍，这对液压缸回油腔和回油管道的强度和密封提出了更高的要求。

(5) 液压缸停止运动后，排油腔的油液经节流阀缓慢地流回油箱而造成空隙。再启动时，泵输出流量全部进入液压缸，活塞以较快的速度前冲一段距离，直到消除回油腔中的空隙并形成背压为止。启动时的前冲会损坏机件。对于进口节流调速，启动时只要关小节流阀就可避免启动前冲。

5) 应用

出口节流调速广泛用于功率不大，有负值负载和负载变化不大的情况下；或者要求运动平稳性相对较高的液压系统中，如铣床、钻床、平面磨床、轴承磨床和进行精密镗削的组合机床。由于出口节流调速有启动冲击，且在轻载工作时，背压力很大，影响密封和强度，故实际应用中普遍采用进口节流调速，并在回油路上加一背压阀以提高运动的平稳性。

3. 旁路节流调速回路

1) 回路的组成

如图 7-18 所示，将节流阀安装在与液压缸并联的支路上，液压泵输出的流量一部分进入液压缸，另一部分经节流阀流回油箱，通过调节节流阀节流口的大小，来控制进入液压缸的流量的大小，实现对液压缸运动速度的调节。由于节流阀安装在支路上，所以称为旁路节流调速回路。

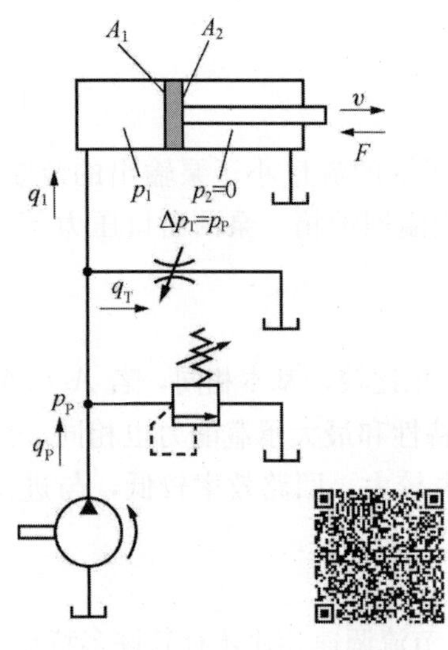

图 7-18　旁路节流调速回路

2) 工作原理

节流阀安装在液压泵出口与油箱之间，定量泵输出的流量 q_P 一部分 q_T 通过节流阀回油箱，一部分 q_1 进入液压缸，使活塞获得一定的运动速度。通过调节节流阀的通流面积，即可调节进入液压缸的流量，从而实现调速。液压缸的运动速度取决于节流阀流回油箱的流量，流回油箱的流量越多，则进入液压缸的流量就越少，液压缸活塞的运动速度就越慢；反之，活塞的运动速度就越快。这里的溢流阀处于关闭状态，做安全阀使用，其调定压力大于克服最大负载所需的压力。液压泵的供油压力等于液压缸进油腔压力，其值取决于负载的大小。在旁路节流调速回路中，活塞的运动速度为

$$v=\frac{q_1}{A_1}=\frac{q_P-q_T}{A_1} \tag{7-18}$$

式中　q_1——进入液压缸流量；

q_P——泵输出流量；

q_T——通过节流阀流量，$q_T=CA_T\Delta p^m$；

A_1——液压缸无杆腔有效面积。

由图 7-18 可知，节流阀出口接油箱，所以节流阀两端压差 Δp 等于液压缸进油腔压力 p_1，即

$$\Delta p = p_1 \tag{7-19}$$

活塞的受力平衡方程式为

$$p_1 A_1 = F + p_2 A_2$$

式中　p_1——进油腔压力；

p_2——回油腔背压力；

F——负载；

A_1——无杆腔有效面积；

A_2——有杆腔有效面积。

若 $p_2=0$，则

$$p_1 = \frac{F}{A_1}$$

活塞的运动速度为

$$v = \frac{q_{\mathrm{p}} - CA_{\mathrm{T}}\left(\dfrac{F}{A_1}\right)^m}{A_1} \tag{7-20}$$

3）调速性能

(1) 速度负载特性。式（7-20）为旁路节流调速回路速度公式。将公式（7-20）按不同的节流阀通流面积 $A_{\mathrm{T1}}<A_{\mathrm{T2}}<A_{\mathrm{T3}}$，画出速度负载特性曲线，如图 7-19 所示。分析式（7-20）和图 7-19 所示曲线可以看出速度负载特性如下：

节流阀开口为零时，泵输出流量全部进入液压缸，活塞运动速度最快。当负载一定时，节流阀通流面积越小，活塞运动速度越高。当节流阀全部打开时，泵输出流量全部溢回油箱，进入液压缸的流量为零，活塞停止运动。

当节流阀通流面积一定时，负载增加，活塞运动速度显著减慢。旁路节流调速回路速度受负载变化的影响比进口、出口节流调速有明显的增大，因而速度稳定性最差。

从图 7-19 可看出，节流阀通流面积越大曲线越陡，也就是说负载稍有变化，对速度将产生较大影响。当通流面积一定时，负载越大，速度刚性越好；而负载一定时，节流阀通流面积越小（即活塞运动速度越高），速度刚性越好。通过对曲线的分析，可得出：活塞运动速度越高，负载越大，速度刚度较高，这点与进口、出口节流调速恰恰相反。

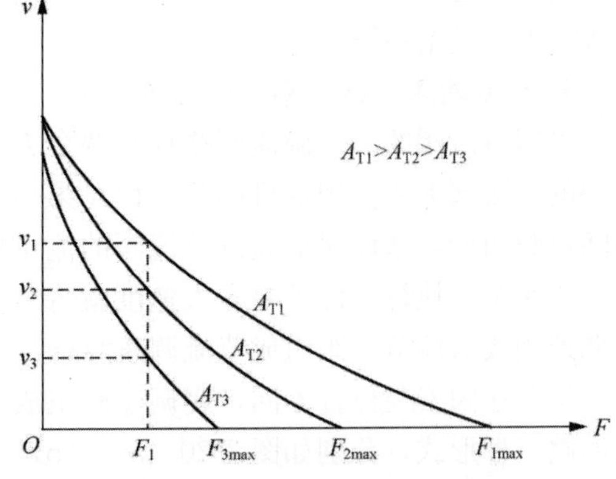

图 7-19　速度负载特性曲线

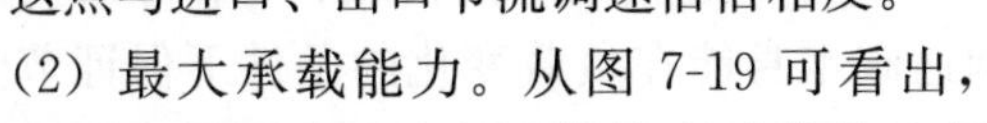

(2) 最大承载能力。从图 7-19 可看出，旁路节流调速回路的最大承载能力随着节流阀通流面积的增大而减小，即回路低速时承载能力差，调速范围也小。

(3) 功率特性。

液压泵输出功率为

$$P_p = p_p q_p = p_1 q_p \tag{7-21}$$

泵的供油压力 p_p 随负载（p_1 为负载压力）变化而变化，因而泵的输出功率也随负载而变。

液压缸的有效功率

$$P_1 = p_1 q_1 = p_1 (q_p - q_T) = p_1 \left[q_p - CA_T \left(\frac{F}{A_1} \right)^m \right] \tag{7-22}$$

通过节流阀损失的功率为

$$\Delta P = p_1 q_T = p_1 CA_T \left(\frac{F}{A_1} \right)^m \tag{7-23}$$

可见，由于定量泵的供油量不变，节流阀通流面积越小，输入液压缸的流量越大，活塞运动速度越高。当负载一定时，有效功率将随活塞运动速度 v 增大而增大，而损失的功率将减小。

(4) 效率。

旁路节流调速回路的效率为

$$\eta = \frac{p_1 q_1}{p_p q_p} = \frac{p_1 q_1}{p_1 q_p} = \frac{q_1}{q_p} = 1 - \frac{q_T}{q_p} \tag{7-24}$$

从公式 (7-24) 可看出，旁路节流调速回路只有节流损失，而无溢流损失。进入液压缸的流量 q_1 越接近泵输出流量 q_p，效率越高。也就是说活塞运动速度越高，系统效率越高。

4) *旁路节流调速回路特点*

旁路节流调速回路速度负载特性比进口、出口节流调速更差，即速度刚性最差，同时压力增加也会使泵的泄漏增加，泵的容积效率降低，因此，回路运动的稳定性较差；回路效率较高，油液温升较小，经济性好；由于低速承载能力差，只能用于高速范围，调速范围小。

5) *应用*

旁路节流调速回路在高速、重负载下工作时，功率大、效率高，因此适用于动力较大、速度较高而速度稳定性要求不高，且调速范围小的液压系统中，如牛头刨床的主运动传动系统、锯床进给系统等。

4. 节流调速回路的速度稳定问题

采用节流阀的节流调速回路存在两个方面的不足，其一是回路速度刚性差，其二是回路中的节流阀无法实现随机调节。针对第一个问题应设法使油液流经节流阀的前后压力差不随负载而变，从而保证通过节流阀的流量稳定。通过节流阀的流量只由通过节流阀的开口大小决定，执行元件需要多大速度就将节流阀开口调至多大。为实现这种目的，经常采用调速阀或溢流节流阀组成节流调速回路，以提高回路的速度稳定性。

按调速阀安装位置不同，用调速阀组成的节流调速回路也有进口、出口、旁路节流调速回路三种形式，分别如图 7-20 (a)、(b)、(c) 所示，它们的回路构成、工作原理与采用节流阀组成的节流调速回路基本相同。由于调速阀本身能在负载变化的条件下保证节流阀两端压差基本不变，从而使活塞运动速度稳定，因而回路的速度刚性大为提高。用调速阀组成的调速回路，由于油液流经调速阀时存在节流损失和定差减压阀的功率损失，因此回

路功率损失较大，效率更低，发热量更大。

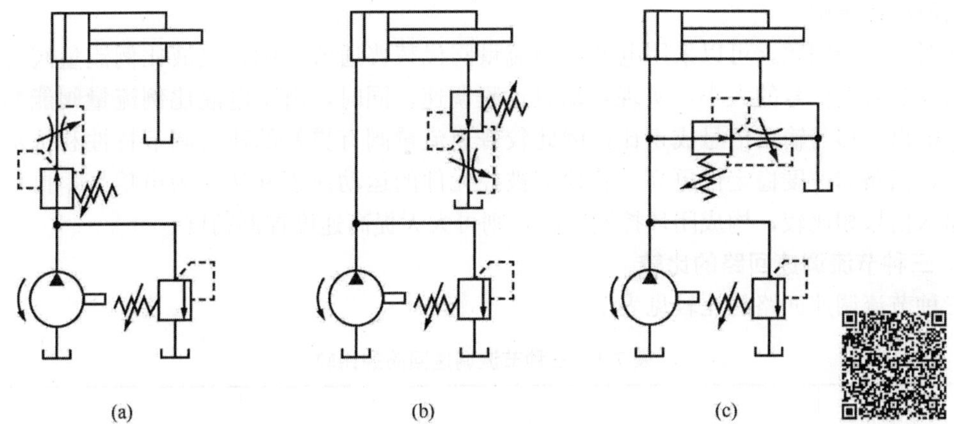

图 7-20　采用调速阀的调速回路

采用溢流节流阀（旁通型调速阀）的节流调速回路，溢流节流阀只能安装在进油路上，如图 7-21 所示。液压泵的供油压力是随负载而变化的，负载小，供油压力低，反之则相反，这样就使节流阀前后压差基本上保持不变，从而保证通过节流阀的流量不变，即活塞运动速度 v 不变。因此采用溢流节流阀的节流调速回路，其功率损失小，效率比采用调速阀节流调速回路高，而流量稳定性较调速阀差。若安装在回油路或旁路节流调速回路中（图 7-22），由于溢流节流阀出口压力为零（接油箱），则进口压力使差压式溢流阀开口达到最大值，使回油不经节流阀而直接从差压式溢流阀流回油箱，此时溢流节流阀不起调速作用。

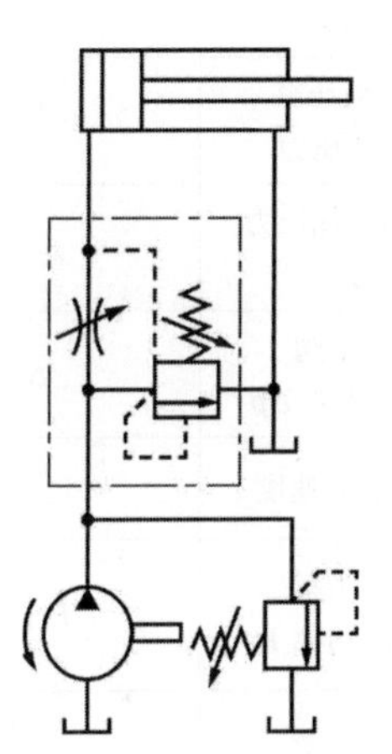

图 7-21　溢流节流阀组成的进口节流调速回路

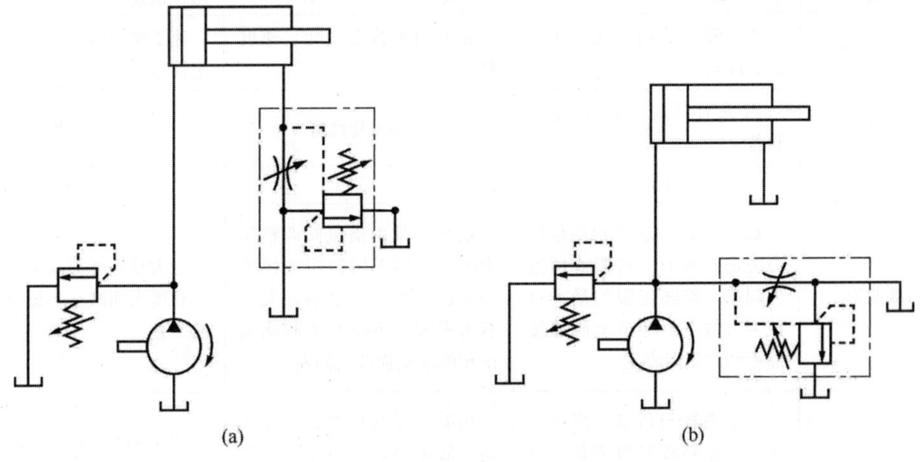

图 7-22　用溢流节流阀组成的出口和旁路节流调速回路

采用调速阀和溢流节流阀的调速回路，回路功率损失较大，效率低，也只适用于功率较小的液压系统中。

针对第二个问题，可以采用电液比例流量阀代替普通流量阀，电液比例流量阀可以方便地改变输入电信号的大小，实现自动且远程调速。同时，由于电液比例流量阀能始终保证阀芯输出位移与输入信号成正比，因此较普通流量阀有更好的速度调节特性和抗负载干扰能力，回路的速度稳定性更高。若检测被控元件的运动速度并转换为电信号，再反馈回来与输入信号相比较，构成闭环控制回路，则可大大提高速度控制精度。

5. 三种节流调速回路的比较

三种节流调速回路的比较见表 7-1。

表 7-1　三种节流调速回路的比较

项目 \ 节流方法		进口节流调速回路	出口节流调速回路	旁路节流调速回路
基本型式		见图 7-15	见图 7-17	见图 7-18
主要参数	p_1 液压缸进油压力	$p_1=\dfrac{F}{A_1}$（随负载变化）	$p_1=p_Y=$常数	$p_1=\dfrac{F}{A_1}$（随负载变化）
	泵的工作压力 p_p	$p_p=p_Y=$常数	$p_p=p_Y=$常数	$p_p=p_1$（变量）
	节流阀两端压差 Δp	$\Delta p=p_p-p_1$	$\Delta p=p_2=\dfrac{p_pA_1-F}{A_2}$	$\Delta p=p_1$
	活塞运动速度 v	$v=\dfrac{q_1}{A_1}$	$v=\dfrac{q_2}{A_2}=\dfrac{q_1}{A_1}$	$v=\dfrac{q_1}{A_1}=\dfrac{q_p-q_T}{A_1}$
	液压泵输出功率 P	$P=p_pq_p=$常数	$P=p_pq_p=$常数	$P=p_1q_p$（变量）
	溢流阀工作状态	$\Delta q=q_p-q_T$ $=q_p-vA_1$ （溢流）	$\Delta q=q_p-q_1$ $=q_p-vA_1$ （溢流）	不溢流 （作安全阀用）
	调速范围	较大，可达 100 以上	较大，可达 100 以上	由于低速不稳定，调速范围小
	速度负载特性	速度随负载而变化，速度稳定性差	速度随负载而变化，速度稳定性差	速度随负载而变化，速度稳定性很差
	运动平稳性	因无背压，运动平稳性较差	运动平稳性好	运动平稳性很差
	承受负值负载能力	不能	能	不能
	承载能力	最大负载由溢流阀调整压力决定，属于恒转矩或恒推力调速，能够克服的最大负载为常数，不随节流阀通流面积的改变而改变	最大负载由溢流阀调整压力决定，属于恒转矩或恒推力调速，能够克服的最大负载为常数，不随节流阀通流面积的改变而改变同左	最大承载能力随节流阀通流面积增大而减小，低速时承载能力差
	功率及效率	功率消耗与负载、速度无关，低速轻载时效率低、发热大	功率消耗与负载、速度无关，低速轻载时效率低、发热大同左	功率消耗随负载增大而增大。效率较高，发热小

总之，节流调速回路具有结构简单、工作可靠、成本低和使用维修方便等优点，并且能获得极低的运动速度，因此得到广泛应用。但也存在一些缺点，由于存在节流损失和溢流损失，所以功率损失较大，效率较低；又由于功率损失转为热量，使油温升高，影响系统工作的稳定性。通常节流调速多用于小功率的液压系统中。

7.2.2　容积调速回路

容积调速回路是指通过改变变量泵或变量马达的排量来调节执行元件的运动速度的回路。在这种回路中，液压泵输出的油液直接进入执行元件，没有溢流损失和节流损失，工作压力随负载变化而变化，因此效率高，发热少。

容积调速回路按油液循环方式的不同有开式回路和闭式回路两种。开式回路中的液压泵从油箱吸油后输入执行元件，执行元件排出的油液直接返回油箱，油液能得到较好的冷却，但油箱的结构尺寸大，与外界有空气交换，容易使空气和脏物侵入回路，影响系统的正常工作。闭式回路中的液压泵将油液输入执行元件的进油腔，又从执行元件的回油腔处吸油。这种回路结构紧凑，减少了空气侵入的可能性，采用双向液压泵时还可以很方便地变换执行元件的运动方向。缺点是散热条件差，同时为了补偿回路中的泄漏，补偿执行元件进油腔与回油腔之间的流量差额，需要设置补油装置。

容积调速回路按所用执行元件的不同而有泵—缸式回路和泵—马达式回路两类。泵—缸式回路用得较少，泵—马达式回路使用得较多，在泵—马达式回路中采用闭式回路的较多。

1. 泵—缸式容积调速回路

泵—缸式开式容积调速回路如图 7-23 所示。这里活塞的运动速度通过改变变量泵 1 的排量来调节，回路中的最大压力则由安全阀 2 限定。

当不考虑液压泵以外的元件和管道的泄漏时，这种回路的活塞运动速度为

$$v=\frac{q_{\mathrm{p}}}{A_1}=\frac{q_{\mathrm{t}}-k_l\dfrac{F}{A_1}}{A_1} \tag{7-25}$$

式中　k_l——泄漏系数；其余符号意义同前。

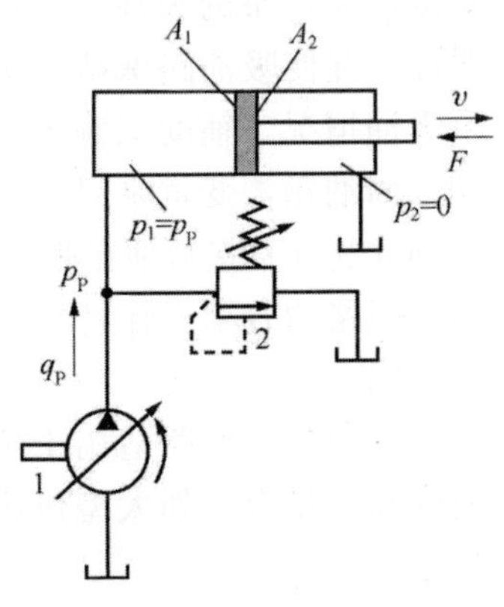

图 7-23　泵—缸开式容积调速回路

1—变量泵；2—安全阀

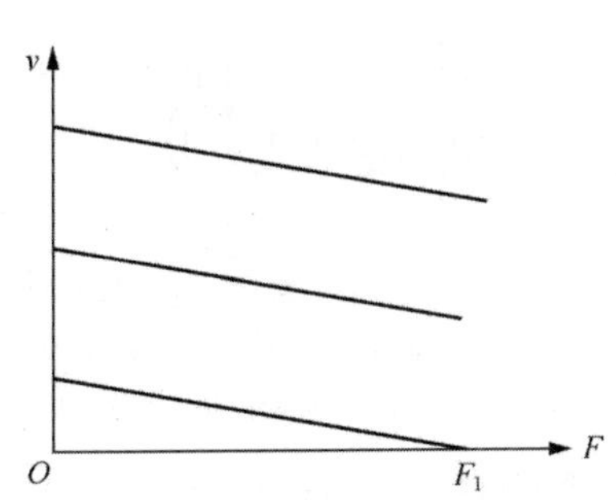

图 7-24　泵—缸式容积调速回路的机械特性

将式（7-25）按不同的 q_t 值作图，可得一组平行直线，如图 7-24 所示。由图可见，由于变量泵有泄漏，活塞运动速度会随着负载的加大而减小。负载增大至某值时，在低速下会出现活塞停止运动的现象（图 7-24 中 F_1 点），此时，变量泵的理论流量与泄漏量相等。因此，这种回路在低速下的承载能力很差。

这种调速回路的速度刚性表达式为

$$k_v = \frac{A_1^2}{k_l} \tag{7-26}$$

这说明这种回路的 k_v 不受负载影响，加大液压缸的有效工作面积，减小泵的泄漏，都可以提高回路的速度刚性。

这种回路的调速特性可用下式表示

$$R_c = 1 + \frac{R_p - 1}{1 - \dfrac{k_l F R_P}{A_1 q_{tmax}}} \tag{7-27}$$

式中 R_p——变量泵变量机构的调节范围；

q_{tmax}——变量泵最大理论流量；其他符号意义同前。

式（7-27）表明，该回路的调速范围除了与泵的变量机构调节范围有关外，还受负载、泵的泄漏系数等因素影响。

泵—缸闭式容积调速回路如图 7-25 所示。图中双向变量泵 7 驱动液压缸，泵与缸之间组成闭式回路。改变泵的排量可调节液压缸的速度，改变泵的输出方向可使液压缸换向（换向过程比使用换向阀平稳，但换向时间长）。两个安全阀 6 和 8 用以限制油缸每个方向的最高压力；换向时，换向阀 3 变换工作位置，辅助泵 1 输出的低压油一方面改变液动阀 4 的工作位置，并作用在变量泵定子的控制缸 a 或 b 上，使变量泵改变输油方向，另一方面又接通变量泵的吸油路，补偿封闭油路中的泄漏，并使吸油路保持一定压力以改善变量泵吸油情况。辅助泵输出的多余油液经溢流阀 2 回油箱，变量泵只在换向过程中通过单向阀 5 和 9 直接从油箱吸油。

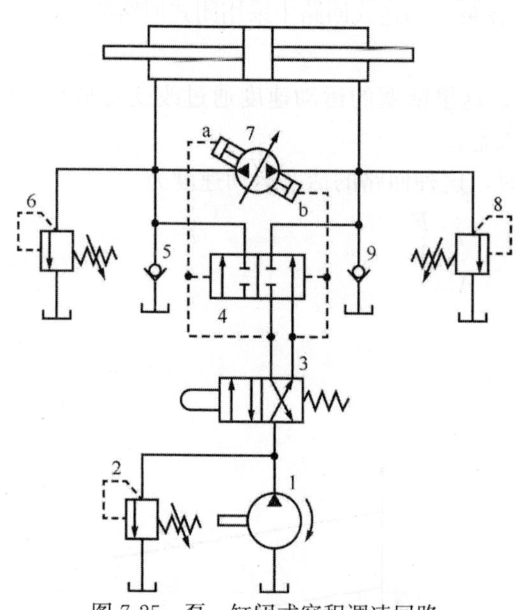

图 7-25 泵—缸闭式容积调速回路

1—辅助泵；2—溢流阀；3—换向阀；4—液动阀；5，9—单向阀；6，8—安全阀；7—变量泵

这种闭式回路的各项工作特性与前述开式回路完全相同。

泵—缸式容积调速回路适用于负载功率大、运动速度高的场合，如大型机床的主运动系统或进给运动系统。

2. 泵—马达式容积调速回路

泵—马达式容积调速回路有变量泵—定量马达、定量泵—变量马达及变量泵—变量马达三种组合形式。它们普遍用于一些工程机械、行走机械以及静压无级变速装置中。

1）变量泵—定量马达式调速回路

图 7-26（a）所示为闭式循环的变量泵—定量马达式调速回路。回路由补油泵 1、溢流阀 2、单向阀 3、变量泵 4、安全阀 5 和定量马达 6 组成。在这种回路中，液压泵的转速 n_p 和液压马达排量 V_m 是恒量，改变液压泵排量 V_p 可使马达转速 n_m 和输出功率 P_m 随之成比例地变化。马达的输出转矩 T_m 和回路的工作压力 p 都由负载转矩决定，不因调速而发生变化，所以这种回路常被叫作恒转矩调速回路。该回路的工作特性曲线（n_m-V_p，T_m-V_p 及 P_m-V_p）如图 7-26（b）所示。另外，由于泵和马达处的泄漏不容忽视，这种回路的速度刚性是受负载变化影响的，在全载下马达的输出转速降落量可达 10%～25%，而在邻近 $V_p=0$ 处实际的 n_m、T_m 和 P_m 也都等于零。

这种回路的调速范围是很大的，一般可达 40 左右。当回路中泵和马达都能双向作用时，马达可以实现平稳的反向。这种回路在小型内燃机车、液压起重机、船用绞车等有关装置上都得到了应用。

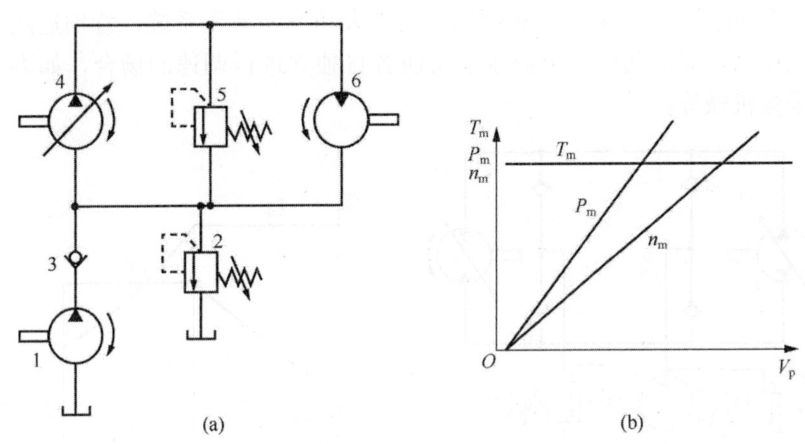

图 7-26　变量泵—定量马达式容积调速回路

（a）回路；（b）工作特性

1—补油泵；2—溢流阀；3—单向阀；4—变量泵；5—安全阀；6—定量马达

2）定量泵—变量马达式调速回路

定量泵—变量马达式调速回路与图 7-26（a）类似，只是变量泵 4 换成定量泵，定量马达 6 换成变量马达。在这种回路中，液压泵转速 n_p 和排量 V_p 都是恒量，改变液压马达排量 V_m 时，马达的输出转矩 T_m 和输出转速 n_m 都会改变。增大马达的排量，输出转矩会增加，而输出转速会降低。马达的输出功率 P_m 和回路工作压力 p 都由负载功率决定，不因调速而发生变化，所以这种回路常被叫作恒功率调速回路。该回路的工作特性曲线（n_m-V_m，T_m-V_m 及 P_m-V_m）如图 7-27 所示。由于泵和马达处的泄漏损失和摩擦损失，这种回路在邻近 $V_m=0$ 处的实际 n_m、T_m 和 P_m 也都等于零。

这种回路的调速范围很小，一般不大于 3。它不能用来使马达反向（用改变马达排量的办法使它通过 $V_m=0$ 点来实现马达反向，将因 n_m 须跨越高转速区而保证不了平稳的转换，所以是不采用的）。这种回路在造纸、纺织等行业的卷取装置中得到了应用，它使卷件在不断加大直径的情况下基本上保持被卷材质的线速和拉力恒定不变。

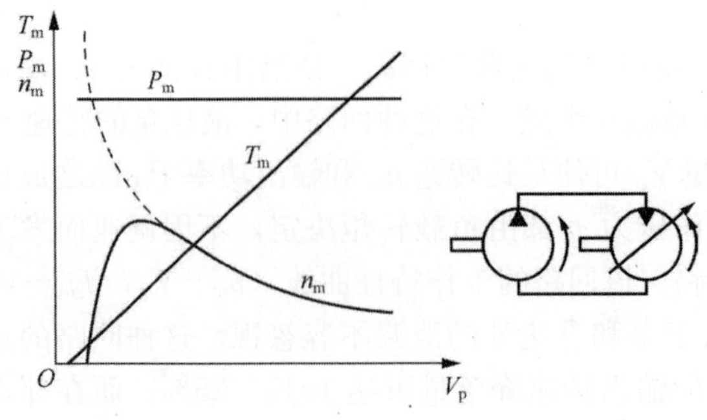

图 7-27 定量泵—变量马达式容积调速回路的工作特性

3）变量泵—变量马达式调速回路

图 7-28（a）所示为带有补油装置的闭式双向变量泵—变量马达容积调速回路。该回路的马达转速的调节分成低速和高速两段进行。在低速段，使马达的排量最大，通过调节变量泵的排量来改变马达的转速，这一段实质上就是变量泵—定量马达调速。在高速段，将变量泵的排量调至最大，改变液压马达的排量来调节马达的转速，实质上就是定量泵—变量马达调速。因此，这种回路的工作特性就是上述两种回路工作特性的综合，如图 7-28（b）所示。这种回路的调速范围很大，等于泵的调速范围 R_p 和马达调速范围 R_m 的乘积，即$R_C=R_pR_m$，调速范围可达 100 左右。这种回路适用于大功率的液压系统，特别适用于系统中有两个或多个液压马达要求共用一个液压泵又能各自独立进行调速的场合，如港口起重运输机械、矿山采掘机械等。

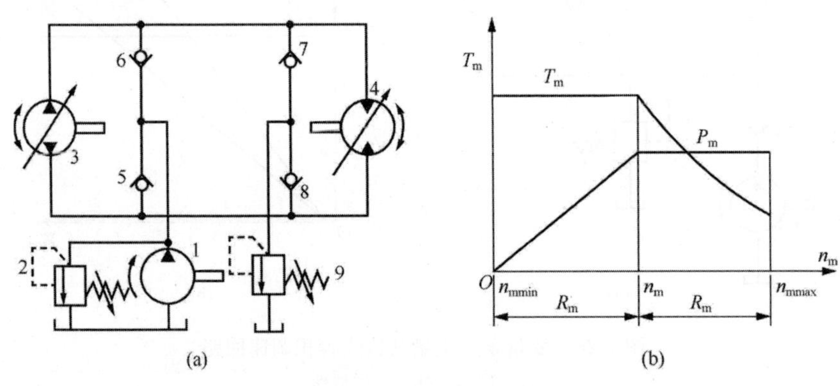

图 7-28 变量泵—变量马达式容积调速回路

（a）回路；（b）工作特性

7.2.3 容积节流调速回路

容积调速回路虽然效率高，发热少，但存在速度负载特性差的问题。调速阀节流调速回路的速度负载特性好，但回路效率低。容积节流调速回路就试图发挥各自的优势。

容积节流调速回路采用压力补偿变量泵供油，用流量控制阀调节进入或流出液压缸的流量来控制其运动速度，并使变量泵的输出量自动地与液压缸所需流量相适应。这种调速回路没有溢流损失，效率较高，速度负载特性也比容积调速回路好，常用于速度范围大、功率不太大的场合。常见的容积节流调速回路有两种。

1. 限压式变量泵和调速阀组成的调速回路

图 7-29（a）所示为限压式变量泵和调速阀组成的调速回路。该回路由限压式变量泵 1、调速阀 2、背压阀 4 及油缸 3 组成。由限压式变量泵 1 供油，压力油经调速阀 2 进入油缸 3

无杆腔，回油经背压阀 4 返回油箱。液压缸的运动速度由调速阀来调节。设泵的流量为 q_p，则稳定工作时 $q_p=q_1$。如果关小调速阀 2，则在关小阀口的瞬间，q_1 减小，而此时液压泵的输出量还未来得及改变，于是 $q_p>q_1$，因回路中阀 5 为安全阀，没有溢流，故必然导致泵出口压力 p_p 升高，该压力反馈使得限压式变量泵的输出流量自动减少，直至 $q_p=q_1$（节流阀开口减小后的 q_1）；反之亦然。由此可见，调速阀不仅能调节进入液压缸的流量，而且可以作为反馈元件，将通过阀的流量转换成压力信号反馈到泵的变量机构，使泵的输出流量自动地和阀的开口大小相适应，没有溢流损失。这种回路中的调速阀也可装在回油路上。

图 7-29（b）所示为这种回路的调速特性曲线，由图可见，回路虽无溢流损失，但仍有节流损失，其大小与液压缸的工作腔压力 p_1 有关。液压缸工作腔压力的正常工作范围是

$$p_2\frac{A_2}{A_1}\leqslant p_1\leqslant p_p-\Delta p \tag{7-28}$$

式中　Δp——保持调速阀正常工作所需的压差，一般应在 0.5 MPa 以上；

p_2——液压缸回油背压。

当 $p_1=p_{1max}$时，回路中的节流损失为最小［图 7-29（b）中阴影面积 S］，此时泵的工作点为 a，液压缸的工作点为 b，若 p_1 减小（即负载减小，b 点向左移动），则节流损失加大。这种调速回路的效率为

$$\eta_c=\frac{\left(p_1-p_2\dfrac{A_2}{A_1}\right)q_1}{p_pq_p}=\frac{p_1-p_2\dfrac{A_2}{A_1}}{p_p} \tag{7-29}$$

式（7-29）中没有考虑泵的泄漏。由于泵的输出流量越小，泵的压力 p_p 就越高；负载越小，p_1 便越小，所以该调速回路在低速、轻载场合效率很低。

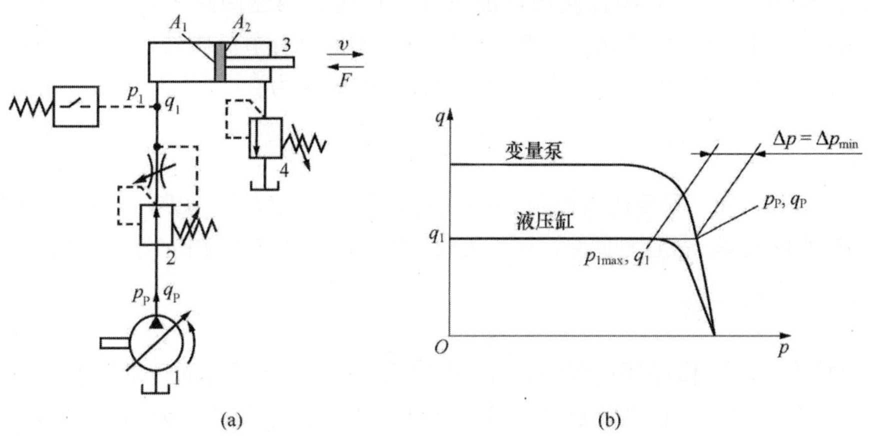

图 7-29　限压式变量泵和调速阀组成的容积节流调速回路

（a）容积节流调速回路；（b）调速特性曲线

1—限压式变量泵；2—调速阀；3—油缸；4—背压阀

2. 差压式变量泵和节流阀组成的调速回路

图 7-30 所示为差压式变量泵和节流阀组成的容积节流调速回路，由差压式变量泵 1、节流阀 2、安全阀 5、背压阀 4 和液压缸 3 组成。通过节流阀 2 控制进入液压缸 3 的流量 q_1，

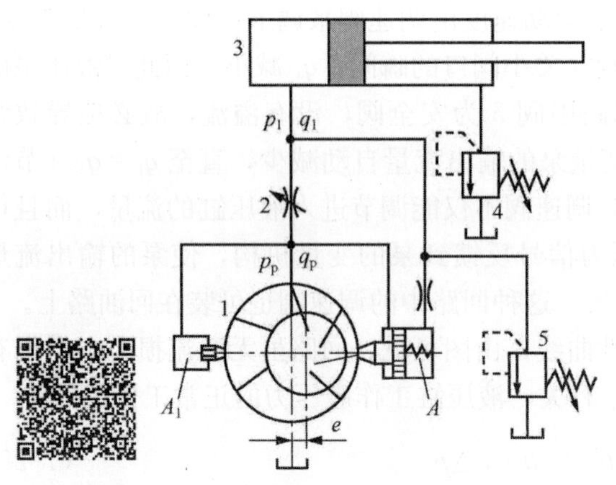

图 7-30　差压式变量泵和节流阀组成的容积节流调速回路

1—差压式变量泵；2—节流阀；3—液压缸；4—背压阀；5—安全阀

并使变量泵 1 输出流量 q_p 自动和 q_1 相适应。若某时刻 $q_p>q_1$，泵出口压力 p_p 升高，则差压式变量泵的控制缸在左侧的推力大于右侧的推力，定子右移，减小偏心距，从而使泵的排量减小；反之，当 $q_p<q_1$ 时，定子左移，使泵的排量增大。由此可见，回路会自动调节，使 $q_p=q_1$。

在这种调速回路中，作用在液压泵定子上的力平衡方程式为（变量机构右活塞杆的面积与左柱塞面积相等）：

$$p_p \cdot A_1 + p_p(A-A_1) = p_1 \cdot A + F_s$$

即

$$p_p - p_1 = \frac{F_s}{A} \tag{7-30}$$

式中　F_s——变量泵控制缸中的弹簧力。

由式（7-30）可知，节流阀前后压差 $\Delta p=p_p-p_1$ 基本上由作用在泵变量机构控制活塞上的弹簧力来确定。由于弹簧刚度很小，工作中伸缩量的变化也很小，所以 F_s 基本恒定，即 Δp 也近似为常数，所以通过节流阀的流量仅与阀的开口大小有关，不会随负载而变化，这与调速阀的工作原理是相似的。因此，这种调速回路的性能和前述回路不相上下，它的调速范围仅受节流阀调节范围的限制。此外，该回路能补偿由负载变化引起的泵的泄漏变化，因此它在低速小流量的场合使用性能更好。在这种调速回路中，不但没有溢流损失，而且泵的供油压力随负载而变化，回路中的功率损失也只有节流阀处压降 Δp 所造成的节流损失一项，因而它的效率更高，且发热少。其回路的效率为

$$\eta_c = \frac{p_1 q_1}{p_p q_p} = \frac{p_1}{p_1+\Delta p} \tag{7-31}$$

由式（7-31）可知，只要适当控制 Δp（Δp 为节流阀前后的压力差，一般 $\Delta p\approx 0.3$ MPa），就可以获得较高的效率。故这种回路适用于负载变化大，速度较低的中、小功率场合。

7.2.4　快速运动回路

工作机构在一个工作循环过程中，在不同的阶段要求有不同的运动速度和承受不同的负载，如空行程速度要求较高，负载则几乎为零。在液压系统中，常常要根据工作要求决定液压泵的流量和额定压力。快速运动回路是在不增加系统功率消耗的情况下，提高工作机构空行程的运动速度，以提高生产率或充分利用功率。一般采用差动缸、双泵供油、充液增速和蓄能器回路来实现。

1. 液压缸差动连接快速运动回路

图 7-31 所示的液压缸差动连接快速运动回路，是利用液压缸的差动连接来实现的。当换向阀处于右位时，液压缸有杆腔的回油和液压泵供油合在一起进入液压缸无杆腔，使活塞快速向右运动。差动连接与非差动连接的速度之比为 $v_1'/v_1=A_1/(A_1-A_2)$。当活塞两端

有效面积比为 2∶1 时，快进速度将是非差动连接时的 2 倍。这种回路结构简单，应用较多，但液压缸的速度加快有限，有时仍不能满足快速运动的要求，常常需要和其他方法联合使用。在差动回路中，泵的流量和液压缸有杆腔排出的流量合在一起流过的阀和管路应按合成流量来选择其规格，否则会导致压力损失过大，泵空载时供油压力过高。

2. 双泵供油快速运动回路

如图 7-32 所示，低压大流量泵 1 和高压小流量泵 2 组成的双联泵作动力源。外控顺序阀 3（卸载阀）和溢流阀 5 分别设定双泵供油和高压小流量泵 2 供油时系统的最高工作压力。换向阀 6 处于图示位置，系统压力低于卸载阀 3 调定压力时，两个泵同时向系统供油，活塞快速向右运动；换向阀 6 处于右位，系统压力达到或超过卸载阀 3 的调定压力，低压大流量泵 1 通过外控顺序阀 3 卸载，单向阀 4 自动关闭，只有小流量泵向系统供油，活塞慢速向右运动。外控顺序阀 3 的调定压力至少应比溢流阀 5 的调定压力低 10%～20%，低压大流量泵 1 卸载减少了动力消耗，回路效率较高。常用在执行元件快进和工进速度相差较大的场合。

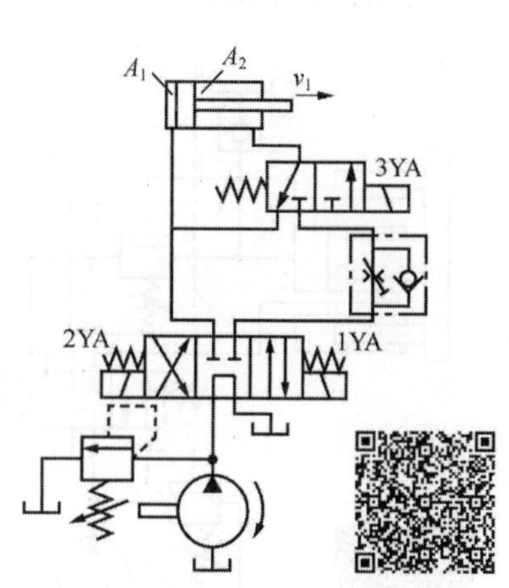

图 7-31　液压缸差动连接快速运动回路

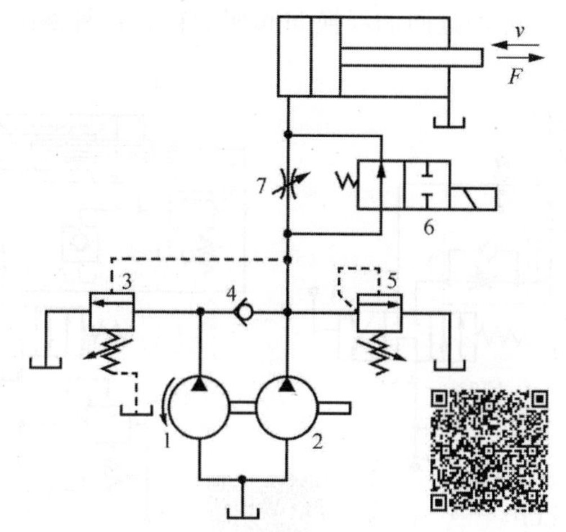

图 7-32　双泵供油快速运动回路

1—低压大流量泵；2—高压小流量泵；3—外控顺序阀（卸载阀）；4—单向阀；5—溢流阀；6—换向阀；7—节流阀

3. 充液增速回路

1）自重充液快速运动回路

回路用于垂直运动部件质量较大的液压系统。如图 7-33（a）示，手动换向阀 1 处于右位时，由于运动部件的自重，活塞快速下降，由单向节流阀 2 控制下降速度。此时因液压泵供油不足，液压缸上腔出现负压，充液油箱（上位油箱）4 通过液控单向阀（充液阀）3 向液压缸上腔补油；当运动部件接触到工件后，负载增加，液压缸上腔压力升高，充液阀 3 关闭，此时只靠液压泵供油，活塞运动速度降低。回程时，换向阀左位接入回路，压力油进入液压缸下腔，同时打开充液阀 3，液压缸上腔回油进入上位油箱 4。为防止回程时油液向上冲击上位油箱上的空气滤清器，在充液阀上部需要设置挡板。为防止上位油箱油液满后溢出，必须设置溢流管与下位油箱连通。

2）采用增速缸的快速运动回路

对于卧式液压缸不能利用运动部件自重充液做快速运动，而采用增速缸或辅助缸的方案。图 7-33（b）所示为采用增速缸的快速运动回路。增速缸由活塞缸与柱塞缸复合而成。当换向阀处于左位时，压力油经柱塞孔进入增速缸小腔 1，推动活塞快速向右移动，增速大腔 2 所需油液由充液阀 3 从油箱吸取，活塞缸右腔的油液经换向阀回油箱。当执行元件运动到与工件接触时，负载增加，回路压力升高，打开顺序阀 4，高压油关闭充液阀 3，并进入增速缸大腔 2，活塞转换成慢速运动，活塞有效面积增加，推力增大。当换向阀处于右位时，压力油进入活塞缸右腔，同时打开充液阀 3，增速大腔 2 的回油排回油箱，活塞快速向左退回。这种回路功率利用比较合理，但增速比受增速缸尺寸的限制，结构比较复杂。

3）采用辅助缸的快速运动回路

如图 7-33（c）所示，当泵向成对设置的辅助缸 2 供油时，带动主缸 1 的活塞快速向左运动，主缸 1 右腔由充液阀 3 从充液油箱 4 补油，直至压板触及工件后，油压上升，打开顺序阀 5，压力油进入主缸，转为慢速运动，此时主缸和辅助缸同时对工件加压。主缸左腔油液经换向阀回油箱。回程时压力油进入主缸左腔，主缸右腔油液通过充液阀 3 排回充液油箱 4，辅助缸回油经换向阀回油箱。这种回路简单易行，常用于冶金机械。

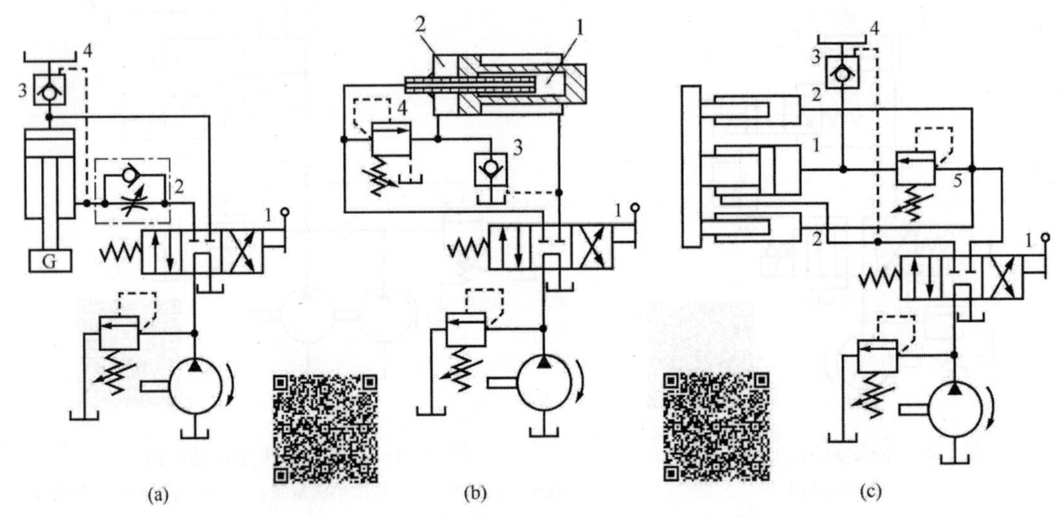

图 7-33　增速回路

（a）自重充液快速运动回路；（b）采用增速缸的快速运动回路；（c）采用辅助缸的快速运动回路

4. 采用蓄能器的快速运动回路

对某些间歇工作且停留时间较长的液压设备，如冶金机械；对某些工作速度存在快、慢两种速度的液压设备，如组合机床，常采用蓄能器和定量泵共同组成油源，如图 7-34 所示。其中定量泵可选择较小的流量规格，在系统不需要流量或工作速度很低时，泵的全部流量或大部分流量进入蓄能器储存待用，在系统工作或要求快速运动时，由泵和蓄能器同时向系统供油。图 7-34 示的油源工作情况取决于蓄能器工作压力的大小。一般设定三个压力值：$p_1>p_2>p_3$，p_1 为蓄能器的最高压力，由安全阀 8 限定。当蓄能器的工作压力 $p\geqslant p_2$ 时，电接触式压力表 6 上限触点发令，使电磁换向阀 3 电磁铁 2YA 得电，液压泵通过电磁换向阀 3 卸载（或发令液压泵停机），蓄能器的压力油经插装阀 5 向系统供油，供油量的大小可通过系统中的流量控制阀进行调节。当蓄能器工作压力 $p<p_2$ 时，电磁铁 1YA 和 2YA

均不得电，液压泵和蓄能器同时向系统供油或液压泵同时向系统和蓄能器供油；当蓄能器的工作压力 $p \leqslant p_3$ 时，电接触式压力表 6 下限触点发令，插装阀 5 电磁铁 1YA 得电，插装阀 5 相当于单向阀，液压泵除向系统供油外，还可向蓄能器供油。设计时，若根据系统工作循环要求，合理地选取液压泵的流量，蓄能器的工作压力范围和容积，则可获得较高的回路效率。

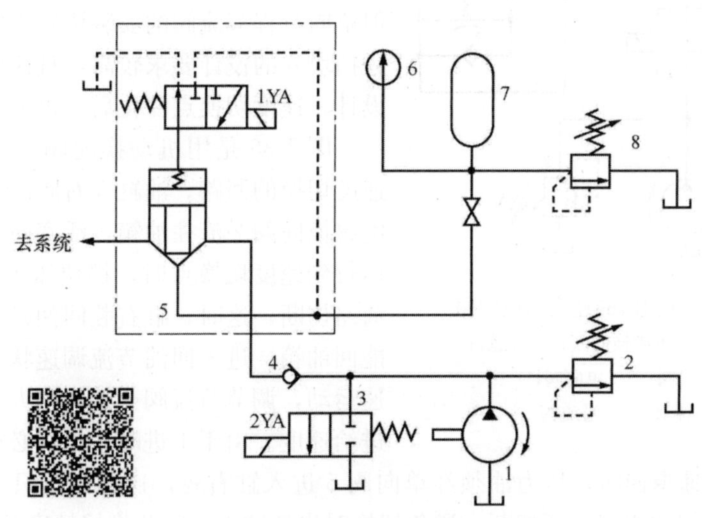

图 7-34　采用蓄能器的快速运动回路

1—液压泵；2—溢流阀；3—电磁换向阀；4—单向阀；5—插装阀（单向阀）；6—电接触式压力表；7—蓄能器；8—安全阀

7.2.5　速度换接回路

在某些工作循环过程中，由于不同工况的要求，常常需要由一种速度切换为另一种速度，既可以是两种工作速度的切换，也可以是快速与慢速的切换。切换过程在连续的工作状态下自动完成，切换时要求运动平稳，无或少冲击。

1. 快进和工进速度的切换回路

图 7-35 是采用单向行程节流阀来实现速度切换的回路。当电磁换向阀 3 通电时，泵 1 输出的压力油进入油缸 7 左腔，右腔回油经行程节流阀 4、电磁换向阀 3 左位回油箱，活塞向右快速运动，当活塞右行至某预定位置时，在运动部件上的行程挡块 6 压下行程节流阀 4 的触头时，节流阀的开口减小，油缸右腔回油速度变慢，进入回油节流调速状态，活塞慢速工作进给。工作进给行程结束时，挡块压下终点行程开关 8，并发讯使电磁换向阀 3 电磁铁断电，电磁换向阀 3 复

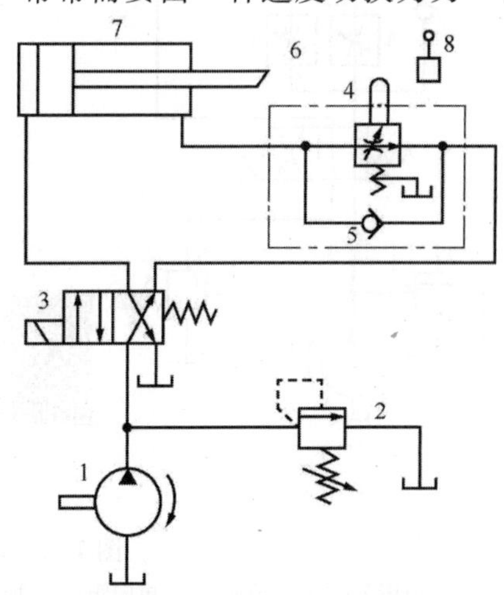

图 7-35　用单向行程节流阀的速度切换回路

1—泵；2—溢流阀；3—电磁换向阀；4—行程节流阀；5—单向阀；6—行程挡块；7—油缸；8—行程开关

位（图示位置），压力油经单向阀 5 供给油缸 7 右腔，活塞向左快速退回。

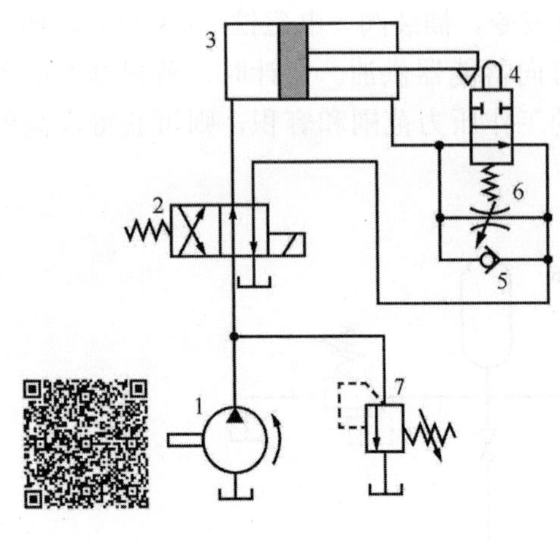

图 7-36　机动换向阀的速度切换回路
1—液压泵；2—电磁换向阀；3—油缸；
4—行程阀；5—单向阀；
6—节流阀；7—溢流阀

采用这种回路，只要挡块斜度设计正确，可使节流口缓慢关小而获得柔和的切换速度。若将挡块设计成阶梯形，还可以获得多种工进速度。这种回路速度切换比较平稳，切换精度也较高，但单向行程节流阀的安装位置不能任意布置，行程挡块 6 的设计要求较高，且速度改变后需重新设计，速度切换点变化后，也要重新设计。

图 7-36 是用机动换向阀（行程阀）来实现速度切换的回路。油缸 3 右腔回油经行程阀 4 和电磁换向阀 2 流往油箱，活塞向右快速运动。当运行到速度切换点时，挡块压下行程阀 4，使其通路切断，这时，缸右腔回油必须经节流阀 6 才能回油箱，进入回油节流调速状态，活塞向右慢速运动，调节节流阀 6 的开口大小即可改变工作进给速度。由于工进时，挡块必须一直压住行程阀，因此活塞快速退回时，压力油须经单向阀 5 进入缸右腔，这种回路只要挡块斜度设计合理，可使行程阀的通路逐渐切断，避免切换时出现冲击，因此换接精度及平稳性都较高。

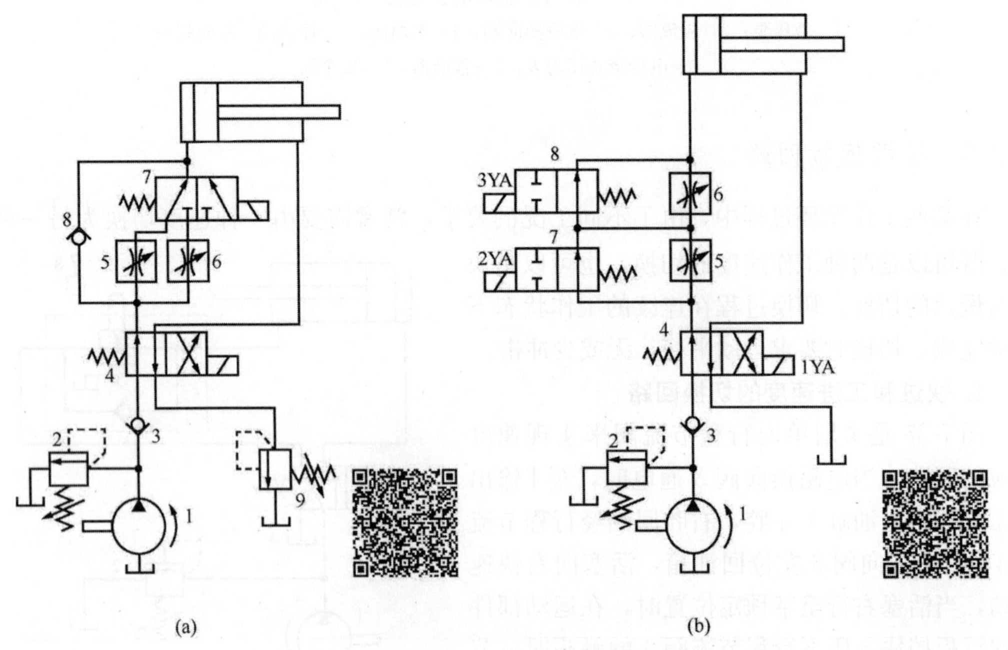

图 7-37　两种工作速度的切换回路
(a) 中：1—液压泵；2—溢流阀；3—单向阀；4—换向阀；5—调速阀Ⅰ；6—调速阀Ⅱ；7—换向阀；8—单向阀；9—背压阀
(b) 中：1—液压泵；2—溢流阀；3—单向阀；4—换向阀；5—调速阀Ⅰ；
6—调速阀Ⅱ；7，8—换向阀

2. 两种工作速度的切换回路

图 7-37（a）是用两个调速阀并联来实现两种工作速度切换的回路。图示位置，压力油经调速阀 5、换向阀 7，进入液压缸左腔，得第Ⅰ种工进速度。当换向阀 7 切换至右位工作时，压力油经调速阀 6、换向阀 7 进入油缸，得第Ⅱ种工进速度。这种调速回路的特点是两种速度可任意调节，互不影响。但一个调速阀工作时，另一个调速阀出口油路被切断，调速阀中没有油流过，使减压阀的减压口开度最大。当换向阀 7 切换到使它工作时，运动部件会出现前冲现象。为解决这个问题，可在回油路上增加背压阀 9，单向阀 8 用于退回时通油。

图 7-37（b）是两个调速阀串联的速度切换回路，图示位置，当电磁铁 2YA 通电时，活塞向右运动，压力油经调速阀 5、换向阀 8 进入油缸左腔，活塞得第Ⅰ种工进速度，其速度由调速阀 5 调定。当 2YA、3YA 同时通电时，压力油必须经油阀 5 和油阀 6 才能进入油缸左腔，活塞得第Ⅱ种工进速度，其速度值由阀油 6 调定。在这种情况下，油阀 6 开口必须小于油阀 5 开口，也就是第Ⅰ工进速度大于第Ⅱ工进速度。当 2YA 断电，3YA 通电时，压力油经换向阀 7、油阀 6 进入油缸左腔，调速阀 6 开口调节不受调速阀 5 限制。两种工进速度可任意调节。当 1YA 通电，2YA、3YA 断电时，活塞快速退回。这种回路的特点是调速阀 5 一直处于工作状态，速度切换时不会产生前冲现象，运动比较平稳。

7.3　方向控制回路

通过控制进入执行元件液流的通、断或变向来实现液压系统执行元件的启动、停止或改变运动方向的回路称为方向控制回路。主要包括换向回路、锁紧回路和制动回路，下面对前两种进行详细介绍。

7.3.1　换向回路

换向回路用于控制液压系统中液流的方向，从而改变执行元件的运动方向。为此，要求换向回路应具有较高的换向精度、换向灵敏度和换向平稳性。运动部件的换向多采用换向阀来实现；在容积调速的闭式回路中，可以利用双向变量泵控制油流方向来实现液压缸的换向。

采用二位四通（五通）、三位四通（五通）换向阀换向是最普遍应用的换向方法。尤其在自动化程度要求较高的组合机床液压系统中应用更为广泛。二位阀只能使执行元件正、反向运动，而三位阀有中位，不同中位机能可使系统获得不同的性能。

1. 采用电磁换向阀的换向回路

图 7-38 是利用三位四通电磁换向阀的换向回路。按下启动按钮，1YA 通电，液压缸活塞向右运动，当碰上限位开关 2 时，2YA 通电、1YA 断电，换向阀切换到右位工作，液压缸右腔进油，活塞向左运动。当碰上限位开关 1 时，1YA 通电，2YA 断电，换向阀切换到左位工作，液压缸左腔进油，活塞又向右运动。这样往复变换换向阀的工作位置，就可自动变换活塞的运动方向。当 1YA 和 2YA 都断电时，活塞停止运动。由此可以看出，采用电磁换向阀可以非常方便地组成自动换向系统，通过改变限位开关与电磁铁的通、断电关系，可以组成不同的自动系统。

这种换向回路的优点是，使用方便，价格便宜。其缺点是换向冲击力大，换向精度低，不宜实现频繁的换向，工作可靠性差。

由于上述的特点，采用电磁换向阀的换向回路适用于低速、轻载和换向精度要求不高的场合。

2. 采用电液换向阀的换向回路

图 7-39 是采用电液换向阀的换向回路。当 1YA 通电时，三位四通电磁换向阀左位工作，控制油路的压力油推动液动阀阀芯右移，液动阀处于左位工作状态，泵输出流量经液动阀输入到液压缸左腔，推动活塞右移。当 1YA 断电，2YA 通电时，三位四通电磁换向阀换向，使液动阀也换向，液压缸右腔进油，推动活塞左移。采用液动换向阀换向，换向过程更平稳。注意图中单向阀为背压阀。

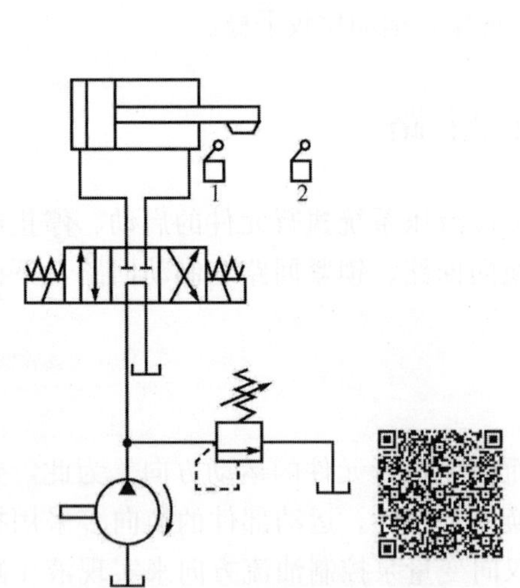

图 7-38　电磁换向阀换向回路

1，2—限位开关

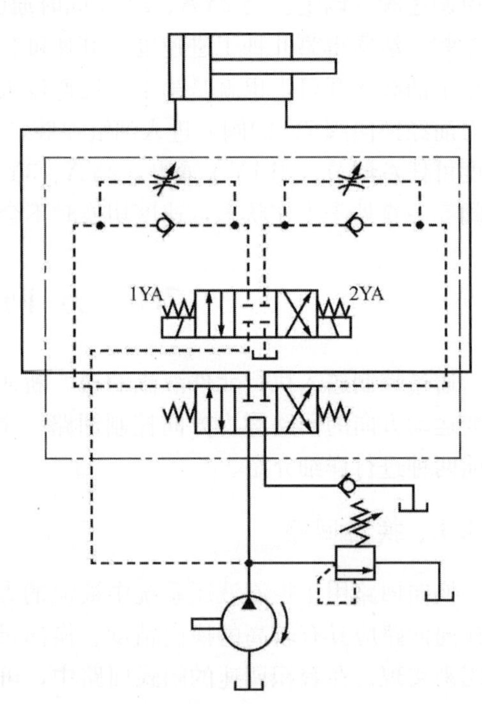

图 7-39　电液换向阀的换向回路

对于流量较大、换向平稳性要求较高的液压系统，除采用电液换向阀换向回路外，还经常采用手动、机动换向阀作为先导阀，以液动换向阀为主阀的换向回路。

图 7-40 所示为手动换向阀（先导阀）控制液动换向阀的换向回路。回路中由辅助泵 2 提供低压控制油，通过手动换向阀来控制液动阀阀芯动作，以实现主油路换向。当手动换向阀处于中位时，液动阀在弹簧力作用下也处于中位，主油泵 1 卸荷。这种回路常用于要求换向平稳性高，且自动化程度不高的液压系统中。

图 7-41 是用行程换向阀作为先导阀控制液动换向阀的机动、液压操纵的换向回路。利用活塞上的撞块操纵行程阀 5 阀芯移动，来改变控制压力油的油流方向，从而控制二位四通液动换向阀阀芯移动方向，以实现主油路换向，使活塞正、反两方向运动。活塞上两个撞块不断地拨动二位四通行程阀 5，就可实现活塞自动地连续往复运动。图中减压阀 4 用于减低控制油路的压力，

使液动换向阀 6 阀芯移动时得到合理的推力。二位二通电磁换向阀 3 用来使系统卸荷，当 1YA 通电时，泵卸荷，液压缸停止运动。这种回路的特点是换向可靠，不像电磁阀换向时需要通过微动开关、压力继电器等中间环节，就可实现液压缸自动地连续往复运动。

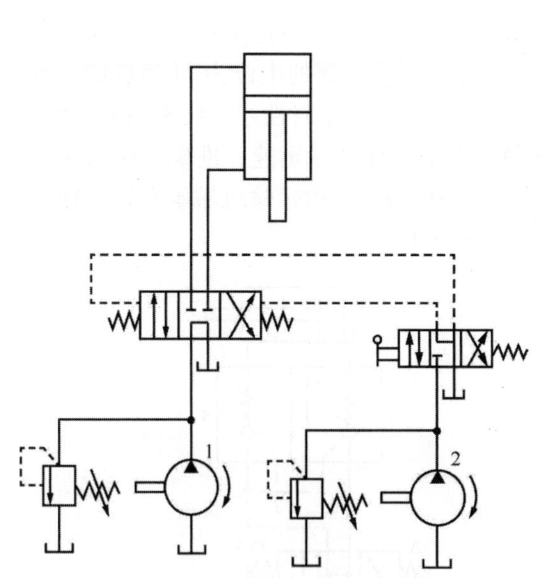

图 7-40　手动换向阀控制液动换向阀的换向回路

1—主油泵；2—辅助泵

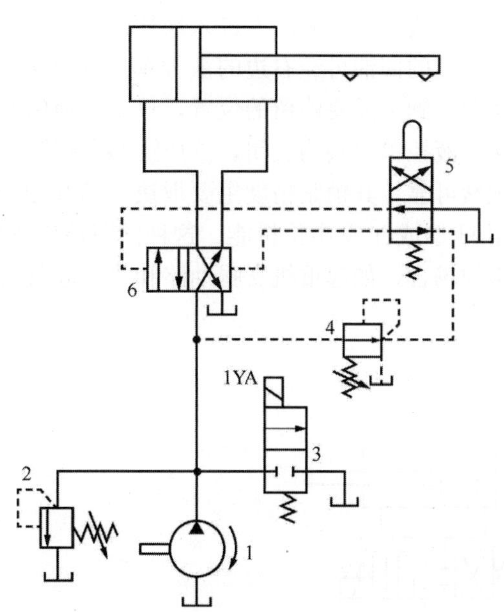

图 7-41　用行程换向阀控制液动换向阀的换向回路

1—液压泵；2—溢流阀；3—电磁换向阀；4—减压阀；5—行程阀；6—液动换向阀

但行程阀必须配置在执行元件附近，不如电磁阀灵活。这种方法换向性能也差，当执行元件运动速度过低时，因瞬时失去动力，使换向过程终止；当执行元件运动速度过高时，又会因换向过快而引起换向冲击。

3. 双向变量泵换向回路

在容积调速回路中，常常利用双向变量泵直接改变输油方向，以实现液压缸或液压马达的换向，如图 7-42 所示。这种换向回路比普通换向阀换向平稳，多用于大功率的液压系统中，如龙门刨床、拉床等液压系统。

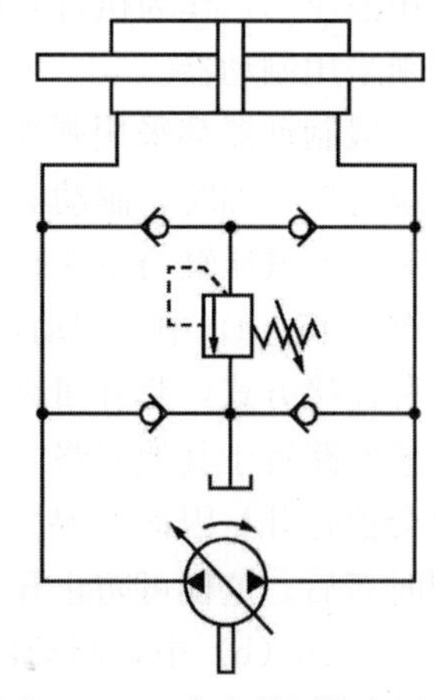

图 7-42　双向变量泵换向回路

7.3.2　锁紧回路

锁紧回路的功能是通过切断执行元件的进油、出油通道，使液压执行机构能在任意位置停留，且不会因外力作用而移动位置。以下是几种常见的锁紧回路。

1. 用换向阀中位机能锁紧

图 7-43 所示为采用三位换向阀“O”型（或“M”型）中位机能锁紧的回路。其特点是结构简单，不需增加其他装置，但由于滑阀环形间隙泄漏较大，故其锁紧效果不太理

想，一般只用于锁紧要求不太高或只需短暂锁紧的场合。

2. 用液控单向阀锁紧

图 7-44 所示为用液控单向阀（又称液压锁）的锁紧回路。当换向阀 3 处于左位时，压力油经左边液控单向阀 4 进入液压缸 5 左腔，同时通过控制口打开右边液控单向阀，使液压缸右腔的回油可经右边的液控单向阀及换向阀流回油箱，活塞向右运动；反之，活塞向左运动。到了需要停留的位置，只要使换向阀处于中位，因换向阀的中位为 H 型机能，所以两个液控单向阀均关闭，液压缸双向锁紧。由于液控单向阀的密封性好（线密封），液压缸锁紧可靠，其锁紧精度主要取决于液压缸的泄漏。为了保证锁紧迅速、准确，换向阀应采用 H 型或 Y 型中位机能。这种回路被广泛应用于工程机械、起重运输机械等有较高锁紧要求的场合，如起重机支腿油路和飞机起落架的收放油路上。

图 7-43　换向阀锁紧回路

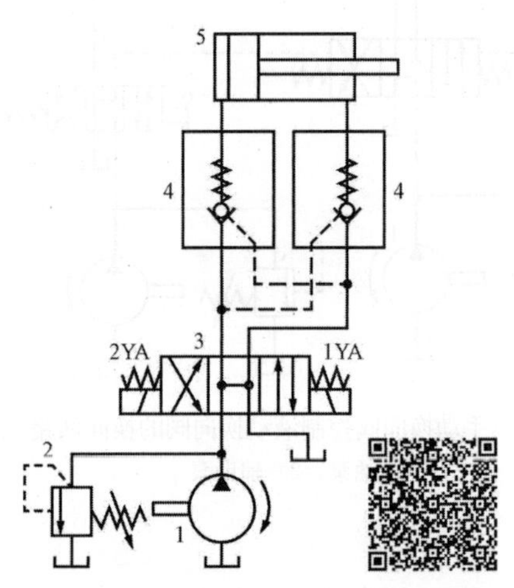

图 7-44　用液控单向阀的锁紧回路
1—液压泵；2—溢流阀；3—换向阀；
4—液控单向阀；5—液压缸

3. 用制动器锁紧

采用控制进出油路的锁紧回路都无法解决因执行元件内泄漏而影响锁紧的问题，特别是在用液压马达作为执行元件的场合，由于马达的内泄漏比较大，若要求完全可靠地锁紧，则必须采用制动器。

一般制动器都采用弹簧上闸制动、液压松闸的结构。制动器液压缸与工作油路相通，当系统有压力油时，制动器松开；当系统无压力油时，制动器在弹簧力作用下上闸锁紧。

制动器液压缸与主油路的连接方式有三种，如图 7-45 所示。

图 7-45（a）中，制动器液压缸 4 为单作用缸，它与起升液压马达的进油路相连接。采用这种连接方式，起升回路必须放在串联油路的最末端，即起升马达的回油直接通回油箱。若将该回路置于其他回路之前，则当其他回路工作而起升回路不工作时，起升马达的制动器也会被打开，因而容易发生事故。制动器回路中的单向节流阀的作用是：制动时快速，松闸时滞后。这样可防止开始起升负载时因松闸过快而造成负载先下滑然后再上升的现象。

图 7-45（b）中，制动器液压缸为双作用缸，其两腔分别与起升马达的进、出油路相连接。这种连接方式使起升马达在串联油路中的布置位置不受限制，因为只有在起升马达工

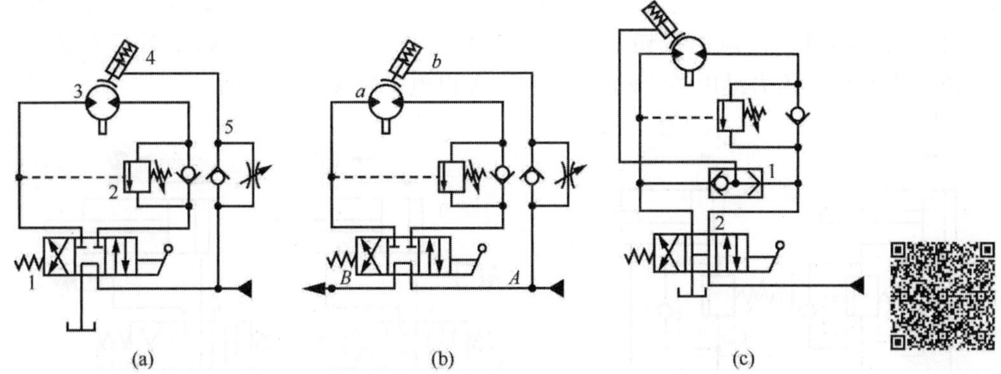

图 7-45　用制动器的制动回路

(a) 单作用制动器液压缸；(b) 双作用制动器液压缸；(c) 制动器缸通过梭阀与起升马达的进出油路相连

(a) 中：1—换向阀；2—顺序阀；3—马达；4—制动器液压缸；5—单向节流阀

(c) 中：1—梭阀；2—换向阀

作时，制动器才会松闸。

图 7-45 (c) 中，制动器缸通过梭阀 1 与起升马达的进出油路相连接。当起升马达工作时，不论是负载起升或下降，压力油均会经梭阀与制动器缸相通，使制动器松闸。为使起升马达不工作时制动器缸的油与油箱相通而使制动器上闸，回路中的换向阀必须选用 H 型机能的阀。显然，这种回路也必须置于串联油路的最末端。

7.4　多执行元件控制回路

在液压系统中，如果由一个油源给多个液压缸供油，这些液压缸会因压力和流量的彼此影响而在动作上相互牵制，必须使用一些特殊的回路才能实现预定的动作要求，常见的这类回路有以下四种。

7.4.1　顺序动作回路

1. 压力控制顺序动作回路

顺序动作回路的功用是使多缸液压系统中的各个液压缸严格地按规定的顺序动作。图 7-46 (a) 所示为一种使用顺序阀的顺序动作回路。当换向阀 2 左位接入回路且顺序阀 6 的调定压力大于液压缸 4 的最大前进工作压力时，压力油先进入液压缸 4 的左腔，实现动作①。当这项动作完成后，系统中压力升高，压力油打开顺序阀 6 进入液压缸 5 的左腔，实现动作②。同样的，当换向阀 2 右位接入回路且顺序阀 3 的调定压力大于液压缸 5 的最大返回工作压力时，两液压缸按③和④的顺序向左返回。很明显，这种回路顺序动作的可靠性取决于顺序阀的性能及其压力调定值：后一个动作的压力必须比前一个动作压力高出 0.8～1 MPa。顺序阀打开和关闭的压力差值不能过大，否则顺序阀会在系统压力波动时造成误动作，引起事故。由此可见，这种回路只适用于系统中液压缸数目不多、负载变化不大的场合。

图 7-46 (b) 是用压力继电器控制电磁阀来实现顺序动作的回路。按启动电钮，电磁铁

1YA 得电，缸 1 活塞前进到右端点后，回路压力升高，压力继电器 3 动作，使电磁铁 3YA 得电，缸 2 活塞前进。按返回按钮，1YA，3YA 失电，4YA 得电，缸 2 活塞先退回原位后，回路压力升高，压力继电器 4 动作，使 2YA 得电，缸 1 活塞退回。

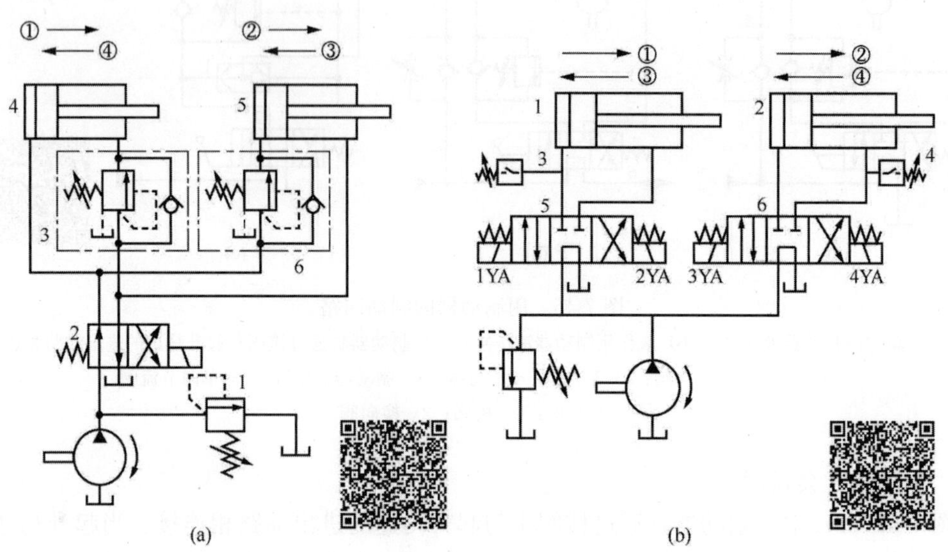

图 7-46　压力控制顺序动作回路

（a）顺序阀控制的顺序回路；（b）压力继电器控制的顺序动作回路

2. 行程控制顺序动作回路

图 7-47 所示为一种使用行程开关的顺序动作回路。这种回路以液压缸 2 和 5 的行程位置为依据来实现相应的顺序动作。其操作过程如图 7-48（b）中的动作循环表。这种回路的可靠性取决于电气行程开关 3、4、6、7 和电磁阀 1YA、2YA、3YA 和 4YA 的质量，对变

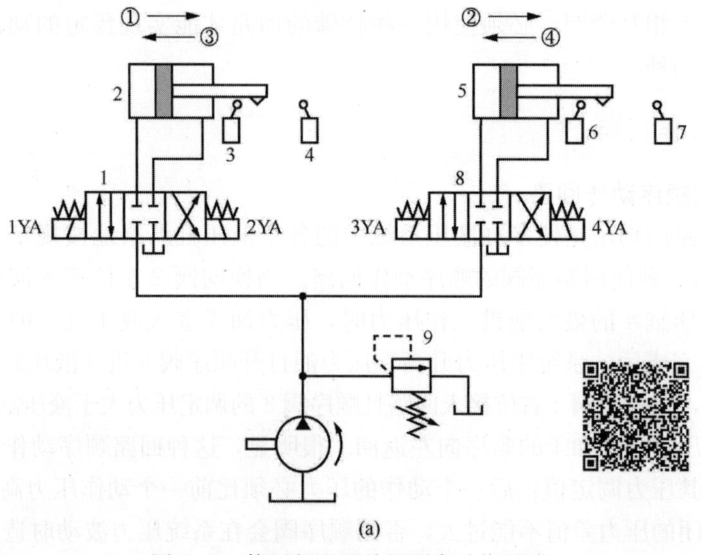

图 7-47　使用行程开关的顺序动作回路

（a）回路图

1，8—换向阀；2，5—液压缸；3，4，6，7—行程开关；9—溢流阀

信号来源	电磁铁状态				换向阀位置		液压缸状态	
	1YA	2YA	3YA	4YA	阀 1	阀 8	缸 2	缸 5
按下启动按钮	+	—	—	—	左位	中位	前进①	停止
缸 2 挡块压下行程开关 4	—	—	+	—	中位	左位	停止	前进②
缸 5 挡块压下行程开关 7	—	+	—	—	右位	中位	返回③	停止
缸 2 挡块压下行程开关 3	—	—	—	+	中位	右位	停止	返回④
缸 5 挡块压下行程开关 6	—	—	—	—	中位	中位	停止	停止

(b)

图 7-47　使用行程开关的顺序动作回路（续）

(b) 动作循环表

更液压缸的动作行程和动作顺序来说都比较方便；因此它在机床液压系统中得到了广泛的应用，特别适合于顺序动作的位置精度要求较高、动作循环经常要求改变的场合。

图 7-48 所示为采用行程阀控制的顺序动作回路。图示位置两液压缸活塞均推至左端点。手动换向阀左位接入回路后，缸 1 活塞先向右运动，当活塞杆上挡块压下行程控制阀 4 后，液压缸 2 活塞才向右运动；手动换向阀 3 右位接入回路，液压缸 1 活塞先退回，其挡块离开行程控制阀 4 后，液压缸 2 活塞才退回。这种回路动作可靠，但要改变动作顺序较困难。

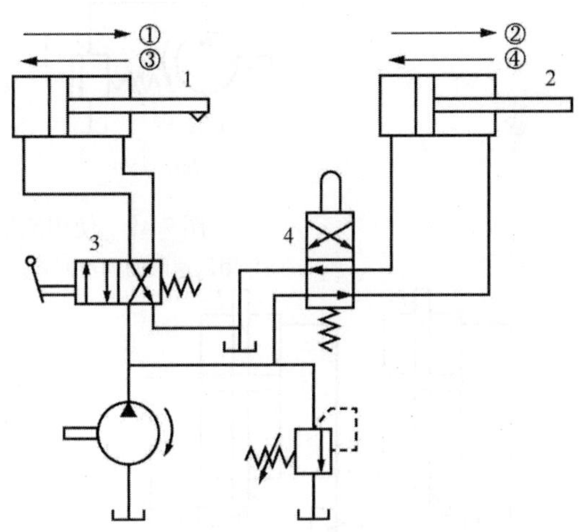

图 7-48　采用行程阀控制的顺序动作回路

1，2—液压缸；3—手动换向阀；4—行程控制阀

7.4.2　同步回路

同步回路的功用是保证系统中的两个或多个液压缸在运动中的位移量相同或以相同的速度运动。在多缸液压系统中，影响同步精度的因素是很多的。例如，液压缸外负载、泄漏、摩擦阻力、制造精度、结构弹性变形以及油液中含气量，都会使运动不同步。同步回路要尽量克服或减少这些因素的影响。

1. 用流量控制阀的同步回路

图 7-49（a）中，在两个并联液压缸的进（回）油路上分别串接一个调速阀，仔细调整两个调速阀的开口大小，控制进入两液压缸或自两液压缸流出的流量，可使它们在一个方向实现速度同步。这种回路结构简单，但调整比较麻烦，同步精度不高，不宜用于偏载或负载变化频繁的场合。如图 7-49（b）所示，采用分流集流阀（同步阀）代替调速阀来控制两液压缸的进入或流出的流量，可使两液压缸在承受不同负载时仍能实现速度同步。回路中的单向节流阀 2 用来控制活塞的下降速度，液控单向阀 4 是防止活塞停止时的两缸负载不同而通过分流阀的内节流孔油。由于同步作业靠分流阀自动调整，使用较为方便，但效率低，压力损失大，不宜用于低压系统。

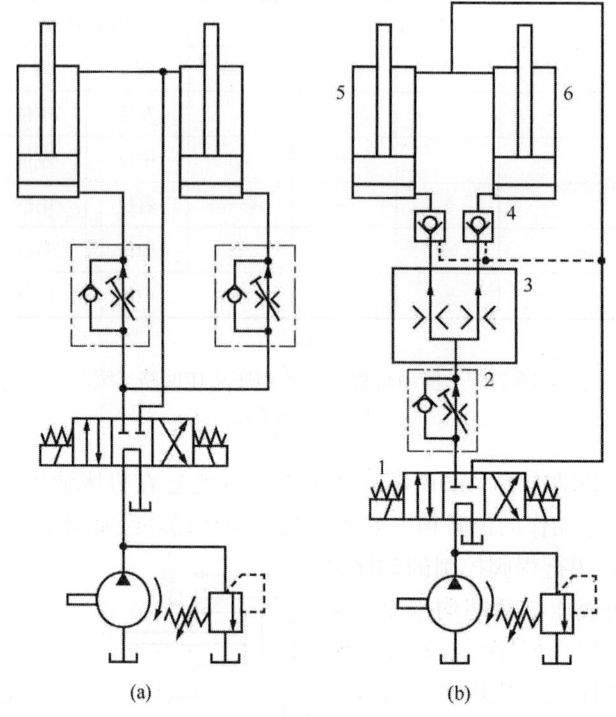

图 7-49　使用流量控制阀的同步回路

(a) 用调速阀的同步回路；(b) 用分流集流阀的同步回路

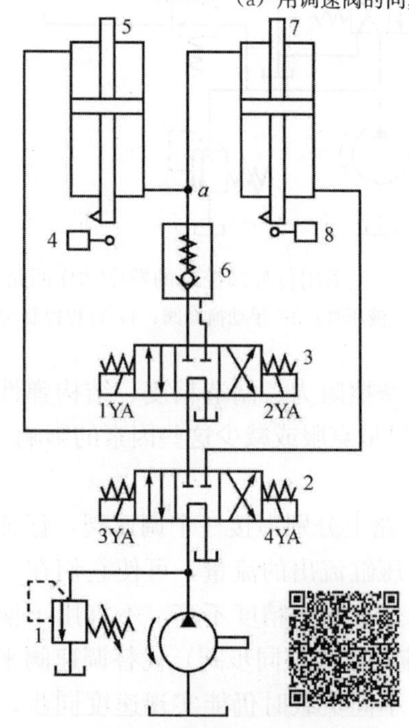

图 7-50　带补偿装置的串联液压缸同步回路

1—溢流阀；2，3—换向阀；
4，8—行程开关；5，7—液压缸；6—液控单向阀

2. 用串联液压缸的同步回路

图 7-50 所示为一种带补偿装置的串联液压缸同步回路。图中两液压缸 5 和 7 的有效工作面积相等，但是两缸油腔连通处的泄漏会使两个活塞产生同步位置误差。若不是在回路中设置了专门的补偿装置，在每次行程端点处及时消除这项误差，它就会不断地积累起来，在后续的循环中发生越来越大的影响。补偿装置的作用原理如下：当两缸活塞同时下行时，若液压缸 5 活塞先到达行程端点，则行程开关 4 被挡块压下，电磁铁 1YA 通电，换向阀 3 左位接入回路，压力油经换向阀 3 和液控单向阀 6 进入液压缸 7 上腔，进行补油，使其活塞继续下行到达行程端点。反之，若液压缸 7 活塞先到达行程端点，则行程开关 8 被挡块压下，电磁铁 2YA 通电，换向阀 3 右位接入回路，液控单向阀 6 打开，液压缸 5 下腔与油箱接通，使其活塞能继续下行到达行程端点。

液压缸串联式同步回路只适用于负载较小

的液压系统。

3. 用同步缸或同步马达的同步回路

图 7-51（a）所示为用同步缸的同步回路。同步缸 3 是由两个尺寸相同的缸体和两个活塞共用一个活塞杆液压缸，活塞向左或向右运动时输出或接受相等容积的油液，在回路中起着配流的作用，使有效面积相等的两个液压缸实现双向同步运动。

和同步缸一样，用两个同轴等排量双向液压马达 3 作配油环节，输出相同流量的油液亦可实现两缸双向同步。如图 7-51（b）所示，节流阀 4 用于行程端点消除两缸的位置误差。

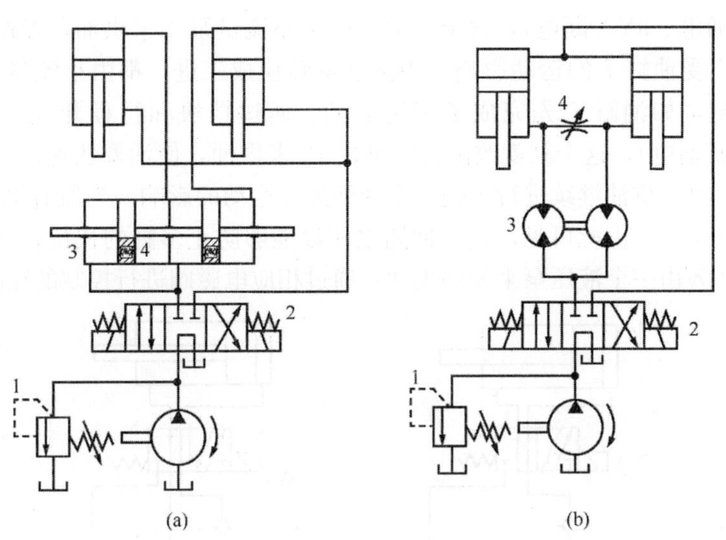

图 7-51　用同步缸、同步马达的同步回路
（a）用同步缸的同步回路；（b）用同步马达的同步回路

这种回路的同步精度比采用流量控制阀的同步回路高，但专用的配流元件带来了系统复杂、制作成本高的缺点。

4. 采用比例阀或伺服阀的同步回路

当液压系统有高的同步精度要求时，必须采用由比例调速阀或伺服阀组成的同步回路，如图 7-52 所示。图中的伺服阀 A 根据两个位移传感器 B 和 C 的反馈信号持续不断地控制其阀口的开度，控制两个液压缸的输入或输出流量，使它们获得双向同步运动。

这种同步回路的同步精度很高，但由于伺服阀必须通过与换向阀相同的较大的流量，规格尺寸要选得很大，因此价格昂贵。这种同步回路适用于两个液压缸相距较远而同步精度又要求很高的场合。

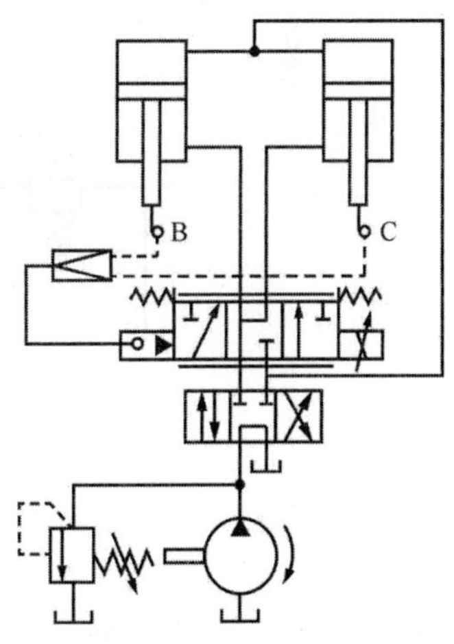

图 7-52　采用伺服阀的同步回路

7.4.3 多缸快慢速互不干扰回路

多缸快慢速互不干扰回路的功用是防止液压系统中的几个液压缸因速度快慢的不同（因而是工作压力不同）而在动作上相互干扰。

图 7-53 是一种通过双泵供油来实现多缸快慢速互不干扰的回路。图中的油缸 6 和 7 各自要完成“快进→工进→快退”的自动工作循环。其作用情况如下：当电磁铁 3YA、4YA 通电且 1YA、2YA 断电时，两个缸都作差动连接，由大流量泵 12 供油使活塞快速向右运动。这时如某一个液压缸，如油缸 6，先完成了快进运动，通过挡块和行程开关实现了快慢速换接（1YA 通电、3YA 断电），这个油缸就改由小流量泵 1 来供油，经调速阀 3 获得慢速工进运动，不受油缸 7 的运动影响。当两缸都转换成工进，都由小流量泵 1 供油之后，若某一个液压缸，如油缸 6 先完成了工进运动，通过挡块和行程开关实现了反向换接（1YA 和 3YA 都通电），这个缸就改由大流量泵 12 来供油，使活塞快速向左返回；这时油缸 7 仍由小流量泵 1 供油继续进行工进，不受油缸 6 运动的影响。当所有电磁铁都断电时，两油缸才都停止运动。由此可见，这个回路之所以能够防止多缸的快慢运动互不干扰，是由于快速和慢速各由一个液压泵来分别供油，通过相应电磁阀进行控制的缘故。

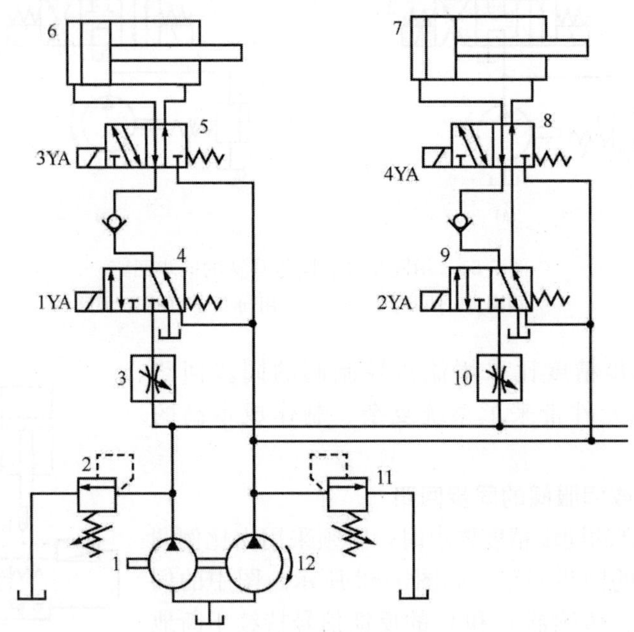

图 7-53 双泵供油互不干扰回路

1—小流量泵；2，11—溢流阀；3，10—调速阀；

4，5，8，9—电磁换向阀；6，7—油缸；12—大流量泵

7.4.4 多缸卸荷回路

多缸卸荷回路的功用在于使液压泵在各个执行元件都处于停止位置时自动卸荷，而当任一执行元件要求工作时又立即由卸荷状态转换成工作状态。图 7-54 是这种回路的一种串

联式结构。由图可见，液压泵的卸荷油路只有在各换向阀都处于中位时才能接通油箱，任一换向阀不在中位时液压泵都会立即恢复压力油的供应。

这种回路对液压泵卸荷的控制十分可靠。但当执行元件数目较多时，卸荷油路较长，使泵的卸荷压力增大，影响卸荷效果。这里的换向阀常常采用多路换向阀，常用于工程机械上。

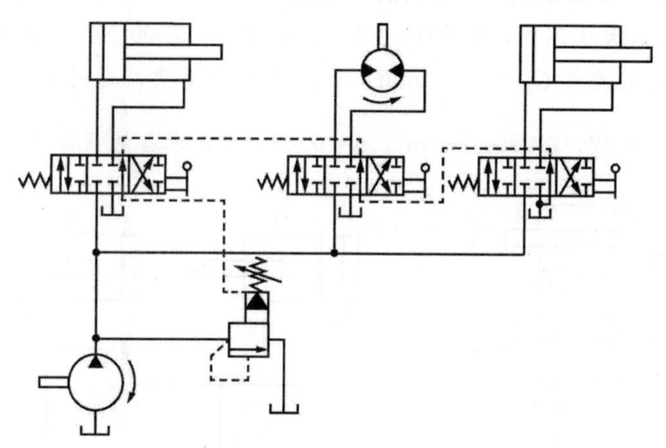

图 7-54　多缸卸荷回路

例题

例 7-1　在图示的调速阀节流调速回路中，已知：$q_p = 25$ L/min，$A_1 = 100$ cm^2，$A_2 = 50$ cm^2，F 由零增至 30000 N 时活塞向右移动速度基本无变化，$v = 20$ cm/min，如调速阀要求的最小压差 $\Delta p_{min} = 0.5$ MPa，试问：(1) 溢流阀的调整压力 p_Y 是多少（不计调压偏差）？泵的工作压力是多少？(2) 液压缸可能达到的最高工作压力是多少？(3) 回路的最高效率是多少？

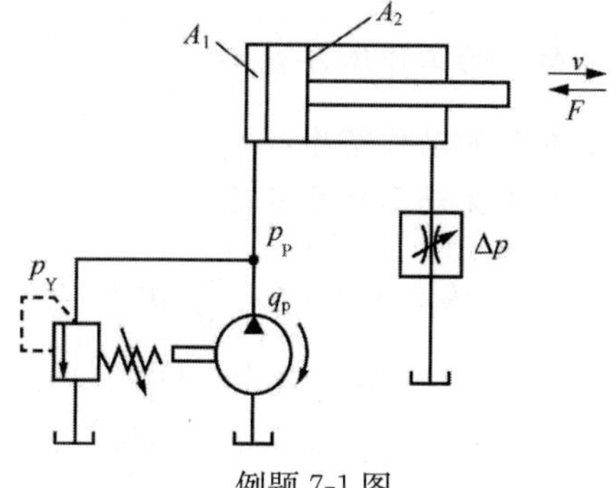

例题 7-1 图

解：　(1) 溢流阀应保证回路在 $F = F_{max} =$ 30000N时仍能正常工作，根据液压缸受力平衡式

$$p_p A_1 = p_2 A_2 + F_{max} = \Delta p_{min} A_2 + F_{max}$$

得

$$p_p = 3.25(\text{MPa})$$

进入液压缸大腔的流量 $q_1 = A_1 v = \frac{100 \times 20}{10^3} =$ 2 L/min，小于 q_p，溢流阀处于正常溢流状态，所以泵的工作压力 $p_p = p_Y = 3.25$（MPa）。

(2) 当 $F = F_{min} = 0$ 时，液压缸小腔中压力达到最大值，由液压缸受力平衡式 $p_p A_1 = p_{2max} A_2$，故

$$p_{2max} = \frac{A_1}{A_2} p_p = \frac{100}{50} \times 3.25 = 6.5(\text{MPa})$$

(3) $F=F_{max}=30000\text{N}$，回路的效率最高

$$\eta=\frac{Fv}{p_p q_p}=\frac{30000\times\dfrac{20}{10^2}}{3.25\times10^6\times\dfrac{25}{10^3}}=0.074=7.4\%$$

例 7-2 图示为两液压系统，已知两液压缸无杆腔面积皆为 $A_1=40\ \text{cm}^2$，有杆腔面积皆为 $A_2=20\ \text{cm}^2$，负载大小不同，其中 $F_1=8000\ \text{N}$，$F_2=12000\ \text{N}$，溢流阀的调整压力 $p_Y=35\times10^5\ \text{Pa}$，液压泵的流量 $Q_p=32\ \text{L/min}$。节流阀开口不变，通过节流阀的流量 $Q=C\cdot a\cdot\sqrt{\dfrac{2}{\rho}\Delta p}$，设 $C=0.62$，$\rho=900\ \text{kg/m}^3$，$a=0.05\ \text{cm}^2$，求各液压缸活塞运动速度。

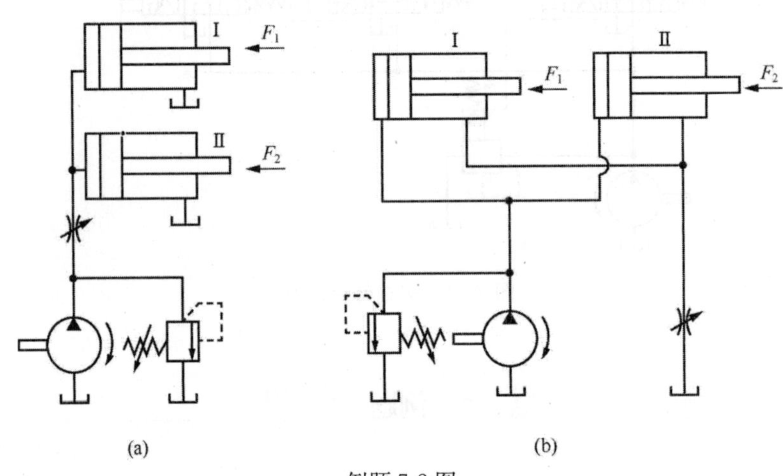

例题 7-2 图

解：(1) 在图 (a) 回路中，负载的大小决定了液压缸左腔压力，可知：

缸Ⅰ的工作压力 $p_1=\dfrac{F_1}{A_1}=\dfrac{8000}{40\times10^{-4}}=20\times10^5(\text{Pa})$

缸Ⅱ的工作压力 $p_2=\dfrac{F_2}{A_1}=\dfrac{12000}{40\times10^{-4}}=30\times10^5(\text{Pa})$

两缸的动作顺序：

缸Ⅰ先动，缸Ⅱ不动。此时，流过节流阀的流量为

$$Q=C\cdot a\cdot\sqrt{\frac{2}{\rho}\Delta p}=0.62\times0.05\times10^{-4}\times\sqrt{\frac{2}{900}\times(35-20)\times10^5}$$
$$=1.79\times10^{-4}(\text{m}^3/\text{s})=10.74(\text{L/min})$$

缸Ⅰ的运动速度为 $v_1=\dfrac{Q}{A_1}=\dfrac{10.74\times10^3}{40}=268.5(\text{cm/min})$

缸Ⅰ到达终端停止运动后，缸Ⅱ才能运动，此时，流过节流阀的流量为

$$Q=C\cdot a\cdot\sqrt{\frac{2}{\rho}\Delta p}=0.62\times0.05\times10^{-4}\times\sqrt{\frac{2}{900}\times(35-30)\times10^5}$$
$$=0.10\times10^{-3}(\text{m}^3/\text{s})=6(\text{L/min})$$

缸Ⅱ的运动速度为 $v_2=\dfrac{Q}{A_1}=\dfrac{6\times10^3}{40}=150(\text{cm/min})$

（2）在图（b）回路中，活塞受力方程：$p_Y A_1 = R + \Delta p A_2$

系统为回油路调速回路，油缸进油腔压力始终保持为溢流阀调定值 p_Y，故在平衡状态时，负载小的活塞运动产生的背压力高，这个背压力又加在负载大的活塞Ⅱ有杆腔，使活塞Ⅱ不能运动，直至活塞Ⅰ到达终点，背压力减小，活塞Ⅱ才能开始运动。

缸Ⅰ先动，缸Ⅱ不动，此时，节流阀上的压降为

$$\Delta p = \frac{p_Y A_1 - F_1}{A_2} = \frac{35 \times 10^5 \times 40 \times 10^{-4} - 8000}{20 \times 10^{-4}} = 30 \times 10^5 (\text{Pa})$$

流过节流阀的流量为

$$Q = C \cdot a \cdot \sqrt{\frac{2}{\rho}\Delta p} = 0.62 \times 0.05 \times 10^{-4} \times \sqrt{\frac{2}{900} \times 30 \times 10^5} = 0.25 \times 10^3 (\text{m}^3/\text{s}) = 15 (\text{L/min})$$

故缸Ⅰ的运动速度为　$v_1 = \frac{Q}{A_2} = \frac{15 \times 10^3}{20} = 750 (\text{cm/min})$

缸Ⅰ运动至终端后，缸Ⅱ开始运动。此时节流阀上的压降为

$$\Delta p = \frac{p_Y A_1 - F_2}{A_2} = \frac{35 \times 10^5 \times 40 \times 10^{-4} - 12\,000}{20 \times 10^{-4}} = 10 \times 10^5 (\text{Pa})$$

流过节流阀的流量为

$$Q = C \cdot a \cdot \sqrt{\frac{2}{\rho}\Delta p} = 0.62 \times 0.05 \times 10^{-4} \times \sqrt{\frac{2}{900} \times 10 \times 10^5} = 0.146 \times 10^3 (\text{m}^3/\text{s}) = 8.76 (\text{L/min})$$

故缸Ⅱ的运动速度为

$$v_2 = \frac{Q}{A_2} = \frac{8.76 \times 10^3}{20} = 438 (\text{cm/min})$$

例 7-3　如图所示，油泵为限压式变量泵，已知油缸无杆腔面积 $A_1 = 50\ \text{cm}^2$，有杆腔面积 $A_2 = 25\ \text{cm}^2$，求负荷 $F = 20\ \text{kN}$ 时活塞运动速度 $v_1 = ?$ 活塞快退时的速度 $v_{快} = ?$（不考虑泄漏损失）

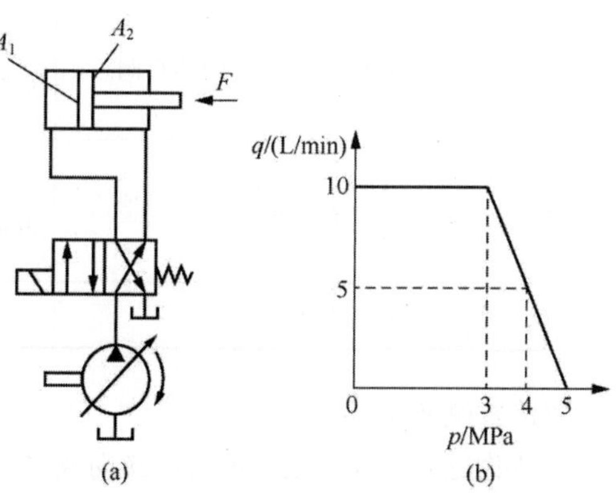

例题 7-3 图

（a）液压系统；（b）液压泵调定后的特性曲线

解：$F = 20\ \text{kN}$ 时，无杆腔压力

$$p_1 = \frac{F}{A_1} = \frac{2 \times 10^4}{50} = 400\ (\text{N/cm}^2) = 40 \times 10^5\ (\text{Pa}) = 4\ (\text{MPa})$$

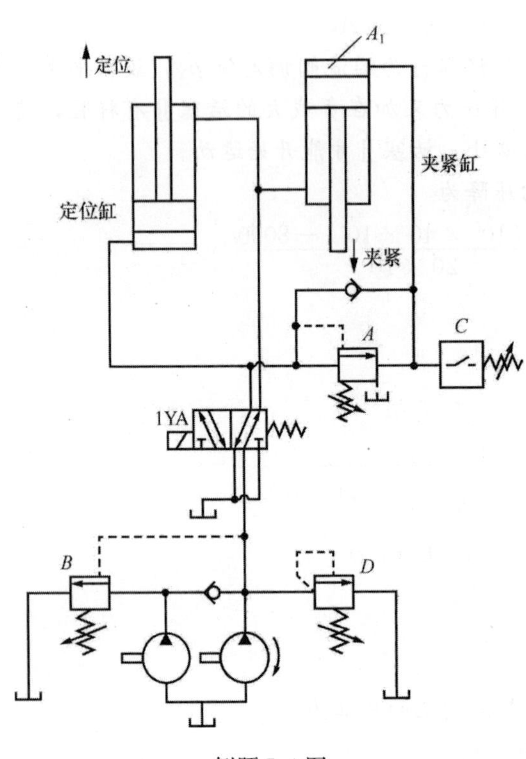

例题 7-4 图

当 $p=4$ MPa 时，由流量-压力特性曲线查得输出流量 $q=5$ L/min。

活塞运动速度

$$v_1=\frac{q}{A_1}=\frac{5\times10^3}{50}=100(\text{cm/min})$$
$$=1(\text{m/min})$$

活塞快退时，因无负载作用（不考虑摩擦损失）$p=0$，变量泵输出最大流量 $q_{max}=10$ L/min，所以活塞快速运动速度

$$v_{快}=\frac{q_{max}}{A_2}=\frac{10\times10^3}{25}=400(\text{cm/min})$$
$$=4(\text{m/min})$$

例 7-4 图示定位夹紧系统，已知定位压力要求为 10×10^5 Pa，夹紧力要求为 3×10^4 N，夹紧缸无杆腔面积 $A_1=100$ cm²，试回答下列问题：(1) A、B、C、D 各元件名称、作用及其调整压力；(2) 系统的工作过程。

解：(1) 现将 A、B、C、D 各元件的名称、作用及其调整压力列表如下：

项目 标号	名称	作用	调整压力
A	内控外泄式顺序阀	保证先定位、后夹紧的顺序动作	略大于 10×10^5 Pa
B	卸荷阀（外控内泄顺序阀）	定位、夹紧动作完成后，使大流量泵卸荷	略大于 10×10^5 Pa
C	压力继电器	当系统压力达到夹紧压力时，发讯控制其他元件动作	30×10^5 Pa
D	溢流阀	夹紧后，起稳压溢流作用	30×10^5 Pa

(2) 系统的工作过程。

其动作过程：当 1YA 通电，换向阀在左位工作时，双泵供油，定位油缸动作，实现定位；当定位动作结束后，压力升高，升至顺序阀 A 的调整压力值，A 阀打开，夹紧缸运动；当夹紧压力达到所需要夹紧力时，B 阀使大流量泵卸荷，小流量泵继续供油，补偿泄漏，以保持系统压力，夹紧力由溢流阀 D 控制；同时，压力继电器 C 发讯，控制其他相关元件动作。

例 7-5　在图（a）所示回路中，两溢流阀的压力调整值分别为 $p_{Y1}=2$ MPa，$p_{Y2}=10$ MPa，试求：(1) 活塞往返运动时，泵的工作压力各为多少？(2) 如 $p_{Y1}=12$ MPa，活塞往返运动时，泵的工作压力各为多少？(3) 图（b）所示回路能否实现两级调压？这两个回路中所使用的溢流阀有何不同？

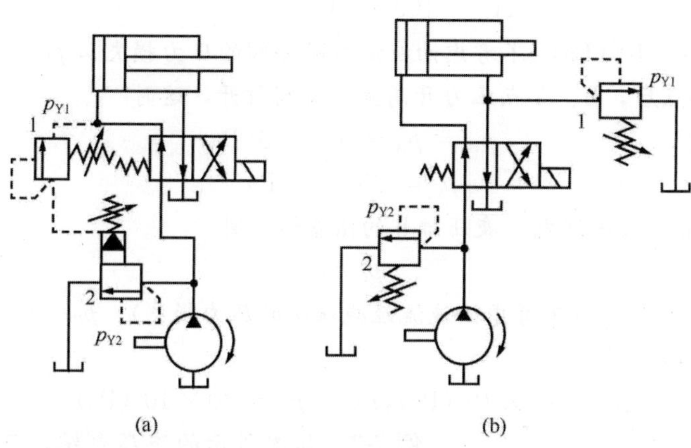

例题 7-5 图

解：(1) 图（a）中，活塞向右运动时，溢流阀 1 由于进出口压力相等，始终处于关闭状态，不起作用，故泵的工作压力由溢流阀 2 决定，即 $p_p=p_{Y2}=10$ MPa。

当图（a）中活塞向左运动时，与溢流阀 2 的先导阀并联着的溢流阀 1 出口压力降为 0，于是泵的工作压力便由两个溢流阀的压力调整值小的那个来决定，即 $p_p=p_{Y1}=2$ MPa。

(2) 活塞向右运动时，泵的工作压力同上，仍为 10 MPa，活塞向左运动时，改为 $p_p=p_{Y2}=10$ MPa。

(3) 图（b）所示回路能实现图（a）所示回路相同的两级调压。阀型选择上，图（a）中的溢流阀 1 可选用流量规格小的远程调压阀，溢流阀 2 必须选用先导式溢流阀；图（b）中的两个溢流阀都须采用先导式溢流阀，或直动式溢流阀，视工作压力而定。

例 7-6　图示液压系统，液压缸的有效面积 $A_1=A_2=100\ \text{cm}^2$，缸Ⅰ负载 $F_1=35\ 000$ N，缸Ⅱ运动时负载为零。不计摩擦阻力、惯性力和管路损失。溢流阀、顺序阀和减压阀的调整压力分别为 40×10^5 Pa、30×10^5 Pa 和 20×10^5 Pa。求在下列三种工况下 A、B、C 三点的压力：(1) 液压泵启动后，两换向阀处于中位；(2) 1YA 通电，液压缸Ⅰ活塞运动时及活塞运动到终端后；(3) 1YA 断电，2YA 通电，液压缸Ⅱ活塞运动时，及活塞碰到固定挡块时。

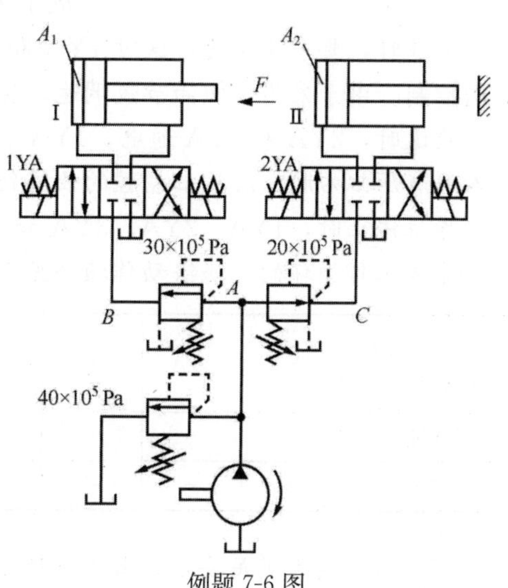

例题 7-6 图

解：(1) 液压泵启动后，两换向阀处于中位时：顺序阀处于打开状态；减压阀的先导阀打开，减压阀口关小，A 点压力变高，溢流阀打

开，这时

$$p_A = 40\times10^5\ \text{Pa}; p_B = 40\times10^5\ \text{Pa}; p_C = 20\times10^5\ \text{Pa}$$

(2) 1YA 通电，液压缸Ⅰ活塞移动时

$$p_B = \frac{F_1}{A_1} = \frac{35\ 000}{100\times10^{-4}} = 35\times10^5\ \text{Pa}$$

$p_A = p_B = 35\times10^5(\text{Pa})$（不考虑油液流经顺序阀的压力损失），$p_C = 20\times10^5(\text{Pa})$

活塞运动到终点后，B、A 点压力升高至溢流阀打开，这时

$$p_B = p_A = 40\times10^5\ \text{Pa}$$

$$p_C = 20\times10^5\ \text{Pa}$$

(3) 1YA 断电，2YA 通电，液压缸Ⅱ的活塞运动时

$$p_C=0$$

$p_A=0$（不考虑油液流经减压阀的压力损失），$p_B=0$

活塞碰到固定挡块时

$$p_C = 20\times10^5(\text{Pa}), p_A = p_B = 40\times10^5(\text{Pa})$$

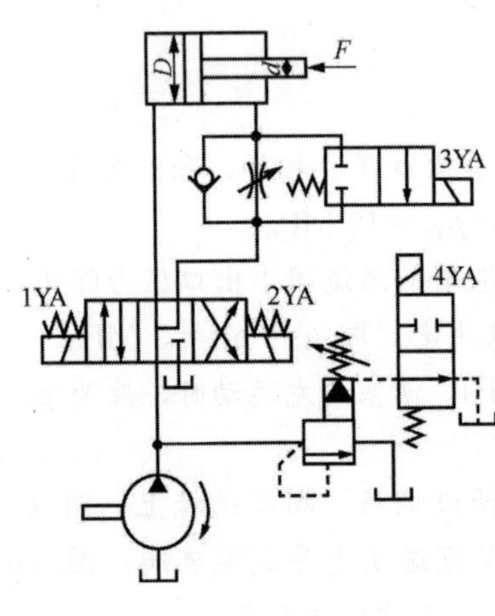

例题 7-7 图

例 7-7 如图所示的液压系统，可完成的工作循环为“快进→工进→快退→原位停止泵卸荷”，要求填上电磁铁动作顺序表。若工进速度 v=5.6 cm/min，液压缸直径D=40mm，活塞杆直径 d=25mm，节流阀的最小流量为 50 mL/min，问系统是否可以满足要求？若不能满足要求应做何改进？

解：(1) 明确电磁铁动作顺序。图示液压系统为出口节流调速回路。三位四通电磁换向阀为 P 型中位机能。当活塞快进时，1YA 和 2YA 断电，3YA 和 4YA 通电。这时三位四通电磁换向阀处于中位，使液压缸左、右腔相通，构成差动连接回路，活塞快速向右运动，完成了快进动作。

工进时，要求速度慢，这时 1YA 和 4YA 通电，而 2YA 和 3YA 断电，回油速度由节流阀控制。由于采用了回油节流调速，溢流阀溢流，可以起到稳定系统压力的作用。

快退时，2YA 和 4YA 通电，1YA 和 3YA 断电，液压泵输出的油液经换向阀和单向阀输入给液压缸右腔；液压缸左腔的油液经三位四通换向阀，直接流回油箱。

原位停止时，1YA、2YA、3YA 和 4YA 都断电，液压泵卸荷。

完成工作循环的电磁铁动作顺序见下表：

电磁铁 / 工作循环	1YA	2YA	3YA	4YA	电磁铁 / 工作循环	1YA	2YA	3YA	4YA
快进	−	−	+	+	快退	−	+	−	+
工进	+	−	−	+	停止	−	−	−	−

(2) 系统是否满足要求。若工进速度 v=5.6 cm/min 时，要求通过节流阀的流量

$$q = vA = v\frac{\pi}{4}(D^2 - d^2) = 5.6\times\frac{\pi}{4}(4^2 - 2.5^2) = 43(\text{mL/min})$$

节流阀的最小稳定流量已知是 50 mL/min，但要求的最小流量 q=43 mL/min，因此不能满足最低速度 v=5.6 cm/min 的要求，应选用更小的最小稳定流量的节流阀，即节流阀的最小稳定流量 $q_{\min}$<43 mL/min。如改为进口节流调速，满足速度 v=5.6 cm/min，则流量为

$$q = vA = v\frac{\pi}{4}D^2 = 5.6\times\frac{\pi}{4}\times 4^2 = 70.4(\text{mL/min})$$

可以满足要求。由此可知，对于单出杆的液压缸，在无杆腔侧调速时，用同样的节流阀可获得更小的稳定速度。

例 7-8　图示进口节流调速系统，节流阀为薄壁孔型，流量系数为 C=0.67，油的密度 ρ=900 kg/m^3，溢流阀的调整压力 p_Y=12×10^5 Pa，泵流量 q=20 L/min，活塞面积 A_1=30 cm^2，负载 F=2400 N。试分析节流阀从全开到逐渐调小过程中，活塞运动速度如何变化及溢流阀的工作状况。

解：液压缸工作压力

$$p_1 = \frac{F}{A_1} = \frac{2\,400}{30\times 10^{-4}} = 8\times 10^5(\text{Pa})$$

液压泵工作压力　　　　$p_p = p_1 + \Delta p$

式中　Δp——节流阀前后压差，其大小与通过节流阀的流量有关。

当 $p_p < p_Y$ 时，溢流阀处于关闭状态，泵流量全部进入液压缸。此时如将节流阀开口逐渐关小，活塞运动速度并不因节流阀开口面积改变而发生变化，但是泵工作压力在逐渐升高。

当 $p_p = p_Y$ 时，溢流阀开启，部分油液通过溢流阀流回油箱，泵工作压力保持在 12×10^5 Pa 而不再继续升高。只有在溢流阀处于常开工况后，节流阀开口变化，活塞运动速度也随之变化。

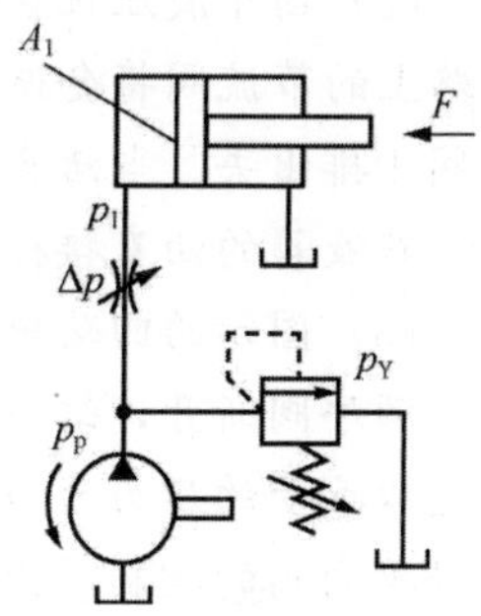

例题 7-8 图

取 $\Delta p = p_Y - p_1 = (12-8)\times 10^5 = 4\times 10^5$ Pa，代入节流小孔流量公式：

$$Q = C\cdot a\cdot\sqrt{\frac{2}{\rho}\Delta p}$$

得　　$$a = \frac{Q}{C\sqrt{\frac{2}{\rho}\Delta p}} = \frac{20\times 10^{-5}/60}{0.67\times\sqrt{\frac{2}{900}\times 4\times 10^5}} = 0.167\ (\text{cm})^2$$

当节流阀开口面积 a>0.167 cm^2 时，溢流阀处于关闭状态，调节 a 大小不会引起活塞运动速度变化。

$$v = \frac{Q}{A_1} = \frac{20\times 10^3}{30} = 667(\text{cm/min})$$

当节流阀开口面积 a<0.167 cm^2 时，溢流处于开启状态，调节 a 大小，便会使活塞运动速度得到改变。

例 7-9 图示为大吨位液压机常用的一种泄压回路。其特点为液压缸下腔油路上装置一个由上腔压力控制的顺序阀（卸荷阀）。活塞向下工作行程结束时，换向阀可直接切换到右位使活塞回程，这样就不必使换向阀在中间位置泄压后再切换。分析该回路工作原理后说明：（1）换向阀 1 的中位有什么作用？（2）液控单向阀（充液阀）4 的功能是什么？（3）开启液控单向阀的控制压力 p_k 是否一定要比顺序阀调定压力 p_x 大？

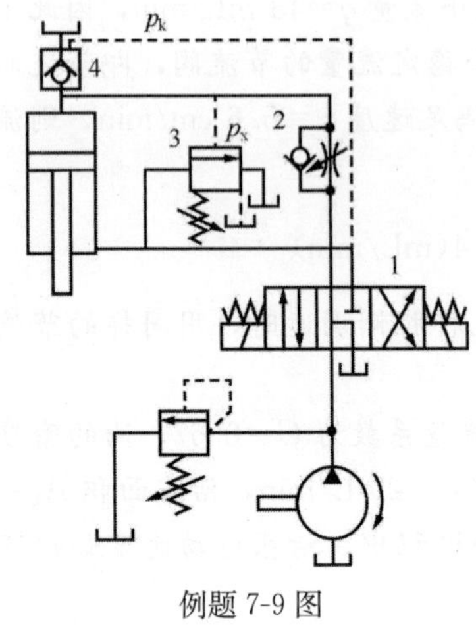

例题 7-9 图

解： 工作原理：活塞工作行程结束后换向阀 1 切换至右位，高压腔的压力通过单向节流阀 2 和换向阀 1 与油箱接通进行泄压。当缸上腔压力高于顺序阀 3 的调定压力［一般为 $(20\sim40)\times10^5$ Pa］时，阀处于开启状态，泵的供油通过顺序阀 3 排回油箱。只有当上腔逐渐泄压到低于顺序阀 3 调定压力（一般为）时，顺序阀关闭，缸下腔才升压并打开液控单向阀使活塞回程。

（1）换向阀 1 的中位作用：当活塞向下工作行程结束进行换向时，在阀的中位并不停留，只有当活塞上升到终点时换向阀才切换到中位，所用的 K 型中位机能可以防止滑块下滑，并使泵卸载。

（2）由于液压机在缸两腔的有效面积相差很大，活塞向上回程时上腔的排油量很大，管路上的节流阀将会造成很大的回油背压，因此设置了充液阀 4。回程时上腔的油可通过充液阀 4 排出去。当活塞利用重力快速下行时，若缸上腔油压出现真空，充液阀 4 将自行打开，充液箱的油直接被吸入缸上腔，起着充液（补油）的作用。

（3）图示的回路中在换向时要求上腔先泄压，直至压力降低到顺序阀 3 的调定压力 p_x 时，顺序阀断开，缸下腔的压力才开始升压。在液控顺序阀 3 断开瞬间，液控单向阀 4 反向进口承受的压力为 p_x［$(20\sim40)\times10^5$Pa］，其反向出口和油箱相通，无背压，因此开启液控单向阀的控制压力只需 $p_k=(0.3\sim0.5)p_x$ 即可。

例 7-10 如图所示的系统中，主工作缸Ⅰ负载阻力 $F_Ⅰ=2000$ N，夹紧缸Ⅱ在运动时负载阻力很小，可忽略不计。两缸大小相同，大腔面积 $A_1=20$ cm^2，小腔有效面积 $A_2=10$ cm^2，溢流阀调整值 $p_Y=30\times10^5$ Pa，减压阀调整 $p_J=15\times10^5$ Pa。试分析：（1）当夹紧缸Ⅱ运动时：p_A 和 p_B 分别为多少？（2）当夹紧缸Ⅱ夹紧工件时，p_A 和 p_B 分别为多少？（3）夹紧缸Ⅱ最高承受的压力 p_{max} 为多少？

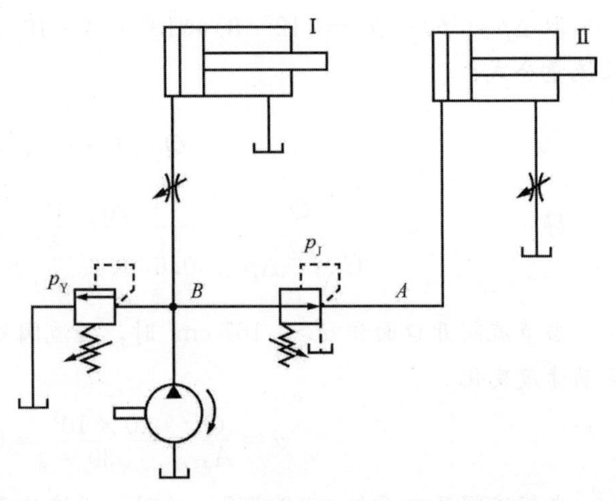

例题 7-10 图

解：（1）（2）由于节流阀安装在夹紧缸的回油路上，属回油节流调速。因

此无论夹紧缸在运动时或夹紧工件时，减压阀均处于工作状态，$p_A=p_J=15\times10^5$ Pa。溢流阀始终处于溢流工况，$p_B=p_Y=30\times10^5$ Pa。

(3) 当夹紧缸负载阻力 $F_{\mathrm{II}}=0$ 时，在夹紧缸的回油腔压力处于最高值：$p_{max}=(A_1/A_2)p_A=(2\times15)\times10^5=30\times10^5$(Pa)。

习题

7-1　常用的换向回路有哪些？一般应用在什么情况下？

7-2　图示的调速回路是怎样进行工作的？写出其回路效率表达式。

7-3　图示液压系统，溢流节流阀安装在回油路上，试分析能否起速度稳定作用？并说明理由。

7-4　如图所示，(a)、(b) 节流阀同样串联在液压泵和执行元件之间，调节节流阀的通流面积，能否改变执行元件的运动速度？为什么？

7-5　如图所示的液压回路，如果液压泵的输出流量 $q_p=10$ L/min，溢流阀的调整压力 $p_Y=2$ MPa，两个薄壁孔型节流阀的流量系数 $C_q=0.67$，开口面积 $A_{T1}=0.02$ cm^2，$A_{T2}=0.01$ cm^2，油液密度 $\rho=900$ kg/m^3。试求在不考虑溢流阀的调压偏差时：(1) 液压缸大腔的最高工作压力；(2) 溢流阀可能出现的最大溢流量。

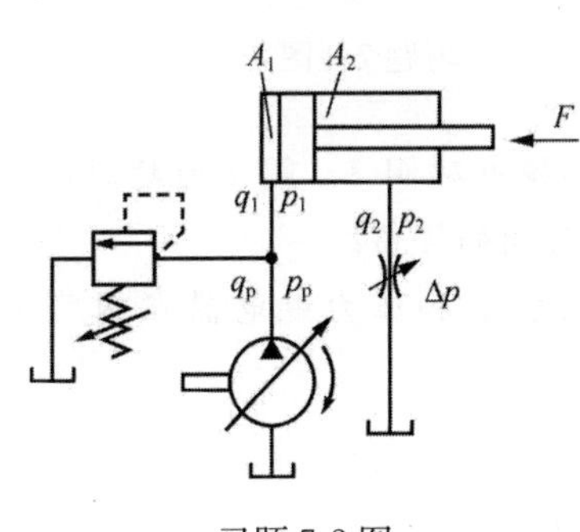

习题 7-2 图

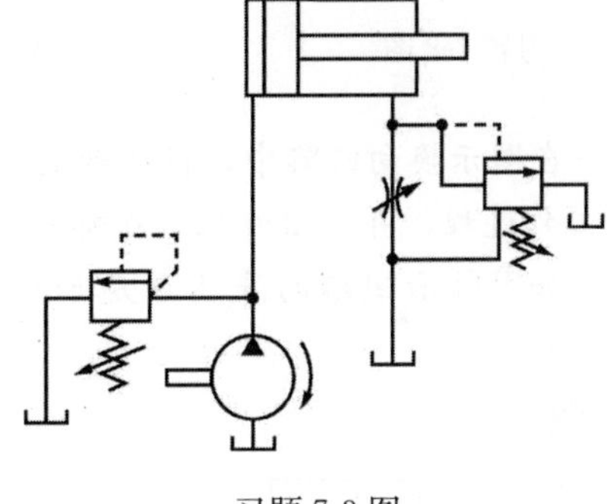

习题 7-3 图

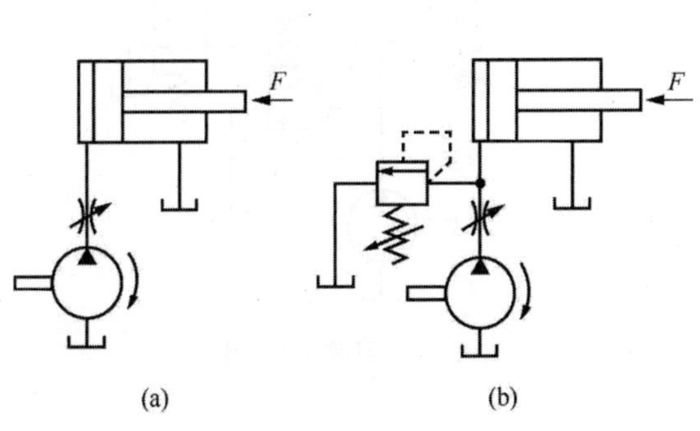

习题 7-4 图

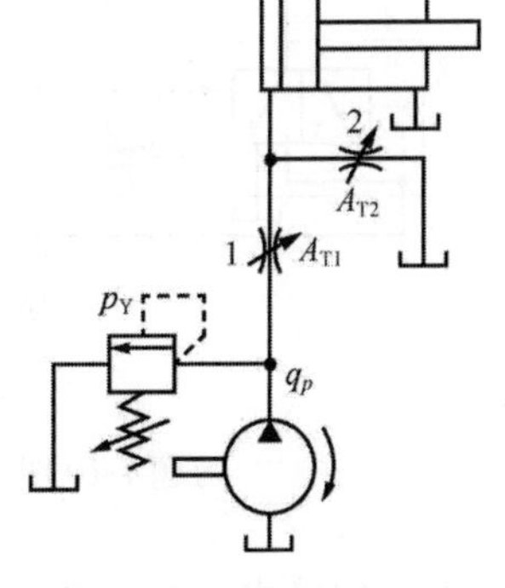

习题 7-5 图

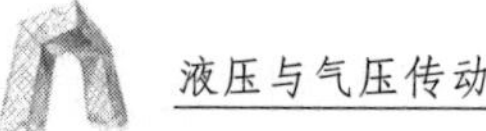

7-6　在液压系统中为什么要设置背压回路？背压回路与平衡回路有何区别？

7-7　如何调节执行元件的运动速度？常用的调速方法有哪些？

7-8　图示变量泵—定量马达系统，已知液压马达的排量 $q_m=120\ cm^3/r$，油泵排量为 $q_p=10\sim50\ cm^3/r$，转速 $n_p=1\ 200\ r/min$，安全阀的调定压力 $p_Y=100\times10^5\ Pa$，设泵和马达的容积效率和机械效率均为 100%，试求：马达的最大输出转矩 M_{max} 和最大输出功率 P_{max} 及调速范围。

7-9　在图示回路中，已知活塞运动时的负载 $F=1200\ N$，活塞面积 $A=15\ cm^2$，溢流阀调整值为 $p_Y=4.5\ MPa$，两个减压阀的调整值分别为 $p_{J1}=3.5\ MPa$，$p_{J2}=2\ MPa$。如油液流过减压阀及管路时的损失可略去不计，试确定活塞在运动时和停在终端位置处时，A、B、C 三点的压力。

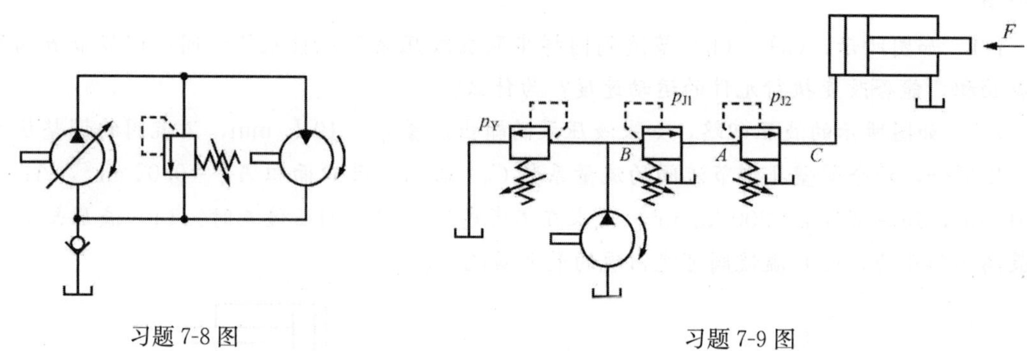

习题 7-8 图　　　　习题 7-9 图

7-10　在图示换向回路中，行程开关 1、2 用以切换电磁阀 3，阀 4 为延时阀。试说明该回路的工作过程，并指出液压缸在哪一端时可作短时间的停留。

7-11　如图所示回路的液压泵是如何卸荷的？蓄能器和压力继电器在回路中起什么作用？

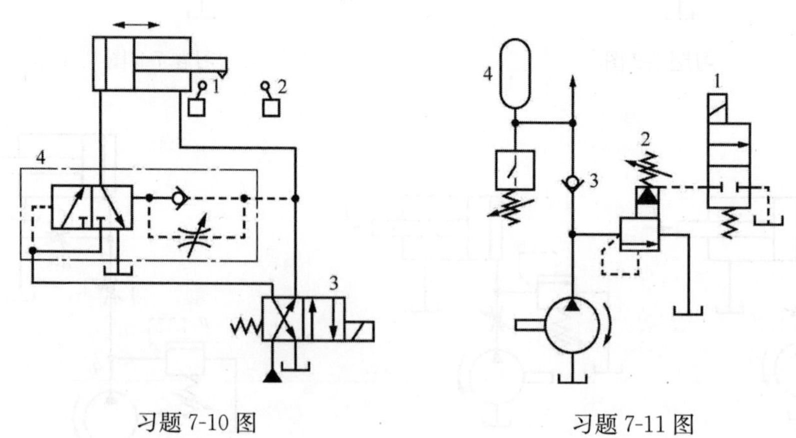

习题 7-10 图　　　　习题 7-11 图

7-12　图示回路中，变量泵的转速为 1200 r/min，排量 q_p 在 0～8 mL/r 可调，安全阀调整压力 4 MPa、变量马达排量 q_m 在（4～12）mL/r 可调。如在调速时要求液压马达输出

尽可能大的功率和转矩，试分析（所有损失均不计）：(1) 如何调整泵和马达才能实现这个要求？(2) 液压马达的最高转速、最大输出转矩和最大输出功率可达多少？

7-13　为机床液压系统选择调速回路时要考虑哪些问题？

7-14　在图示双向差动回路中，A_A、A_B、A_C分别代表液压缸左、右腔及柱塞缸的有效工作面积，q_p为液压泵输出流量。如$A_A > A_B$，$A_B + A_C > A_A$，试求活塞向左和向右移动时的速度表达式。

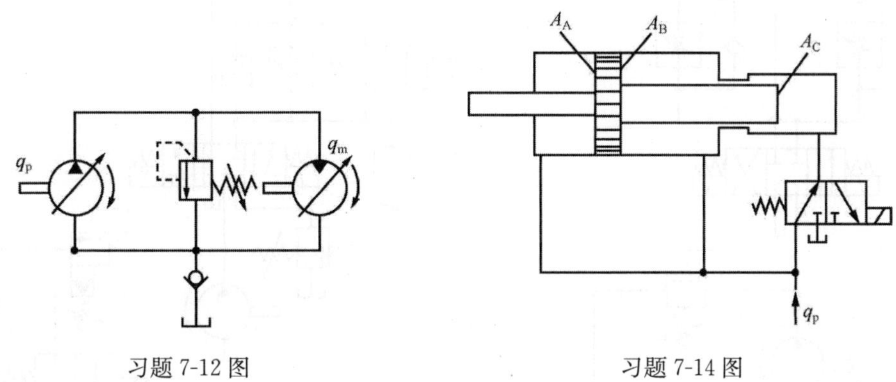

习题 7-12 图　　　　习题 7-14 图

7-15　在图示回路中，如p_{Y1}=2 MPa，p_{Y2}=4 MPa，卸荷时的各种压力损失均可忽略不计，试列表表示 A、B 两点处在电磁阀不同调度工况下的压力值。

7-16　说明图示卸荷回路的工作原理及其特点。

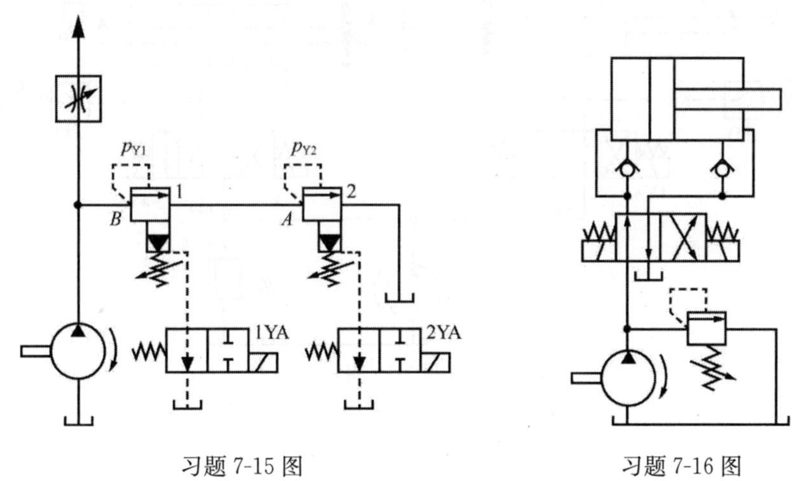

习题 7-15 图　　　　习题 7-16 图

7-17　试说明图示同步回路的工作原理和特点。

7-18　图示为实现“快进→工进→快退”动作的回路（活塞右行为“进”，左行为“退”），如设置压力继电器的目的是控制活塞换向，试问：图中有哪些错误？为什么是错的？应如何改正？

7-19　(1) 试列表说明图示压力继电器式顺序动作回路是怎样实现①→②→③→④顺

序动作的？(2) 在元件数目不增加，排列位置允许变更的条件下如何实现①→②→④→③顺序动作？画出变动顺序后的液压回路图。

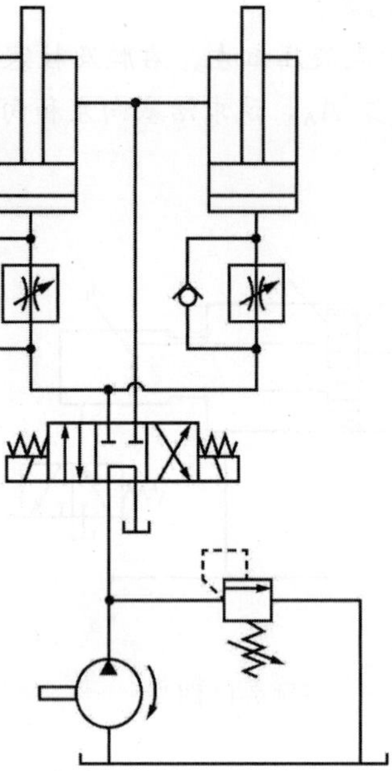

习题 7-17 图

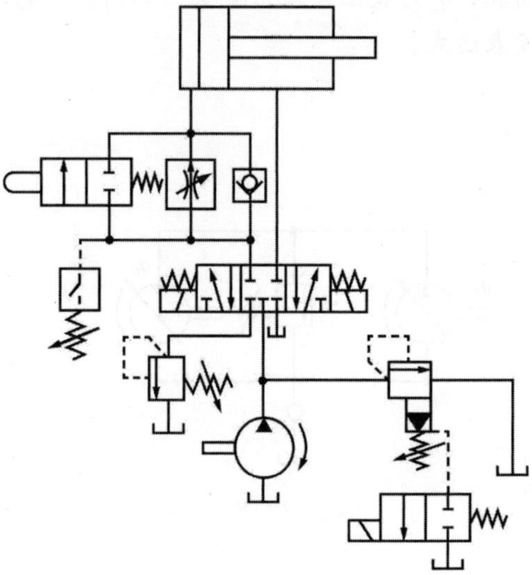

习题 7-18 图

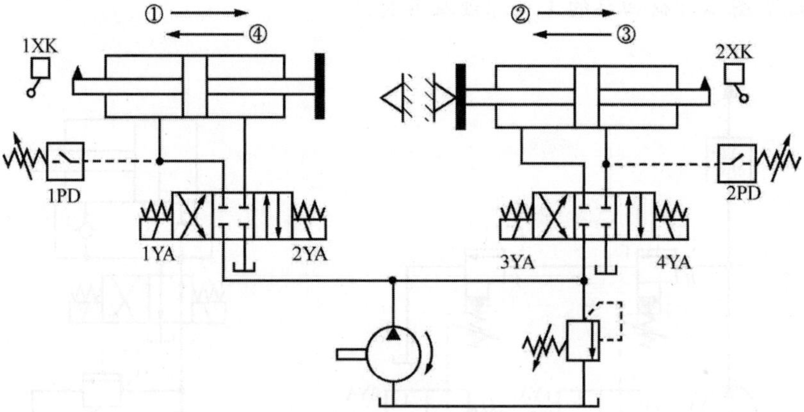

习题 7-19 图

第8章

液压传动系统分析与设计

学习要点

本章的内容包括液压系统分析和液压系统设计。(1) 要设计好系统，必须先了解和掌握现有的系统，以借鉴前人的经验。为此，本章有选择地介绍四种典型的液压系统，通过对这些液压系统的分析，可以加深对基本回路的认识，了解液压系统组成的规律，为今后分析其他液压系统和设计新的液压系统打下基础。(2) 液压系统的设计与计算是对前面各章内容的综合运用。本章介绍液压传动系统设计的一般步骤、注意事项和设计计算方法。

液压传动广泛应用在机械制造、冶金、轻工、起重运输、工程机械、船舶、航空等各个领域。根据液压主机的工作特点、工作环境、动作循环以及工作要求，其液压传动系统的组成、作用和特点不尽相同。液压系统是根据液压设备的工作要求，选用适当的基本回路构成的，它一般用液压系统图来表示。在液压系统图中，各个液压元件及它们之间的连接与控制方式，均按标准图形符号（或半结构式符号）画出。

分析液压系统，首先，必须对系统的工况进行分析，看系统是如何满足工况要求的；其次，再分析系统的特点。分析液压系统一般可以按照以下步骤进行。

(1) 了解液压设备的功用。重点是液压传动装置实现了哪些运动；具体工艺对于液压传动系统的要求等。

(2) 分清主次。首先分析各个主运动所需的主油路和控制油路，然后分析润滑油路一类的辅助油路。

(3) 分析系统中各液压元件的作用。搞清系统由哪些基本回路组成，并对重点问题进行分析。

(4) 归纳总结整个液压系统的优缺点。

8.1 液压传动系统的形式

液压系统应用领域不同，其特点也不同。在航空、国防领域，可靠性是系统所追求的；在大型重载设备行列，节能降耗是设计系统必须考虑的。液压传动系统按其应用行业可分为航空液压系统、工程机械液压系统、冶金液压系统、机床液压系统等；按系统特点可以分为以压力控制为主的液压系统、以速度变换为主的液压系统、以换向精度为主的液压系统；按系统的功率可分为大功率液压系统、中功率液压系统、小功率液压系统；按系统压力等级可分为超高压液压系统、高压液压系统、中高压液压系统、中压液压系统、低压液压系统；按油液的循环方式不同，有开式系统和闭式系统之分；按系统中液压泵的数目，

可分为单泵系统、双泵系统和多泵系统。

8.1.1 开式系统与闭式系统

液压系统按照液流循环方式的不同，可以分为开式系统与闭式系统。

1. 开式系统

一般情况下，常见的液压系统均为开式系统，图 8-1 所示就是一个液压开式系统。液压泵从油箱吸入液压油，经过换向阀送入液压缸（或液压马达）的进油腔，其回油腔的油最终返回油箱，工作油液可以在油箱中进行冷却和沉淀，然后再进行工作循环。开式系统的特点如下：

（1）液压油在系统中循环使用时，油箱是一个重要环节。

（2）执行元件的启动、停止、换向均由方向控制阀进行控制。

（3）系统结构简单、油液散热条件好。

（4）开式系统所需油箱的容积较大，且系统结构不紧凑。

（5）油液与空气长期接触，空气容易混入。

由于开式系统具有上述特点，因而它多用于一些固定设备，如各种机床和压力机等液压系统中。

2. 闭式系统

图 8-2 所示为闭式液压系统。液压泵 1 排出的压力油直接进入液压马达 3 的进油口，驱动液压马达 3 旋转，液压马达 3 的回油返回液压泵 1 的进油口，这样工作油液不断在液压泵 1 和液压马达 3 之间循环流动，形成一个闭合回路。为了补偿系统中的泄漏（包括液压泵、液压马达和控制阀等处的泄漏）损失，防止液压泵 1 因供油不足而引起吸空现象，及其补偿液压泵 1 和液压马达 3 瞬时流量的不均，闭式循环系统必须设置一个补油泵 2，以便向低压支路进行补油。为了解决闭式循环回路的散热问题，系统中一般都要设置液动换向阀，使低压支路的一部分热油可以通过它并经背压阀 6 和冷却器流回油箱，由此减少的油液由补油泵 2 进行补充。因而液动换向阀 7 也称为热交换阀。图中溢流阀 4 是补油泵 2 的低压溢流阀，为使补油泵 2 的油全部进入回油支路，则溢流阀 4 的调整压力要高于背压阀 6 的调整压力，溢流阀 4 是限制系统最高压力的安全阀。

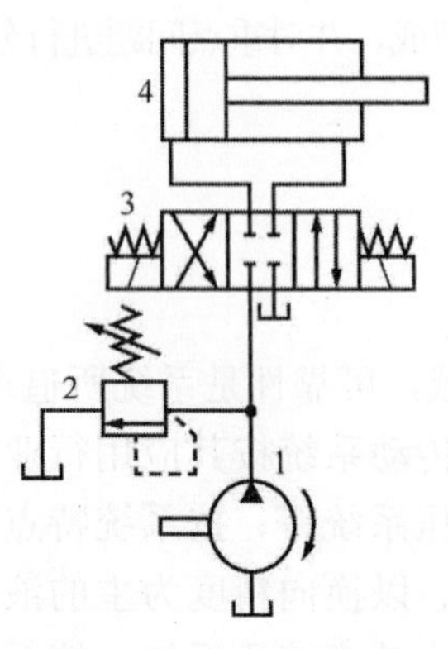

图 8-1 开式液压系统

1—液压泵；2—溢流阀；3—换向阀；4—液压缸

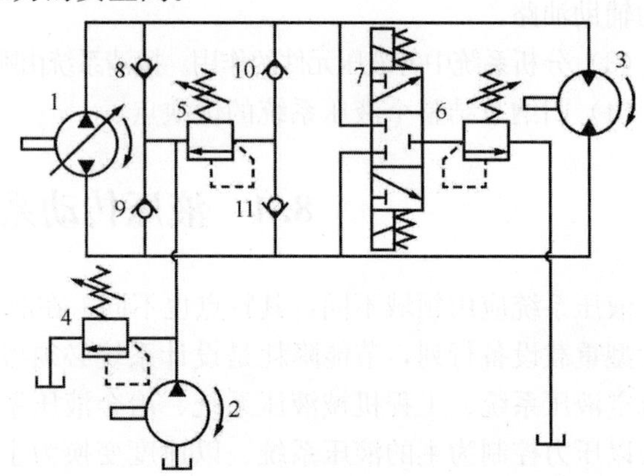

图 8-2 闭式液压系统

1—液压泵；2—补油泵；3—液压马达；4—溢流阀；5—安全阀；6—背压阀；7—液动换向阀；8，9，10，11—单向阀

与开式系统相比，闭式系统的特点如下：

(1) 系统中液压泵的出油管直接与液压马达进油管相接，液压马达的出油管直接接入液压泵的进油管。

(2) 执行元件的转向和转速由双向变量泵来控制。

(3) 系统结构复杂，油液散热条件差。

(4) 油箱容积小，但系统结构紧凑。

(5) 系统封闭性能好。

闭式系统常用于大功率传动的行走机械中，如工程机械的液压系统。

8.1.2　单泵系统和多泵系统

按照系统中液压泵的个数，可将系统分为单泵系统、双泵系统和多泵系统。由一个液压泵向一个或一组执行元件供油的液压系统，称为单泵液压系统。两个单泵液压系统组成双泵液压系统。在液压系统中采用两台以上的液压泵向系统供油，即为多泵液压系统。

1. 单泵系统

单泵系统在液压系统中应用较为广泛。它既可以控制一个执行元件，也可以控制多个执行元件动作。在单泵多执行元件系统中，按照执行元件与液压泵的连接关系不同，可分为并联回路、串联回路和串并联回路等三种形式。

1) 并联回路

如图 8-3 所示，液压泵排出的压力油同时进入两个以上的执行元件，而它们的回油共同流回油箱，这种回路称为并联回路，这种回路的特点是各执行元件中的油液压力均相等，都等于油泵的调定压力，而流量可以不相等，但其流量之和应等于泵的输出流量。另一特点是各执行元件可单独操作，而且相互影响小。并联回路常采用多路阀操纵各执行元件的动作。

2) 串联回路

如图 8-4 所示，液压泵排出的液压油进入第一个执行元件，而此元件的回油又作为下一个执行元件的进油，这种连接的油路称为串联回路。串联回路的特点是进入各执行元件的流量相等，各执行元件的压力之和等于液压泵的工作压力。

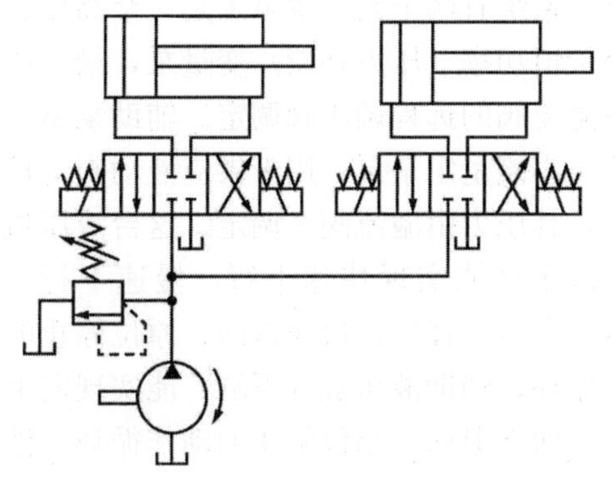

图 8-3　并联回路

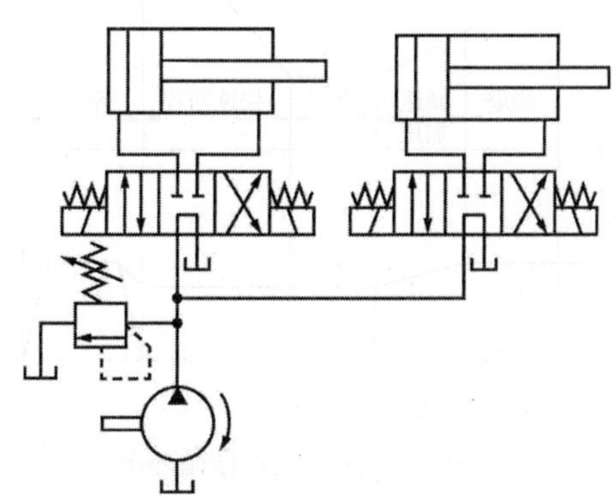

图 8-4　串联回路

3）串并联回路

系统中执行元件既有串联又有并联的回路称为串并联回路。这种回路兼有串联回路和并联回路的特点。

2. 双泵系统

双泵供油液压系统由两个油泵供油。系统中每一个泵可以分别向各自回路的执行元件供油，为其提供动力。每个泵的功率根据各自回路所需而定。

当系统中只需要进行单个动作，同时又要考虑发动机功率的充分利用，此时可采用合流供油方式，即两个液压泵同时向一个执行元件供油。这样，执行机构速度可增加一倍。这种双泵液压系统在中小型挖掘机、起重机、组合机床液压系统中已被广泛使用。

3. 多泵系统

多泵液压系统由三个或三个以上的液压泵组成，每个泵分别向不同执行元件供油，也可以按照需要把两个或多个泵合流使用。

8.2 典型液压系统

8.2.1 液压压力机液压系统

液压压力机是锻压、冲压、冷挤、校直、弯曲、粉末冶金、成形、打包等工艺中广泛应用的压力加工机械，可用于加工金属、塑料、木材、皮革、橡胶等各种材料，是最早应用液压传动的压力加工机械。

液压压力机的结构形式很多，最常用的是三梁四柱式液压压力机，通常由横梁、立柱、工作台、滑块和顶出机构等部件组成。液压压力机的主运动为滑块和顶出机构的运动。滑块由主液压缸（上缸）驱动，顶出机构由辅助液压缸（下缸）驱动。其典型动作循环图如图 8-5 所示。液压机液压系统的特点是压力高、流量大、功率大，以压力的变换和控制为主。

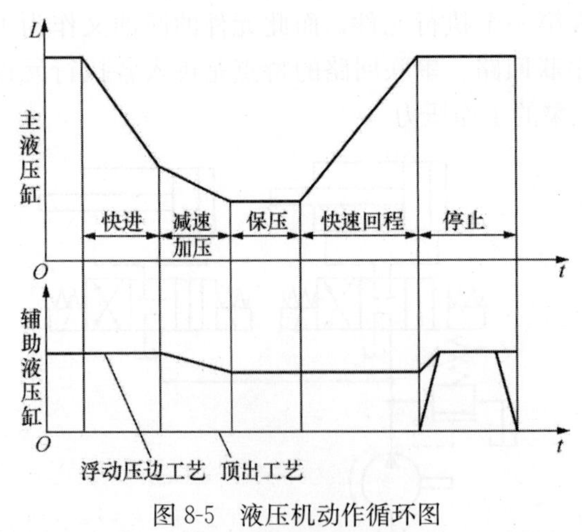

图 8-5　液压机动作循环图

1. 3150 kN 通用液压机工作原理

以 3150 kN 通用液压压力机为例，分析其液压系统的工作原理和特点。由图 8-6 可见，系统有两个泵，主泵 1 是一个高压、大流量恒功率（压力补偿）变量泵，最高压力由溢流阀的远程调压阀调定。辅助泵是一个低压小流量定量泵，用于供应液动阀的控制油，其压力由溢流阀 3 调定。这台液压机的主液压缸能实现快速下行、慢速下行、加压、保压、释压、快速返回、原位停止的动作循环；辅助液压缸（下缸）能实现向上顶出、向下退回、原位停止的动作循环。液压机的液压系统实现空载启动；按下启动按钮后，液压泵启动，此时所有电磁阀的电磁铁都处于断电状态，三位四通电液换向阀 6 和 21 处于中位，它们的中位机能分别是 M 型和 K

型。油液流向为：主泵 1→电液换向阀 6→电液换向阀 21→油箱。表 8-1 所示是 3 150 kN 通用液压机动作顺序表。

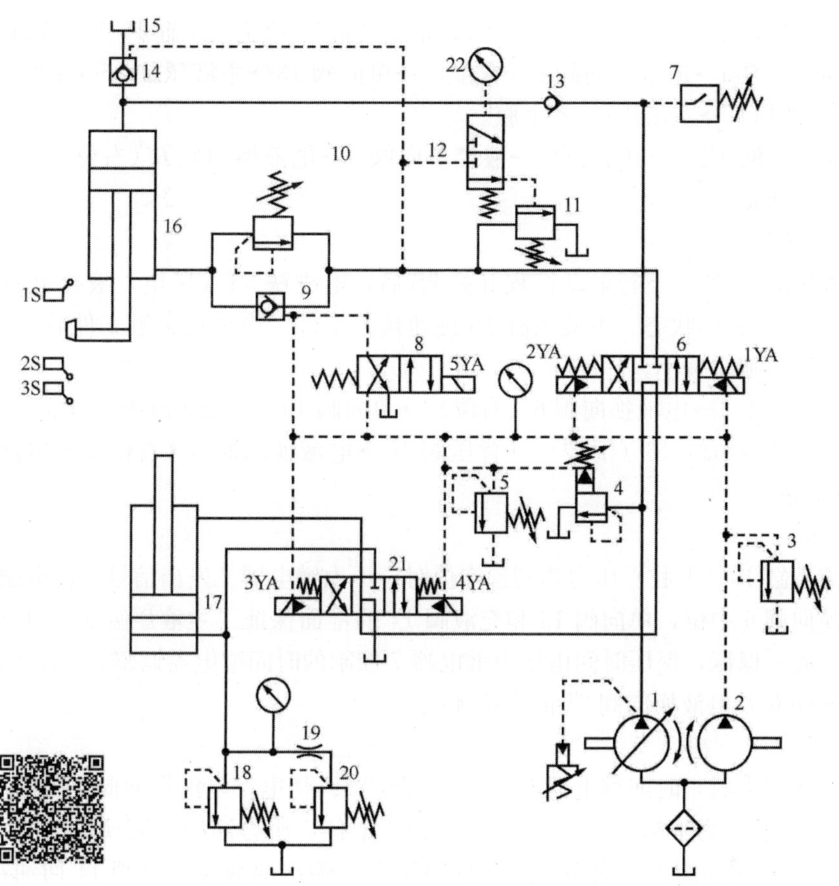

图 8-6　3150 kN 通用液压机液压系统图

1—主泵；2—辅助泵；3，4，18—溢流阀；5—远程调压阀；6，21—电液换向阀；7—压力继电器；8—电磁换向阀；9—液控单向阀；10，18，20—背压阀；11—顺序阀；12—液动换向阀；13—单向阀；14—充液阀；15—充液油箱；16—主液压缸；17—辅助液压缸；19—节流器；22—压力表

表 8-1　3150 kN 通用液压机电磁铁动作顺序表

动作程序		1Y	2Y	3Y	4Y	5Y	动作程序		1Y	2Y	3Y	4Y	5Y
主缸	快速下行	+				+	辅缸	顶出			+		
	慢速加压	+											
	保压							退出				+	
	泄压、回程		+										
	停止							压边	+				

1）快速下行

液压泵启动后，按下工作按钮，电磁铁1YA、5YA通电，使电液换向阀6和电磁换向阀8右位工作，液控单向阀9处于打开的状态。上缸滑块在自重作用下迅速下降，主泵1虽输出最大流量，依然不能满足需要，因而充液油箱15给主液压缸16上腔充液。

进油路：主泵1→电液换向阀6（右位）→单向阀13→主液压缸16（上腔）→充液油箱15（充液阀14）→主液压缸16上腔。

回油路：主液压缸16（下腔）→液控单向阀9→电液换向阀6（右位）→电液换向阀21（中位）→油箱。

2）慢速下行、加压

当主液压缸16滑块下行触动行程开关2S后，电磁铁5YA断电，液控单向阀9关闭。充液阀14亦处于关闭状态。主液压缸16慢速接近工件。当滑块接触工件后，上腔压力升高，主泵1流量随之减小。

进油路：主泵1→电液换向阀6（右位）→单向阀13→主液压缸16（上腔）。

回油路：主液压缸16（下腔）→背压阀10→电液换向阀6（右位）→电液换向阀21（中位）→油箱。

3）保压

当主液压缸16（上腔）压力达到预定值时，压力继电器7发出信号，使电磁铁1YA失电，电液换向阀6中位，单向阀13和充液阀14的锥面保证了主液压缸16（上腔）密封良好，使（上腔）保压，保压时间由压力继电器7控制的时间继电器调整。保压期间，主泵1经电液换向阀6及电液换向阀21的中位卸载。

4）释压

保压过程结束后，时间继电器发讯，电磁铁2YA得电，电液换向阀6换至左位。由于主液压缸16上腔压力很高，液动换向阀12处于上位，压力油经电液换向阀6及液动换向阀12，控制外控顺序阀11，使其开启。此时主泵1输出油液经顺序阀11回油箱。主液压泵1在低压下工作，此压力不足以打开充液阀14（见图8-7）的主阀芯，而是先打开充液阀14中的卸载阀芯，使主液压缸16（上腔）的油液经此卸载阀阀口泄回充液油箱15，压力逐渐降低。

5）快速返回

当液压缸上腔的压力卸至一定值时，液动换向阀12下位工作，则外控顺序阀11关闭，主泵1供油压力升高，充液阀14完全打开，此时油液流动情况如下。

进油路：主泵1→电液换向阀6（左位）→液控单向阀9→主液压缸16（下腔）。

回油路：主液压缸16（上腔）→充液阀14→充液油箱15，实现主缸快速回程。

6）主液压缸原位停止

当液压缸滑块上升触动行程开关1S，使电磁铁2YA失电，电液换向阀6处于中位，液控单向阀9将主液压缸16下腔封闭，主液压缸16原位停止。主泵1输出油液经电液控制阀6、电液控制阀21中位回油箱，主泵1卸载。

7）辅助液压缸顶出及退回

按下顶出按钮，电磁铁3YA得电，电液换向阀21左位工作。

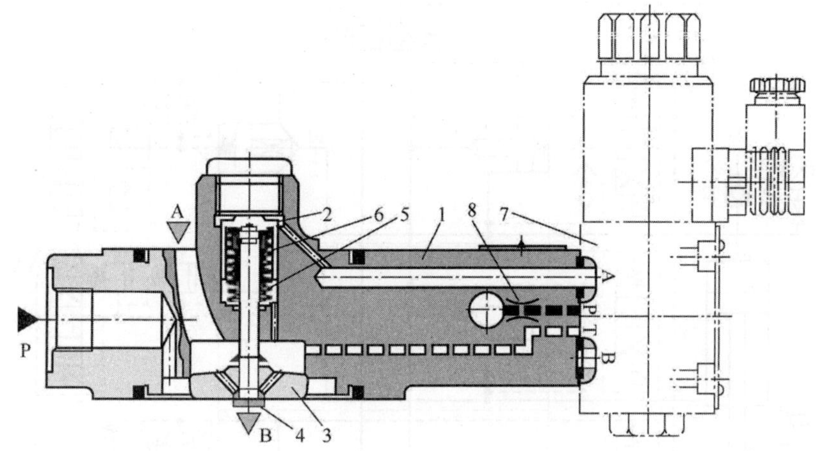

图 8-7　充液阀

1—阀体；2—控制活塞；3—主阀芯；4—卸载小阀芯；5—复位弹簧；6—弹簧座；7—电磁换向阀；8—阻尼

进油路：主泵 1→电液换向阀 6（中位）→电液换向阀 21（左位）→辅助液压缸 17（下腔）。

回油路：辅助液压缸 17（上腔）→电液换向阀 21（左位）→油箱。辅助液压缸 17 活塞上升，顶出。

按下退回按钮，使电磁铁 3YA 失电，4YA 得电，电液换向阀 21 右位工作，液压缸活塞下行，退回。

8）浮动压边

作薄板拉伸压边时，要求主液压缸 16 活塞上升到一定位置后，既保持一定压力，又能随主液压缸 16 滑块的下压而下降。这时，电液换向阀 21 处于中位，主液压缸 16 滑块下压时液压缸 17 活塞被迫随之下行，液压缸 17 下腔油液经节流器 19 和背压阀 20 流回油箱，使主液压缸 17 下腔保持所需的压变压力。调节背压阀 20 即可改变浮动压边压力。主液压缸 17 上腔则经电液换向阀 21 中位从油箱补油。溢流阀 18 为主液压缸 17 下腔安全阀。

综上可知，该液压机液压系统主要由压力控制回路、换向回路、快慢速转换回路和泄压回路等组成，其特点如下。

（1）系统采用高压大流量恒功率（压力补偿）变量泵供油和自重充液的快速运动回路，这样即符合工艺要求，又节省了能量。

（2）单向阀 13 和充液阀 14 的锥面保证了主液压缸 16 上腔良好的密封性，使上腔保压，保压时间由压力继电器控制的时间继电器调整。

（3）由顺序阀 11 和带卸载阀芯的充液阀 14 组成的泄压回路，结构简单，减小了由保压转换为快速回程的液压冲击。

2. 3150 kN 液压机插装阀集成系统原理

图 8-8 所示为 3150 kN 插装阀式液压机液压系统原理图，由图可见，系统包括五个插装阀集成块：进油调压集成块、主液压缸上腔集成块、主液压缸下腔集成块、辅助液压缸上腔集成块、辅助液压缸下腔集成块。

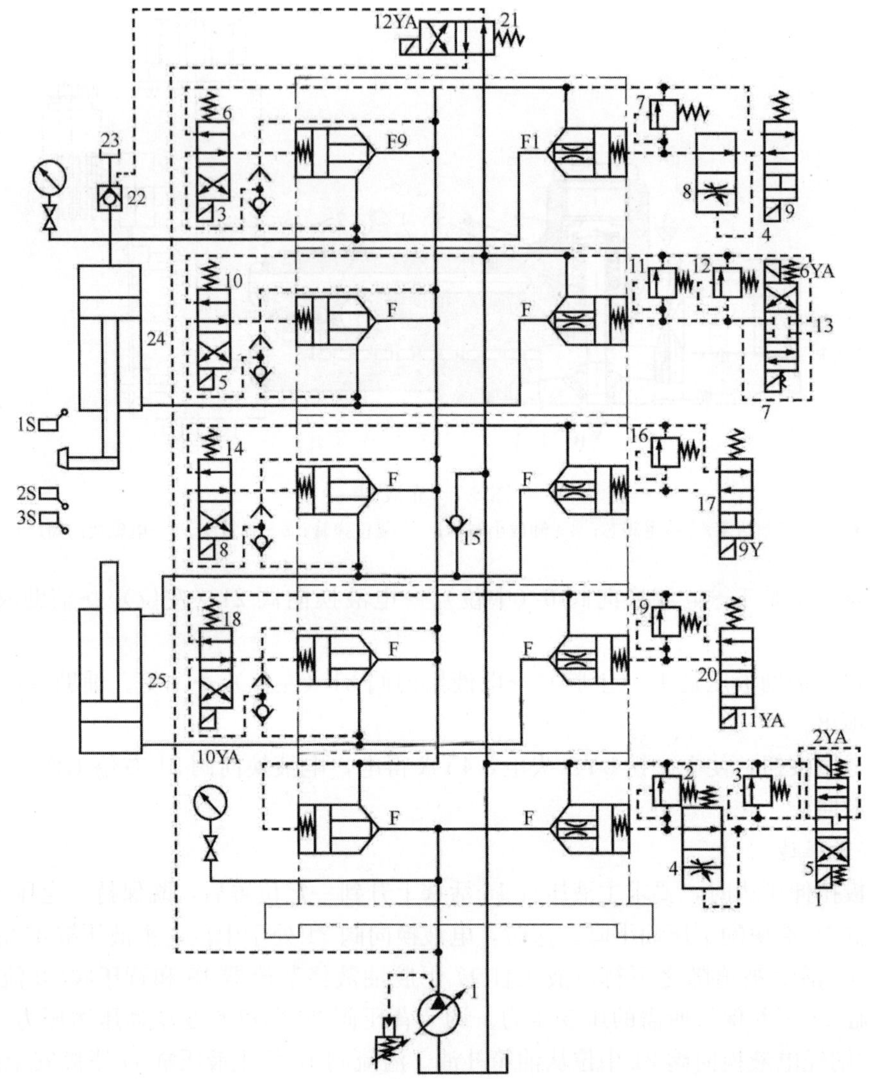

图 8-8　3150 kN 插装阀式液压机液压系统原理图

1—液压泵；2，3，7，11，12，16，19—调压阀；4，8—缓冲阀；5，13—三位四通电磁阀；6，9，10，14，17，18，20，21—二位四通电磁阀；15—单向阀；22—充液阀；23—充液油箱；24—主液压缸；25—辅助液压缸

进油集成块由插装阀 F1、F2 组成，插装阀 F1 为单向阀，用于防止系统油液向液压泵倒流，插装阀 F2 和调压阀 2 组成安全阀，限制系统的最高压力；插装阀 F2 和调压阀 3、三位四通电磁阀 5 组成电磁溢流阀，用来调整系统工作压力；插装阀 F2 和缓冲阀 4、三位四通电磁阀 5 配合，用于缓和液压泵 1 卸荷和升压时的冲击。主液压缸 24 上腔集成块由插装阀 F9 和插装阀 F10 组成，插装阀 F9 和二位四通电磁阀 6 组成一个二位二通电磁阀，用于控制主液压缸 24 上腔的进油；插装阀 F10 和二位四通电磁阀 9 控制主液压缸 24 上腔的回油；插装阀 F10 和缓冲阀 8、二位四通电磁阀 9 配合，用于主液压缸 24 上腔释压缓冲；

插装阀 F10 和调压阀 7 组成安全阀，限制主液压缸 24 上腔的最高压力。主液压缸下腔集成块由插装阀 F7 和插装阀 F8 组成，插装阀 F7 和二位四通电磁阀 10 组成一个二位二通电磁阀，用于控制主液压缸 24 下腔的进油；插装阀 F8 和三位四通电磁阀 13 控制主液压缸 24 下腔的回油；插装阀 F8 和调压阀 12 配合，用于控制主液压缸 24 下腔的平衡压力；插装阀 F8 和调压阀 11 组成安全阀，限制主液压缸下腔的最高压力。辅助液压缸 25 上腔集成块由插装阀 F5、插装阀 F6 和单向阀 15 组成，插装阀 F5 和二位四通电磁阀 14 组成一个二位二通电磁阀，用于控制辅助液压缸 25 上腔的进油；插装阀 F6 和二位四通电磁阀 17 控制辅助液压缸 25 上腔的回油；插装插装阀 F6 和调压阀 16 组成安全阀，限制辅助液压缸 25 上腔的最高压力；单向阀 15 用于辅助液压缸 25 做液压垫时，活塞浮动下行时上腔补油。辅助液压缸 25 下腔集成块由插装阀 F3 和插装阀 F4 组成，插装阀 F3 和二位四通电磁阀 18 组成一个二位二通电磁阀，用于控制辅助液压缸下腔的进油；插装阀 F4 和电磁阀 20 组成一个二位二通电磁阀，控制辅助液压缸下腔的回油；插装阀 F4 和调压阀 19 组成安全阀，限制辅助液压缸 25 下腔的最高压力。另外，进油主阀 F3、F5、F7、F9 的控制油路上都有一个压力选择梭阀，用于保证锥阀关闭可靠，防止反向压力使之开启。下行、加压→保压→释压→快速返回→原位停止的动作循环；辅助液压缸能实现：向上顶出→向下退回→原位停止的动作循环。

液压机的液压系统实现空载启动，按下启动按钮，所有电磁阀的电磁铁都处于断电状态，三位四通电磁阀 5 中位工作，插装阀 F2 的控制腔经缓冲阀 4、三位四通电磁阀阀 5 和油箱连通，插装阀 F2 在很低的压力下打开，液压泵 1 输出的油经插装阀 F2 流回油箱，泵空载启动。

1）快速下行

该系统主液压缸能实现：快速下行→慢速。

按下工作按钮，电磁铁 1YA、3YA、6YA 得电，三位四通电磁阀 5 及缓冲阀 4 工作在下位，插装阀 F2 的控制腔经缓冲阀 4、三位四通电磁阀 5 的下位与调压阀 3 相通，插装阀 F2 处于关闭状态，二位四通电磁阀 F9 和缓冲阀 F8 的控制腔与油箱相通，因而处于开启状态，液压泵 1 向系统供油。液压泵输出油液经阀插装 F1、F9 向主液压缸 24 上腔供油，下腔的油液经插装阀 F8 排出到油箱。这样液压机的上滑块在自重作用下快速下行，主液压缸 24 上腔产生负压，通过充液阀 22 从上部充液油箱 23 充液。这时系统中油液流动情况为

进油路：液压泵→插装阀 F1→插装阀 F9→主液压缸 24 上腔；

回油路：主液压缸 24 下腔→插装阀 F8→油箱。

2）慢速下行

滑块快速下行时，当滑块上的挡块压下行程开关 2S，电磁铁 6YA 断电，7YA 通电，三位四通电磁阀 13 下位工作，插装阀 F8 的控制腔经三位四通电磁阀 13 与调压阀 12 连通，主液压缸 24 下腔的油液经插装阀 F8 在插装阀 F12 的调定压力下溢流，因而下腔产生一定的背压，主液压缸 24 上腔压力随之增高，使充液阀 22 关闭。进入主液压缸 24 上腔的油液仅为液压泵 1 的流量，滑块慢速下行。这时油液的流动情况为

进油路：液压泵 1→插装阀 F1→插装阀 F9→主液压缸 24 上腔；

回油路：主液压缸 24 下腔→插装阀 F8→油箱。

3）加压

当滑块慢速下行接触工件时，主液压缸 24 上腔压力升高，液压泵 1 输出流量适应其减

小，进入加压工件阶段。当上腔压力达到调压阀 3 的调定压力时，调压阀 3 开启，液压泵输出流量全部经插装阀 F2 流回油箱，滑块停止运动。

4）保压

当主液压缸 24 上腔的压力达到所要求的工作压力（电接点压力表的上限压力）时，电接点压力表发出信号，使电磁铁 1YA、3YA、7YA 均断电，三位四通电磁阀 5 中位工作，则插装阀 F2 控制腔经三位四通电磁阀 5 直接接油箱，液压泵 1 卸荷；二位四通电磁阀 6 上位工作，插装阀 F9 控制腔通压力油，则插装阀 F9 关闭；三位四通电磁阀 13 中位工作，插装阀 F8 控制腔被封闭，插装阀 F8 关闭。这样主液压缸 24 上腔闭锁，对工件实现保压。

5）释压

当主液压缸 24 上腔保压到一定时间，时间继电器发讯，使电磁铁 4YA 得电，二位四通电磁阀 9 下位接入系统；插装阀 F10 的控制腔经缓冲阀 8 和二位四通电磁阀 9 与油箱相通。由于缓冲阀 8 的节流作用，插装阀 F10 缓慢开启，从而使主阀上腔的压力缓慢释放，系统实现无冲击泄压。

6）快速返回

当主液压缸 24 上腔的压力降到一定值（电接点压力表的下限压力）时，电接点压力表发讯，使电磁铁 2YA、4YA、5YA、12YA 都得电，三位四通电磁阀 5 上位工作，插装阀 F2 控制腔被封闭；二位四通电磁阀 9 和 10 下位工作，插装阀 F10、插装阀 F7 控制腔接通油箱；二位四通电磁阀 21 左位工作，充液阀 22 打开。液压泵输出的油液全部进入主液压缸的下腔，由于下腔面积小于上腔面积，主液压缸快速返回。这时系统中的油液流动情况为

进油路：液压泵 1→插装阀 F1→插装阀 F7→主液压缸 24 下腔；

回油路：主液压缸 24 上腔→插装阀 F10→油箱；

主液压缸 24 上腔→充液阀 22→上部充液油箱 23。

7）原位停止

当主液压缸 24 快速返回到终点时，滑块上的挡块压下行程开关 1S 时，所有电磁铁断电，电磁阀插装处于常态位，插装阀 F2 的控制腔经三位四通电磁阀 5 直接接通油箱，插装阀 F2 打开，液压泵卸荷；插装阀 F7 的控制腔接通压力油，插装阀 F7 关闭，主液压缸 24 下腔油路切断；12YA 断电，使二位四通电磁阀 21 工作在右位，充液阀 22 的控制腔接通油箱并 22 关闭，主液压缸 24 上腔油路通向上部充液油箱油路切断；4YA 断电，二位四通电磁阀 9 工作在上位，插装阀 F10 控制腔被封闭，插装阀 F10 关闭；主液压缸 24 上腔通向油箱油路切断。这样主液压缸运动停止。

8）辅助液压缸顶出

工件压制完成后，按下顶出按钮，电磁铁 2YA、9YA、10YA 均得电，三位四通电磁阀 5 上位工作，插装阀 F2 控制腔被封闭，插装阀 F3 的控制腔直接接通油箱并打开，这样，液压泵 1 输出的油液进入辅助液压缸 25 的下腔；插装阀 F6 的控制腔直接接通油箱并 F6 打开，辅助液压缸 25 上腔的油液经插装阀 F6 回油箱，实现向上顶出。这时系统中的油液流动情况为

进油路：液压泵 1→插装阀 F1→插装阀 F3→辅助液压缸 25 下腔；

回油路：辅助液压缸 25 上腔→插装阀 F6→油箱。

9）辅助液压缸退回

按下退回按钮，使 9YA、10YA 均断电，8YA、11YA 均得电，二位四通电磁阀 14 和 20 下位工作，二位四通电磁阀 17 和 18 上位工作，插装阀 F5、F4 的控制腔直接与油箱相通且打开，液压泵 1 输出的油液进入辅助液压缸 25 的上腔；插装阀 F6 和 F3 的控制腔被封死且关闭，辅助液压缸 25 下腔经阀插装 F4 进入油箱。这时系统中的油液流动情况为：

进油路：液压泵 1→插装阀 F1→插装阀 F5→辅助液压缸 25 上腔；

回油路：辅助液压缸 25 下腔→插装阀 F4→油箱。

10）原位停止

辅助液压缸 25 到达下终点后，所有电磁阀的电磁铁都处于断电状态，各电磁阀均处于常态位，插装阀 F6 和 F3 处于关闭状态，辅助液压缸 25 进出油路被切断，插装阀 F2 控制腔直接与油箱相通，液压泵 1 卸荷。

综上所述，该液压机液压系统主要由压力控制回路、换向回路、快慢速转换回路和释压回路等组成，并采用二通插装阀集成化结构。因此，可以归纳出这台液压机液压系统的特点：

（1）系统采用高压大流量恒功率（压力补偿）变量液压泵供油，并配以由调压阀和电磁阀构成的电磁溢流阀，使液压泵空载启动，主、辅液压缸原位停止时液压泵均卸荷，这样既符合液压机的工艺要求，又节省能量。

（2）系统采用密封性能好、通流能力大、压力损失小的插装阀组成液压系统，具有油路简单、结构紧凑、动作灵敏等优点。

（3）系统利用滑块的自重实现主液压缸快速下行，并用充液阀补油，使快速回路结构简单。

（4）系统采用可调缓冲阀 8 和调压阀 7 组成释压回路，避免压力突变造成回路冲击。

（5）系统在液压泵的出口设置了单向阀和安全阀，在主液压缸和辅助液压缸的上、下腔的出油路上均设有安全阀；另外，在通过压力油的插装阀 F3、F5、F7、F9 的控制油路上都装有梭阀。这些多重保护措施保证了液压机的工作安全可靠。表 8-2 为其电磁铁工作顺序表。

表 8-2　3150 kN 液压机插装阀电磁铁动作顺序表

动作程序		1YA	2YA	3YA	4YA	5YA	6YA	7YA	8YA	9YA	10YA	11YA	12YA
主缸	快速下行	+		+			+						
	慢速下行、加压	+		+				+					
	保压												
	释压				+					+			
	快速返回		+		+	+							+
	停止												
辅缸	向上顶出		+							+	+		
	向下退出		+						+			+	
	原位停止												

8.2.2 组合机床动力滑台液压系统

组合机床是由一些通用（动力头、动力滑台等）部件和专用部件（主轴箱、夹具等）组合而成的专用机床，它操作简便、效率高、加工能力强、自动化程度高，广泛应用于大批量的生产中。

动力滑台是组合机床上实现进给运动的一种通用部件，可卧式也可立式使用，其上安装动力头和主轴箱可实现各种孔加工及端面加工等工序。按照其驱动方式的不同，动力滑台可分为机械动力滑台和液压动力滑台，液压动力滑台用液压缸驱动，它在电气和机械装置的配合下可以实现各种自动工作循环。

组合机床要求动力滑台空载时速度快、推力小，工进时速度慢、推力大；速度换接平稳；功率利用合理、效率高、发热小。

1. YT4543 型动力滑台液压系统的工作原理

以 YT4543 型动力滑台为例，分析其液压系统的工作原理和特点。该动力滑台要求进给速度范围为 6.6～600 mm/min，最大快进速度 7.37×10^{3} mm/min，最大进给力为 4.57×10^{4} N，液压系统最高工作压力 6.3×10^{6} Pa。图 8-9 所示为 YT4543 型动力滑台液压系统原理图，表 8-3所示为系统的动作循环表。由图 8-9 可见，这个系统在机械和电气的配合下，能够实现“快进→一工进→二工进→停留→快退→停止”的半自动工作循环，其工作状况如下。

1）快速前进

按下启动按钮，电磁铁 1YA 通电，先导阀 11 处于左位工作，在控制油的作用下，换向阀 12 左位接入系统，由于系统压力未达到顺序阀 2 的调定压力，顺序阀 2 处于关闭状态。这时液压缸 7 为差动连接，变量泵 14 输出最大流量。这时系统中油液流动情况如下。

进油路：变量泵 14→单向阀 13→换向阀 12（左位）→行程阀 8（下位）→液压缸 7 左腔。

回油路：液压缸 7 右腔→换向阀 12（左位）→单向阀 3→行程阀 8（下位）→液压缸 7 左腔。

表 8-3 YT4543 型动力滑台液压系统的动作循环表

动作顺序	电磁铁通电情况			液压元件工作情况				
	1YA	2YA	3YA	顺序阀 2	先导阀 11	换向阀 12	电磁阀 9	行程阀 8
快进	+			关闭	左位	左位	右位	下位
一工进	+			打开	左位	左位	右位	下位
二工进	+		+	打开	左位	左位	左位	上位
停留	+		+	打开	左位	左位	左位	上位
快退		+	+, -	关闭	右位	右位	左位	上位
停止					中位	中位	右位	下位

此时由于液压缸差动连接，因而实现快进。

2）一工进

一次工作进给在滑台前进到预定位置，滑台上的挡块压下行程阀8，切断了原来进入液压缸左腔的油路。一工进调速阀4接入系统，且3YA失电，油液经电磁阀9进入液压缸左腔；系统压力升高达到顺序阀2调定压力，顺序阀2打开；变量泵14自动减小其输出流量，以便与一工进调速阀4的开口相适应。这时系统中油液流动情况如下。

进油路：变量泵14→单向阀13→换向阀12（左位）→一工进调速阀4→电磁阀9（右位）→液压缸7左腔。

回油路：液压缸7右腔→换向阀12（左位）→顺序阀2→背压阀1→油箱。

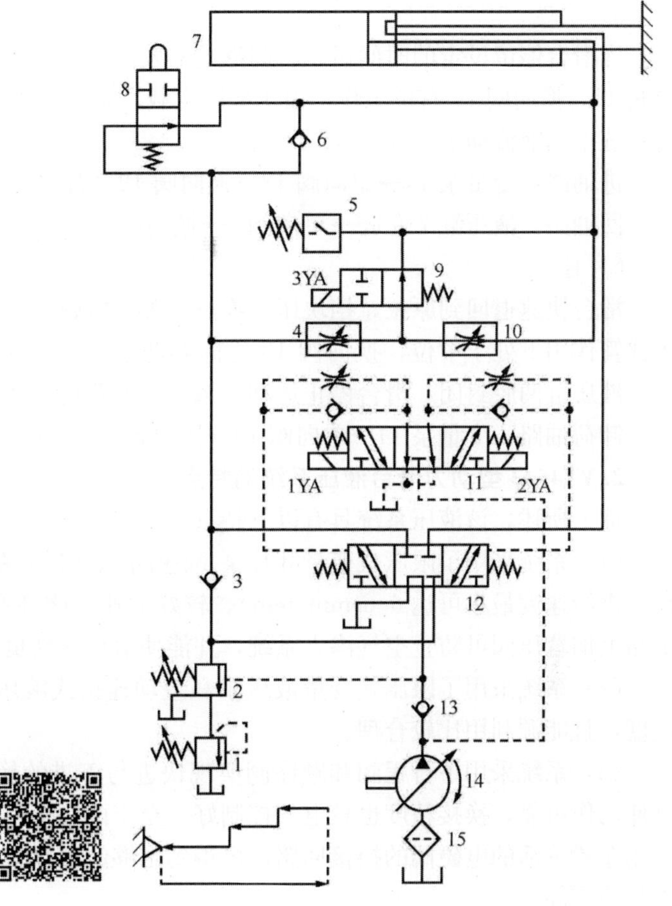

图8-9 YT4543型动力滑台液压系统原理图

1—背压阀；2—顺序阀；3，6，13—单向阀；4—一工进调速阀；5—压力继电器；7—液压缸；8—行程阀；9—电磁阀；10—二工进调速阀；11—先导阀；12—换向阀；14—变量泵；15—过滤器

3）二工进

二次工作进给在一次工作进给结束，滑台上的挡块压下电气行程开关，使电磁铁3YA得电，经行程阀8的油路被切断。顺序阀2处于打开状态，二工进调速阀10的开口比一工进调速阀4小，变量泵14自动减小其输出流量，变量泵14输出的流量与二工进调速阀10的开口相适应。这时系统中油液流动情况为

进油路：变量泵14→单向阀13→换向阀12（左位）→二工进调速阀4→二工进调速阀10→液压缸7左腔。

回油路：液压缸7右腔→换向阀12（左位）→顺序阀2→背压阀1→油箱。

4）停留

当滑台以第二工进速度运动到碰上死挡块不再前进时，此时，油路连通情况未变，变量泵14继续运转，系统压力不断升高，泵的流量减小到仅能补充泄漏。同时，液压缸左腔压力升高到使压力继电器5动作，并发信号给时间继电器，经过时间继电器延时，滑台停留一段时间再进行下一个动作。停留时间长短由工件的加工工艺要求决定。

5）快退

当滑台停留设定的时间后，时间继电器发出信号，使电磁铁 1YA 断电，2YA 得电，先导阀 11，换向阀 12 右位工作。由于此时空载，系统压力下降，变量泵流量又自动增大。这时系统中油液流动情况如下。

进油路：变量泵 14→单向阀 13→换向阀 12（右位）→液压缸 7 右腔。

回油路：液压缸 7 左腔→单向阀 6→换向阀 12（右位）→油箱。

6）停止

滑台快速退回到原位，挡块压下终点开关，电磁铁 2YA 和 3YA 断电。先导阀 11 在对中弹簧作用下处于中位，换向阀 12 主阀芯两端压力为零，因而在弹簧对中作用下回到中位，液压缸两腔封闭，滑台停止运动。系统中油路连通情况如下。

卸荷油路：变量泵 14→单向阀 13→换向阀 12（中位）→油箱。

2. YT4543 型动力滑台液压系统的特点

综上所述，该液压系统具有以下特点。

（1）系统采用了限压式变量叶片泵-调速阀-背压阀式的调速回路，能保证稳定的低速运动（进给速度最小可达 6.6 mm/min）、较好的速度刚性和较大的调速范围（$R=100$），回油路上加背压阀可防止空气渗入系统，并能使滑台承受负向的负载。

（2）系统采用了限压式变量液压泵和差动连接式液压缸来实现快进，可得较大的快进速度，且能源利用比较合理。

（3）系统采用了行程阀和顺序阀实现快进与工进的换接，不仅简化了油路和电路，而且使动作可靠，换接精度也较电气控制好。至于两次工进之间的换接，由于工进速度较低，采用布置灵活的电磁阀的换接回路，可得到足够的换接精度。采用死挡铁停留，定位准确，重复精度高。

（4）系统采用了换向时间可调的三位五通电液换向阀切换主油路，使滑台换向更加平稳。在滑台停止时，使液压泵通过 M 型机能在低压下卸荷，减少了能量损耗。为了保证启动时，电液动换向阀有一定的先导控制油压力，控制油路必须从液压泵出口、单向阀 13 之前引出。

8.2.3 汽车起重机液压系统

汽车起重机是将起重机安装在汽车底盘上的一种起重运输设备。它主要由起升、回转、变幅、伸缩和支腿等工作机构组成，这些动作的完成由液压系统来实现。对于汽车起重机的液压系统，一般要求输出力大，动作平稳，耐冲击，操作灵活、方便、可靠、安全。

1. Q-8 型汽车起重机工作原理

图 8-10 所示为 Q-8 型汽车起重机外形简图。这种起重机采用液压传动，最大起重量为 80 kN（幅度 3 m 时），最大起重高度为 11.5 m，起重装置可连续回转。该机具有较高的行走速度，可与装运工具的车编队行驶，机动性好。当装上附加吊臂后（图中未表示），可用于建筑工地吊装预制件，吊装的最大高度为 6 m。液压起重机承载能力大，可在有冲击、振动，温度变化大等环境较差的条件下工作。但其执行元件要求完成的动作比较简单，位置精度较低。因此，液压起重机一般采用中、高压手动控制系统，系统对保证安全性较为

重视。

图 8-11 所示为 Q-8 型汽车起重机液压系统原理图。该系统的液压泵由汽车发动机通过装在汽车底盘变速箱上的取力箱传动。液压泵工作压力为 21 MPa，每转排量为 40 mL，转速为 1500 r/min，泵通过中心回转接头从油箱吸油，输出的压力油经手动阀组 A 和手动阀组 B 输送到各个执行元件。液压锁 12 是安全阀，用以防止系统过载，调整压力为 9 MPa，其实际工作压力可由压力表读取。这是一个单泵、开式、串联（串联式多路阀）的液压系统。

系统中除液压泵、过滤器、安全阀、阀组 A 及支腿部分外，其他液压元件都装在可回转的上车部分。其中油箱也在上车部分，兼作配重。上车和下车部分的油路通过中心回转接头连通。

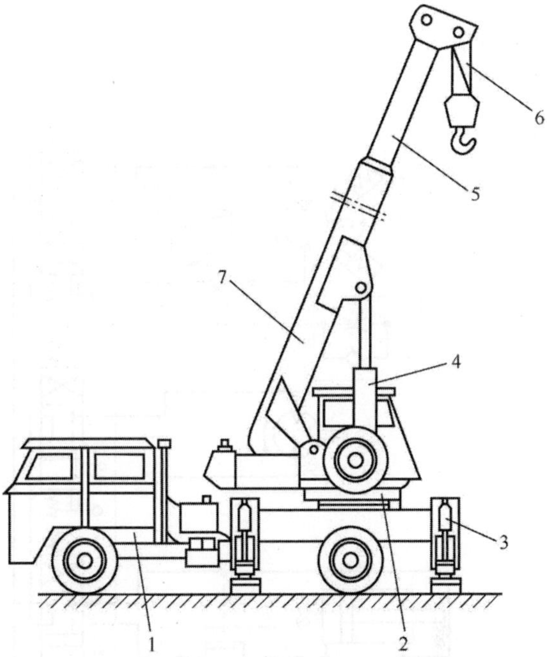

图 8-10　Q-8 型汽车起重机外形简图

1—载重汽车；2—回转机构；3—支腿；4—吊臂变幅缸；5—吊臂伸缩缸；6—起升机构；7—基本臂

起重机液压系统包含支腿收放回路、起升回路、大臂伸缩回路、变幅回路和回转油路五个部分。各部分都有相对的独立性。

1）支腿收放回路

由于汽车轮胎的支承能力有限，在起重作业时必须放下支腿，使汽车轮胎架空。汽车行驶时则必须收起支腿。Q-8 型汽车起重机前后各有两条支腿，每一条支腿配有一个液压油缸。两条前支腿用一个三位三通手动换向阀 6 控制其收放，而两条后支腿则用另一个三位四通阀 5 控制。换向阀都采用 M 型中位机能，油路是串联的。每一个油缸上都配有一个双向液压锁，以保证支腿可靠地锁住，防止在起重作业过程中发生“软腿”现象（液压缸上腔油路泄漏引起）或行车过程中液压支腿自行下落（液压缸下腔油路泄漏引起）。

2）起升回路

起升机构要求所吊重物可升降或在空中停留，速度要平稳、变速要方便、冲击要小、启动转矩和制动力要大。本回路中回转马达 26 采用 ZMD40 型柱塞液压马达，带动重物升降。变速和换向是通过改变三位三通手动换向阀 21 的开口大小来实现的，用液控单向顺序阀 22 来限制重物超速下降。启动时，一方面，液压油进入回转马达 26，使回转马达 26 产生转矩；另一方面，液压油经单向节流阀 25 的节流阀，进入制动缸，这样就使回转马达产生一定转矩时再解除制动，以防止重物带动马达旋转而向下滑；同时保证吊物升降停止时，制动缸 27 中的油经单向节流阀 25 的单向阀马上与油箱相通，使回转马达 26 迅速制动。

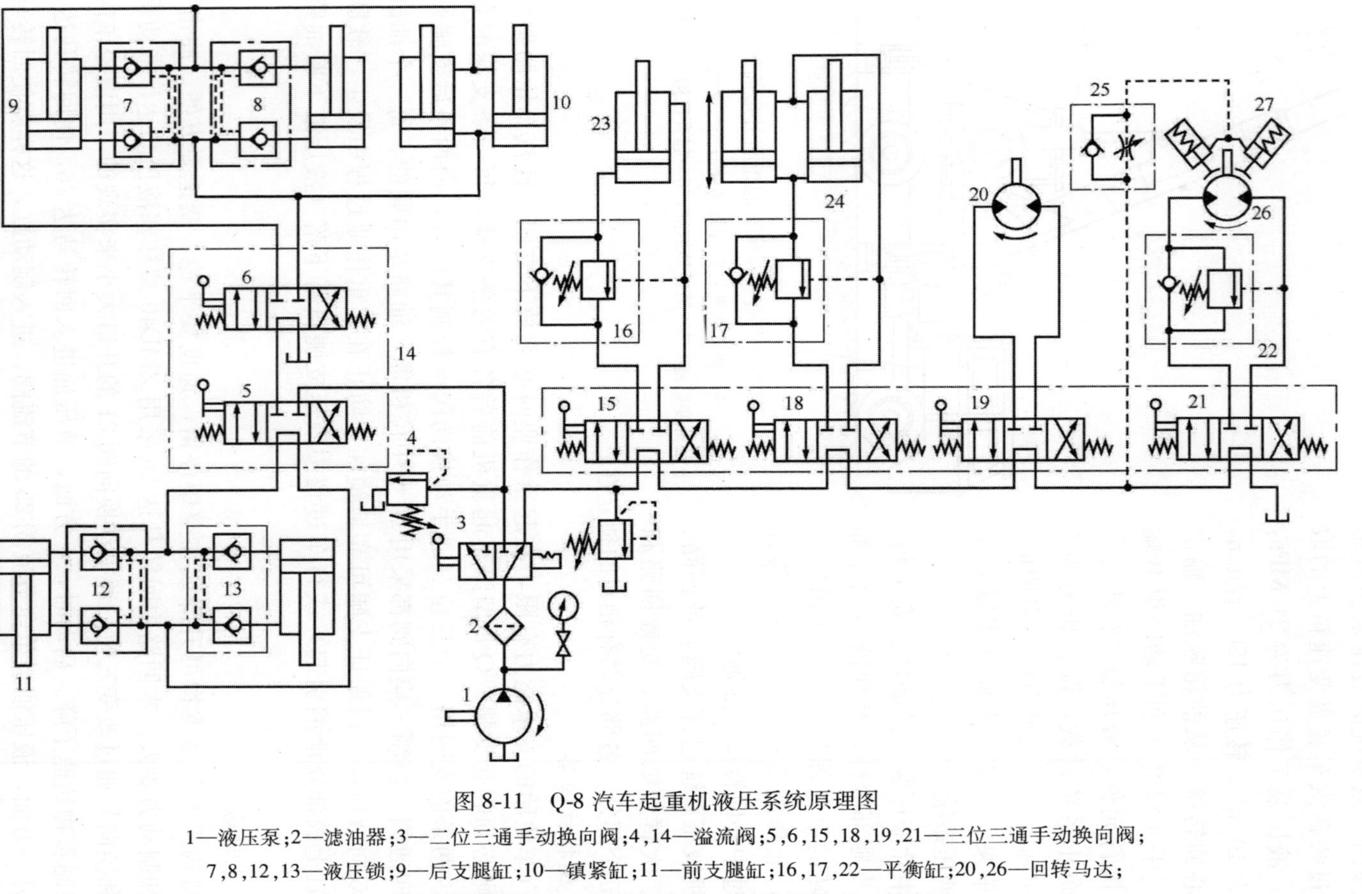

图 8-11　Q-8 汽车起重机液压系统原理图

1—液压泵;2—滤油器;3—二位三通手动换向阀;4,14—溢流阀;5,6,15,18,19,21—三位三通手动换向阀;7,8,12,13—液压锁;9—后支腿缸;10—镇紧缸;11—前支腿缸;16,17,22—平衡缸;20,26—回转马达;23—大臂伸缩缸;24—变幅缸组;25—单向节流阀;27—制动缸

起升重物时，三位三通手动阀 21 切换至左位工作，液压泵 1 打出的油经滤油器 2、二位三通手动换向阀 3 右位、三位三通手动换向阀 15、18、19 中位、21 左位、阀 22 中的单向阀进入马达左腔；同时压力油经单向节流阀 25 中的节流阀到制动缸 27，从而解除制动，使马达旋转。

重物下降时，三位三通手动换向阀 21 切换至右位工作，液压马达反转，回油经阀 22 的液控顺序阀、手动换向阀 21 的右位回油箱。

当停止作业时，三位三通手动换向阀 21 处于中位，液压泵 1 卸荷。制动缸 27 上的制动瓦在弹簧作用下使回转马达 26 制动。

3）大臂伸缩回路

本机大臂伸缩采用单级长液压缸驱动。工作中，改变三位三通手动换向阀 15 的开口大小和方向，即可调节大臂运动速度和使大臂伸缩。行走时，应将大臂缩回。大臂缩回时，因液压力与负载力方向一致，为防止吊臂在重力作用下自行收缩，在大臂伸缩缸 23 的下腔回油腔安置了平衡缸 16，提高了收缩运动的可靠性。

4）变幅回路

大臂变幅机构是用于改变作业高度，要求能带载变幅，动作要平稳。本机采用两个液压缸并联组成变幅缸组 24，提高了变幅机构的承载能力。其要求以及油路与大臂伸缩油路相同。

5）回转油路

回转机构要求大臂能在任意方位起吊。本机采用 ZMD40 柱塞液压马达，回转速度 1～3 r/min。由于该泵惯性小，一般不设缓冲装置，操作换向阀三位三通手动 19，可使回转马达 20 正、反转或停止。

该液压系统的特点如下。

(1) 因重物在下降时以及大臂收缩和变幅时，负载与液压力方向相同，执行元件会失控，为此，在其回油路上必须设置平衡阀。

(2) 因工况作业的随机性较大，且动作频繁，所以大多采用手动弹簧复位的多路换向阀来控制各动作。换向阀常用 M 型中位机能。当换向阀处于中位时，各执行元件的进油路均被切断，液压泵出口通油箱使泵卸荷，减少了功率损失。

2. Q-8 型汽车起重机的特点

综上所述，该液压系统具有以下特点。

(1) 采用多泵系统。该系统中有三个液压泵，三联泵中的 1.1 号泵向支腿、回转回路和离合器液压缸供油；1.2 号泵向起升回路供油；1.3 号泵向变幅回路、伸缩臂回路供油或与 1.2 号泵合流，实现快速起升与下降。

(2) 在起重机的伸缩、变幅起升等回路中，分别设置了平衡阀，保证了起重机操作安全。

8.2.4　机械手液压系统

机械手是模仿人的手部动作，按给定程序、轨迹和要求实现自动抓取、搬运和操作的自动装置；它特别是在高温、高压、多粉尘、易燃、易爆、放射性等恶劣环境中，以及笨重、单调、频繁的操作中能代替人作业，因此获得日益广泛的应用。

机械手一般由执行机构、驱动系统、控制系统及检测装置三大部分组成，智能机械手还具有感觉系统和智能系统。驱动系统多数采用电液（气）机联合传动。

本节介绍的JS01工业机械手属于圆柱坐标式、全液压驱动机械手，具有手臂升降、伸缩、回转和手腕回转四个自由度。执行机构相应由手部、手腕、手臂伸缩机构、手臂升降机构、手臂回转机构和回转定位装置等组成，每一部分均由液压缸驱动与控制。它完成的动作循环为：插定位销→手臂前伸→手指张开手→指夹紧抓料→手臂上升→手臂缩回手腕回→转180°→拨定位销→手臂回转95°→插定位销→手臂前伸→手臂中停（此时主机的夹头下降夹料）→手指松开（此时主机夹头夹着料上升）→手指闭合→手臂缩回→手臂下降→手腕回转复位→拨定位销→手臂回转复位→待料，泵卸载。

1. JS01 工业机械手液压系统原理及特点

JS01工业机械手液压系统如图8-12所示。各执行机构的动作均由电控系统发信号控制相应的电磁换向阀，按程序依次步进动作。电磁铁动作顺序见表8-4。综上所述，该液压系统的特点归纳如下。

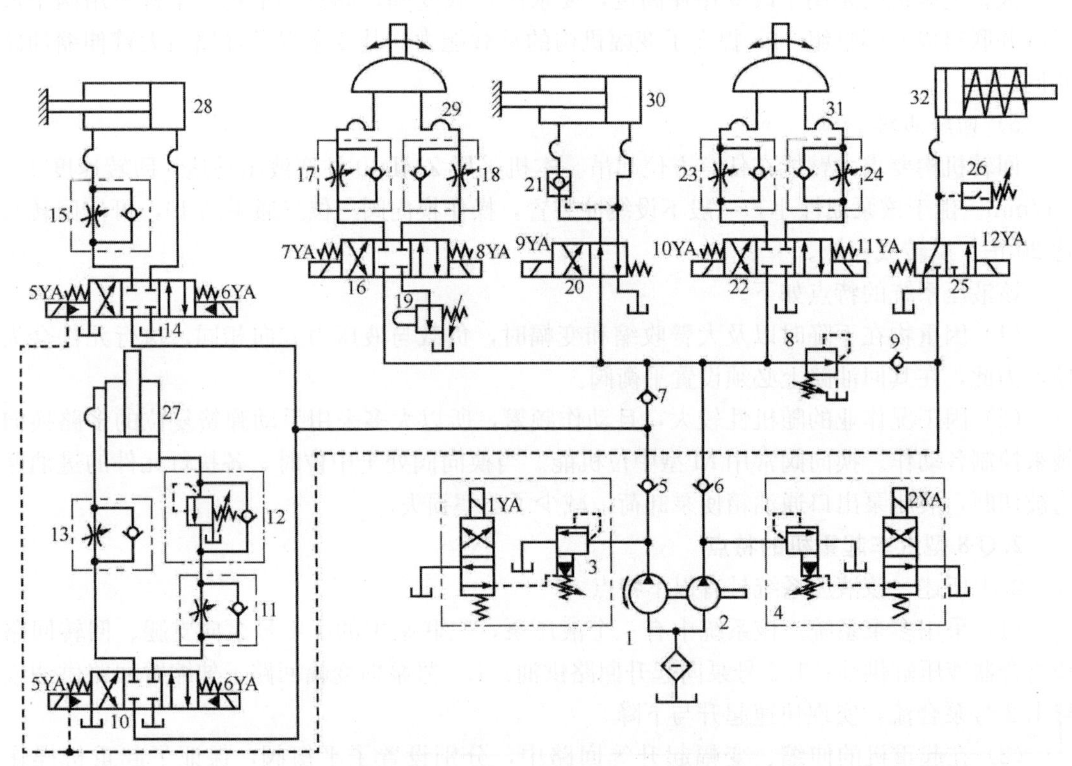

图8-12　JS01工业机械手液压系统

1—大液压泵；2—小液压泵；3，4—电磁溢流阀；5，6，7，9—单向阀；8—减压阀；10，14，16，22—三位四通电液换向阀；11，13，15，17，18，23，24—单向调速阀；12—单向顺序阀；19—行程节流阀；20—二位四通电磁换向阀；21—液控单向阀；25—二位三通电磁换向阀；26—压力继电器；27—手臂升降缸；28—手臂伸缩缸；29—手臂回转缸；30—手指夹紧缸；31—手腕回转缸；32—定位缸

表 8-4　JS01 工业机械手液压系统电磁铁、压力继电器动作顺序表

动作顺序	1YA	2YA	3YA	4YA	5YA	6YA	7YA	8YA	9YA	10YA	11YA	12YA	K26
插销定位	+											+	∓
手臂前伸					+							+	+
手指张开	+								+			+	+
手指抓料	+											+	+
手臂上升			+									+	+
手臂缩回						+						+	+
手腕回转	+									+		+	+
拔定位销	+												
手臂回转	+						+						
插定销位	+											+	∓
手臂前伸					+							+	+
手臂中停												+	+
手指张开	+								+			+	+
手指闭和	+											+	+
手臂缩回						+						+	+
手臂下降				+								+	+
手腕反转	+										+	+	+
拔定位销	+												
手臂反转	+							+					
待料卸载	+	+											

系统采用了双联泵供油，额定压力为 6.3 MPa，手臂升降及伸缩时由两个大、小液压泵 1、2 同时供油，流量为（35 ＋ 18）L/min，手臂回转缸 29、手指松紧缸 30、手腕回转缸 31 及定位缸 32 工作时，只由小流量泵 2 供油，大流量泵 1 自动卸载。由于定位缸 32 和控制油路所需压力较低，在定位缸支路上串联有减压阀 8，使之获得稳定的 1.5～1.8 MPa 压力。

手臂的伸缩和升降采用单杆双作用液压缸驱动，手臂的伸出和升降速度分别由单向调速阀 15、13 和 11 实现回油节流调速；手臂及手腕的回转由摆动液压缸驱动，其正、反向运动亦分别采用单向调速阀 17 和 18、23 和 24 回油节流调速。

执行机构的定位和缓冲是机械手工作平稳可靠的关键。从提高生产率来说，希望机械手正常工作速度越快越好，但工作速度越高，启动和停止时的惯性力就越大，振动和冲击就越大，这不仅会影响到机械手的定位精度，严重时还会损伤机件。因此，为达到机械手的定位精度和运动平稳性的要求，一般在定位前要采取缓冲措施。

该机械手手臂伸出、手腕回转由死挡铁定位保证精度，端点到达前发信号切断油路，滑行缓冲；手臂缩回和手臂上升由行程开关适时发信号，提前切断油路滑行缓冲并定位。此外，手臂升降缸 27 和手臂伸缩缸 28 采用了三位四通电液换向阀 10、14 换向，调节换向时间，也增加缓冲效果。由于手臂的回转部分质量较大，转速转高，运动惯性矩较大，系统的手臂回转缸 29 除采用单向调速阀 17、18 回油节流调速外，还在回油路上安装有行程节流阀 19 进行减速缓冲，最后由定位缸 32 插销定位，满足定位精度要求。

为使手指夹紧缸 30 夹紧工件后不受系统压力波动的影响，保证牢固地夹紧工件，采用了液控单向阀 21 的锁紧回路。

手臂升降缸 27 为立式液压缸，为支承平衡手臂运动部件的自重，采用了单向顺序阀 12 的平衡回路。

2. JS01 工业机械手电气控制系统

机械手液压系统 JS01 工业机械手采用了液压、电气联合控制。液压负责控制各部位动作的力和速度；电气负责控制各部位动作的顺序。下面简单介绍本机械手的电气控制系统，原理图如图 8-13 所示。

（1）控制方式为点位程序控制。程序设计采用开关预选方式，机械手的自动循环采用步进继电器控制。步进动作是由每一个动作完成后，使行程开关 ST 的触点闭合而发出信号，或依据每一步的动作预设停留时间。

（2）发信指令完成由相应的中间继电器 K 来实现，受发指令的完成方式为机械手相应动作结束的同时使步进继电器再动作，复位指令完成是给相应的中间继电器通电，使机械手回到工作准备状态。

（3）机械手除能实现自动循环外，还设有调整电路，可通过手动按钮 SB 进行单个动作调试。

（4）液压泵的供油与卸载和每步动作之间的对应关系由控制电器保证。只有在 2K、3K、4K、5K、6K、7K、8K、9K、10K 等 9 个中间继电器全部不通电（所有液压缸不动作）时，中间继电器 12K 才通电，使电磁铁 1YA、2YA 得电，大、小泵同时卸载；上列 9 个中间继电器中任意一个通电（即任一液压缸动作），12K 则断电，小泵停止卸载；中间继电器 2K、3K、5K、6K 中任意一个通电（即手臂升降、手臂伸缩），大泵则停止卸载。

（5）手臂定位与手臂回转由继电器互锁。在定位插销后，定位缸压力上升，压力继电器 K 升压发令，一方面由常开触点接通手臂升降、手臂伸缩、手指松夹、手腕回转等部分的自动循环电气线路，另一方面由常闭触点断开手臂回转的电气线路。同时，在定位缸用电磁铁 12YA 的线圈两边串联有中间继电器 9K 和 10K（手臂回转）的常闭触头和 11K（定位插销）的常开触头。这些互锁措施保证了任何情况下手臂回转只在拨定位销之后进行。

（6）因机械手工作环境存在金属粉尘，在电磁铁的线圈两边各串联了一个中间继电器的常开触头，用以保证继电器断电后常开触头可靠脱开，液压缸及时停止工作。

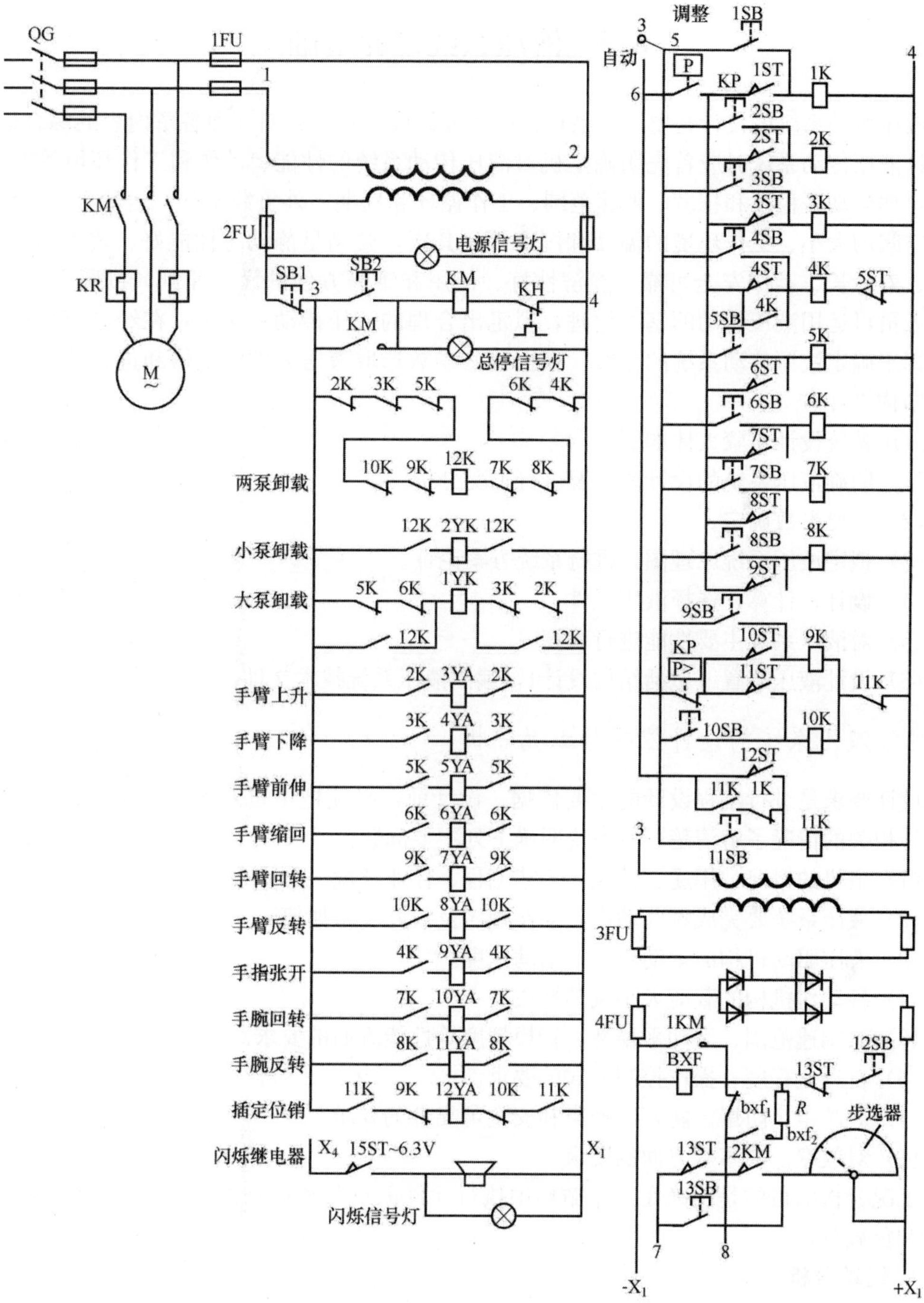

图 8-13　JS01 工业机械手电控系统原理图

8.3 液压系统设计基础

液压传动系统的设计是整个机器设计的重要组成部分，是对前面各章内容的综合运用。在设计液压传动系统时应首先明确主机对液压传动系统的性能、动作和工作环境等方面的要求，如运动平稳性和精度、调速范围、工作循环和周期、外负载条件、运动方式、行程、安装空间的大小、工作环境的温度和湿度等。其次，要满足静动态性能好、效率高、结构简单、寿命长、工作安全可靠、经济性好、使用和维修方便的设计原则。按照上述要求，设计人员可运用液压传动的基本原理，拟定出合理的液压传动系统图，在经过充分和必要的计算来确定液压传动系统的参数，根据这些参数选取液压元件的规格和进行液压传动系统的结构设计。

液压系统设计步骤大体如下：

(1) 明确液压系统的设计要求及进行工况分析。

(2) 主要参数确定。

(3) 拟定液压系统原理图，进行系统方案论证。

(4) 设计、计算、选择液压元件。

(5) 对液压系统主要性能进行验算。

(6) 设计液压装置（包括结构设计），编制液压系统技术文件。

8.3.1 液压系统的设计依据与工况分析

设计要求是进行工程设计的主要依据。设计前，必须把主机对液压系统的设计要求和与设计相关的情况了解清楚，一般要明确下列主要问题。

(1) 主机的概况：用途、性能、工艺流程、作业环境、总体布局等。

(2) 液压系统要完成哪些动作，动作顺序及彼此关系如何。

(3) 液压驱动机构的运动形式，运动速度。

(4) 各动作机构的载荷大小及其性质。

(5) 对调速范围、运动平稳性、转换精度等性能方面的要求。

(6) 自动化程度、操作控制方式的要求。

(7) 对防尘、防爆、防寒、噪声和安全可靠性的要求。

(8) 对效率、成本等方面的要求。

工况分析的目的是明确在工作循环中执行元件的负载和运动的变化规律，它包括运动分析和负载分析。

1. 运动分析

运动分析，就是研究工作机构依工艺要求应以什么样的运动规律完成工作循环、运动速度的大小、加速度是恒定的还是变化的、行程大小及循环时间长短等。为此必须明确执行元件的类型，并绘制位移-时间循环图或速度-时间循环图。液压执行元件的类型可按表8-5进行选择。

表 8-5　液压执行元件的类型

名 称	特 点	应用场合
双杆活塞缸	双向输出力、输出速度一样，杆受力情况一样	双向工作的往复运动
单杆活塞缸	双向输出力、输出速度不一样，杆受力状态不同，差动连接时可实现快速运动	往复不对称直线运动
柱塞缸	结构简单	长行程、单向工作
摆动缸	单叶片缸转 0°，双叶片缸转角小于 150°	往复摆动运动
齿轮、叶片马达	结构简单、体积小、惯性小	高速小转矩回转运动
轴向柱塞马达	运动平稳、转矩大、转速范围宽	大转矩回转运动
径向柱塞马达	结构复杂、转矩大、转速低	低速大转矩回转运动

2. 负载分析

负载分析，就是通过计算确定各液压执行元件的负载大小和方向，并分析各执行元件运动过程中的振动、冲击及过载能力等情况。

作用在执行元件上的负载有约束性负载和动力性负载两类。

约束性负载的特性是其方向与执行元件运动方向永远相反，对执行元件起阻止作用，而不会起驱动作用。例如，库仑固体摩擦阻力、黏性摩擦阻力是约束性负载。

动力性负载的特征是其方向与执行元件的运动方向无关，其数据由外界规律所决定。执行元件承受动力性负载时可能会出现两种情况：一种情况是动力性负载方向与执行元件运动方向相反，起着阻止执行元件运动的作用称为阻力负载（正负载）；另一种情况是动力性负载方向与执行元件运动方向一致，称为超越负载（负值负载）。超越负载变成驱动执行元件的驱动力，执行元件要维持匀速运动，其中的流体要产生阻力功，形成足够的阻力来平衡超越负载产生的驱动力，这就要求系统应具有平衡和制动功能。重力是一种动力性负载，重力与执行元件运动方向相反时是阻力负载；重力与执行元件运动方向一致时是超越负载。

对于负载变化规律复杂的系统必须画出负载循环图。不同工作目的系统，负载分析的重点不同。例如，对于工程机械的作业机构，着重点为重力在各个位置上的情况，负载图以位置为变量；机床工作台着重负载与各工序的时间关系以时间为变量。

1）液压缸各阶段的负载计算

（1）液压缸的负载计算。一般来说，液压缸承受的动力性负载有工作负载 F_w，惯性负载 F_m，重力负载 F_g，约束性负载有摩擦阻力 F_f，背压负载 F_b，液压缸自身的密封阻力 F_{sf}。即作用在液压缸上的外负载为

$$F = \pm F_w \pm F_m + F_f \pm F_g + F_b + F_{sf} \tag{8-1}$$

工作负载 F_w：工作负载与主机的工作性质有关，它可能是定值，也可能是变值。一般工作负载是时间的函数，即 $F_w = f(t)$，需根据具体情况分析决定。

惯性负载 F_m：工作部件在启动加速或制动过程中产生惯性力，可按牛顿第二定律求出，即

$$F_m = ma = m\frac{\Delta v}{\Delta t} \tag{8-2}$$

式中 m——运动部件总质量；

a——运动加（减）速度；

Δv——时间内速度的变化量；

Δt——启动或制动时间，启动加速时，取正值；减速制动时，取负值。

对于一般机械系统，Δt 取 0.1～0.5 s；对于行走机械系统，Δt 取 0.5～1.5 s；对于机床运动系统，Δt 取 0.25～0.5 s；对于机床进给系统，Δt 取 0.05～0.2 s。工作部件较轻或运动较低时取小值。

摩擦阻力 F_f：摩擦阻力是指液压缸驱动工作机构所需克服的机械摩擦力。对机床来说，该摩擦阻力与导轨形状、安放位置和工作部件的运动状态有关。

对于平导轨，表达式为

$$F_f = f(mg + F_N) \tag{8-3}$$

对于 V 形导轨，表达式为

$$F_f = f(mg + F)/\sin\frac{\alpha}{2} \tag{8-4}$$

式中 F_N——作用在导轨上的垂直载荷；

α——V 形导轨夹角（°），通常取 $\alpha=90°$；

f——导轨摩擦系数，其值可参阅相关设计手册。

重力负载 F_g：当工作部件垂直或倾斜放置时，自重也是负载；当工作部件水平放置时，$F_g=0$。

背压负载 F_b：液压缸运动时还必须克服回油路压力形成的背压阻力 F_b，其值为

$$F_b = p_b A_2 \tag{8-5}$$

式中 A_2——液压缸回油腔有效工作面积；

p_b——液压缸背压。

在液压缸结构参数尚未确定之前，一般按经验数据估计一个数值。系统背压的一般经验数据为：中低压系统或轻载节流调速系统取 0.2～0.5 MPa；回油路有调速阀或背压阀的系统取 0.5～1.5 MPa；采用补油泵补油的闭式系统取 1.0～1.5 MPa；采用多路阀的复杂的中高压工程机械系统取 1.2～3.0 MPa。

液压缸自身的密封阻力 F_{sf}：液压缸工作时还必须克服其内部密封装置产生的摩擦阻力 F_{sf}，其值与密封装置的类型、油液工作压力、特别是液压缸的制造质量有关，计算比较烦琐，一般将它计入液压缸的机械效率中考虑，通常取 $\eta_m=0.90$～0.95。

（2）液压缸运动。循环各阶段的负载液压缸的运动分为启动、加速、恒速、减速制动等阶段，不同阶段的负载计算是不同的，见表 8-6。

表 8-6 液压缸不同阶段的负载计算

动作阶段	负载计算公式
启动	$F = (F_f \pm F_g + F_{sf})/\eta_m$
加速运动	$F = (F_m + F_f \pm F_g + F_b + F_{sf})/\eta_m$
恒速运动	$F = (\pm F_w + F_f \pm F_g + F_b + F_{sf})/\eta_m$
减速制动	$F = (\pm F_w - F_m + F_f \pm F_g + F_b + F_{sf})/\eta_m$

(3) 工作负载图。对复杂的液压系统，如有若干个执行元件同时或分别完成不同的工作循环，才有必要按上述各阶段计算总负载力，并根据上述各阶段的总负载力和它所经历的工作时间 t 或位移 s，按相同的坐标绘制液压缸的负载时间（F-t）或负载位移（F-s）图。图 8-14 所示为某机床主液压缸的速度图和负载图。

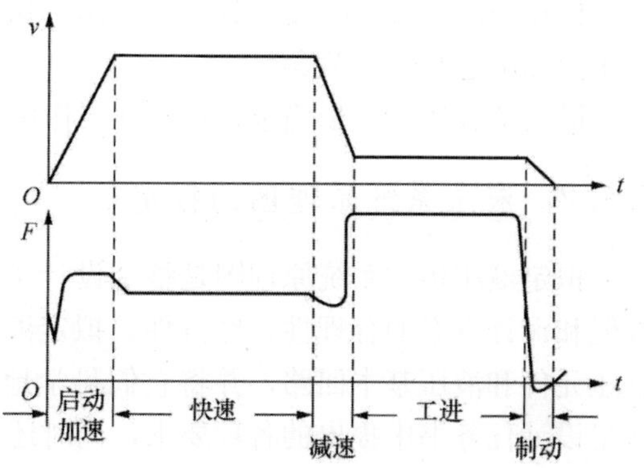

图 8-14　某机床主液压缸的速度图和负载图

2) 液压马达载荷力矩的组成与计算

(1) 工作载荷力矩 T_g。常见的载荷力矩有被驱动轮的阻力矩、液压卷筒的阻力矩等。

(2) 轴颈摩擦力矩 T_f

$$T_f = \mu G r \tag{8-6}$$

式中　G——旋转部件施加于轴颈上的径向力（N）；

μ——摩擦因数，参考表 8-7 选用；

r——旋转轴的半径（m）。

表 8-7　摩擦因数 μ

导轨类型	导轨材料	运动状态	摩擦因数
滑动导轨	铸铁对铸铁	启动时	0.15～0.20
		低速（$v<0.16$ m/s）	0.1～0.12
		高速（$v>0.16$ m/s）	0.05～0.08
滚动导轨	铸铁对滚柱（珠）		0.005～0.02
	淬火钢导轨对滚柱		0.003～0.006
静压导轨	铸铁		0.005

(3) 惯性力矩 T_a

$$T_a = J\varepsilon = J\frac{\Delta\omega}{\Delta t} \tag{8-7}$$

式中　ε——角加速度（rad/s^2）；

$\Delta\omega$——角速度变化量（rad/s）；

Δt——启动或制动时间；

J——回转部件的转动惯量（$kg \cdot m^2$）。

启动加速时　$T_w = T_g + T_f + T_a$

稳定运行时　$T_w = T_g + T_f$

减速制动时　$T_w = T_g + T_f - T_a$

计算液压马达载荷转矩 T 时还要考虑液压马达的机械效率 η_m（$\eta_m = 0.9 \sim 0.99$）。

$$T = \frac{T_w}{\eta_m} \tag{8-8}$$

根据液压马达各阶段的载荷，绘制出执行元件的载荷循环图，以便进一步选择系统工作压力和确定其他有关参数。

最大负载值是初步确定执行元件工作压力和结构尺寸的依据。

8.3.2 液压系统原理图的拟定

拟定液压传动系统原理图是整个设计工作中的重要内容，它直接影响液压传动系统的性能和设计方案的合理性、经济性。拟定液压传动系统原理图的一般方法是，正确地选择液压元件和液压基本回路，并将它们科学地、有机地组合起来。组成的液压传动系统应能满足设计任务书中提出的各项要求，同时还要使液压传动系统简单可靠、成本低和效率高。

1. 选择液压传动系统的类型

液压传动系统的类型有开式液压传动系统和闭式液压传动系统两种。液压传动系统类型的选择主要取决于液压传动系统的调速方式和散热要求。通常，节流调速和容积节流调速方式的系统只能采用开式液压传动系统，该系统适合于结构简单且能提供较大空间放置液压油箱的系统；容积调速方式的系统多采用闭式液压传动系统，有时也采用开式液压传动系统，该系统适合于体积小、质量轻且效率和工作稳定性比较高的系统。

2. 选择液压执行元件的类型

根据液压设备需要执行的运动情况来选择液压缸和液压马达。若要求液压传动系统实现直线运动，应选用活塞式液压缸或柱塞式液压缸；若要求液压传动系统实现往复摆动，应选用齿条式液压缸或摆动液压缸；若要求液压传动系统实现连续回转运动，应选用液压马达。还要根据实际情况对液压传动系统的性能和经济性进行比较、分析，综合考虑后再作出选择，以求整机的设计效果最佳。

3. 选择液压动力元件类型

根据初定的液压传动系统工作压力选择泵的结构形式。通常系统工作压力为中低压$p\leqslant$21 MPa时，选用齿轮式液压泵和叶片式液压泵；系统工作压力为高压 $p>21$ MPa时，选用柱塞泵。若液压传动系统有多个液压执行元件，且对流量需求较大，适合于选用多泵供油以便实现多级调节。

4. 换向回路的选择

在车辆马达和起重卷扬机等闭式液压传动系统中，采用手动双向变量泵的换向回路；在挖掘机、装载机和液压汽车起重机等工作环境恶劣的液压传动系统中，采用多路换向阀的换向回路；在自动化程度较高的液压设备中，采用电液比例换向阀和电液数字换向阀的换向回路。

5. 调压方式的选择

在进、回油路节流调速开式液压传动系统中，溢流阀旁接在液压泵出口，可以保持该液压传动系统压力恒定，当液压执行元件不动作时，液压传动系统通过使用H型或M型中位机能的换向阀或电磁溢流阀实现低压卸载，可使液压泵在非常小的功率下运行，液压传动系统能量损失小；当需要获得不同等级的压力时，在中低压小型液压传动系统中，采用减压阀实现减压回路，在高压小型液压传动系统中，采用单独的控制油源来实现多等级油压回路；当主机有垂直负载作用时，采用平衡阀平衡负值负载，使液压传动系统能有效地

限制负载的下降速度。

6. 调速方式的选择

在原动机为柴油机或汽油机的液压机、挖掘机和液压汽车起重机的设备中，采用定量泵变速调节流量来实现负载变速；在中小型液压机床中，开式液压传动系统采用定量泵节流调速回路控制负载运动速度；在多数工程机械中，闭式液压传动系统采用变量泵容积调速回路来控制负载运动速度。

7. 液压基本回路的选择

在确定了液压传动系统的类型、液压执行元件和液压动力元件后，应根据设备的工作特点和对其性能要求，在考虑节省能源，减小冲击和发热，保证动作精度等问题的同时，先确定满足整机设备要求的主要回路，再考虑其他辅助回路。在选择回路时，一般会有多种方案可供参考，要反复对比，尽量多吸收同类型液压传动系统中已采用的，并被实践证明比较实用的基本回路。

8. 液压基本回路的确定

液压基本回路的确定就是把已挑选出来的几种液压基本回路方案进行整理、归并，再增加一些必要的液压元件或辅助油路，使其成为一个完整的液压传动系统。做这项工作时还要考虑以下几点内容。

(1) 确保整机设备在工作循环中的每个动作都安全可靠，且互不干扰的同时，尽量采用最简单的液压基本回路，使整机设备的液压传动系统简单化。

(2) 尽量减少自行设计的专用件，采用通用元件和标准件。

(3) 防止液压传动系统过热，尽可能提高整机设备液压传动系统的总效率。

(4) 尽可能使整机设备液压传动系统经济合理，便于检测和维修。

9. 液压系统的合成

选定液压基本回路后，配以辅助性回路，如锁紧回路、平衡回路、缓冲回路、控制油路、润滑油路、测压油路等，可以组成一个完整的液压系统。

合成液压系统时应特别注意以下几点。

(1) 防止回路间可能存在的相互干扰。

(2) 系统应力求简单，并将作用相同或相近的回路合并，避免存在多余回路。

(3) 组成系统的元件要尽量少，并应尽量采用标准元件。

(4) 系统要安全可靠，要有安全、连锁等回路。

(5) 应考虑节省能源，提高效率，减少发热，防止液压冲击。

(6) 检测点应分布合理。

(7) 对可靠性要求高又不允许工作中停机的系统，应采用冗余设计方法，即在系统中设置一些备用的元件和回路，以替换故障元件和回路，保证系统持续可靠运转。

最重要的是，实现给定任务有多种多样的系统方案，因此必须进行方案论证，对多个方案从结构、技术功能、成本、操作、维护等方面进行反复对比，最后组成一个机构完整、技术先进合理、性能优越的系统。

8.3.3 液压系统主要参数的确定

执行元件的工作压力和流量是液压系统最主要的参数。这两个参数是计算和选择元件、

辅件和原动机的规格型号的依据。要确定液压系统的压力和流量，首先必须根据各液压执行元件的负载循环图，选定系统工作压力；系统压力一经确定，液压缸有效工作面积 A 或液压马达的排量即可确定；根据位移-时间循环图（或速度-时间循环图）确定其流量。

1. 初选系统工作压力

压力的选择除了要根据载荷大小和设备类型而定外，还要考虑执行元件的装配空间、经济条件及元件供应情况等的限制。在载荷一定的情况下，工作压力低，势必要加大执行元件的结构尺寸，对某些设备来说，尺寸要受到限制，从材料消耗角度看也不经济；反之，压力选得太高，对泵、缸、阀等元件的材质、密封、制造精度要求很高，必然要提高设备成本。一般来说，对于固定的尺寸不太受限的设备，压力可以选低一些，行走机械重载设备压力要选得高一些。具体选择可参考表 8-8 和表 8-9。

表 8-8　按载荷选择工作压力

载荷/kN	＜5	5～10	10～20	20～30	30～50	＞500
工作压力/MPa	＜1	1.5～2	2.5～3	3～5	4～5	≥5

表 8-9　各种机械常用的工作压力

机械类型	机床				农业机械、小型工程机械、建筑机械、液压凿岩机	液压机、大中型挖掘机、重型机械、起重运输机械
	磨床	组合机床	龙门刨床	拉床		
工作压力/MPa	0.8～2	3～5	2～8	8～10	10～18	20～32

2. 计算液压缸的主要结构尺寸和液压马达的排量

1）计算液压缸的主要结构尺寸

液压缸主要设计参数见图 8-15，图 8-15（a）所示为液压缸活塞杆工作在受压状态，图 8-16（b）所示为活塞杆工作在受拉状态。

活塞杆受压时

$$F=\frac{F_w}{\eta_m}p_1A_1-p_2A_2 \tag{8-9}$$

活塞杆受拉时

$$F=\frac{F_w}{\eta_m}=p_1A_2-p_2A_1 \tag{8 - 10}$$

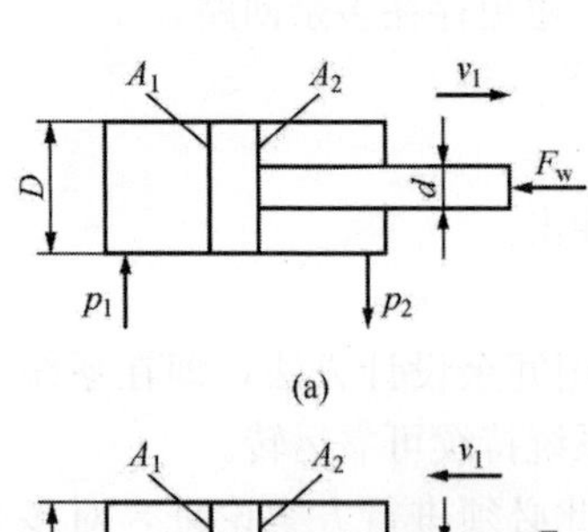

(a)

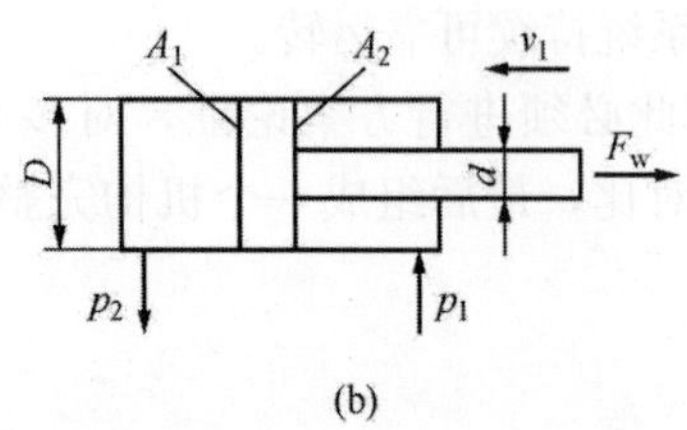

(b)

图 8-15　液压缸主要设计参数

式中　A_1——无杆腔活塞有效作用面积（m^2），$A_1=\frac{\pi}{4}D^2$；

A_2——有杆腔有效作用面积（m^2），$A_2=\frac{\pi}{4}(D^2-d^2)$；

p_1——液压缸工作腔压力（Pa）；

p_2——液压缸回油腔压力（Pa），即背压力。其值根据回路的具体情况而定，初算时可根据表 8-10 取值，差动连接时要另行考虑；

D——活塞直径（m）；

d——活塞杆直径（m）。

表 8-10　执行元件背压力

系统类型	背压力/MPa	系统类型	背压力/MPa
简单系统或轻载节流调速系统	0.2～0.5	用补油泵的闭式系统	0.8～1.5
回油路带调速阀的系统	0.4～0.6	回油路较复杂的工程机械	1.2～3
回油路设置有背压阀的系统	0.5～1.5	回油路较短，且直接回油箱	可忽略不计

一般，液压缸在受压状态下工作，其活塞面积为

$$A = \frac{F + p_2 A_2}{p_1} \tag{8-11}$$

运用上式须事先确定 A_1 与 A_2 的关系，或是活塞杆直径 d 与活塞直径 D 的关系，令杆径比 $\varphi = d/D$，其比值可按表 8-11 和表 8-12 选取。

表 8-11　按工作压力选取 *d/D*

工作压力/MPa	≤5.0	5.0～7.0	≥7.0
d/D	0.5～0.55	0.62～0.70	0.7

表 8-12　按速比要求确定 *d/D*

v_1/v_2	1.25	1.33	1.46	1.61	2
d/D	0.4	0.5	0.55	0.62	0.71

注：v_1——无杆腔进油时活塞运动速度；v_2——无杆腔进油时活塞运动速度。

$$D = \sqrt{\frac{4F}{\pi[p_1 p_2 (1 - \varphi^2)]}} \tag{8-12}$$

采用差动连接时，$\frac{v_1}{v_2} \ll (D^2 - d^2)/d^2$。如要求往返速度相同时，应取 $d = 0.71D$。对行程与活塞杆直径比 $l/d > 10$ 的受压柱塞或活塞杆，还要做稳定验算。

当工作速度很低时，还须按最低速度要求验算液压缸尺寸

$$A \geqslant \frac{Q_{\min}}{v_{\min}} \tag{8-13}$$

式中　A——液压缸有效作用面积（m^2）；

$Q_{\min}$——系统最小稳定流量（m^3/s），在节流调速中取决于回路中所设调速阀或节流阀的最小稳定电流，容积调速中取决于变量泵的最小稳定流量；

$v_{\min}$——运动机构要求的最小工作速度（m/s）。

如果液压缸的有效作用面积 A 不能满足最低稳定速度的要求，则应该按最低稳定速度确定液压缸的结构尺寸。

另外，如果执行元件安装尺寸受到限制，液压缸的缸径及活塞杆的直径须事先确定时，可按载荷的要求和液压缸的结构尺寸来确定系统的工作压力。

液压缸直径 D 和活塞杆直径 d 的计算值要按国标规定的有关标准进行圆整。如与标准液压缸参数相近，最好选用国产标准液压缸，免于自行设计加工。常用液压缸内径及活塞杆直径见表 8-13 和表 8-14。

表 8-13　常用液压缸内径 *D*　（单位：mm）

40	50	63	80	90	100	110
125	140	160	180	200	220	250

表 8-14　活塞杆直径 *d*　（单位：mm）

速比	缸径													
	40	50	63	80	90	100	110	125	140	160	180	200	220	250
1.46	22	28	35	45	50	55	63	70	80	90	100	110	125	140
3			45	50	60	70	80	90	100	110	125	140		

2）计算液压马达的排量

液压马达的排量为

$$q = \frac{2\pi T}{\Delta p} \tag{8-14}$$

式中　T——液压马达的载荷转矩（N·m）；

Δp——液压马达的进出口压差（Pa），$\Delta p = p_1 - p_2$。

液压马达的排量也应满足最低转速要求

$$q \geqslant \frac{Q_{\min}}{n_{\min}} \tag{8-15}$$

式中　$Q_{\min}$——通过液压马达的最小流量（m^3/s）；

$n_{\min}$——液压马达工作时的最低转速（r/s）。

3. 计算液压缸或液压马达所需流量

（1）液压缸工作时所需流量

$$Q = Av \tag{8-16}$$

式中　A——液压缸有效作用面积（m^2）；

v——活塞与缸体的相对速度（m/s）；

（2）液压马达的流量

$$Q = qn_{\mathrm{m}} \tag{8-17}$$

式中　q——液压马达的排量（m^3/r）；

n_{m}——液压马达的转速（r/s）。

4. 绘制液压系统工况图

工况图包括压力循环图、流量循环图和功率循环图。它们是调整系统参数、选择液压泵、阀等元件的依据。

1）压力循环图（p-t 图）

通过最后确定的液压执行元件的结构尺寸，再根据实际载荷的大小，倒求出液压执行

元件在其动作循环各阶段的工作压力，然后把它们绘制成 p-t 图。

2）流量循环图（Q-t 图）

根据已确定的液压缸有效工作面积或液压马达的排量，结合其运动速度算出它在工作循环中每一阶段的实际流量，把它绘制成图。若系统中有多个液压执行元件同时工作，应把各自的流量图叠加起来绘出总的流量循环图。

3）功率循环图（P-t 图）

绘出压力循环图和总流量循环图后，根据 $P=pQ$，即可绘出系统的功率循环图。

8.3.4　液压元件的选择

1. 液压泵的选择

1）确定液压泵的最大工作压力 p_p

$$p_p \geqslant p_1 + \sum \Delta p \tag{8-18}$$

式中　p_1——液压缸或液压马达最大工作压力；

$\sum\Delta p$——从液压泵出口到液压杆或液压马达入口之间总的管路损失。$\sum\Delta p$ 的准确计算要待元件选定并绘制出管路图时才能进行，初算时可按经验数据选取；管路简单、流速不大的，取 $\sum\Delta p=(0.2\sim0.5)$MPa；管路复杂，进口有调速阀的，取 $\sum\Delta p=(0.5\sim1.5)$MPa。

2）确定液压泵的流量 Q_p

多液压缸或液压马达同时工作时，液压泵的输出流量应为

$$Q_p \geqslant k\left(\sum Q_{max}\right) \tag{8-19}$$

式中　k——系统泄漏参数，一般取 $k=1.1\sim1.3$；

$\sum Q_{max}$——同时动作的液压缸或液压马达的最大总流量，可以从 Q-t 图上查得。对于在工作过程中用节流调速的系统，还需加上溢流阀的最小溢流量，一般取 $0.5\times10^{-4}\text{m}^3/\text{s}$。

系统使用蓄能器做辅助动力源时

$$Q_p \geqslant \sum_{i=1}^{z} \frac{v_i k}{T_t} \tag{8-20}$$

式中　k——系统泄漏系数，一般取 $k=1.2$；

T_t——液压设备工作周期（s）；

v_i——每一个液压缸或液压马达在工作周期中的总耗油量（m^3）；

z——液压缸或液压马达的个数。

3）选择液压泵的规格

根据以上求得的 p_p 和 Q_p 值，按系统中拟定的液压泵的形式，从产品样本或手册中选择相应的液压泵。为使液压缸有一定的压力储备，所选泵的额定压力一般要比最大工作压力大25%～60%。

4）确定液压泵的驱动功率

在工作循环中，如果液压泵的压力和流量比较恒定，即 p-t 图、Q-t 图变化比较平缓，则

$$p=\frac{p_p Q_p}{\eta_p} \tag{8-21}$$

式中 p_p——液压泵的最大工作压力（Pa）；

Q_p——液压泵的流量（m^3/s）；

η_p——液压泵的总效率，参考表 8-15 选择。

表 8-15 液压泵的总效率

液压泵类型	齿轮泵	螺杆泵	叶片泵	柱塞泵
总效率 η_p	0.6～0.7	0.65～0.80	0.60～0.75	0.80～0.85

限压式变量叶片泵的驱动功率，可按流量特性曲线拐点处的流量、压力值计算。一般情况下可取 $p_p=0.8p_{p\max}$，$Q_p=Q_n$，则

$$p=\frac{0.8p_{p\max}Q_n}{\eta_p} \tag{8-22}$$

式中 $p_{p\max}$——液压泵的最大工作压力（Pa）；

Q_n——液压泵的额定流量（m^3/s）。

在工作循环中，如果液压泵的流量和压力变化较大，即如曲线、外曲线起伏变化较大，则须分别计算出各个动作阶段内所需功率，驱动功率取其平均功率

$$P_{pc}=\sqrt{\frac{P_1^2t_1+P_2^2t_2+\cdots+P_n^2t_n}{t_1+t_2+\cdots+t_n}} \tag{8-23}$$

式中 t_1，t_2，…，t_n——一个循环中每一动作阶段内所需的时间（s）；

P_1，P_2，…，P_n——一个循环中每一动作阶段内所需的功率（W）。

按平均功率选出电动机功率后，还要验算每一阶段内电动机超载量是否都在允许的范围内。电动机允许的短时间超载量一般为 25%。

2. 液压阀的选择

阀的规格，根据系统的工作压力和实际通过的最大流量，选择有定型产品的元件。溢流阀按液压泵的最大流量选取；选择节流阀和调速阀时要考虑最小稳定流量应满足执行机构最低稳定速度的要求。控制阀的流量一般要选得比实际通过的流量大一些，必要时也允许有 20%以内的短时间过流量。

阀的形式按安装和操作方式选择。

3. 蓄能器的选择

根据蓄能器在液压系统中的功用，确定其类型和主要参数。

液压执行元件短时间快速运动，由蓄能器来补充供油。其有效工作容积为

$$\Delta v=\sum A_i l_i k-Q_p t \tag{8-24}$$

式中 A——液压缸有效作用面积（m^2）；

l——液压缸行程（m）；

k——油液损失系数，一般取 $k=1.2$；

Q_p——液压泵流量（m^3/s）；

t——动作时间（s）。

作应急能源，其有效工作容积为

$$\Delta v = \sum A_i l_i k \tag{8-25}$$

式中　$\sum A_i l_i$——要求应急动作液压缸的工作容积（m^3）。

有效工作容积算出后，根据有关蓄能器的相应计算公式，求出蓄能器的容积，再根据其他性能要求，即可确定所需的蓄能器。

4. 管道尺寸的确定

1）管道内径的计算

$$d = \sqrt{\frac{4Q}{\pi v}} \tag{8-26}$$

式中　Q——管道内径的流量（m^3/s）；

v——管内允许流速（m/s），见表 8-16。

表 8-16　允许流速推荐值

管道	推荐流速/（m/s）
液压泵吸油管道	0.5～1.5，一般常取 1 以下
液压系统压油管道	3～6，压力高，管道短，黏度小取大值
液压系统回油管道	1.5～2.6

计算出内径 d 后，按标准系列选取相应的管子。

2）管道壁厚 δ 的计算

$$\delta = \frac{pd}{2[\sigma]} \tag{8-27}$$

式中　p——管道内最高工作压力（Pa）；

d——管道内径（m）；

$[\sigma]$——管道材料的许用应力（Pa）；

σ_b——管道材料的抗拉强度（Pa）；

n——安全系数，对钢管来说，$p<7$ MPa 时，取 $n=8$；7 MPa$<p<$17.5 MPa 时，取 $n=6$；$p>17.5$ MPa 时，取 $n=4$。

5. 油箱容量的确定

初始设定时，先按油箱容量的经验公式确定油箱的容量，待系统确定后，再按散热的要求进行校核。

油箱容量的经验公式为

$$V = aQ_V \tag{8-28}$$

式中　Q_V——液压泵每分钟排除压力油的容积（m^3）；

a——经验系数，见表 8-17。

表 8-17 经验系数

系统类型	行走机械	低压系统	中压系统	锻压系统	冶金机械
a	2～12	2～4	5～7	6～12	10

在确定油箱尺寸时，一方面要满足系统供油的要求；另一方面要保证执行元件全部排油时，油箱的油位不低于最低限度。

8.3.5 液压系统性能验算

液压系统初步设计是在估计某些参数情况下进行的，当各回路形式、液压元件及连接管路等完全确定后，针对实际情况对所设计的系统进行各项性能分析。对一般液压传动系统来说，主要是进一步确切地计算液压回路各段压力损失、容积损失及系统效率，压力冲击和发热温升等。根据分析计算发现问题，对某些不合理的设计要进行重新调整，或采取其他必要的措施。

1. 液压系统压力损失

压力损失包括管路的沿程损失 Δp_1，管路的局部压力损失 Δp_2 和阀类元件的局部损失 Δp_3，总的压力损失为

$$\Delta p = \Delta p_1 + \Delta p_2 + \Delta p_3 \tag{8-29}$$

$$\Delta p_1 = \lambda \frac{l\rho v^2}{d^2}$$

$$\Delta p_2 = \xi \frac{\rho v^2}{2}$$

式中 l——管道的长度（m）；

d——管道内径（m）；

v——液流平均速度（m/s）；

ρ——液压油密度（kg/m^3）；

λ——沿程阻力系数；

ξ——局部阻力系数。ξ 和 λ 的具体值可参考流体力学有关内容确定。

$$\Delta p_3 = \Delta p_n \left(\frac{Q}{Q_n}\right)^2 \tag{8-30}$$

式中 Q_n——阀的额定流量（m^3/s）；

Q——通过阀的实际流量（m^3/s）；

Δp_n——阀的额定压力损失（Pa）（可从产品样本中查到）。

对于泵到执行元件间的压力损失，如果计算出的 Δp 比选泵时估计的管路损失大得多时，应该重新调整泵及其他元件的规格尺寸等参数。

系统的调整压力

$$p_T \geqslant p_1 + \Delta p \tag{8-31}$$

式中 p_T——液压泵的工作压力或支路的调整压力。

2. 液压系统的发热温升计算

1）计算液压系统的发热功率

液压系统工作时，除执行元件驱动和输出有效功率外，其余功率损失全部转化为热量，使油温升高。液压系统的功率损失主要有以下几种形式。

（1）液压泵的功率损失

$$P_{h1}=\frac{1}{T_t}\sum_{i=1}^{z}P_{ri}(1-\eta_i)t_i \tag{8-32}$$

式中　T_t——工作循环周期（s）；

z——投入工作液压泵的台数；

P_{ri}——第 i 台液压泵的输入功率（W）；

η_i——第 i 台液压泵的总效率；

t_i——第 i 台泵工作时间（s）。

（2）液压执行元件的功率损失

$$P_{h2}=\frac{1}{T_t}\sum_{j=1}^{m}P_{rj}(1-\eta_j)t_j \tag{8-33}$$

式中　m——液压执行元件的数量；

P_{rj}——第 j 个液压执行元件的输入功率（W）；

η_j——第 j 个液压执行元件的效率；

t_j——第 j 个执行元件工作时间（s）。

（3）溢流阀的功率损失

$$P_{h3}=p_YQ_Y \tag{8-34}$$

式中　p_Y——溢流阀的调整压力（Pa）；

Q_Y——溢流阀流回油箱的流量（m^3/s）。

（4）油液流经阀或管路的功率损失

$$P_{h4}=\Delta pQ \tag{8-35}$$

式中　Δp——通过阀或管路的压力损失（Pa）；

Q——通过阀或管路的流量（m^3/s）。

由以上各种损失构成了整个系统的功率损失，即液压系统的发热功率

$$P_{hr}=P_{h1}+P_{h2}+P_{h3}+P_{h4} \tag{8-36}$$

式（8-36）适用于回路比较简单的液压系统，对于复杂系统，由于功率损失的环节太多，一一计算较麻烦，通常使用下式计算液压系统的发热功率。

$$P_{hr}=P_r-P_c \tag{8-37}$$

式中　P_r——液压系统的总输入功率；

P_c——输出的有效功率。

$$P_r=\frac{1}{T_t}\sum_{i=1}^{z}\frac{p_iQ_it_i}{\eta_i} \tag{8-38}$$

$$P_c=\frac{1}{T_t}\left(\sum_{i=1}^{n}F_{\omega i}s_i+\sum_{j=1}^{m}T_{\omega j}\omega_jt_j\right) \tag{8-39}$$

式中 T_t——工作周期；

z，n，m——液压泵、液压缸、液压马达的数量；

p_i，Q_i，η_i——第 i 台泵的实际输出压力、流量、效率；

t_i——第 i 台泵工作时间；

$T_{\omega j}$，ω_j，t_j——第 j 台液压马达的外载荷转矩、转速、工作时间；

$F_{\omega i}$，s_i——第 i 个液压缸外载荷及驱动此载荷的行程。

2）计算液压系统的散热功率

液压系统的散热渠道主要是油箱表面，但如果系统外接管路较长，而且计算发热功率时，也应考虑管路表面散热。

$$P_{hc} = (K_1A_1 + K_2A_2)\Delta T \tag{8-40}$$

式中 K_1——油箱散热系数，见表 8-18；

K_2——管路散热系数，见表 8-19；

A_1，A_2——油箱、管路的散热面积（m^2）；

ΔT——油温与环境温度之差。

表 8-18 油箱散热系数 K_1 ［单位：W/（m^2·℃）］

冷却条件	K_1	冷却条件	K_1
通风条件很差	8～9	用风扇冷却	23
通风条件良好	15～17	循环水强制冷却	110～170

表 8-19 管道散热系数 K_2 ［单位：W/（m^2·℃）］

风速/（m/s）	管道直径/m		
	0.01	0.05	0.1
0	8	6	5
1	25	14	10
5	69	40	23

若系统达到热平衡，则 $P_{hr}=P_{hc}$，油温不再升高，此时，最大温差

$$\Delta T = \frac{P_{hr}}{k_1A_1 + K_2A_2} \tag{8 - 41}$$

环境温度为 T_0，则油温 $T=T_0+\Delta T$。如果计算出的油温超过该液压设备允许的最高油温（各种机械允许油温见表 8-20），就要设法增大散热面积，如果油箱的散热面积不能加大，或加大一些也无济于事时，就需要装设冷却器。冷却器的散热面积

$$A = \frac{P_{hr} + P_{hc}}{K\Delta t_m} \tag{8 - 42}$$

式中 K——冷却器的散热系数，见本书液压辅助元件有关散热器的散热系数；

Δt_m——平均温升（℃）；

$$\Delta t_m = \frac{T_1 + T_2}{2} - \frac{t_1 + t_2}{2} \tag{8 - 43}$$

式中 T_1，T_2——液压油入口和出口温度；

t_1，t_2——冷却水或风的入口和出口温度。

表 8-20　各种机械允许油温

液压设备类型	正常工作温度/℃	最高允许温度/℃	液压设备类型	正常工作温度/℃	最高允许温度/℃
数控机床	30～50	55～70	船舶	30～60	80～90
一般机床	30～55	55～70	冶金机械、液压机	40～70	60～90
机车车辆	40～60	70～80	工程机械、矿山机械	50～80	70～90

3）根据散热要求计算油箱容量

最大温差 ΔT 是在初步确定油箱容积的情况下，验算其散热面积是否满足要求。当系统的发热量求出之后，可根据散热的要求确定油箱的容量。

由 ΔT 公式可得油箱的散热面积为

$$A_1 = \left(\frac{P_{hr}}{\Delta T} - K_2A_2\right)/K_1 \tag{8-44}$$

如不考虑管路的散热，式（8-44）可简化为

$$A_1 = \frac{P_{hr}}{\Delta TK_1} \tag{8-45}$$

油箱主要设计参数如图 8-16 所示。一般油面的高度为油箱高的 0.8，与油直接接触的表面算全散热面，与油不直接接触的表面算半散热面，图示油箱的有效容积和有效散热面积分别为

$$V = 0.8abh \tag{8-46}$$

$$A_1 = 1.8h(a+b) + 1.5ab \tag{8-47}$$

若 A_1 求出，再根据结构要求确定 a、b、h 的比例关系，即可确定油箱的主要结构尺寸。

如按散热要求求出的油箱容积过大，远超出用油量的需要，且又受空间尺寸的限制，则应适当缩小油箱尺寸，增设其他散热面积。

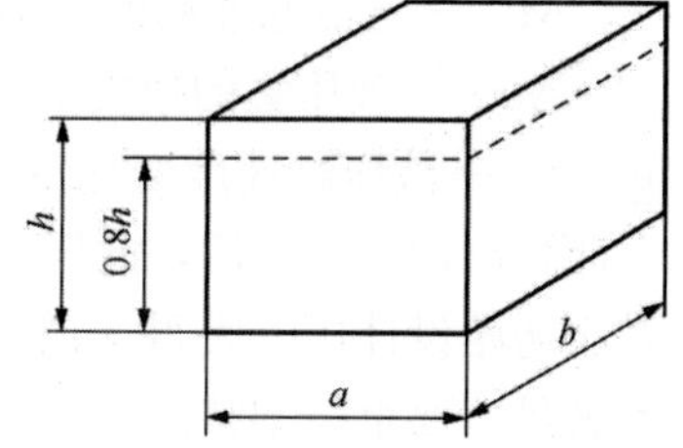

图 8-17　油箱结构尺寸

3. 计算液压系统冲击压力

压力冲击是由于管道液流速度急剧改变而形成的。例如，液压执行元件在高速运动中突然停止，换向阀的迅速开启和关闭，都会产生高于静态值的冲击压力。它不仅伴随产生振动和噪声，而且会因过高的冲击压力而使管路、液压元件遭到破坏。对系统影响较大的压力冲击常为以下两种形式。

1）开关液流通路时的冲击力

当迅速打开或关闭液流通路时，在系统中产生的冲击压力。

直接冲击（即 $t<\tau$）时，管道内压力增大值

$$\Delta p = a_c\rho\Delta v \tag{8-48}$$

间接冲击（即 $t>\tau$）时，管道内压力增大值

$$\Delta p = a_c\rho\Delta v\frac{\tau}{t} \tag{8-49}$$

式中 ρ——液体密度（kg/m^3）；

Δv——关闭或开启液流通道前后管道内流速之差（m/s）；

t——关闭或打开的流通时间（s）；

$\tau=\frac{2l}{a_c}$——管道长度为 l 时，冲击往返所需的时间（s）；

a_c——管道内液流中冲击波的传播速度（m/s）。

若不考虑黏性或管径变化的影响，冲击波在管内的传播速度

$$a_c = \frac{\sqrt{\frac{E_0}{\rho}}}{\sqrt{1+\frac{E_0 d}{E\delta}}} \tag{8-50}$$

式中 E_0——液压油的体积弹性模量（Pa），其推荐值为 $E_0=700$ MPa；

δ，d——管道的壁厚和内径（m）；

E——管道材料的弹性模量（Pa）。常用的管道弹性模量：钢 $E=2.1\times10^{11}$ Pa，紫铜 $E=1.18\times10^{11}$ Pa。

2）改变液压缸运动速度时的冲击

急剧改变液压缸运动速度时，由于液体及运动机构的惯性作用而引起的压力冲击，气压力的增大值为

$$\Delta p = \left(\sum l_i\rho\frac{A}{A_i}+\frac{M}{A}\right)\frac{\Delta v}{t}$$

式中 l_i——液流第 i 段管道的长度（m）；

ρ——液体密度（kg/m^3）；

A_i——第 i 段管道的截面积（m^2）；

A——液压缸活塞面积（m^2）；

M——与活塞连动的运动部件质量（kg）；

Δv——液压缸的速度变化量（m/s）；

t——液压缸速度变化量 Δv 所需时间（s）。

计算出冲击压力后，此压力与管道的静态压力之和即为此时管道的实际压力。实际压力若比初始设计压力大得多时，要重新校核一下相应部位管道的强度及阀件的承压能力，如不满足，要重新调整。

8.3.6 液压装置的结构设计

液压传动系统的整个设计流程主要分为两大部分：一是系统的功能原理设计（包括功能设计、组成元件设计和液压系统计算等三个环节）；二是系统的结构设计也称施工设计，它包括液压装置及电气控制装置的设计。液压系统的功能原理设计（包括液压系统原理图的拟定、组成元件设计和系统计算）完成之后，即可根据所选择或设计的液压元件和辅件及动作顺序图标，进行液压装置的结构设计。

液压装置设计（泛指液压系统中需自行设计的那些零部件的结构设计的统称）的目的在于选择确定元、辅件的连接装配方案、具体结构，设计和绘制液压系统产品工作图样，并编制技术文件，为制造、组装和调试液压系统提供依据。电气控制装置是实现液

压装置工作控制的重要部分，是液压系统设计中不可缺少的重要环节。电气控制装置设计在于根据液压系统的工作节拍或电磁铁动作顺序表，选择确定控制硬件并编制相应的软件。

所设计和绘制的液压系统产品工作图样包括液压装置及其部件的装配图、非标准零部件的工作图及液压系统原理图、系统外形图、安装图、管路布置图、电路原理图、自制零部件明细表、标准液压元件及标准连接件、外购件明细表、备料清单、设计任务书、设计计算书、使用说明书、安装试车要求等技术文件。

液压装置设计是液压系统功能原理设计的延续和结构实现，也可以说是整个液压系统时间过程的归宿。事实上，一个液压系统能否可靠有效地运行，在很大程度上取决于液压装置设计的质量优劣，从而使液压装置结构设计在整个液压系统设计过程中成为一个相当重要的环节，故设计者必须给予足够重视。

1. 液压装置总体布局

液压系统总体布局有集中式、分散式。

集中式结构是将整个设备液压系统的油源、控制阀部分独立设置与主机之外或安装在地下，组成液压站。例如，冷轧机、锻压机、电弧炉等有强烈热源和烟尘污染的合金设备，一般都是采用集中供油方式。

分散式结构是把液压系统中液压泵、控制调节装置分别安装在设备上适当的地方。机床、工程机械等可移动式设备一般都采用这种结构。

2. 液压阀的配置形式

1）板式配置

板式配置是把板式液压元件用螺钉固定在平板上，板上钻有与阀口对应的孔，通过管接头连接油管而将各阀按系统图接通。这种配置可根据需要灵活改变回路形式，液压试验台等普遍采用这种配置。

2）集成式配置

目前液压系统大多数都采用集成形式。它是将液压阀件安装在集成块上，集成块一方面起安装底板作用，另一方面起内部油路作用。这种配置结构紧凑、安装方便。

3. 集成块设计

1）块体结构

集成块的材料一般为铸铁或锻钢，低压固定设备可用铸铁，高压强震场合要用锻钢。块体加工成正方体或长方体。

对于较简单的液压系统，上、下面一般为叠积接合面，钻有公共压油孔 P、公用回油孔 T、泄漏油孔 L 和四个用以叠积紧固的螺栓孔。

P 孔，液压泵输出的压力油经调压后进入公用压力油孔 P，作为供给各单元回路压力油的公用油源。

T 孔，各单元回路的回油均通到公用回油孔 T，流回到油箱。

L 孔，各液压阀的泄漏油，统一通过公用泄露油孔流回油箱。

集成块的其余四个表面，一般后面接通液压执行元件的油管，另三个面用以安装液压阀。块体内按系统图的要求，钻有沟通各阀的孔道。

2）集成块结构尺寸的确定

外形尺寸要满足阀件的安装、孔道布置及其他工艺要求。为减少工艺孔，缩短孔道长度，阀的安装位置要仔细考虑，使相通油孔尽量在同一水平面或是竖直面上。对于复杂的液压系统，需要多个集成块叠积时，一定要保证三个公用油孔的坐标相同，是叠积起来后行程三个主通道。

各通油孔的内径要满足允许流速的要求，一般来说，与阀直接相通的孔径应等于所装阀的油孔通径。

油孔之间的壁厚δ不能太小，一方面防止使用过程中，由于油的压力而击穿；另一方面避免加工时，因油孔的偏斜而误通。对于中低压系统，壁厚δ不得小于5 mm，对于高压系统应更大一些。

8.3.7 绘制工作图、编制技术文件

液压系统完全确定后，要正规地绘出液压系统图。除用元件图形符号表示的原理图外，还包括动作循环表和元件的规格型号表。图中各元件一般按系统停止位置表示，如特殊需要，也可以按某时刻运动状态画出，但要加以说明。

装配图包括泵站装配图、管路布置图、操纵机构装配图、电气系统图等。

技术文件包括设计任务书、设计说明书和设备的使用维护说明书等。

1. 绘制工程图

（1）采用国家标准规定的图形符号绘制液压传动系统原理图。

（2）选用或设计液压元件集成块装配图和零件图。

（3）选用或设计液压泵站装配图和零件图。

（4）选用或设计液压执行元件装配图和零件图。

（5）设计液压管路装配图。

（6）设计非标准液压专用的装配图及零件图。

（7）选用或设计电气线路图。

2. 编写技术文件

技术文件一般包括液压传动系统的设计计算说明书，液压传动系统的操作使用和维修保养说明书，零部件目录表，标准件、通用件以及外购件汇总内容。

8.3.8 组合钻床动力滑台液压传动系统的设计计算举例

1. 技术要求

欲设计制造一台单面多轴组合钻床，其动力滑台为卧式布置（导轨为水平导轨，其静、动摩擦因数$\mu_s=0.2$，$\mu_d=0.1$），拟采用液压缸驱动，以完成工件加工时的进给运动，要求工件的夹紧采用机械方式。滑台有液压与电气配合实现的自动循环要求为：快进→工进→快退→自动停止。工件情况及动力滑台的已知参数见表8-21。

表 8-21　工件情况及动力滑台的已知参数

工件情况				动力滑台				
钻孔直径 D/mm	数量	切削用量		工况	行程 L/mm	速度 v (m/s)	运动部件重力 G/N	启动、制动时间 /s
		主轴转速 n /(r/min)	进给量 s /(mm/r)					
D_1：13.9	14	n_1：360	s_1：0.147	快进	L_1：100	v_1：0.1	9 800	0.2
D_2：8.5	2	n_2：550	s_2：0.096	工进	L_2：50	v_2：待定		
材料为铸铁，硬度 240HB				快退	L_3：150	v_3：0.1		

2. 动力和运动分析

1）配置执行器并作出动作周期顺序图

根据组合钻床动力滑台的上述技术要求，选择杆固定的单杠液压缸作为液压执行器驱动机床滑台，实现切削进给运动。

由于快速进退的速度已知，故只要得出工进速度，即可用所给各行程和速度算出各工况动作时间，从而作出动作周期顺序图。

工进速度为

$$v_2 = n_1 s_1 = 360 \times 0.147/60 = 0.88(\text{mm/s}) = 0.88 \times 10^3(\text{m/s})$$

计算得到的各工况的动作时间见表 8-22，据此作出液压缸动作周期图，如图 8-17 所示。

表 8-22　动作时间计算

工况	计算式	动作时间/ s
快进	$t_1 = L_1/v_1 = 100 \times 10^{-3}/0.1$	1
工进	$t_2 = L_2/v_2 = 50 \times 10^{-3}/(0.88 \times 10^{-3})$	56.8
快退	$t_3 = (L_1 + L_2)/v_3 = (100 + 50) \times 10^{-3}/0.1$	1.5

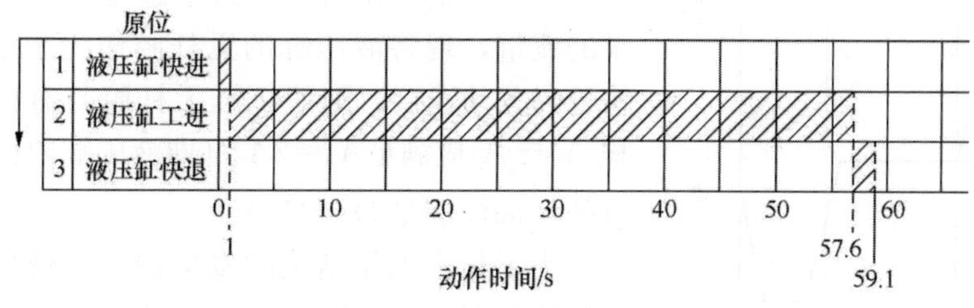

图 8-17　组合钻床动力滑台液压缸动作周期图

2）负载循环图和运动循环图

显然，液压缸的工作负载为钻削阻力负载。利用如下的铸铁工件钻孔的轴向钻削阻力经验公式

$$F_e = 25.5 D s^{0.8} \text{HB}^{0.6} \tag{8-51}$$

式中 F_e——轴向钻削阻力（N）；

D——钻孔孔径（mm）；

s——进给量（mm/r）；

HB——铸件硬度。

计算得工作负载

$$F_e = 14 \times 25.5 D_1 s_1^{0.8} \mathrm{HB}^{0.6} + 2 \times 25.5 D_2 s_1^{0.8} \mathrm{HB}^{0.6}$$
$$= (14 \times 25.5 \times 13.9 \times 0.147^{0.8} \times 240^{0.6} + 2 \times 25.5 \times 8.5 \times 0.096^{0.8} \times 240^{0.6})\mathrm{N}$$
$$= 30\ 468(\mathrm{N})$$

根据表 8-6 中的公式计算摩擦负载、惯性负载及各工况下的负载，计算结果一并列入表 8-23。

由表 8-21～表 8-23 即可绘制出图 8-18 所示液压缸的 L-t 图、v-t 图和 F-t 图。

表 8-23　滑台液压缸外负载计算结果

工况	计算公式	外负载	符号意义
启动	F_{fs}	1960	静摩擦负载： $F_{fs} = \mu_s(G+F_n) = 0.2\times(9800+0) = 1960(\mathrm{N})$ 动摩擦负载： $F_{fd} = \mu_d(G+F_n) = 0.1\times(98000+0) = 980(\mathrm{N})$ 惯性负载： $F_i = \dfrac{G\Delta v}{g\Delta t} = \dfrac{9800\times 0.1}{9.81\times 0.2} = 500(\mathrm{N})$
加速		1480	
快进	F_{fd}	980	
工进	F_e+F_{fd}	31448	
反向启动	F_{fs}	1960	
加速	$F_{fd}+\dfrac{G}{g}\cdot\dfrac{\Delta v}{\Delta t}$	1480	
快退	F_{fd}	980	

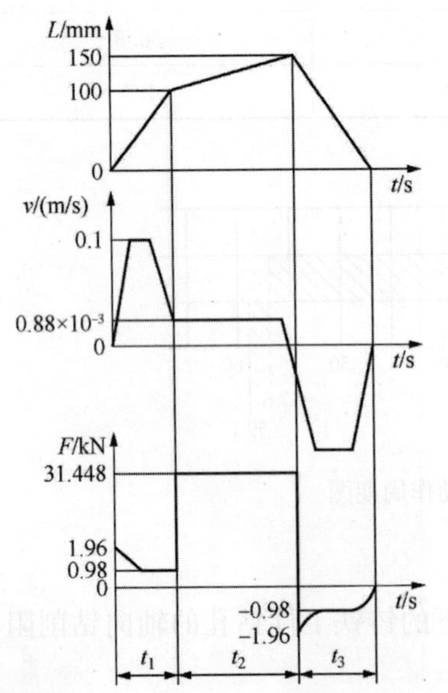

图 8-18　液压缸的 L-t 图、v-t 图和 F-t 图

3. 确定液压缸参数，编制工况图

参考表 8-8、表 8-9，初选液压缸的设计压力 $p_1 = 4$ MPa。

为了满足工作台快速进退速度相等，并减小液压泵的流量，现将液压缸的无杆腔作为主工作腔，并在快进时差动连接，则液压缸无杆腔与有杆腔的有效面积 A_1 与 A_2 应满足 $A_1 = 2A_2$（即液压缸内径 D 和活塞杆直径 d 间应满足 $D=\sqrt{2}d$）。

为了防止工作结束时发生前冲，液压缸需保持一定回油背压。参考表 8-10 暂取背压 0.6 MPa，并取液压缸机械效率 $\eta_{cm}=0.9$，则可计算出液压缸无杆腔的有效面积

$$A_1 = \frac{F}{\eta_{cm}\left(p_1 - \dfrac{p_2}{2}\right)} = \frac{31448}{0.9\times\left(4-\dfrac{0.6}{2}\right)\times 10^6}$$
$$= 94\times 10^4(\mathrm{m}^2)$$

$$D=\sqrt{\frac{4A_1}{\pi}}=\sqrt{\frac{4\times94\times10^4}{\pi}}=0.109(\mathrm{m})$$

按 GB/T 2348—1993，取标准值 $D=110\ \mathrm{mm}=11\ \mathrm{cm}$；因 $A_1=2A_2$，故活塞杆直径为

$$d=D/\sqrt{2}=11/\sqrt{2}\approx80(\mathrm{mm})(\text{标准直径})$$

则液压缸实际有效面积为

$$A_1=\frac{\pi}{4}D^2=\frac{\pi\times11^2}{4}=95(\mathrm{cm}^2)$$

$$A_2=\frac{\pi}{4}(D^2-d^2)=\frac{\pi}{4}(11^2-8^2)=44.7(\mathrm{cm}^2)$$

$$A=A_1-A_2=50.3(\mathrm{cm}^2)$$

差动连接快进时，液压缸有杆腔压力 p_2 必须大于无杆腔压力 p_1，其差值估取 $\Delta p=p_2-p_1=0.5(\mathrm{MPa})$，并注意到启动瞬间液压缸尚未移动，此时 $\Delta p=0$；另外，取快退时的回油压力损失为 0.7 MPa。

根据上述假定条件计算得到液压缸工作循环中各阶段的压力、流量和功率（见表 8-24），并可绘出其工况图（见图 8-19）。

表 8-24 液压缸工作循环中各阶段的压力、流量和功率

工作阶段		计算公式	负载 F/N	回油腔压力 p_2/MPa	工作腔压力 p_1/MPa	输入流量 q /(m³/s)	输入功率 P/kW
快进	启动	$p_1=\dfrac{\dfrac{F}{\eta_{cm}}+\Delta pA_2}{A}$ $q=Av_1,P=p_1q$	1960	—	0.48	—	—
	加速		1480	0.7	0.77	—	—
	恒速		980	1.16	0.66	0.5	330
工进		$p_1=\dfrac{\dfrac{F}{\eta_{cm}}+p_2A_2}{A_1}$ $q=A_1v_2,P=p_1q$	31448	0.6	3.96	0.83×10^{-2}	33
快退	启动	$p_1=\dfrac{\dfrac{F}{\eta_{cm}}+p_2A_1}{A_2}$ $q=A_2v_1,P=p_1q$	1960	—	0.48	—	—
	加速		1480	0.7	1.86	—	—
	恒速		980	0.7	1.73	0.45	780

4. 拟定液压系统原理图

1）选择液压回路

首先选择调速回路：由工况图可看到，液压系统功率较小，负载为阻力负载且工作中变化小，故采用进口调速回路。为防止在孔钻通时负载突然消失引起滑台前冲，回油路设置背压阀。

由于已选用节流调速回路，故系统必然为开式循环方式。

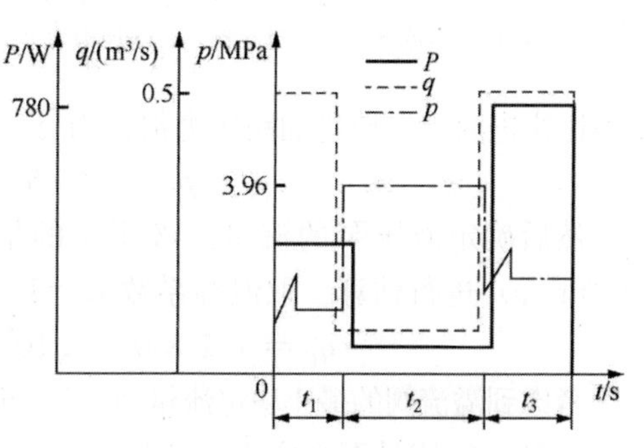

图 8-19 液压缸工况图

其次选择油源形式：由工况图可知，系统在快速进、退阶段的工况为低压、大流量且持续时间短，而工进阶段的工况为高压、小流量且持续时间长，两种工况的最大流量与最小流量之比约达 60，从提高系统效率和节能角度，宜选用高低压双泵组合供油或采用低压式变量泵供油。两者各有利弊，现决定采用双联叶片泵方案。

再次选择换向与速度换接回路：系统已选定差动回路作快速回路，同时考虑到工进→快退时回流量较大，为保证换向平稳，因此选用三位四通电液动换向阀作主换向阀并实现差动连接。由于机床工作部件终点的定位精度要求不高，故采用活动挡块压下电气行程开关控制换向阀电磁铁的通断电，即可实现自动换向和速度换接。

最后选定压力控制回路：在高压泵出口并联一个溢流阀，实现系统的定压溢流；在低压泵出口并联一个远控顺序阀，实现系统高压工作阶段的卸荷。

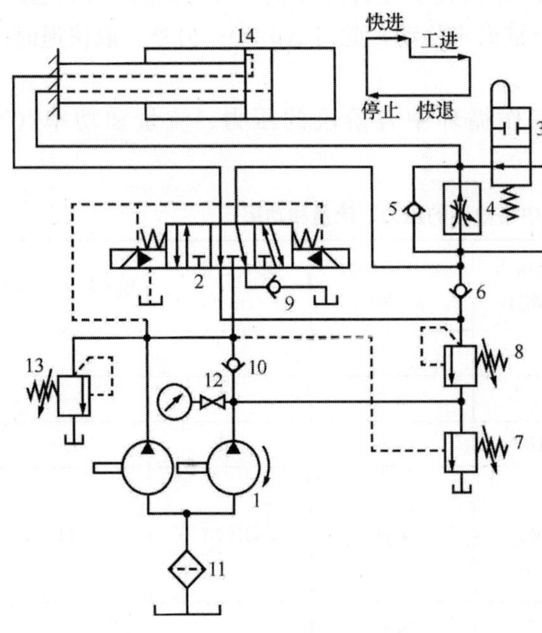

图 8-20　钻孔组合机床动力滑台液压系统原理图

1—双联叶片泵；2—三位五通电液换向阀；
3—二位二通机动换向阀（行程阀）；4—调速阀；
5，6，9，10—单向阀；7—运控顺序阀；
8，13—溢流阀；11—过滤器；12—压力表开关

2）组成液压系统原理图

在主回路初步选定基础上，再增加一些辅助回路即可组成一个完整的液压系统，如图 8-20 所示。例如：在液压泵进口设置一过滤器 11；出口设一块压力表及压力表开关 12，以便观测泵的压力等。

5. 选择液压元件、辅件

1）液压泵及其驱动电动机

首先确定液压泵的最高工作压力：由液压缸的工况图 8-19 或表 8-24 可以查得液压缸最高工作压力出现在工作阶段，$p_1=3.96$ MPa。此时缸的输入流量较小，且进油路元件较少，故泵缸之间的进油路压力损失估取为 $\Delta p=0.8$ MPa。根据式 $P_p \geqslant p_1+\sum \Delta p$ 算得小流量泵的最高工作压力 p_{p1} 为

$$p_{p1}=(3.96+0.8)=4.76(\text{MPa})$$

大流量泵仅在快速进退时向液压缸供油，由图 8-18 可知，快退时液压缸的工作压力比快进时大，取进油路压力损失为 $\Delta p=0.4$ MPa，则大流量泵最高工作压力 p_{p2} 为

$$p_{p2}=3.96+0.8=4.76(\text{MPa})$$

然后确定液压泵的流量：液压泵的最大供油量 q_p 按液压缸的最大输入流量（$0.5\times10^{-3}\text{m}^3/\text{s}$）进行估算。取泄漏系数 $K=1.1$，则

$$q_p=1.1\times0.5\times10^3=0.55\times10^3=33(\text{L/min})$$

考虑到溢流阀的最小稳定流量为 2 L/min，工进时的流量为 $0.83\times10^{-2}\ \text{m}^3/\text{s}$（0.5 L/min），则小流量泵的流量至少应为 2.5 L/min。

最后确定液压泵及其驱动电动机的规格，根据以上计算结果查阅产品样本，选用规格

相近的 YB1-2.5/30 双联叶片泵。

由工况图 8-19 知，最大功率出现在快退阶段，由泵的参数手册查得，取泵的总效率 $\eta_p = 0.80$，则所需电动机功率为

$$P_p = \frac{p_p q_p}{\eta_p} = \frac{2.26 \times 10^6 \times (2.5 + 30) \times 10^2}{0.8 \times 60 \times 10^3} = 1.53(\text{kW})$$

选用电动机型号：查表选用规格相近的 Y1126 型封闭式三相异步电动机，其额定功率 2.2 kW。

根据所选择的液压泵规格及系统工作情况，算出液压缸在各阶段的实际进流量、运动速度和持续时间见表 8-25，各量与开始的估算值差别不大，从而为其他液压元件的选择及系统的性能计算奠定基础。

表 8-25　液压缸在各阶段的实际进出流量、运动速度和持续时间

工作阶段	流量/（L/min）		速度/(m/s)	时间/s
	无杆腔	有杆腔		
快进	$q_1 = \frac{A_1(q_{p1} + q_{p2})}{A}$ $= \frac{95 \times (2.5 + 30)}{50.3}$ $= 61.4$	$q_2 = q_1 \frac{A_2}{A_1}$ $= 61.4 \times \frac{44.7}{95} = 28.9$	$v_1 = \frac{q_{p1} + q_{p2}}{A}$ $= \frac{(2.5 + 30) \times 10^3}{60 \times 50.3 \times 10^4}$ $= 0.108$	$t_1 = \frac{L_1}{v_1}$ $= \frac{100 \times 10^3}{0.108}$ $= 0.93$
工进	$q_1 = 0.5$	$q_2 = q_1 \frac{A_2}{A_1}$ $= 0.5 \times \frac{44.7}{95}$ $= 0.24$	$v_2 = \frac{q_1}{A_1}$ $= \frac{0.5 \times 10^3}{60 \times 95 \times 10^4}$ $= 0.88 \times 10^3$	$t_2 = \frac{L_2}{v_2}$ $= \frac{50 \times 10^3}{0.88 \times 10^3}$ $= 56.6$
快退	$q_1 = q_{p1} + q_{p2}$ $= 2.5 + 30$ $= 32.5$	$q_2 = q_1 \frac{A_2}{A_1}$ $= 32.5 \times \frac{95}{44.7}$ $= 69$	$v_3 = \frac{q_1}{A_2}$ $= \frac{32.5 \times 10^3}{60 \times 44.7 \times 10^4}$ $= 0.121$	$t_3 = \frac{L_3}{v_3}$ $= \frac{150 \times 10^3}{0.121}$ $= 1.24$

2）液压控制阀和液压辅助元件

根据系统工作压力与通过各个液压控制阀及部分辅助元件的最大流量，查产品样本所选择的元件型号规格，见表 8-26。

表 8-26　组合钻床液压系统中控制阀和部分辅助元件的型号规格

序号	名称	通过流量/(L/min)	额定流量/(L/min)	额定压力/MPa	额定压降/MPa	型号
1	双联叶片泵	—	2.5/30	6.3	—	YB_1-2.5/30
2	三位五通电液动换向阀	69	100	6.3	0.3	35DY-100BY
3	行程阀	62	100	6.3	0.3	22C-100BH
4	调速阀	<1	6	6.3	—	Q-6B
5	单向阀	69	100	6.3	0.2	I-100B
6	单向阀	32.5	63	6.3	0.2	I-63B

续表

序号	名 称	通过流量 /(L/min)	额定流量 /(L/min)	额定压力 /MPa	额定压降 /MPa	型号
7	顺序阀	30	63	6.3	—	XY-63B
8	背压阀	<1	10	6.3	—	B-10B
9	单向阀	69	100	6.3	0.2	I-100B
10	单向阀	30	63	6.3	0.2	I-63B
11	过滤器	32.5	50	6.3	—	XU-50X200
12	压力表开关	—	—	—	—	K-6B
13	溢流阀	2.5	10	6.3	—	Y-10B

说明：选用了广州机床研究所的中低压系列液压元件；调速阀 5 的最小稳定流量为 0.0 L/min，小于系统工进速度时的流量 0.5 L/min。

管件尺寸由选定的标准元件油口尺寸确定，取 $\zeta=6$，得油箱容量为

$$V=\zeta q_{\mathrm{p}}=6\times(2.5+30)=195(\mathrm{L})$$

6. 计算液压系统技术性能

1）验算系统压力损失

按选定的液压元件接口尺寸确定管道直径 $d=18$ mm，进、回油管道长度均取为 $l=2$ m；取油液运动黏度 $\nu=1\times10^{-4}\ \mathrm{m^2/s}$，油液密度 $\rho=0.917\,4\times10^3\ \mathrm{kg/m^3}$。

由表 8-17 查得工作循环中进、回油管道中通过的最大流量 $q=69$ L/min 发生在快退阶段，由此计算得雷诺数

$$Re=\frac{vd}{\nu}=\frac{4q}{\pi d\nu}=\frac{4\times69\times10^{-3}}{60\times\pi\times18\times10^{-3}\times1\times10^{-4}}=813<2\,320$$

故可推论出：各工况下的进、回油路中的液流均为层流。

将适用于层流的沿程阻力系数 $\lambda=75/Re=75\pi d\nu/(4q)$ 和管道中液体流速 $v=4q/(\pi d^2)$ 代入沿程压力损失计算式得

$$\Delta p_\lambda=\frac{4\times75\rho\nu l}{2\pi d^4}q=\frac{4\times75\times0.917\,4\times10^3\times1\times10^{-4}\times2}{2\pi\times(18\times10^{-3})^4}$$

在管道具体结构尚未确定的情况下，管道局部压力损失 Δp_ξ 常按以下经验公式计算

$$\Delta p_\xi=0.1\Delta p_\lambda$$

各工况下的阀类元件的局部压力损失为

$$\Delta p_v=\Delta p_s\,(q/q_s)^2$$

计算出的各工况下的进、回油管道的沿程、局部和阀类元件的压力损失数值见表 8-27。

将回油路上的压力损失折算到进油路上，可求得总的压力损失，如经折算得到的快进工况下的压力损失为

表 8-27　压力损失数值

管路		各工况下的压力损失/10^5Pa			管路		各工况下的压力损失/10^5Pa		
		快进	工进	快退			快进	工进	快退
进油	Δp_λ	0.854	0.006 96	0.452	回油	Δp_λ	0.402	0.003 48	0.690
	Δp_ξ	0.085 4	0.000 696	0.045 2		Δp_ξ	0.040 2	0.000 348	0.069 0
	Δp_v	1.448	5	0.317		Δp_v	0.406	6	2.38
	Δp	2.387 4	5	0.814		Δp	0.848	6	3.094

$$\sum \Delta p = 2.3874 \times 10^5 + 0.848 \times 10^5 \times \frac{44.7}{95} = 2.786 \times 10^5 (\text{Pa})$$

其余工况以此类推。

尽管上述计算结果与估取值不同，但不会使系统工作压力超过其能达到的最高压力。

2）确定系统调整压力

根据上述计算可知：液压泵也即溢流阀的调整压力，应为小流量泵工作阶段的液压缸工作腔压力和进油路压力损失之和，即

$$p_{p1} \geqslant 3.96 + 0.5 = 4.46(\text{MPa})$$

大流量泵在快退时的工作压力 p_{p2} 最高，它是顺序阀调压值的主要参考数据，即

$$p_{p2} \geqslant 1.86 + 0.0814 = 1.9414(\text{MPa})$$

3）估算系统效率、发热和温升

由表 8-25 的数据可看到，本液压系统在整个工作循环持续时间中，快速进退仅占 8%，而工作进给达 97%，所以系统效率、发热和温升可概略用工进时的数值来代表。

根据式 $\eta_c = \dfrac{\sum p_1 q_1}{\sum p_p q_p}$ 可算出工进阶段的回路效率

$$\eta_c = \frac{p_1 q_1}{p_{p1} q_{p1} + p_{p2} q_{p2}} = \frac{3.96 \times 10^6 \times 0.83 \times 10^5}{4.46 \times 10^6 \times \dfrac{2.5 \times 10^3}{60} + 0.068 \times 10^6 \times \dfrac{30 \times 10^3}{60}} = 0.15$$

其中，大流量泵的工作压力 p_{p2} 就是此泵通过顺序阀卸荷时所产生的压力损失，因此它的数值为

$$p_{p2} = 0.3 \times 10^6 \times (30/63)^2 = 0.068 \times 10^6 (\text{MPa})$$

前已取双联液压泵的总效率 $\eta_p = 0.8$，现取液压缸的总效率 $\eta_{cm} = \eta_A = 0.95$，则本液压系统的效率为

$$\eta = \eta_p \eta_c \eta_A = 0.80 \times 0.15 \times 0.95 = 0.114$$

足见工进时液压系统效率很低，这主要是由于溢流损失和节流损失造成的。

工进工况液压泵的输入功率为

$$P_{p1} = \frac{p_{p1} q_{p1} + p_{p2} q_{p2}}{\eta_p} = \frac{4.46 \times 10^6 \times \dfrac{2.5 \times 10^3}{60} + 0.068 \times 10^6 \times \dfrac{30 \times 10^3}{60}}{0.8} = 274.8(\text{W})$$

根据系统的发热量计算式可算得工进阶段的发热功率 $H = P_{p1}\left(\dfrac{1}{\eta}\right) = 274.8 \times$

$\left(\frac{1}{0.114}\right)\mathrm{W}=243.5\mathrm{W}$，散热系数 $k=15\mathrm{W}/(\mathrm{m}\cdot℃)$，算得系统温升为 $\Delta t=\frac{H}{0.065K\sqrt[3]{V^2}}=\frac{243.5}{0.065\times15\times\sqrt[3]{195^2}}℃=7.43℃$

设机床工作环境温度 $t=5℃$，加上此温升后：$t_1=(25+7.43)℃=32.43℃$，仍在正常工作温度内，符合要求。

例题

例 8-1 图为实现“快进→一工进→二工进→快退→停止”工作循环的液压系统。试填写电磁铁动作顺序表，并说明其工作原理。

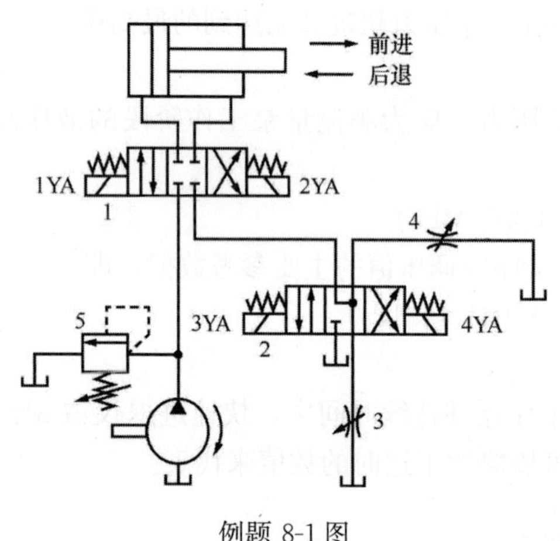

例题 8-1 图

解： 如图所示液压系统为出口节流调速回路，实现工作循环的原理如下。

(1) 快进：1YA 和 3YA 通电，回油路直接与油箱相通，回油速度快，因此活塞快速向前运动。

(2) 一工进：此时要求较快的慢速进给，因此在回油路上并联两个节流阀。1YA 通电，3YA 和 4YA 断电时，换向阀 2 处于中位，这时回油通过两个节流阀同时流回油箱，回油速度较快，因此活塞以较快速度向前进给。

(3) 二工进：这时要求较慢的慢速进给，4YA 通电，回油通过节流阀 3 流回油箱。由于油液通过一个节流阀回油箱，回油速度较慢，因此活塞慢速向前进给。

(4) 快退：要求活塞快速退回，因此 1YA 断电，2YA 和 3YA 通电，回油油路直接与油箱相通，活塞快速退回。

(5) 快退至原位停止这时 1YA、2YA、3YA 和 4YA 均断电。

电磁铁动作顺序见例题 8-1 表。

例题 8-1 表

工作循环	电磁铁				工作循环	电磁铁			
	1YA	2YA	3YA	4YA		1YA	2YA	3YA	4YA
快进	+	−	+	−	快退	−	+	+	−
一工进	+	−	−	−	停止	−	−	−	−
二工进	+	−	−	+					

例 8-2 例题 8-2 图示为一动力滑台的液压系统图，试根据其工作循环，回答下面问题：(1) 编制电磁铁动作顺序表；(2) 说明各工步时的油路走向。

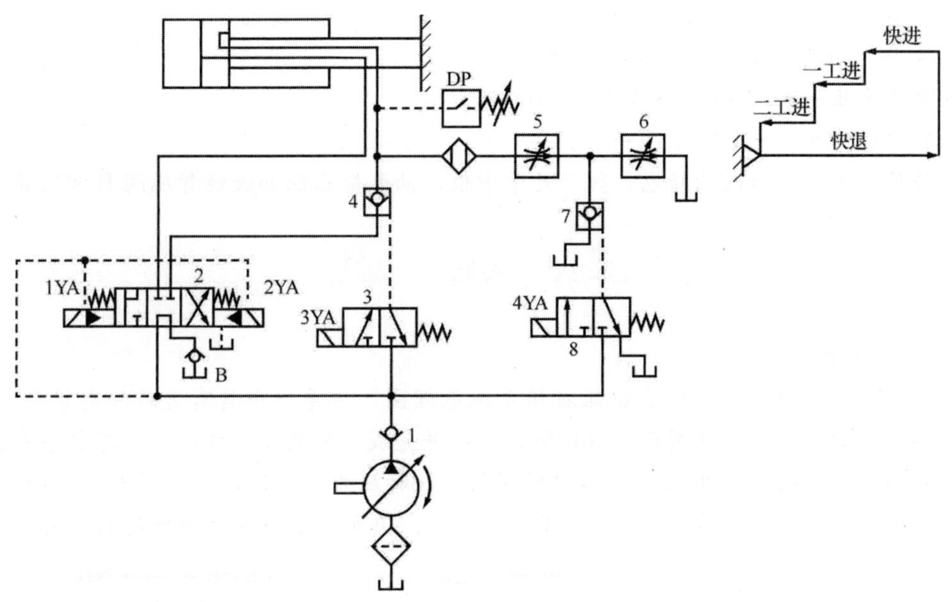

例题 8-2 图

解：（1）电磁铁动作顺序见例题 8-2 表。

例题 8-2 表

工步	1YA	2YA	3YA	4YA	工步	1YA	2YA	3YA	4YA
快进	+	−	+	−	快退	−	+	+	−
一工进	+	−	−	+	原位停止	−	−	−	−
二工进	+	−	−	−					

（2）各工步时的油路走向。

快进 1YA、3YA 通电，油缸差动连接。

油泵压力油 —→换向阀 3→打开液控单向阀 4
　　　　　　└→换向阀 2→油缸左腔

油缸右腔油液→阀 4→阀 2→油缸左腔

①一次工进。1YA、4YA 通电，阀 4 切断（3YA 断电）。

油泵压力油→阀 1—→换向阀 8→打开阀 7
　　　　　　　　└→换向阀 2→油缸左腔

油缸左腔→精滤油器→调速阀 5→阀 7→油箱

②二次工进。1YA 通电，3YA、4YA 均断电。

油泵压力油→阀 1→电液换向阀 2→油缸左腔

油缸右腔→精滤油器→调速阀 5→调速阀 6→油箱

③死挡铁停留。当油缸二次工进碰到死挡铁后，油缸右腔压力下降，降低到压力继电

器 DP 调整值时，发讯使 1YA 断电，2YA 通电，从而实现快退动作。

④快退。2YA 通电，其余电磁铁均断电。

油泵压力油→阀 1→阀 2→阀 4→油缸右腔

油缸左腔→阀 2→背压阀 B→油箱

⑤原位停止。电磁铁均断电，阀 2 处于中位，油泵输出的油液经背压阀 B 回油箱。

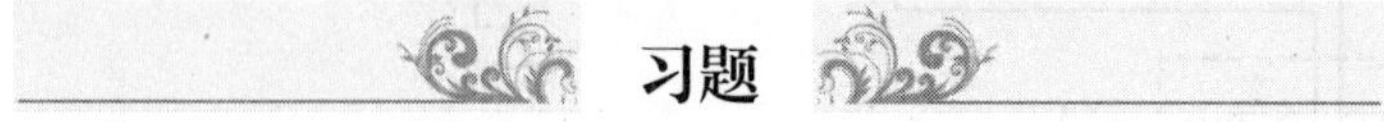

习题

8-1　怎样看液压系统图？

8-2　习题 8-2 图示为一组合机床液压系统原理图。该系统中具有进给和夹紧两个液压缸，要求完成的动作循环见图示。试读懂该系统并完成下列几项工作：(1) 写出序号 1～21 的液压元件名称；(2) 根据动作循环图列写电磁铁和压力继电器动作顺序表；(3) 分析系统中包含哪些液压基本回路；(4) 指出序号 7、10、14 的元件在系统中所起的作用。

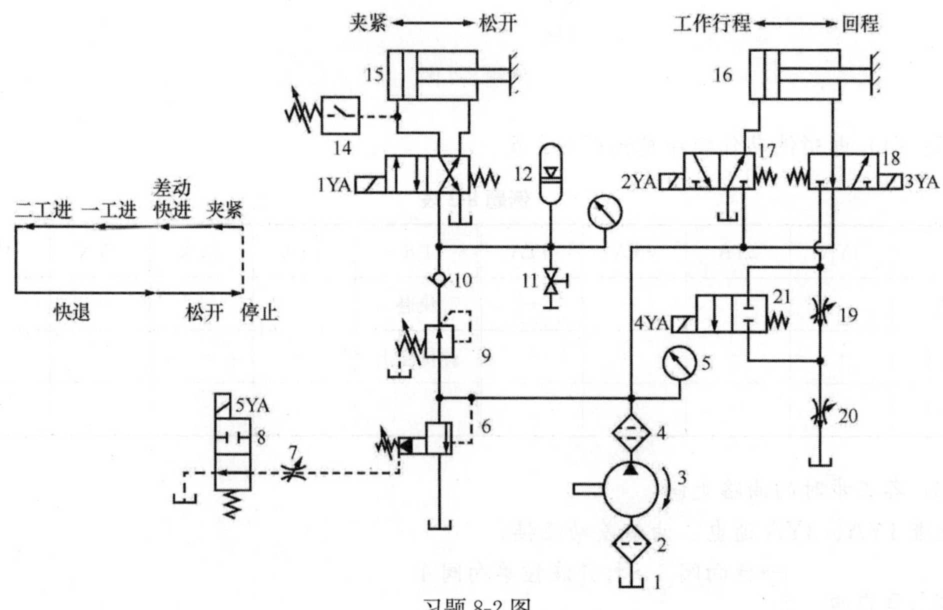

习题 8-2 图

8-3　农用拖拉机液压悬挂装置由提供动力的液压系统和连接农机具的悬挂杆件组成，其主要功能是悬挂农机具和进行农机具的升降等。习题 8-3 图示为农用拖拉机液压悬挂装置液压系统所能完成的主要动作，有：(1) 将悬挂的农机具提升起来，以脱离作业；(2) 将农机具悬挂在空中，高度可以调整，以完成对不同农机具的运输；(3) 能将悬挂的农机具降落到适当位置，以便进行作业；(4) 能实现液压输出，为其他液压设备提供动力。试分析液压系统完成上述动作的工作原理及各液压元件所起的作用。

8-4　试将题 8-4 图示液压系统图中的动作循环表填写完整，并分析讨论系统的特点。

8-5　设计一个完整的液压传动系统一般应有哪些步骤？要明确哪些要求？

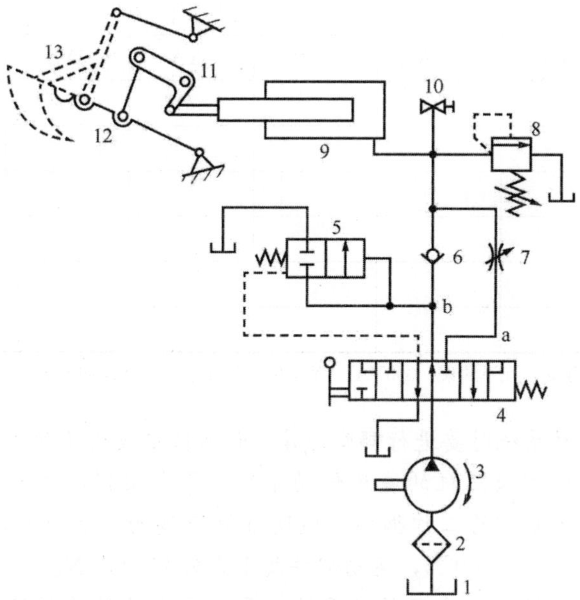

习题 8-3 图

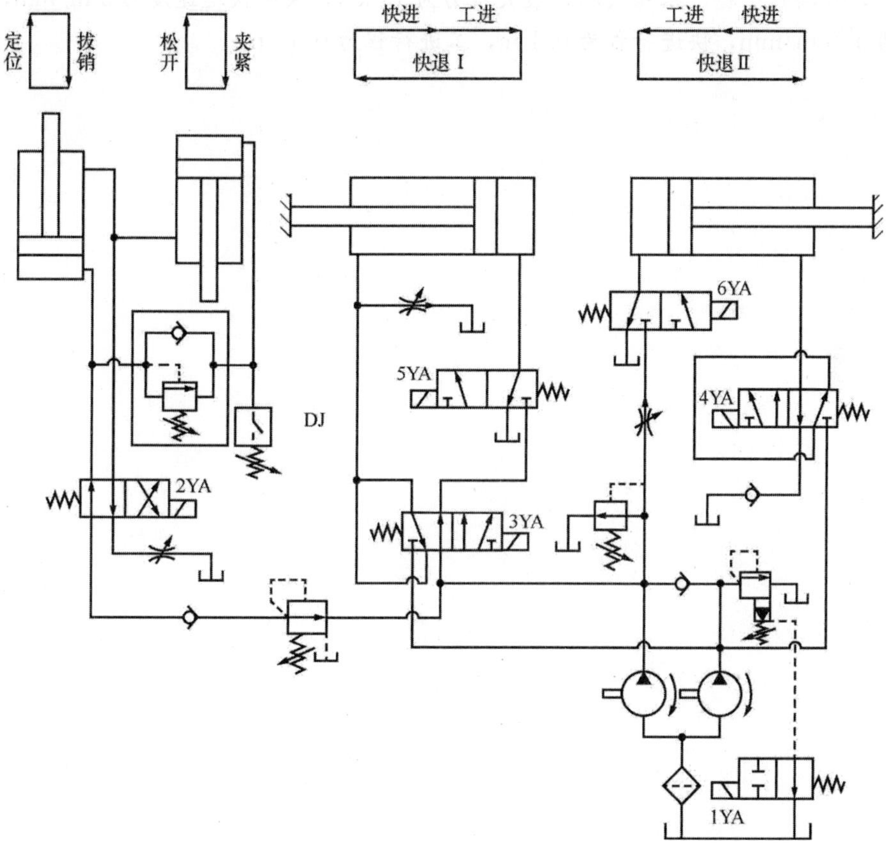

习题 8-4 图

动作名称	电器元件状态						
	1YA	2YA	3YA	4YA	5YA	6YA	DJ
定位夹紧							
快进							
工进（卸荷）							
快退							
松开拔销							
原位（卸荷）							

说明：①Ⅰ、Ⅱ各自不独立，互不约束。②3YA、4YA 有一个通电时，1YA 便通电。

8-6　设计液压传动系统时要进行哪些计算？如何拟定液压传动系统原理图？

8-7　试设计一台小型液压机的液压传动系统。要求实现：快速空行程下行→慢速加压→保压→快速回程→停止的工作循环，快速往返速度为 6 m/min，加压速度为 0.03～0.45 m/min，压制力为 300 000 N，运动部件总重力为 20 000 N。

8-8　设计一台板料折弯机液压传动系统。要求完成的动作循环为：快进→工进→快退→停止，且动作平稳。根据实测，最大推力为 15 kN，快进快退速度为 3 m/min，工作进给速度为 1.5 m/min，快进行程为 0.1 m，工进行程为 0.15 m。

第9章

液压传动系统运行与维护

学习要点

本章的内容包括液压系统安装调试、使用维护和故障分析与排除。(1) 正确的安装和调试是液压系统设计意图得以实现和保证系统可靠工作的重要环节。(2) 液压系统发生故障有90%是由于使用管理不善所致，因此应进行主动保养和预防性维护，使液压设备经常处于良好的技术状态。(3) 液压传动是在封闭情况下进行的，要寻找和排除故障有一定的难度，一方面取决于对液压传动基本知识的理解程度，另一方面有赖于实践经验的不断积累。

9.1 液压系统安装调试

液压设备是由许多液压元件与基本回路按照装配工艺进行安装组成的复杂液压系统，使用前需要消洗、调试，经检验合格后，才能使用。

9.1.1 液压系统的安装

液压系统的安装包括所有液压元件的安装以及管路的安装，试装后的管道先用40～60℃的10%～20%的稀硫酸或稀盐酸清洗，再用30～40℃的10%苏打水中和，最后用温水清洗、干燥、浸油，以备正式安装使用。安装步骤如下：

(1) 预安装（试装配）。弯管，组对油管和元件，点焊接头，整个管路定位。

(2) 第一次清洗（分解清洗）。酸洗管路、清洗油箱和各类元件等。

(3) 第一次安装。连成清洗回路及系统。

(4) 第二次清洗（系统清洗）。用清洗油清洗管路。

(5) 第二次安装。组成正式系统。

(6) 调整试车。灌入实际工作介质，进行正式试车。

1. 油管安装

在液压系统中，油管是输送工作介质的主要元件，其安装要求如下：

(1) 选择油管规格。根据液压系统的工作压力、流量和使用场合选择具有足够强度、硬度和表面质量（内壁光滑洁净，管壁无砂眼、无锈蚀）的一定直径的油管。

(2) 油管的弯曲。管弯曲处应光滑无缺陷（锯齿形、凹凸不平、扭坏、压坏），弯曲半径大于3倍管子外径，常见油管弯曲半径见表9-1。

表 9-1 常见油管弯曲半径

管子外径 D/mm	10	14	18	22	28	34	42	50	63
弯曲半径 R/mm	50	70	75	80	90	100	130	150	190

(3) 油管的固定。油管安装应采用管夹或支架固定。支架间距应适宜，间距过大，容易使系统发生振动和下垂；间距过小则固定支架数量较多，加大成本。常用油管支架间距见表 9-2。

表 9-2 常用油管支架间距

管子外径 D/mm	10	14	18	22	28	34	42	50	63
支架间最大距离 L/mm	400	450	500	600	700	800	850	900	1000

(4) 管网的布局。管路的铺设应尽量保证油管间距应该大于 10 mm、管路平行或垂直、交叉管子尽量少、弯管数量尽量少、管长尽量短、合理使用空间、达到整齐美观。还应防止相邻管道接触、振动的干扰。管路平行安装时，应有 3/1000～5/1000 的坡度。

(5) 管接头的安装。管接头处要适度紧固，保证密封良好，不漏油、不漏气，提高使用寿命。

(6) 回油管的安装。回油管应插入油箱液面以下，远离泵入口，管口距离油箱底部应大于 3 倍油管外径，防止液压泵吸油不足、油箱产生气泡、油中杂质增多。

2. 液压元件的安装

1) 液压泵的安装

(1) 泵传动轴与电动机（或发动机）驱动轴的同轴度误差应小于 0.1 mm，一般采用弹性联轴器连接，不允许使用 V 带等传动泵轴，以免泵轴受径向力的作用而破坏轴的密封。

(2) 泵的进、出口不得接反，有外泄油口的必须单独接泄油管引回油箱。

(3) 泵的吸入高度必须在设计规定的范围内，一般不超过 0.5 m。

2) 液压阀的安装

(1) 阀的连接方式有螺纹连接、板式连接、法兰连接三种，不管采用哪一种方式，都应保证密封，防止渗油和漏气。

(2) 换向阀应保持轴线水平安装。

(3) 板式阀安装前，要检查各油口密封圈是否符合要求，几个固定螺钉要均匀拧紧，使安装平面与底板平面全部接触。

(4) 防止油口装反。

3) 液压缸的安装

(1) 液压缸只能承受轴向力，安装时应避免产生侧向力。

(2) 对整体固定的液压缸缸体，应一端固定，另一端浮动，允许因热变形或受内压引起的轴向伸长。

(3) 液压缸的进、出油口应向上布置，以利排气。

3. 液压系统的压力试验

（1）系统的压力试验应在系统安装完成、清洗合格、并经过空负荷运转后进行。

（2）系统的试验压力。对于工作压力低于 16 MPa 的系统，试验压力一般为工作压力的 1.5 倍；对于工作压力高于 16 MPa 的系统，试验压力一般为工作压力的 1.25 倍。但最高试验压力不应超过设计规定的数值。

（3）试验压力应逐级升高，每升高一级（每一级为 1 MPa）宜稳压 5 min 左右，达到试验压力后，持压 10 min；然后降至工作压力，进行全面检查，以系统所有焊缝和连接处无渗、漏油，管道无永久变形为合格。

9.1.2　液压设备的调试

为保证液压设备的正常使用，液压设备正式安装完毕后，必须对设备性能进行调试。液压系统调试步骤包括调试前准备、空载调试（空载运行调试）与负载调试（负载运行调试）。

1. 调试前准备

空载调试前要首先确定液压设备的调试项目，其次检查液压设备的外观。

1）调试项目的主要内容

（1）对设备液压系统中各执行元件的力（力矩）、速度、行程起点、行程终点、各动作的时间、总循环时间、动作顺序等进行测试，以调整达到规定的数值范围。

（2）检测各工作部件的力（力矩）、速度、行程的起点与终点的可调节性能、操作的可靠性、系统工作的稳定性和可靠性，并及时调整校正。

（3）检测设备的功率随时间与工作循环变化是否合理，油液温度是否合理等，否则采取措施及时解决。

2）检查外观的主要内容

（1）液压元件及管道的连接是否正确可靠。例如，液压泵和马达的进口、出口、旋向与标注是否符合；液压控制阀的进口、出口、泄油口、回油口与标注是否符合等。

（2）液压元件的防护装置是否完善。

（3）油液的牌号、油位与规定值是否一致。

（4）液压元件、管子、管接头安装的位置是否便于操作、检修。

（5）各种检测仪表是否容易观察。

2. 空载调试

空载调试是在空载运载条件下，全面测试液压系统正常工作循环的工作可靠性。具体步骤如下：

（1）间歇启动液压泵。间歇启动液压泵可精确测试液压泵卸荷压力、设备运行状态、油箱液面高度是否在规定范围之内；可使系统完全充满油液，运动摩擦副充分润滑。

（2）空载运行系统。首先使执行元件空载停止，调节溢流阀压力达到规定值，观察溢流阀调节过程有无异常。其次使执行元件空载运行，先排净系统的气体，再检查油箱液面、安全防护罩、各油路的压力、速度与泄漏。

（3）调整设备工作循环。借助电气系统，检查调整设备工作循环、压力、速度及其协调性和平稳性。

（4）检查油温。系统运转 30 min 后检查油温是否达到正常值 35～60 ℃的规定范围。

3. 负载调试

负载调试是在空载调试合格后进行的。负载调试是液压设备在设计规定的负载下工作时，测试系统能否实现预定工作要求。

1）负载调试步骤

（1）在低于最大负载的一两种情况下调试，发现问题及时调整，直到一切工况正常。

（2）在最大负载下调试，使设备达到预定的设计要求。

2）系统预定工作要求

（1）液压泵：执行元件工进运行时，调节液压泵的溢流阀，使液压泵的工作压力大于执行元件最大工作压力的 10%～20%。执行元件快速运行时，调节液压泵，使其流量达到最大值；调节液压泵的卸荷阀，使液压泵的工作压力大于执行元件实际工作压力的 15%～20%。

（2）执行元件：执行元件运动时，力（力矩）、运行速度（转速）、换向、速度换接等方面要达到要求，不出现爬行、攒动、冲击现象。

（3）工作循环：工作循环符合设计要求。

（4）系统功率与效率：系统的功率、功率损耗、效率在允许范围内。

（5）工作温度：系统工作温度在允许范围内。

（6）系统的振动与噪声：系统的振动与噪声限制在规定的分贝数内。

（7）系统的环保性能：系统的环保性能应达到国家标准。

9.2 液压系统的使用与维护

液压设备是密闭系统，随着其功能完善和自动化程度的提高，对操作者知识水平与技能水平的要求越来越高，液压系统能否合理使用、维护与保养直接决定着液压设备的使用寿命，合理使用、维护与保养液压系统是液压设备可靠使用的决定因素和先决条件。

9.2.1 使用液压设备应具备的基本知识

使用液压设备应具备的基本知识包括以下几点：

（1）操作者应具有液压传动、机械传动、电力传动、气压传动、系统润滑等方面的检查、维修、管理基础知识。

（2）应具有阅读、使用液压设备使用说明书的能力。

（3）了解液压设备系统工作原理图与元件结构图及其工作原理。对于操作复杂液压设备的工作人员，必须接受该设备的专业操作培训和指导，以便正确操作、拆装和维修。

（4）熟悉设备容易发生故障的位置、现象和相应的解决措施。

（5）定时重点检查维护、定期全面检查维护，填写检查日记，记录异常情况、修理、换油情况等内容，以备查对。对于新设备，至少在运行 6 个月内详细记录检查维护日记，对运转状态、重点检查部位和检查周期进行全面分析研究，得出结论，指导后期工作。

9.2.2　使用和维护液压设备应注意的事项

1. 正确使用液压设备说明书

（1）掌握液压系统中各元件的符号、型号、规格、功用、性能和其他使用注意事项。

（2）掌握液压系统图、各元件的结构图、技术参数、工作原理和使用注意事项。

（3）正确管理保存液压设备说明书。

2. 保持液压油清洁度

液压设备 80％故障是由于液压油污染后引起阀口堵塞造成的，液压油的纯洁程度是影响液压设备能否正常运行的主要因素，使用时必须保持其清洁度。主要方法如下：

（1）防止外界杂质进入。液压系统清洗、安装、拆卸和维修应在无尘工作场地操作；设备如果有外伸部分，在外伸部分加设保护罩；输入系统油液应过滤，以防杂质进入。

（2）过滤油液中的杂质。因为系统使用一段时间后，内部会产生杂质，堵塞过滤器，所以应及时检查过滤器，发现堵塞，立即更换。

（3）定期检查油液的污染度，如黏度、含水量、杂质等，液压油要定期更换。新设备用三个月左右要更换油液，以后每半年或一年更换一次油液。

3. 油温适中

油液工作温度的高低直接影响油液黏性，引起执行元件速度的变化，一般控制在 35～60℃范围内。

油温升高的原因是，一方面油液流经各元件与管道时，能量损耗多，产生热量多；另一方面环境温度高、油液黏度高、油箱散热面积小、冷却器堵塞等，使得散热性能变差。

降低油温升高的措施有：首先降低油液经过各元件与管道时的能耗，减少热量产生；其次控制环境最高温度、选择黏度适中的油液、加大油箱表面积、增设冷却器、防止冷却器堵塞等，使热量充分散发。

4. 防止气体侵入系统

空气进入系统后易产生液压气穴现象、使油液变质、设备氧化腐蚀、系统振动和噪声加大，预防方法为降低管中流速、降低液压泵的安装高度、避免系统产生真空度、增设排气装置、及时更换劣质密封件、选择溶气量小和相容性好的油液作为工作介质。

5. 保证供油

保证充足清洁油液的供给量。特别是系统在高压下工作时，要观察油箱液面，控制液面高度在规定的范围内。

6. 启动前应检查设备状态

启动设备前详细检查液压系统各元件是否处于非工作状态下的位置；熟练掌握设备的操作规程。

7. 设备长期不用的存放

对于长期不用设备，放松设备，调节螺钉、弹簧，防止弹簧永久变形。

8. 加强日常维护

应按时检查设备，特别是重要部件的检查，并填写“日检维修卡”，见表 9-3。

表 9-3　日检维修卡

日检维修卡									
机床编号					工厂				
机床名称					操作者				
序号									
1	液压泵噪声								
2	密封状况								
3	阀的功能								
4	缸的动作								
5	油的污染状况								
6	油液温升情况								
符号	每天检查的情况用符号填入表格内，等待工人处理。√—完好；×—有问题；*—修好								

9.3　液压系统常见故障分析与排除方法

液压系统在运行过程中若出现故障，将会导致整台设备无法正常工作，甚至使整条生产线停产。因此，必须重视液压系统故障的分析与排除。液压设备是由机械、液压、电气、仪表等装置有机地组合而成的统一体，系统的故障分析也是由各方面因素综合影响的一个复杂问题。所以，在分析液压故障之前必须先弄清楚整个液压系统的传动原理、结构特点，然后根据故障现象进行分析、判断，逐步深入，最后准确地确定故障部位和原因并采取有效的对策。

从系统的观点来看，故障包括两层含义：一是系统偏离正常功能，这主要是系统或元件的工作条件不正常而产生的，通过参数调节或元件的修复可恢复到正常功能；二是功能失效，这是指系统连续偏离正常功能，且其程度不断加剧，系统的基本功能不能保证。一台良好的液压传动设备，它的液压系统必须满足其规定的性能要求，只有完全满足这些要求，整台设备才能正常、可靠地工作。

液压设备是密闭系统，出现故障时原因分析、查找与排除比较困难，需要技术人员全面掌握液压系统的理论知识，积累丰富的实践经验，才能在故障现象发生的第一时间进行全面分析，查找出故障产生的可能原因，并排除故障。

9.3.1　液压系统故障的特点

1. 故障的隐蔽性

液压部件的机构和油液封闭在密闭的壳体和管道内，当故障发生后，不如机械传动故障那样容易直接观察到，又不像电气传动那样方便测量，所以确定液压系统故障的部位和原因是比较困难的。

2. 故障的多样性和复杂性

液压设备出现的故障可能是多种多样的，而且很多情况下是几个故障同时出现的，这

就增加了液压系统故障的复杂性。例如：系统的压力不稳定，经常和振动噪声故障同时出现；而系统压力达不到要求，经常又和动作故障联系在一起；甚至机械、电气部分的弊病也会与液压系统的故障交织在一起，使得故障变得多样和复杂。

3. 故障的难于判断性

影响液压系统正常工作的原因，有些是渐发的，如因零件受损引起配合间隙逐渐增大，密封件的材质逐渐恶化等渐发性故障；有些是突发的，如元件因异物突然卡死造成动作失灵所引起的突发性故障；也有些是系统中各液压元件综合性因素所致，如元件规格选择、配置不合理等，很难实现设计要求；有时还会因机械、电气以及外界因素影响而引起液压系统故障。以上这些因素给确定液压系统故障的部位以及分析故障的原因增加了难度。所以当系统出现故障后，必须综合考虑各种因素，对故障进行认真的检查、分析、判断，才能找出故障的部位及其产生原因。但是，一旦找出故障原因后，往往处理和排除就比较容易，一般只需更换元件，有时甚至只需经过清洗即可。

4. 故障的交错性

液压系统的故障，其症状与原因之间存在着各种各样的重叠和交叉。

引起液压系统同一故障的原因可能有多个，而且这些原因常常是交织在一起互相影响的。例如，系统压力达不到要求，其原因可能是液压泵引起的，也可能是溢流阀引起的，也可能是两者同时作用的结果，也可能是液压油的黏度不合适，或者是系统的泄漏等所造成的。

另外，液压系统中同一原因，但因其程度的不同、系统结构的不同，以及与它配合的机械结构的不同，所引起的故障现象也可能是多种多样的。例如，同样是系统吸入空气，可能出现不同的故障现象，特别严重时能使泵吸不进油；较轻时会引起流量、压力的波动，同时产生轻重不同的噪声；有时还会引起机械部件运动过程中的爬行。

所以，液压系统的故障存在着引起同一故障原因的多样性和同一原因引起故障的多样性的特点，即故障现象与故障原因不是一一对应的。

5. 故障产生的随机性与必然性

液压系统在运行过程中，受到各种各样随机因素的影响，因此，其故障有时是偶然发生的，如工作介质中的污物偶然卡死溢流阀或换向阀的阀芯，使系统偶然失压或不能换向；电网电压的偶然变化，使电磁铁吸合不正常而引起电磁阀不能正常工作等，这些故障不是经常发生的，也没有一定的规律。但是，某些故障却是必然会发生的，故障必然发生的情况是指那些持续不断经常发生，并具有一定规律的原因引起的故障，如工作介质黏度低引起的系统泄漏、液压泵内部间隙大，使得内泄漏增加导致泵的容积效率下降等。因此在分析液压系统故障的原因时，既要考虑产生故障的必然规律，又要考虑故障产生的随机性。

6. 故障的产生与使用条件的密切相关性

同一系统往往随着使用条件的不同，而产生不同的故障。例如：环境温度低，使油液黏度增大引起液压泵吸油困难；环境温度高、又无冷却时，油液黏度下降引起系统泄漏和压力不足等故障。设备在不清洁的环境或室外工作时，往往会引起工作介质的严重污染，并导致系统出现故障。另外，操作维护人员的技术水平也会影响到系统的正常工作。

7. 故障的可变性

由于液压系统中各个液压元件的动作是相互影响的，所以，排除了一个故障，往往又会出现另一个故障。这就使液压系统的故障表现出了可变性。因此，在检查、分析、排除故障时，必须特别注意液压系统的严密性和整体性。

8. 故障的差异性

由于设计、加工、材料及应用环境的差异，液压元件的磨损和劣化的速度相差很大，同一厂家生产的同一规格的同一批液压件，其使用寿命会相差很大，出现故障的情况也有很大差异。

9.3.2 液压系统故障排除的步骤

液压系统故障的诊断与排除是对运行中的液压系统采用分析法来确诊其产生故障的原因，然后加以排除，使系统正常运行的过程。

1. 故障排除前的基础工作

(1) 认真阅读设备使用说明书，熟悉与设备使用有关的技术资料，通过阅读和查询掌握以下情况：

①设备的结构、工作原理及技术性能、特点等。

②液压系统在设备上的功能、系统的结构、工作原理及设备对液压系统的要求。

③液压系统中所采用各种元件的结构、工作原理及性能。

④与设备有关的档案资料，如生产厂家、制造日期、液压件状况、运输途中有无损坏、调试及验收时的原始记录、使用期间出现过的故障及处理方法等。

(2) 掌握液压传动的基本知识及处理液压故障的初步经验。

2. 故障诊断与排除的步骤

在熟悉设备性能和技术资料的基础上，认真研究液压系统原理图，进一步弄清各元件的性能和在系统中的作用以及它们之间的联系，熟悉液压系统工作原理和运行要求以及一些主要技术参数，然后按以下步骤进行故障的诊断与排除。

1) 调查情况

到现场向操作者调查设备出现故障前后的工作状况及异常现象，产生故障的部位和故障现象，同时还要了解过去对这类故障排除的经过。

2) 现场检查

任何一种故障都表现为一定的故障现象。这些现象是对故障进行分析、判断的入门向导。由于同一故障可能是由多种不同的原因引起的，而这些不同原因所引起的同一故障又有着一定的区别，因此在处理故障时首先要查清故障现象。现场检查时要认真仔细地进行观察，充分掌握其特点，了解故障产生前后设备的运转状况，查清故障是在什么条件下产生的，并摸清与故障有关的其他因素。

到现场了解情况时，如果设备还能启动运行，就应当亲自启动一下设备，操纵有关部分，观察故障现象，查找故障部位，听听噪声，看看有无泄漏，并观察系统压力变化和执行元件动作情况。

3) 查阅技术档案

对照本次故障现象，查阅技术档案，判别是否与历史记载的故障现象相似，还是新出现的故障。

4）归纳分析

在现场检查的基础上，结合操作者提供的情况及历史记载的资料进行综合分析，初步列出可能引起故障的原因，然后进行认真的分析判断。

分析判断时应注意：首先，充分考虑外界因素对系统的影响，在查明确实不是外界原因引起故障的情况下，再集中注意力在系统内部查找原因；其次，分析判断时，一定要把机械、电气、液压三个方面联系在一起考虑，且不可孤立地单纯对液压系统进行考虑；最后要分清故障是偶然发生的还是必然发生的。对必然发生的故障，要认真查出故障原因，并彻底排除，对偶然发生的故障，只要查出故障原因并作出相应的处理即可。

归纳分析是找出故障原因的基础，分析时特别要注意到事物的相互联系，逐步缩小范围，直到准确地判断出故障部位，然后拟订排除故障的方案。

5）调整试验

调整试验就是对仍能运转的设备经过上述分析判断后所列出的故障原因进行压力、流量和动作循环的试验，以去伪存真，进一步证实并找出哪些更可能是引起故障的原因。

调整试验可按照已列出的故障原因，依照先易后难的顺序进行，如果把握性较大，也可首先对怀疑较大的部位直接进行试验。

6）拆卸检查

对经过分析判断和调整试验后确认的故障部位进行拆卸检查，以便进一步弄清故障的状态和原因。拆卸检查时，要注意保持该部位的原始状态，仔细检查有关部位，且不可用脏手乱摸有关部位，以防手上污物粘到该部位上，或手将原来该处的污物抹掉，影响拆卸检查的效果。

在拆卸检查中，应认真、仔细，力求准确，避免盲目地拆卸零部件，以免引起新的损坏或降低这些元件的使用寿命。

7）处理

在摸清情况的基础上，制定出切实可行的排除措施，并组织实施。实施中要严格按照技术规程的要求，对检查出的故障部位，仔细认真地处理。切勿进行违反规程的草率处理。这一步也是对分析判断的结论进行验证。

8）重试与效果测试

在故障处理完毕后，重新进行试验与测试。注意观察其效果，并与原来故障现象进行对比。如果故障还未消除，就要对其他怀疑部位进行同样处理，直至故障消失。

9）总结经验

故障排除后，对这次故障的处理要进行认真的定性、定量分析总结，以便对故障产生的原因、规律得出正确的结论，从而提高处理故障的能力，也可防止同类故障的再次发生。通过分析，可以总结出成功的经验，不断积累的维修工作实际经验是开展故障诊断技术的一个重要依据。

10）纳入设备档案

将本次产生故障的现象、部位、故障原因及排除方法作为历史资料纳入设备技术档案，以便于以后查阅。

9.3.3 液压系统的故障诊断方法

常用的分析液压故障的基本方法有顺向分析法和逆向分析法。顺向分析法是从引起故障的各种原因出发，逐个分析各种原因对液压故障影响的一种分析方法，这种分析方法对预防液压故障的发生、预测和监视液压故障具有重要的作用。逆向分析法是从液压故障的结果向引起故障的原因进行分析的一种方法。这种方法目的明确，查找故障较简便，是常用的液压故障分析方法。

下面介绍液压系统故障诊断方法与步骤。

1. 浇注油液法

浇注油液法指对可能出现故障的进气部位进行浇注油液，寻找进气口的方法。

2. 直观检查诊断法

直观检查诊断法是指检修人员凭借人的触、视、听、嗅、阅和问来判断液压系统故障的方法。适用于掌握丰富实践经验的工程技术人员。

（1）触。检修人员运用人的触觉来判断液压系统油温的高低、系统振动的大小等故障的方法。包括四摸：摸温度、摸振动、摸爬行、摸松紧度。

（2）视。检修人员运用人的视觉来判断液压系统无力、系统不平稳、油液泄漏、油液变色等故障的方法。包括六看：看速度、看压力、看油液、看泄漏、看振动、看产品。

（3）听。检修人员运用人的听觉来判断液压系统振动噪声过大等故障的方法。包括三听：听噪声、听冲击、听异常声音（气穴、困油等现象发出的异常声音）。

（4）嗅。检修人员运用人的嗅觉来判断液压系统油液变质、系统发热等故障的方法。

（5）阅。查阅有关故障的分析、修理记录、日检卡、定检卡、维修保养卡等。

（6）问。查问设备操作人员，了解设备运行情况。包括六问：问液压泵是否异常、问液压油更换时间、问过滤器清洗更换时间、问事故发生前压力阀和流量阀是否出现异常或调节过、问事故发生前液压元件是否更换过、问事故发生后系统出现哪些不正常现象、问过去发生哪些事故，如何排除的。

3. 对比替换法

对比替换法是指用一台与故障设备相同的合格设备或试验台进行对比试验，将可疑元件替换为合格元件，若故障设备能正常工作，则查找出故障；若故障设备继续出现原有故障，则未查找出故障。使用同样方法，逐项循环，直到查找出故障位置。

4. 逻辑分析法

逻辑分析法是指根据液压系统的基本原理进行逻辑分析，逐步逼近，找出故障发生部位的方法。逻辑分析法步骤图如图 9-1 所示，举例说明如图 9-2 所示。

逻辑分析法步骤说明如下。

（1）液压系统工作不正常可以归纳为压力、流量、方向三大问题。

（2）审核并检查系统各元件与部位，确认其性能作用。

（3）罗列故障元件与部位清单。切记不要漏掉任何一个故障元件与故障部位。

（4）按照由易到难检查清单所列元件与部位，并列出重点检查元件与部位。

（5）初步检查元件、管道的选用、安装、测试是否有问题。

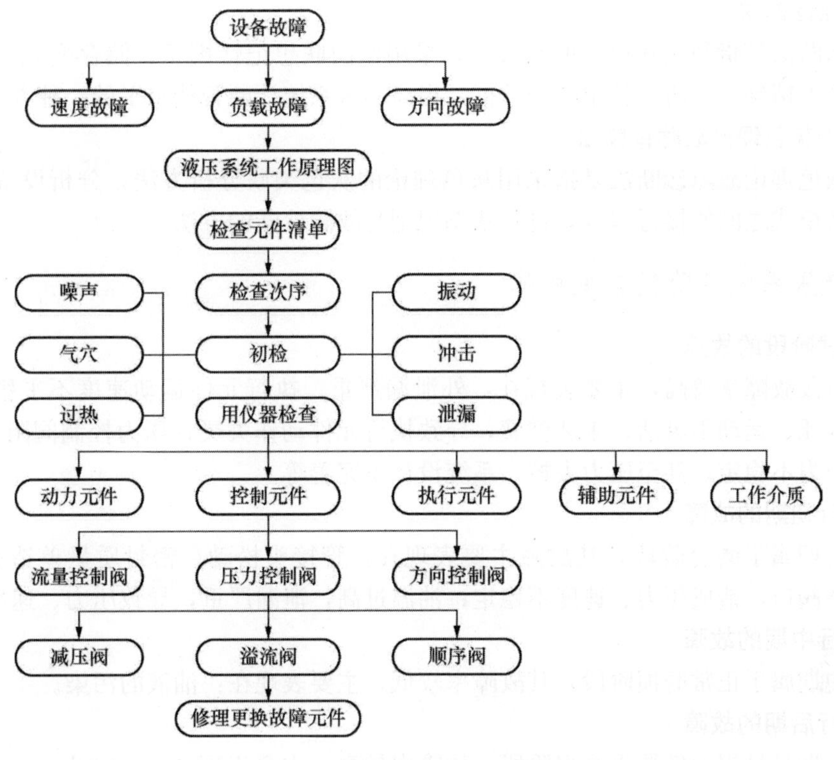

图 9-1　逻辑分析法步骤图

（6）使用仪器逐项检查。

（7）修理、更换故障元件。

5. 仪器专项检测法

仪器专项检测法是指利用检测仪器对压力、流量、温度、噪声等项目进行定量专项检测，为故障判断提供可靠依据的方法。

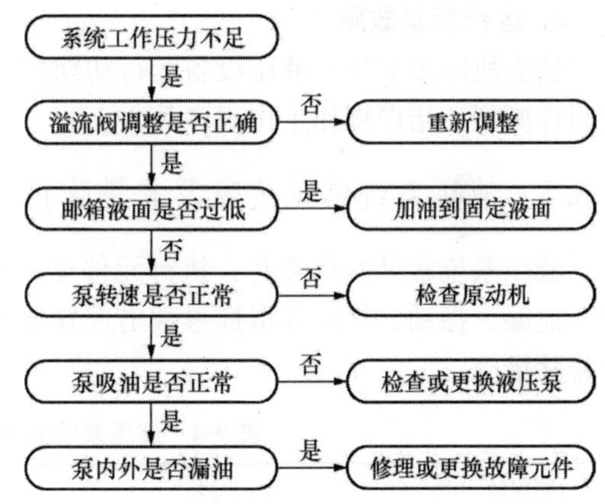

图 9-2　液压系统压力不足逻辑分析诊断图

6. 模糊逻辑诊断法

模糊逻辑诊断法是指利用模糊逻辑叙述故障原因与现象之间的模糊关系，通过相应函数和模糊关系方程，解决故障原因与状态识别问题的方法。该方法是用于数学模型未知的非线性系统的诊断（一种规则型的专家系统）。

7. 专家诊断法

专家诊断法是指在知识库中存放各种故障现象、原因和原因与现象之间的关系，若系统发生故障，将故障现象输入计算机，由计算机判断出故障原因，提出维修或预防措施的方法。

8. 智能诊断法

智能诊断法是指利用知识获取与表达，采用双向联想记忆模型，储存变元之间的因果关系，处理不精确、矛盾、甚至错误数据，提高专家系统诊断智能水平的一种方法。

9. 基于灰色理论故障诊断法

基于灰色理论故障诊断法是指采用灰色理论的灰色关联分析方法，分析设备故障模式与对应参考模式之间的接近程度，进行状态识别与故障诊断的方法。

9.3.4 液压系统各阶段常见故障

1. 调试阶段的故障

调试阶段故障率较高，主要表现在：外泄漏严重；执行元件运动速度不平稳；阀类元件的阀芯卡死、运动不灵活；未装弹簧，导致执行元件动作失灵；压力控制阀阻尼孔堵塞，引起控制压力不稳定，甚至压力失控；系统设计不完善等。

2. 运行初期的故障

运行初期属于磨合阶段，其故障主要表现在：管接头松动；密封质量差造成的泄漏；污染物堵塞阀口，造成压力、速度不稳定；油温过高，泄漏严重，导致压力、速度变化。

3. 运行中期的故障

运行中期属于正常磨损阶段，其故障率较低，主要表现在：油液的污染。

4. 运行后期的故障

运行后期是易损元件严重磨损阶段，故障率较高，主要表现在：元件失效，泄漏严重，效率较低。

5. 运行突发故障

这类故障多发生在液压设备运行初期和后期，主要表现在：弹簧突然折断、管道破裂、密封件撕裂、错误操作工作程序等方面。

9.3.5 液压系统常见故障及其排除措施

液压系统常见的故障有：执行元件运动速度（转速）、执行元件工作压力（转矩）、油温、泄漏、振动、噪声等指标参数出现异常状况。下面通过表 9-4～表 9-7 说明常见故障及其排除措施。

表 9-4 液压系统流量失常故障及其排除措施

故障现象	原因分析	排除措施
无流量	（1）电机不工作； （2）转向错误； （3）联轴器打滑； （4）油箱油位过低； （5）方向阀设定位置错误； （6）流量全部溢流； （7）液压泵安装错误或磨损； （8）过滤器堵塞	（1）维修或更换电机； （2）检查电机连接线，改变液压泵转向； （3）重新安装、更换联轴器； （4）注油达到规定油位； （5）检查操纵方式及电路，更换方向阀； （6）调整溢流阀开口； （7）维修或更换液压泵； （8）清洗或更换过滤器

续表

故障现象	原因分析	排除措施
流量不足	（1）液压泵转速过低； （2）流量设定过低； （3）溢流阀、卸荷阀调定压力过低； （4）油液直接流回油箱； （5）油液黏度不适合； （6）液压泵吸油能力差； （7）液压泵变量机构失灵； （8）系统泄漏过大； （9）系统局部堵塞	（1）调高转速到规定值； （2）调高设定流量； （3）调高溢流阀、卸荷阀调定压力； （4）检查操纵方式及电路，更换方向阀； （5）更换适中黏度油液、检查工作温度； （6）加粗管径、增强过滤器通油能力、加大油箱液面上的压力，排除泵进口的空气； （7）维修或更换液压泵； （8）适当紧固连接件、更换密封圈、维修或更换泄漏元件； （9）反向充高压气体，疏通堵塞部位
流量过大	（1）流量设定值过大； （2）变量机构失灵； （3）电动机转速过高； （4）泵的规格选择过大； （5）调压溢流阀失灵、关闭	（1）重新调整设定流量； （2）维修更换液压泵； （3）调节、更换适中转速的电动机； （4）更换适中规格液压泵； （5）调节、维修、更换溢流阀
流量脉动过大	（1）液压泵脉动过大； （2）原动机转速波动大； （3）环境或地基振动大； （4）系统安装稳定性差	（1）更换液压泵或在出口增设蓄能器； （2）检查、调节校正原动机运行状态； （3）远离震源、消除或减弱震源振动； （4）加固系统

表 9-5　液压系统执行元件运动速度失常故障及其排除措施

故障现象	原因分析	排除措施
没有速度	（1）液压泵没有输出流量； （2）系统堵塞； （3）执行元件卡死； （4）系统没有工作介质； （5）执行元件动作错误	（1）维修或更换电机、检查电机连接线，改变液压泵转向、重新安装、更换联轴器、注油达到规定油位、检查操纵方式及电路，更换方向阀、调整溢流阀开口、维修或更换液压泵、清洗更换过滤器； （2）疏通堵塞部位； （3）调整配合间隙、更换密封圈、过滤油液杂志； （4）系统充满油液； （5）更换或检修控制元件、连接线路与油路
低速较高	（1）液压泵最小流量偏高； （2）溢流阀阀口开度较小； （3）流量控制阀最小稳定流量大； （4）工作温度高； （5）油液黏度小	（1）更换最小流量偏低的液压泵； （2）维护溢流阀，避免阀芯卡死； （3）采用最小稳定流量较小的流量控制阀； （4）减小能耗，加大散热，安装冷却器； （5）更换黏度大的油液
快速不快	（1）堵塞快速运动回路； （2）液压泵的吸油量不足； （3）溢流阀溢流量大； （4）系统泄漏严重	（1）疏通快速运动回路； （2）更换大流量泵，调节变量泵的排量至最大，更换通油能力更大的过滤器； （3）调节更换溢流阀； （4）紧固连接件、更换密封件、维修或更换泄漏元件

续表

故障现象	原因分析	排除措施
快进工进转换冲击大	（1）采用电磁阀； （2）系统存在“无油液区”	（1）采用行程阀； （2）减小内泄漏或重新设计系统
低速性能差	（1）流量阀节流口堵塞，最小稳定流量偏高； （2）流量控制阀阀口压差过大； （3）溢流阀调定压力高	（1）过滤或更换油液、采用高精度过滤，降低油液工作温度； （2）更换低速性能好的流量阀，选择薄刃口流量控制阀； （3）调整溢流阀的工作压力
速度稳定性差	（1）采用节流阀调速； （2）回油路没有背压阀； （3）调速阀装反了，补偿装置失灵； （4）动力元件和执行元件泄漏； （5）节流口周期性堵塞	（1）更换为调速阀； （2）增设背压阀； （3）重新安装，维修或更换补偿装置； （4）调整间隙； （5）过滤或更换油液、采用高精度过滤，更换稳定性好的流量阀
低速产生爬行	（1）油中含气量大； （2）相对运动处润滑不良； （3）执行元件精度低； （4）间隙调整过紧； （5）节流口堵塞	（1）紧固连接件，减少气体进入，设置排气装置； （2）改善润滑条件； （3）提高系统制造精度； （4）合理调整间隙； （5）疏通节流孔
工进速度快	（1）快速换向阀没有完全关闭； （2）流量阀阀口较大； （3）溢流阀调定压力高、阀芯卡死、阀口没有完全打开	（1）调整挡块位置，使快速换向阀完全关闭； （2）调节、更换流量阀； （3）降低溢流阀调定压力、维护溢流阀，避免阀芯卡死，阀口不能完全打开
执行元件工进时突然停止	（1）单泵多缸系统快慢速转换干扰； （2）换向阀突然失灵	（1）消除干扰，设计成互不干扰回路； （2）更换换向阀
调速范围较小	（1）泵的最小流量偏高； （2）泵的最大流量偏低； （3）泄漏严重； （4）调定压力太高	（1）更换低速性能好的流量阀和液压泵； （2）更换大流量泵； （3）调整间隙； （4）正确调定溢流阀压力
双活塞杆液压缸往返速度不等	（1）液压缸两端泄漏不等； （2）双向运动时摩擦力不等	（1）更换密封件； （2）调节密封圈的松紧程度，使其适当

表 9-6　液压系统工作压力失常故障及其排除措施

故障现象	原因分析	排除措施
系统无压力或压力调不高	（1）溢流阀弹簧漏装、弯曲、折断； （2）溢流阀阀口密封差； （3）溢流阀主阀芯在开口位置卡死； （4）阻尼孔堵塞； （5）远程控制口接油箱或漏油	（1）更换弹簧； （2）配研或更换溢流阀阀芯与阀体； （3）过滤或更换换油液； （4）清洗阀芯； （5）关闭远程控制口

续表

故障现象	原因分析	排除措施
系统最小压力偏高	（1）溢流阀进出油口反接； （2）溢流阀主阀芯在关闭位置卡死； （3）溢流阀先导阀阀芯卡死	（1）重装溢流阀； （2）更换弹簧，调整间隙； （3）疏通弹簧腔油液
执行元件推力（转矩）小	（1）液压缸内泄漏大； （2）溢流阀调定压力低； （3）运动阻力大； （4）相对运动处有杂质； （5）液压泵的最高压力低	（1）更换密封件； （2）调高溢流阀的调定压力； （3）调节执行元件的间隙，使其适中； （4）清除杂质，过滤油液； （5）更换高压液压泵
压力表指针撞坏	（1）压力表量程选的小； （2）溢流阀进出口接反； （3）溢流阀阀芯在关闭位置卡死； （4）系统压力波动大	（1）选择正确的压力表量程； （2）正确安装溢流阀； （3）更换弹簧，调整间隙； （4）减小速度突变，减小振动、冲击，增加缓冲阻尼
系统压力不正常	（1）磨损严重，泄漏大； （2）工作温度高； （3）系统的振动大，噪声大； （4）油液污染严重； （5）油中含气量大	（1）选用耐磨元件，改善系统润滑； （2）调整冷却系统； （3）见表 9-7； （4）过滤或更换液压油； （5）提高液面，降低泵的安装高度
双活塞杆液压缸往返推力不等	（1）液压缸两端泄漏不等； （2）双向运动时摩擦力不等； （3）液压缸两腔有制造误差	（1）更换密封件； （2）调节密封的松紧，适中； （3）更换高精度液压缸

表 9-7　液压系统油温过高、泄漏、振动、噪声、冲击过大故障及其排除措施

故障现象	原因分析	排除措施
油温过高	（1）能耗大、压力高； （2）系统散热差； （3）系统无卸荷回路； （4）油液黏性过大； （5）管道选择规格较小，管道弯曲多	（1）降低压力、选变量泵等节能元件； （2）增设冷却设施、加大油箱表面面积； （3）增加卸荷回路； （4）选黏性适中油液； （5）选直、粗、短的管道
泄漏	（1）静连接处与动连接处间隙大； （2）密封件反装或损坏、未设挡圈、支撑环； （3）油温过高、油液黏性低、压力高； （4）元件性能较差	（1）旋紧连接件、安装调节密封圈、提高装配精度； （2）增设挡圈、支撑环；选高性能密封圈、合理安装密封件； （3）降低油温，降低压力、提高油液黏性，选高性能密封件； （4）更换新型元件

续表

故障现象	原因分析	排除措施
振动、噪声	(1) 泵源振动与噪声； (2) 执行元件振动与噪声； (3) 控制元件振动与噪声； (4) 系统振动与噪声器； (5) 油箱中进出油管距离太近	(1) 提高装配精度、增设防振隔振措施、增大回油管径、更换损坏元件、清洗过滤器； (2) 重新安装联轴器、增加缓冲装置、更换损坏元件、清洗过滤器； (3) 更换大规格阀、紧固连接件与电磁铁、选择适度推杆与弹簧、修正配合面、回油管口到油箱底面距离大于 50 mm； (4) 振源安装消声器和减振器、采用多回油管回油、加大管间距离、增设固定装置； (5) 加大油箱中进出油管距离
冲击过大	(1) 换向阀迅速关闭； (2) 执行元件换向、停止； (3) 系统内含气量高	(1) 更换大规格高性能阀、紧固连接件与电磁铁、选择合适推杆与弹簧，减小制动圆锥角、缩短油路； (2) 回油路增设背压阀、执行元件增设缓冲装置、更换大规格高性能执行元件； (3) 排除空气

例题

例 9-1 如图所示，液压缸 8 的工作循环是：快进→工进→快退，快进是通过双泵供油实现的，试叙述液压系统空载调试的步骤与方法。

解：(1) 将顺序阀 3、溢流阀 5 的调压弹簧松开，阀口开度最大，向液压泵灌满油液（防止液压泵损坏，提高泵吸油能力）；流量控制阀 9 阀口开到最小（避免执行元件产生前冲现象）。

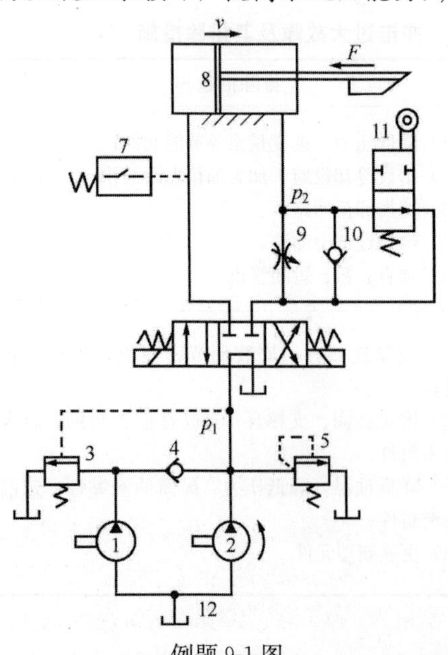

例题 9-1 图

(2) 启动电动机，使泵运转（初次启动时，先短时间内开、停几次，无故障时，再连续运转），观察溢流阀出口是否有油液排出，若有油液排出，则泵运行正常，可以进行下一步调试，否则检查泵，分析不排油的原因。

(3) 调节系统压力。调节顺序阀 3，使压力表数值达到说明书中的规定数值（空载压力）；再调节溢流阀 5，逐渐旋紧调节螺钉，使压力表的数值逐步升高到所需调定数值（液压缸工作压力与管路中的压力损失之和）。

(4) 排除系统中的空气。将行程阀 11 的行程挡铁移开，打开液压缸的排气口，按下电磁铁通电按钮，使液压缸以最大行程进行多次往复直线运动，排除系统中的空气。

（5）根据液压缸行程的数据，调节行程挡铁并紧固。

（6）检查油位高度。如果下降过快，及时注入清洁油液。

（7）调节工作速度。将行程阀 11 压下，调节流量阀 9 阀口，开度达到最大，电磁换向阀 6 左位电磁铁通电，电磁换向阀 6 处于左位，测试液压缸的运动速度，达到最大值；再逐渐关小流量阀 9 阀口，开度达到最小，测试液压缸速度，达到最小值；最后观察液压缸运行平稳性，按工作速度调节流量阀的调节螺钉，并锁紧。

（8）压力继电器的调节。压力继电器处于承受压力状态，当液压缸无杆腔压力高于进油路压力时，压力继电器使电磁换向阀 6 右位电磁铁通电（左位电磁铁断电），电磁换向阀 6 处于右位，电磁换向阀 6 换向，液压缸换向。压力继电器的调定压力应高于液压缸的最高工作压力。

（9）测试系统的振动与噪声。若系统启动和返回时冲击、振动与噪声过大，可减小节流阀阀口开度，使冲击减小。

例 9-2　试分析如图（a）所示液压系统不保压的原因及其解决措施。

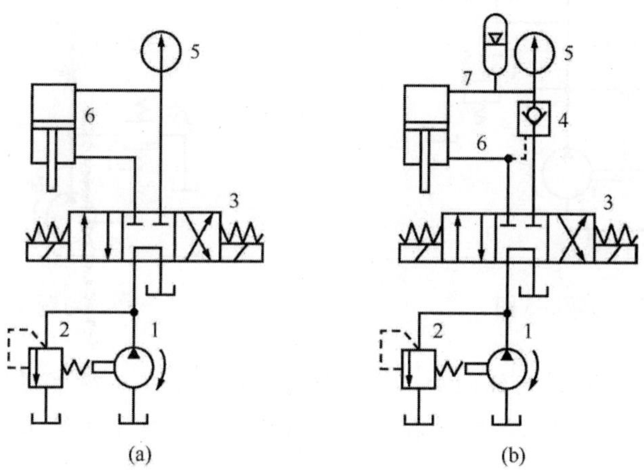

例题 9-2 图

解：见例题 9-2 表。

例题 9-2 表　液压缸不保压原因及排除措施

现象	原因	排除措施
液压缸不保压	油缸泄漏	（1）提高液压缸孔、活塞、活塞杆的制造精度和安装精度； （2）采用补油方法补充油液。如图（b）所示，长时间采用液压泵 1 补油，短时间采用蓄能器 7 补油； （3）选择密封性能好的新型元件
	方向阀泄漏	（1）采用锥阀保压。如图（b）中的液控单向阀 4； （2）采用锥阀阀芯的换向阀换向； （3）提高换向阀的制造精度和安装精度
	管道泄漏	（1）提高安装精度； （2）减少元件数量； （3）选择密封性能好的新型管接头与管子

习题

9-1 在液压系统中，油管安装的要求有哪些？

9-2 使用与维护液压设备时，应注意的事项有哪些？空载试车的具体步骤是什么？

9-3 液压系统故障诊断方法有哪些？液压系统运行初期的故障有哪些？

9-4 试画出液压系统压力不足逻辑分析诊断方框图。

9-5 试分析如图所示液压系统速度较低的原因及其解决措施。

9-6 试分析如图所示液压系统压力不足的原因及其解决措施。

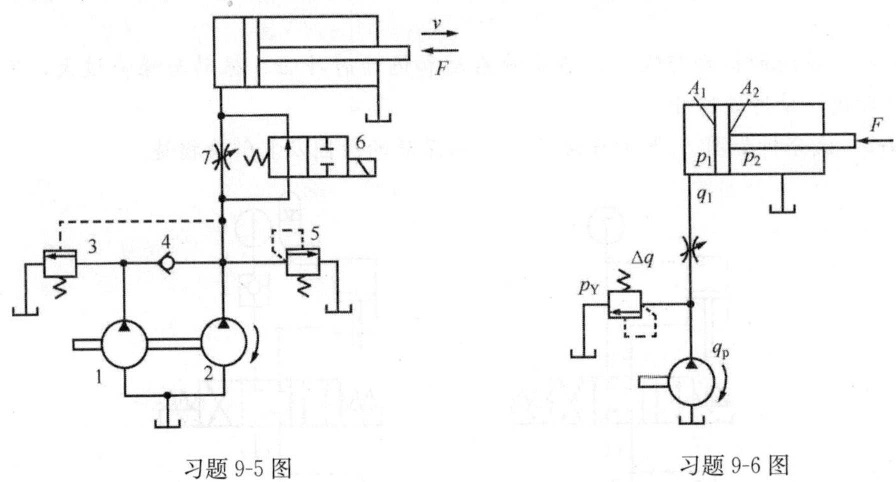

习题 9-5 图　　　　习题 9-6 图

9-7 如图所示，左缸进行纵向加工，右缸进行横向加工，观察现场发现，右缸开始左行时，左缸右行工进立即停止，直到右缸退回到终点，左缸才继续工进。试分析液压系统故障的原因及其解决措施。

9-8 试分析如图所示液压系统正确动作顺序：右缸活塞右行→左缸活塞右行→左缸活塞左行→右缸活塞左行和错误动作顺序：右缸活塞右行→左缸活塞左行→右缸活塞左行的原因及其解决措施。

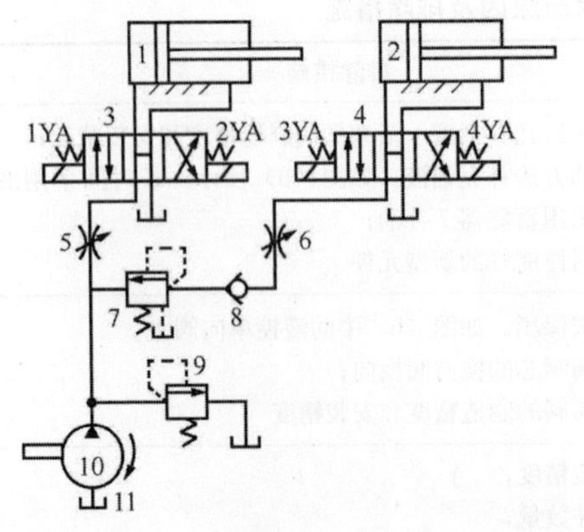

习题 9-7 图

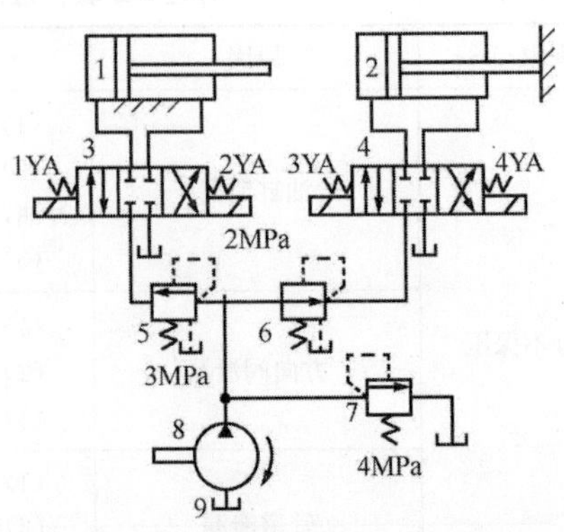

习题 9-8 图

第10章

气压传动

学习要点 ☞

气压传动与液压传动统称为流体传动，都是利用有压流体（气体或液体）作为工作介质来传递动力或控制信号的一种传动方式。气压传动是以压缩空气为工作介质进行压力或信号传递及控制，进而实现生产机械化和自动化的一门技术。其传动和控制原理与液压传动基本相同，但由于系统中的工作介质及其特性有很大区别，因此，这两种系统的工作特性及其应用场合也有所不同。

10.1 气压传动基本知识

10.1.1 气压传动系统的组成

典型的气压传动系统，一般由以下部分组成：

1. 能源装置

气压系统中的能源装置是指获得压缩空气的气源发生装置，它的主体是空气压缩机，另外还有特殊的气源净化装置。

2. 控制元件

控制元件用来控制压缩空气的压力、流量和流动方向，以保证执行元件具有一定的输出力和速度，并按设计的程序正常工作，如压力阀、流量阀、方向阀和逻辑阀等。

3. 执行元件

执行元件将空气的压力能转变为机械能的能量转换装置，如气缸、气动马达以及气动手爪等。

4. 辅助元件

气动系统辅助元件是指是压缩空气净化、润滑、消声以及装置之间连接用元件的统称。如过滤器、干燥器、空气过滤器、消声器和油雾器等。

10.1.2 气压传动的优缺点

1. 气压传动的优点

(1) 空气随处可取，取之不尽，节省了购买、储存、运输介质的费用和麻烦；用后的空气直接排入大气，对环境无污染，处理方便，不必设置回收管路，因而也不存在介质变质、补充和更换等问题。

(2) 因空气黏度小（约为液压油的 0.01%），在管内流动阻力小，压力损失小，便于集中供气和远距离输送。即使有泄漏，也不会像液压油一样污染环境。

(3) 与液压相比，气动反应快，动作迅速，维护简单，管路不易堵塞。

(4) 气动元件结构简单，制造容易，适于标准化、系列化、通用化。

(5) 气动系统对工作环境适应性好，特别在易燃、易爆、多尘埃、强磁、辐射、振动等恶劣工作环境中工作时，安全可靠性优于液压、电子和电气系统。

(6) 空气具有可压缩性，使气动系统能够实现过载自动保护，也便于储气罐储存能量，以备急需。

(7) 排气时气体因膨胀而温度降低，因而气动设备可以自动降温，长期运行也不会发生过热现象。

2. 气压传动的缺点

(1) 空气具有可压缩性，当载荷变化时，气动系统的动作稳定性差，但可以采用气液联动装置解决此问题。

(2) 工作压力较低（一般为 0.4～0.8 MPa），又因结构尺寸不宜过大，因而输出功率较小。

(3) 气信号传递的速度比光、电子速度慢，故不宜用于要求高传递速度的复杂回路中，但对一般机械设备，气动信号的传递速度是能够满足要求的。

(4) 排气噪声大，需加消声器。

10.2 气源装置与气动辅助元件

气源装置是为气动设备提供满足要求的压缩空气动力源，由气压发生装置、压缩空气的净化处理装置和传输管路等组成。典型的气源系统组成示意图如图 10-1 所示。

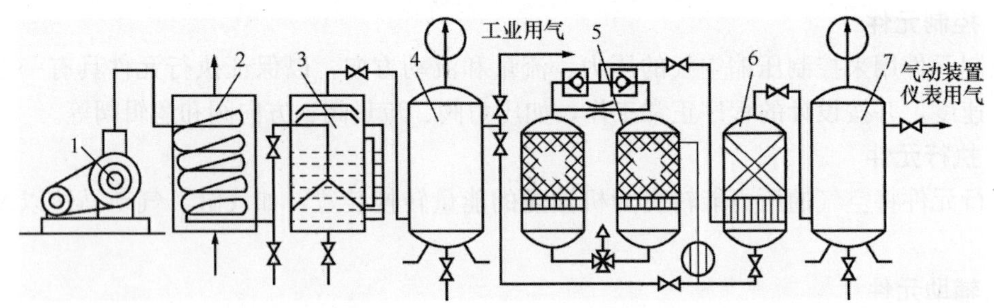

图 10-1 气源系统组成示意图

1—空气压缩机；2—后冷却器；3—油水分离器；4，7—储气罐；5—干燥器；6—过滤器

10.2.1 空气压缩机

空气压缩机简称空压机，是气源发生装置。空压机是将原动机的机械能转化为压缩空气的压力能的转换装置。

1. 空压机的种类

按工作原理进行分类，有容积式空压机和速度式空压机。

（1）容积式空压机。气体压力的提高是由于空压机内部的工作容积被缩小，使单位体积内气体分子的密度增加而形成的。容积式空压机根据结构的不同又可分为活塞式空压机、叶片式空压机和螺杆式空压机。

（2）速度式空压机。气体压力的提高是由于气体分子在高速流动时突然受阻而停滞下来，使动能转化为压力能而形成的。速度式空压机根据结构的不同又可分为离心式空压机和轴流式空压机。

2. 常用空压机的工作原理

1）活塞式空压机的工作原理

活塞式空气压缩机示意图如图 10-2 所示，活塞和连杆是固定连接在一起的，气缸上开有进气阀和排气阀。当连杆在外力作用下向外伸出时，活塞也向下移动，使气缸内体积增加，压力小于大气压，这时排气阀在内外压差的作用下被封死，同时进气阀在此压差的作用下自动打开，空气便从进气阀进入气缸。当连杆在外力的作用下向内退回时，活塞也向上移动，使气缸内体积减小，压力大于大气压，这时进气阀在内外压差的作用下被封死，同时排气阀在此压的作用下自动打开，将压缩空气排入储气罐。

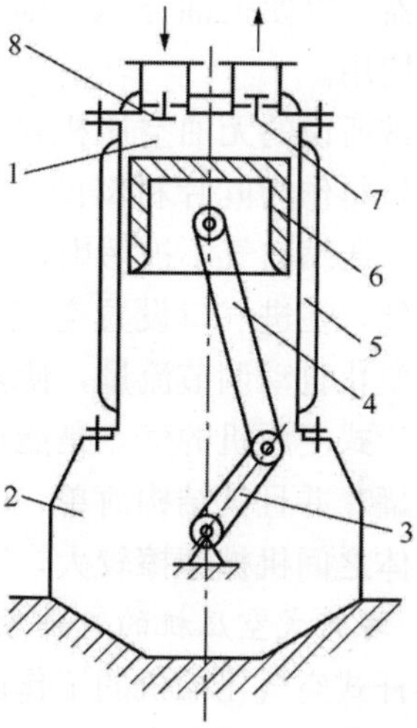

图 10-2　活塞式空气压缩机示意图

1—气缸；2—曲轴箱；3—曲轴；4—连杆；5—冷却水套；6—活塞；7—排气阀；8—进气阀

连杆连续的伸出和退回动作可以带动活塞上下往复运动，从而能不断地产生压缩空气。连杆及活塞的往复运动可以由电动机带动的曲柄滑块机构来完成。这种类型的空压机只由一个过程就将吸入的大气压空气压缩到所需要的压力，因此称为单级活塞式空压机。

单级活塞式空压机通常用于需要 0.3～0.7 MPa 压力范围的气动系统，若空气压力超过 0.7 MPa，空压机内将产生大量的热量，从而使空压机的效率大大降低。因此，当输出压力较高时，应采用多级压缩。多级压缩可降低排气温度、提高效率，并增加排气量。

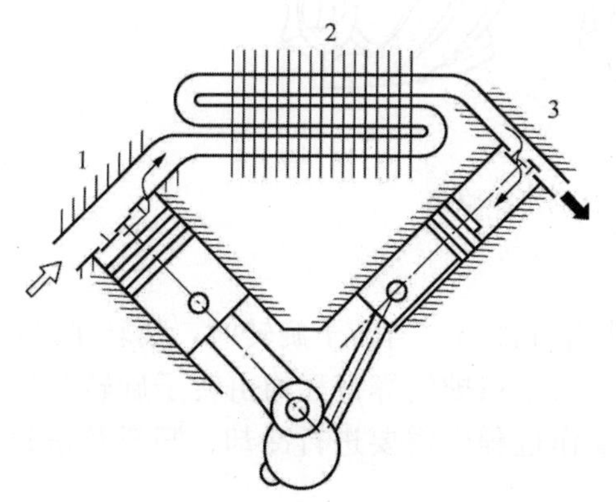

图 10-3　两级活塞式空气压缩机

1—一级压缩；2—中间冷却器；3—二级压缩

工业中使用的活塞式空压机通常是两级压缩的。图 10-3 所示为两级活塞式空气压缩机。经一级压缩后的热空气通过冷却器后温度被大大地降低，从而提高了效率，降温后的压缩空气再经二级压缩后达到最终的压力。

2）叶片式空压机的工作原理

叶片式空气压缩机工作原理如图 10-4 所示。

把转子偏心安装在定子内，叶片插在转子的放射状槽内滑动。叶片、转子和定子内表面构成了密封容积，当转子按图示顺时针方向旋转时，右侧的密封容积逐渐变小，由此从进气口吸入的空气就逐渐被压缩排出。这样，在回转过程中不需要活塞式空压机中有吸气阀和排气阀。在转子的每一次回转中，将根据叶片的数目多次进行吸气、压缩和排气，所以输出压力的脉动较小。

通常情况下，叶片式空压机需使用润滑油对叶片、转子和机体内部进行润滑、冷却和密封，所以排出的压缩空气中含有大量的油分，因此在排气口需要安装油水分离器和冷却器，以便把油分从压缩空气中分离出来，进行冷却并循环使用。

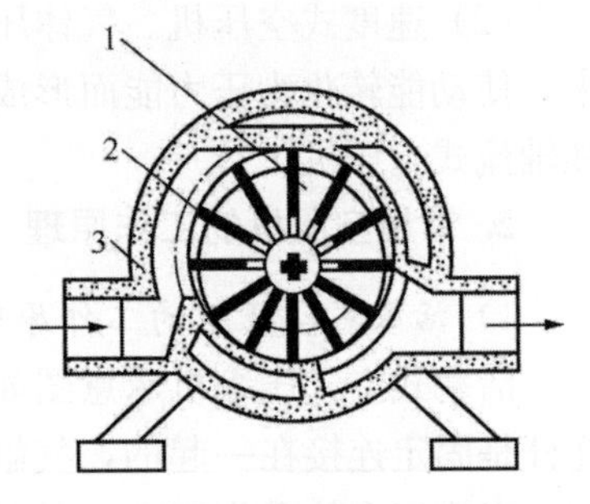

图 10-4　叶片式空气压缩机工作原理

1—转子；2—叶片；3—定子

通常所说的无油空压机是指用石墨或有机合成材料等自润滑材料作为叶片材料的空压机，运转时无须添加任何润滑油，压缩空气不被污染，满足了无油化的要求。

此外，在进气口设置空气流量调节阀，根据排出气体压力的变化自动调节流量，使输出压力保持恒定。

叶片式空压机的优点是能连续排出脉动小的额定压力的压缩空气，所以，一般无须设置储气罐，并且其结构简单，制造容易，操作维修简便，运转噪声小。其缺点是叶片、转子和机体之间机械摩擦较大，产生较高的能量损失，因而效率也较低。

3）螺杆式空压机的工作原理

螺杆式空气压缩机的工作原理如图 10-5 所示。两个啮合的凸凹面螺旋转子以相反的方向运动。两根转子及壳体三者围成的空间，在转子回转过程中没有轴向移动，其容积逐渐减小。

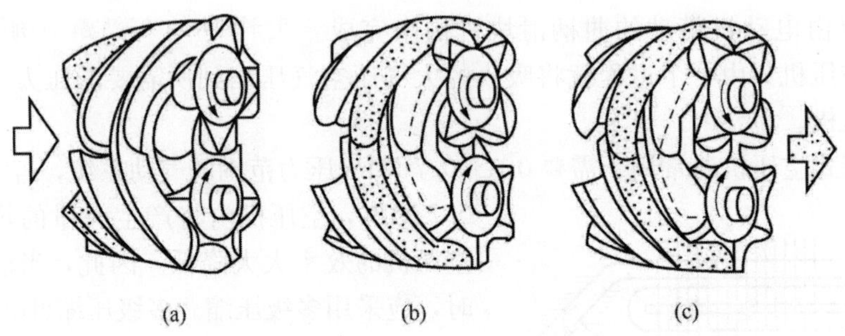

图 10-5　螺杆式空气压缩机的工作原理

（a）吸气；（b）压缩；（c）排气

这样，从进气口吸入的空气逐渐被压缩，并从出口排出。当转子旋转时，两转子之间及其转子与机体之间均有间隙存在。由于其进气、压缩和排气等行程均由转子旋转产生，因此输出压力脉动小，可不设置储气罐。由于其工作过程中需要进行冷却、润滑及密封，所以在其出口处要设置油水分离器。

螺杆式空压机的优点是排气脉动小，输出流量大，无须设置储气罐，结构中无易损件，寿命长，效率高。其缺点是制造精度要求高。由于结构刚度的限制，螺杆式空压机只适用

于中低压系统使用。

10.2.2　空气净化处理装置

1. 后冷却器

空压机输出的压缩空气温度高达 120～170 ℃，在这样的高温下，空气中的水分完全呈现气态，如果进入到动元件中，会腐蚀元件，知心朋友面将其清除。后冷却的作用就是将空压机出口的高温压缩空气冷却到 40～50 ℃，将大量水蒸气和变质油雾凝成液态水滴和油滴，以便将其清除。后冷却器有风冷式和水冷式两类。

风冷式后冷却器如图 10-6 所示，它是靠风扇加速空气流动，将热空气管道中的热量带走，从而降低压缩空气的温度。与水冷式相比，它不需要循环冷却水。占地面积小，使用及维护方便，但经风冷后的压缩空气出口温度比环境温度高 15 ℃左右，且处理气量少。

水冷式后冷却器如图 10-7 所示，它是通过强迫冷却水沿着压缩空气流动方向的反方向流动来进行冷却的，与风冷式相比，它的散热面积大，热交换均匀，经水冷后的压缩空气出口温度比环境温度高 10 ℃左右。在后冷却器的最低处应设置手动或自动排水阀，以排除冷凝水和油滴。

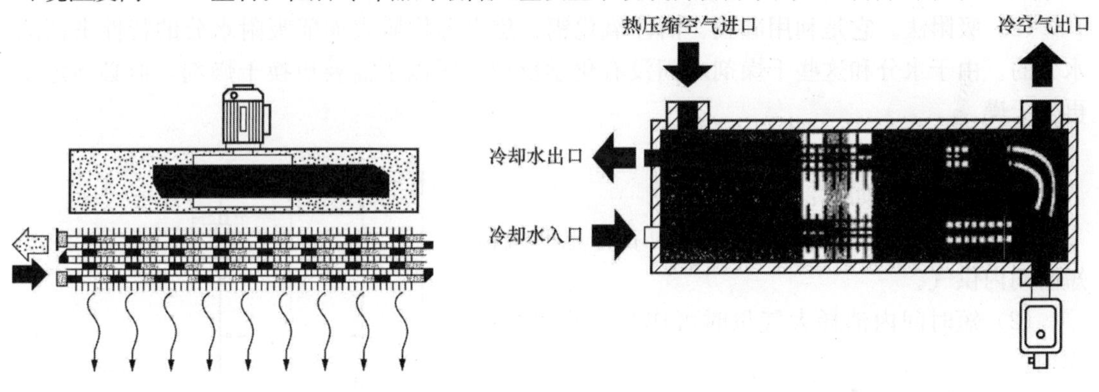

图 10-6　风冷式后冷却器　　　　图 10-7　水冷式后冷却器

2. 过滤器

过滤器的作用是滤除压缩空气中的杂质、液态水滴、油滴。

过滤器与减压阀、油雾器一起称为气源调节装置，通常为无管化、模块化、组合式元件，是气动系统中不可缺少的辅助装置。普通过滤器的结构如图 10-8 所示，当压缩空气从输入口进入后，被引入导流片 1，导流片上有许多成一定角度的缺口，迫使空气沿切线方向旋转，空气中的冷凝水、油滴、灰尘等杂质受离心力作用被甩到存水杯 2 的内壁上，并流到底部沉积起来。然后，气体通过滤芯 4 进一步清除其中的固态粒子，洁净的空气便从输出口输出。挡水板 3 的作用是防止积存的冷凝水再混入气流中。为保证过滤器正常工作，必须及时将积

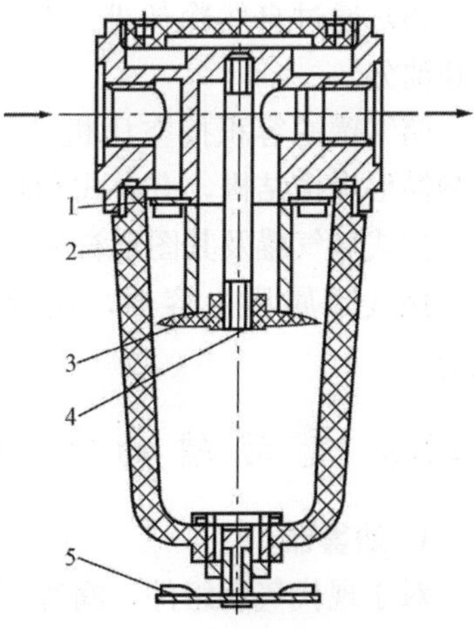

图 10-8　普通过滤器的结构

1—导流片；2—存水杯；3—挡水板；4—滤芯；5—手动排水阀

存于存水杯中的污水等杂质通过排水阀排放掉，可采用手动或自动排水阀来及时排放。自动排水阀多采用浮子式，其原理是当积水到一定高度时，浮子上升，打开排水阀进气阀门，杯中气压推开排水阀活塞，打开排水阀并将杯中污水等杂质排出。

3. 干燥器

干燥器是吸收和排除压缩空气中的水分，使湿空气变成干空气的装置。从空压机输出的压缩空气经过后冷却器、过滤器和储气罐的初步净化处理后已能满足一般气动系统的使用要求。但对一些精密机械、仪表等装置还不能满足要求，为防止初步净化后的气体中的湿气对精密机械、仪表产生锈蚀，还要进行干燥和精过滤。图 10-9 所示为干燥器的图形符号。

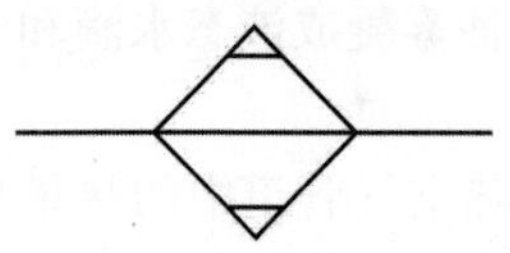
图 10-9　干燥器的图形符号

压缩空气的干燥方法主要有冷冻法和吸附法。

(1) 冷冻法。它是使压缩空气冷却到露点温度，然后析出相应的水分，使压缩空气达到一定的干燥度。此方法适用于处理低压大流量，并对干燥度要求不高的压缩空气。压缩空气的冷却除用冷冻设备外也可采用制冷剂直接蒸发的方法，或用冷却液间接冷却的方法。

(2) 吸附法。它是利用硅胶、活性氧化铝、焦炭等物质表面能吸附水分的特性来清除水分的。由于水分和这些干燥剂之间没有化学反应，所以不需要更换干燥剂，但必须定期再生干燥。

4. 储气罐

储气罐的作用如下：

(1) 储存一定量的压缩空气，可在停电时维持短时间内供气。

(2) 短时间内消耗大气量时可作为补充气源的作用。

(3) 消除系统的压力脉动，使供气平稳。

(4) 可降低空压机的启动、停止频率。

(5) 通过自然冷却进一步分离压缩空气中的水分和油分。

储气罐的容积按空压机功率而定。储气罐一般为圆筒形焊接结构，有立式和卧式两种。图 10-10 所示为立式储气罐及其图形符号。

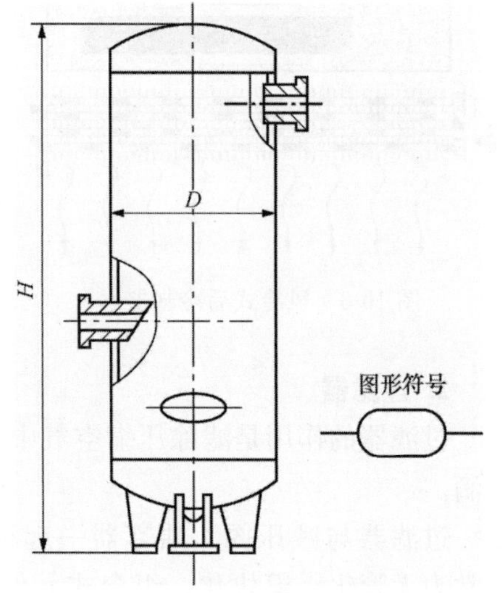

图 10-10　立式储气罐及其图形符号

储气罐属压力容器，应遵守压力容器的有关规定。

10.2.3　气动辅助元件

1. 油雾器

对于现代气动组件，润滑不一定是必需的，它们可不需供油润滑却可长期工作，其寿命和特性可完全满足现代机械制造高频率的需要。但对于普通气动件及要求机件做高速运动的地方或在气缸口径较大时，应采用油雾润滑并尽可能将油雾器直接安装于气缸供气管

道上，以降低活动机件的磨损，减小摩擦力并避免机件生锈。

图 10-11（a）所示为油雾器的结构图。喷嘴杆上的小孔 2 面对气流，小孔 3 背对气流。有气流输入时，截止阀 10 上下有压力差而被打开。油杯中的润滑油经吸油管 11、视油器 8 上的节流阀 7 滴到喷嘴杆中，被气流从小孔 3 引射出去，成为油雾从输出口输出。图 10-11（b）所示为油雾器的图形符号。

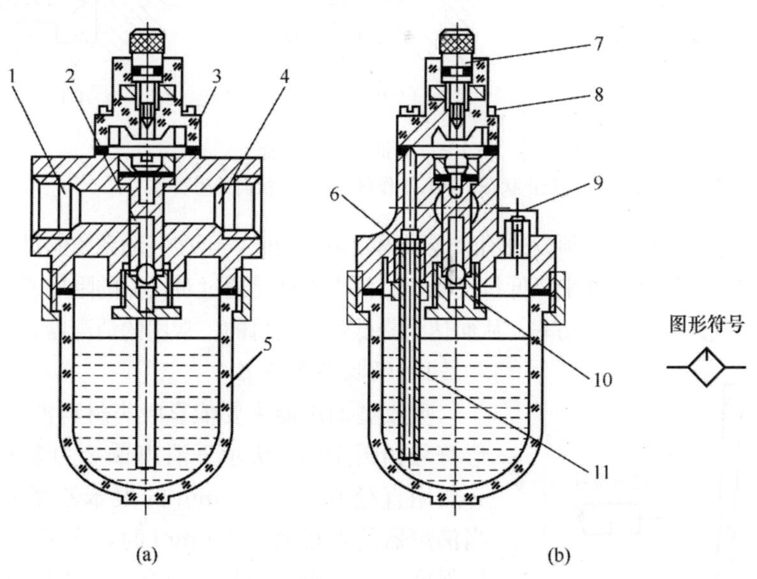

图 10-11　油雾器

（a）结构图；（b）图形符号

1—气流入口；2，3—小孔；4—气流出口；5—储油杯；6—单向阀；7—节流阀；8—视油器；9—旋塞；10—截止阀；11—吸油管

这种油雾器可以在不停气的情况下加油。当没有气流输入时，截止阀 10 中的弹簧把钢球顶起，封住加压通道，阀处于截止状态，如图 10-12（a）所示。正常工作时，压力气体推升钢球进入油杯，油杯内气体的压力加上弹簧的弹力使钢球处于中间位置，截止阀处于工作状态，如图 10-12（b）所示。当进行不停气加油时，拧松加油孔的旋塞 9，储油杯中的气压降至大气压，输入的气体把钢珠压到下限位置，使截止阀处于反向关闭状态，如图 10-12（c）所示。由于截止阀 10 和单向阀 6 都被压在各自阀座上，封住了油杯的进气道。油杯与主气流隔离，这样就可保证在不停气的情况下从加油孔加油。旋塞 9 的螺纹部分开有半截小孔，当拧开油塞加油时，不等油塞全部旋开小孔已先与大气相通，油杯中的压缩空气通过小孔逐渐排空，这样不致造成油、气从加油孔喷出来。补油完毕，重新拧紧旋塞。由于截止阀上有一些微小沟槽，压缩空气可通过沟槽泄漏至油杯上腔，使上腔压力不断上升，直到将截止阀及单向阀的钢球从各自阀座上推开。油雾器又处于正常工作状态。

2. 消声器

消声器是指能阻止声音传播而允许气流通过的一种气动元件。气压传动系统一般不设排气管道，用后的压缩空气直接排入大气。这样因气体的急速膨胀及形成涡流等原因，将产生强烈的噪声，排气速度和排气功率越大，噪声也越高，一般可达 100～120 dB。噪声使环境恶化，

(a)

(b)

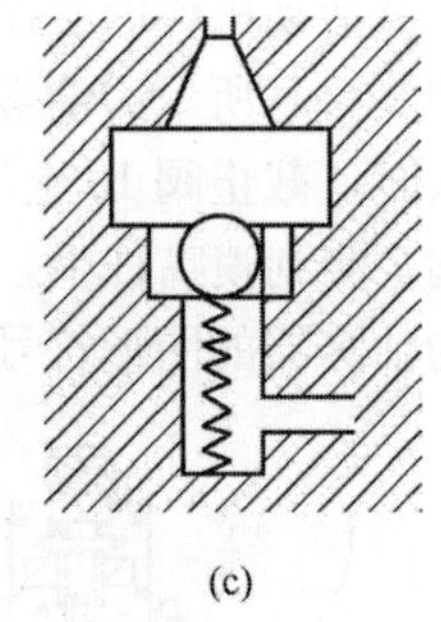
(c)

图 10-12 油雾器的状态

(a) 截止状态；(b) 工作状态；(c) 反向关闭状态

危害人员身心健康。因此，必须设法消除或减弱噪声。为此，可在气动系统的排气口，尤其是在换向阀的排气口，装设消声器来降低排气噪声。消声器就是通过对气流的阻尼或增加排气面积等方法，来降低排气速度和排气功率，从而达到降低噪声的目的。常用的消声器有以下几种。

1）吸收型消声器

吸收型消声器主要依靠吸声材料消声，其结构及图形符号如图 10-13 所示。消声罩 2 为多孔的吸声材料，一般用直径 0.2～0.3 mm 的聚苯乙烯颗粒烧结而成。当消声器的直径大于 20 mm 时，多采用钢珠烧结以增加强度。其消声原理是：当有压气体通过消声罩时，气流受阻，声能量被部分吸收转化为热能，从而降低了噪声强度。

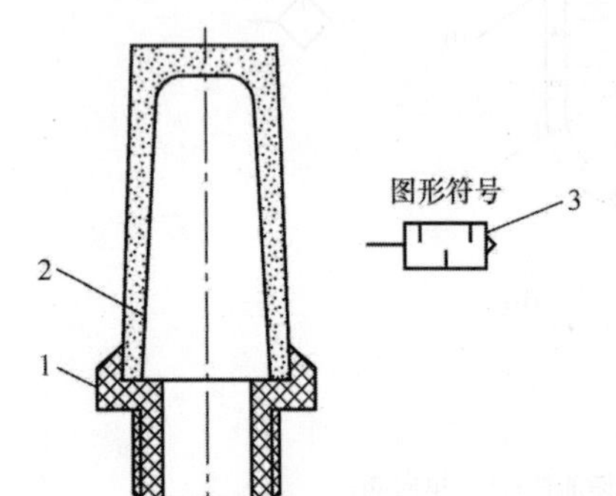

图 10-13 吸收型消声器结构及图形符号

1—连接螺钉；2—消声罩；3—图形符号

吸收型消声器结构简单，有良好的消除中、高频噪声的性能，消声效果大于 20dB。气动系统的排气噪声主要是中、高频噪声，尤其是高频噪声较多。因此，采用这种消声器是合适的。

2）膨胀干涉型消声器

膨胀干涉型消声器的原理是使气体膨胀互相干涉而消声。这种消声器呈管状，排气孔大得多，气流在里面膨胀、扩散、反射和互相干涉，从而削弱了噪声强度。

这种消声器结构简单，排气阻力小，主要用于消除中、低频，尤其是低频噪声。它的缺点是结构较大，不够紧凑。

3）膨胀干涉吸收型消声器

膨胀干涉吸收型消声器是前两种消声器的组合应用，其结构如图 10-14 所示。在消声套内壁敷设吸声材料，气流从斜孔引入，在 A 室扩散、减速并被器壁反射到 B 室，气流束相互撞击、干涉。进一步减速而

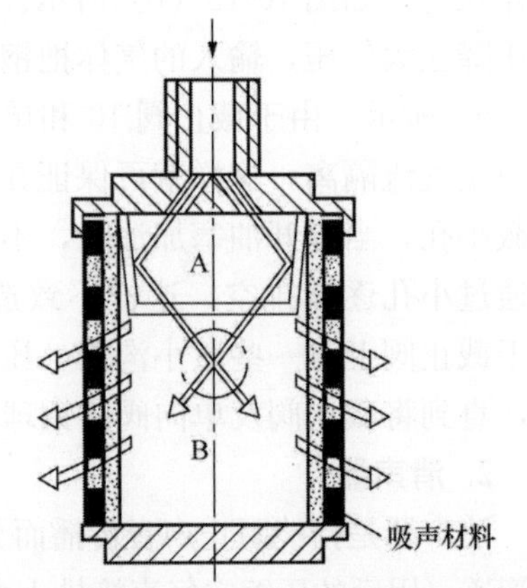

图 10-14 膨胀干涉吸收型消声器结构

使噪声减弱；然后气流在经消声材料及消声套的孔排入大气时，噪声再一次被削弱。

这种消声器的效果较前两种好，低频可消声 20 dB，高频可消声 55 dB。

10.3　气动执行元件

气动执行元件是将气体的压力能转换成机械能并将其输出的装置。它驱动机构做直线往复运动或回转运动，其输出为力或转矩。与液压执行元件类似，气动执行元件也可以分成气缸和气动马达两大类。

10.3.1　气缸

气缸有多种形式。按照其结构特点的不同可分为活塞式气缸和薄膜式气缸两种；按运动形式分为直线运动气缸和摆动气缸两类；按气缸的安装形式可分为固定式气缸、轴销式气缸、回转式气缸、嵌入式气缸。

1. 普通气缸

普通气缸是指最常用的气缸，这种气缸在缸筒内只有一个活塞和一根活塞杆，有双作用和单作用两种形式。这种气缸常用于无特殊要求的场合。

(1) 双作用气缸。双作用气缸的往返运动均通过压缩空气来实现，其结构如图 10-15 所示，由于没有弹簧复位部分，双作用气缸可以获得更长的有效行程和稳定的输出力。但双作用气缸是利用压缩空气直接作用于活塞上实现伸缩运动，由于其回缩时压缩空气的有效作用面积较小，所以产生的收缩力要小于伸出时产生的推力。

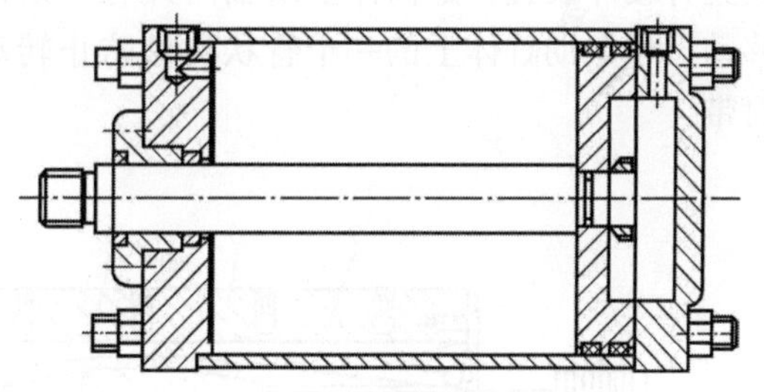

图 10-15　单活塞杆双作用气缸

(2) 单作用气缸。单作用气缸只在活塞一侧可以通入压缩空气使其伸出或缩回，另一侧是通过呼吸孔开放在大气中的，其剖面结构原理图如图 10-16 所示。与单作用液压缸一样，这种气缸只能在一个方向上做功，活塞的反方向动作是靠施加外力来实现的，所以称为单作用气缸。

2. 特殊气缸

在普通气缸的基础上，通过改变或增加气缸的部分结构，可以设计开发出多种形式的特殊气缸。

1) 气动手爪

这种执行元件是一种变型气缸。它可以用来抓取物体，实现机械手的动作。其特点是所有结构都是双作用的，能实现双向抓取，抓取力矩恒定，气缸两侧可安装非接触式检测开关，有多种安装和连接方式。在自动化系统中，气动手爪常应用在搬运、传送工件机构中抓取、拾放物体。

气动手爪有平行开合手指（见图 10-17）、肘节摆动开合手爪、两爪、三爪和四爪等类型，其中两爪中有平开式和支点开闭式，驱动方式有直线式和旋转式。气动手爪的开闭一般是通过气缸活塞产生的往复直线运动带动与手爪相连的曲柄连杆、滚轮或齿轮等机构，

驱动各个手爪同步做开、闭运动。

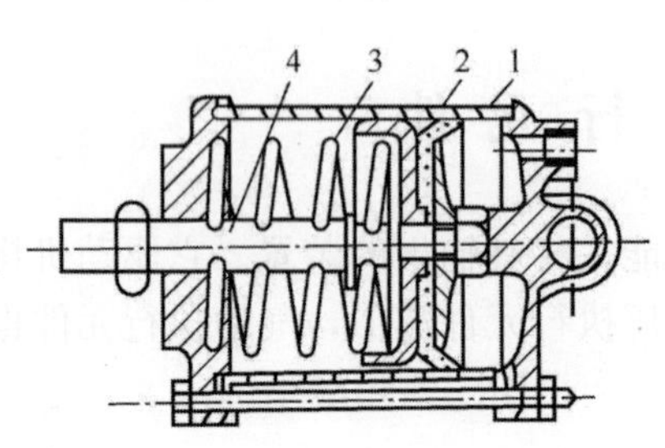

图 10-16　单作用气缸结构原理图

1—进排气口；2—活塞；3—复位弹簧；4—活塞杆

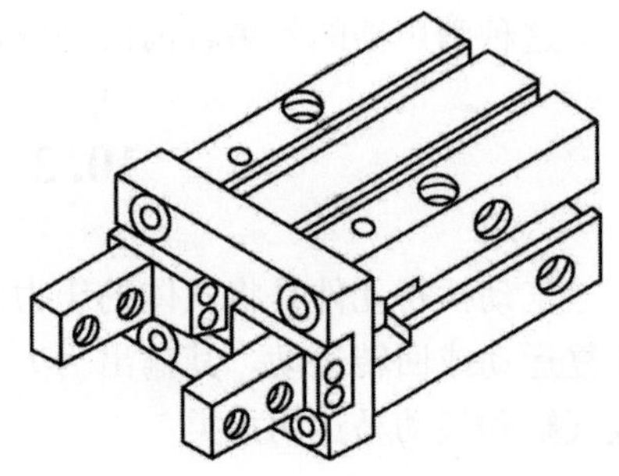

图 10-17　平行开合手指

2）无杆气缸

无杆气缸没有普通气缸的刚性活塞杆，它利用活塞直接或间接实现往复直线运动。无杆气缸主要有机械接触式、磁性耦合式、绳索式和带钢式四种。

下面主要介绍前两种。

(1) 机械接触式无杆气缸。它常简称为无杆气缸，其结构如图 10-18 所示。气缸两端设置有缓冲装置，缸筒体上沿轴向开有一条槽，活动舌片 5 带动与负载相连的导架 6 一起移动，且借助缸体上的一个管状沟槽防止转动。为防泄漏和防尘，在内外两侧分别装有密封带。

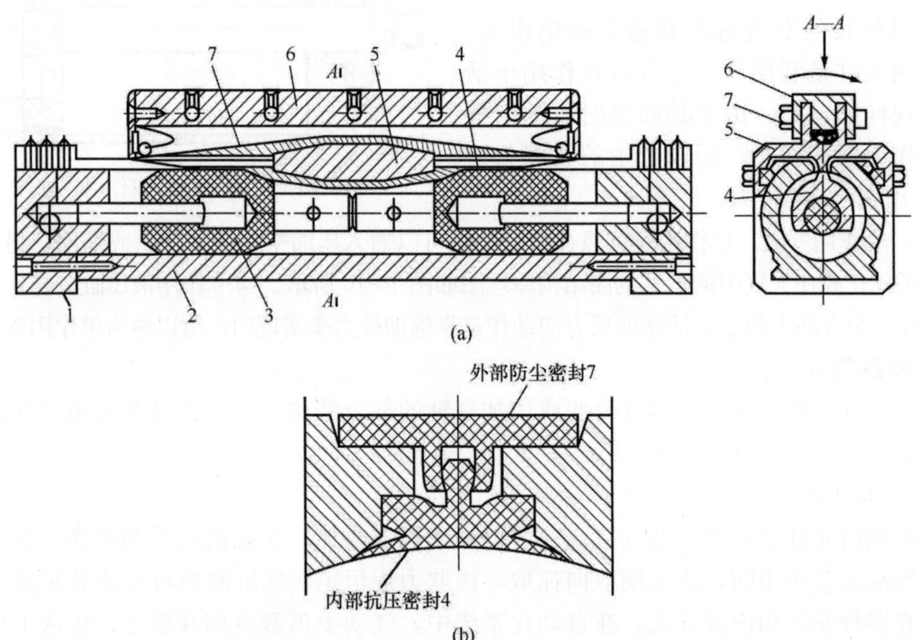

图 10-18　机械接触式无杆气缸结构

1—左、右缸盖；2—缸筒；3—无杆活塞；4—内部抗压密封件；5—活动舌片；6—导架；7—外部防尘密封件

(2) 磁性耦合式无杆气缸。磁性耦合式无杆气缸结构如图 10-19 所示。其活塞上安装

了一组高磁性的稀土永久内磁环 4，磁力线穿过薄壁缸筒（非导磁材料）与套在缸筒外面的另一组外磁环 2 作用，由于两组磁环极性相反，因此它们之间有很强吸力。当活塞在气压作用下移动时，通过磁场带动缸筒外面的磁环与负载一起移动。在气缸行程两端设有空气缓冲装置。

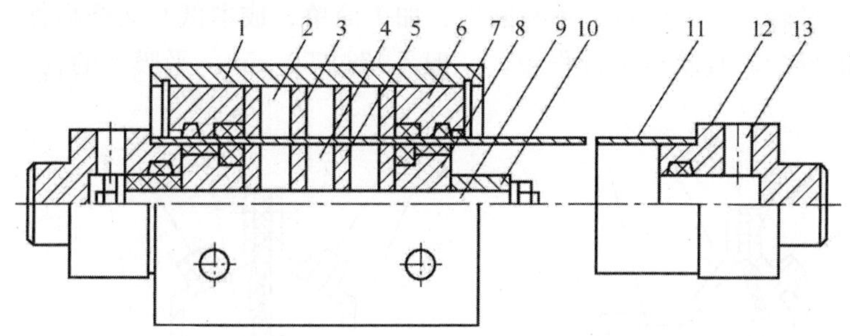

图 10-19　磁性耦合式无杆气缸结构

1—套筒；2—外磁环；3—外导磁板；4—内磁环；5—内导磁板；6—压盖；7—卡环；8—活塞；9—活塞轴；10—缓冲柱塞；11—气缸筒；12—端盖；13—进、排气口

3）气液阻尼缸

气液阻尼缸是由气缸与液压缸构成的组合缸，由气缸驱动液压缸运动，利用液压缸自调节作用获得平稳的运动输出。这种气缸常用于设备的进给驱动装置，克服了单独使用气缸在负载变化较大时易产生的“爬行”和“自移”现象。图 10-20 所示为串联式气液阻尼缸的结构图。它是将气缸和液压缸的活塞用同一根活塞杆串联在一起，两缸间用隔板隔开以防空气与油液互窜。在液压缸的进、出口处连接了单向节流阀。当气缸左端进气时，气缸将克服负载阻力，带动液压缸活塞向右运动，液压缸右腔排油，单向阀关闭，液压油只能通过节流阀排入液压缸左腔，调节节流阀开度，控制排油速度，便可调节气液阻尼缸的运动速度。当气缸活塞向左退回时液压缸左腔排油。此时单向阀打开，左腔的油经单向阀直接快速排回右腔，实现快速退回。

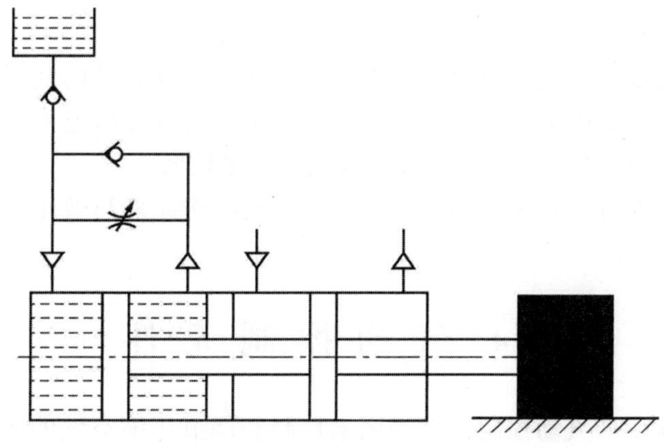

图 10-20　串联式气液阻尼缸的结构图

4）薄膜式气缸

薄膜式气缸是用夹织物橡胶或聚氨酯材料制成的膜片作为受压元件。膜片有平膜片和盘形膜片两种。图 10-21 所示为薄膜式气缸的工作原理图。它的功能类似于弹簧复位的活塞式气缸，工作时，膜片在压缩空气作用下推动活塞杆运动。它的优点是：结构简单、紧凑、体积小、质量轻、密封性好、不易漏气、加工简单、成本低、无磨损件、维修方便等，适用于行程短的场合。其缺点是行程短，一般不超过 50 mm。平膜片的行程更短，约为其直径的 1/10。

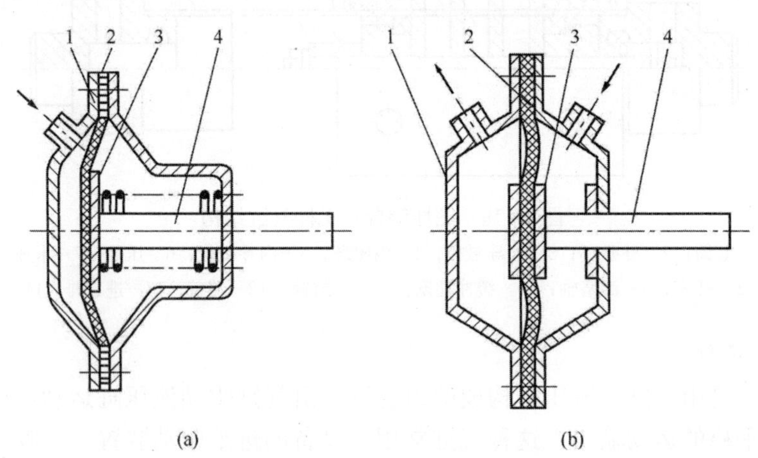

图 10-21　薄膜式气缸的工作原理图

（a）单作用式；（b）双作用式

1—缸体；2—膜片；3—膜盘；4—活塞

10.3.2　气动马达

气动马达是将压缩空气的压力能转换成旋转形式机械能的能量转换装置，输出的力矩驱动负载做连续回转运动。它具有可以无级调速、可正反方向旋转、有过载保护作用、具有较高的启动力矩等特点。

此外，它还具有如下独到的特点：工作安全，在具有爆炸性的瓦斯工作场所，无引火爆炸的危险，同时能忍受振动与高温的影响；功率范围尤其是转速范围很宽。其缺点是转矩随转速的增大而降低，特性较软，耗气量较大，效率较低。

常用的气动马达有叶片式和径向活塞式两种，其结构原理与液压叶片马达和径向液压马达相同。

10.4　气动控制元件

在气动控制系统中，气动控制元件是用来控制和调节压缩空气的压力、流量和方向的阀类，使气动执行元件获得要求的力、动作速度和改变运动方向，并按规定的程序工作。

气动控制阀按其作用和功能的不同可分为方向控制阀、压力控制阀、流量控制阀三大类，另外，还有与方向控制阀基本相同，能实现一定逻辑功能的逻辑元件。

10.4.1　方向控制阀

方向控制阀是用来控制管道内压缩空气的流动方向和气流通断的元件。其工作原理是利用阀芯和阀体之间的相对位置的改变来实现通道的接通或断开，以满足系统对通道的不同要求。在方向控制阀中，只允许气流沿一个方向流动的方向控制阀称为单向型方向控制阀，如单向网、梭阀、双压阀、快速排气阀等；可以改变气流流动方向的方向控制阀称为换向型方向控制阀，简称换向阀。

1. 单向型方向控制阀

1）单向阀

单向阀是控制流体只能正向流动，不允许反向流动的阀，又称为逆止阀或止回阀。主要由阀芯、阀体和弹簧三部分组成（见图 10-22）。图 10-22（a）所示为单向阀进气口 P 没有压缩空气时的状态。此时活塞在弹簧力的作用下处于关闭状态，从 A 向 P 方向气体不通。图 10-22（b）所示为进气口 P 有压缩空气进入，气体压力克服弹簧力和摩擦力，单向阀处于开启状态，气流从 P 向 A 方向流动。图 10-22（c）为单向阀的图形符号。

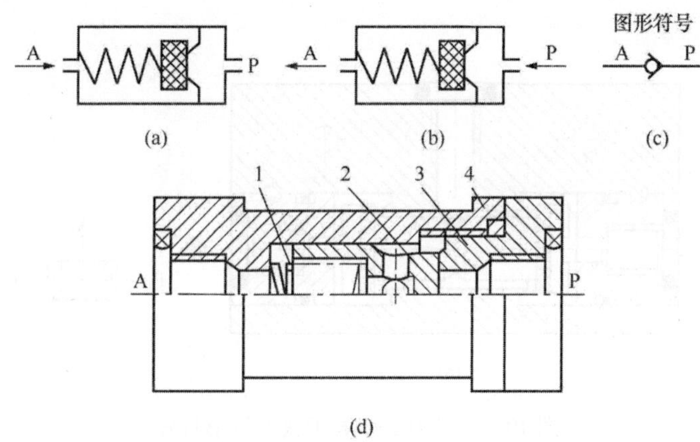

图 10-22　单向阀

（a）A→P 关闭状态；（b）P→A 开启状态；

（c）图形符号；（d）单向阀结构

1—弹簧；2—阀芯；3—阀座；4—阀体

2）梭阀

梭阀相当于是两个单向阀组合的阀，其作用相当于“或”门逻辑功能。梭阀结构和工作原理如图 10-23 所示，它有两个进气口 P_1 和 P_2，一个出口 A，其中 P_1 和 P_2 都可与 A 相通，但 P_1 和 P_2 不相通。无论 P_1 或 P_2 哪一个进气口有信号，A 口都有输出。当 P_1 和 P_2 都有信号输入时。A 口将和较大的压力信号接通；若两边压力相等，A 口一般将和先加入信号的输入口接通。

3）双压阀

图 10-24 所示为双压阀结构原理及图形符号。双压阀也是由两个单向阀组合而成的，其作用相当于“与”门逻辑功能，故又称为与门梭阀。同样有两个输入口 P_1、P_2 和一个输

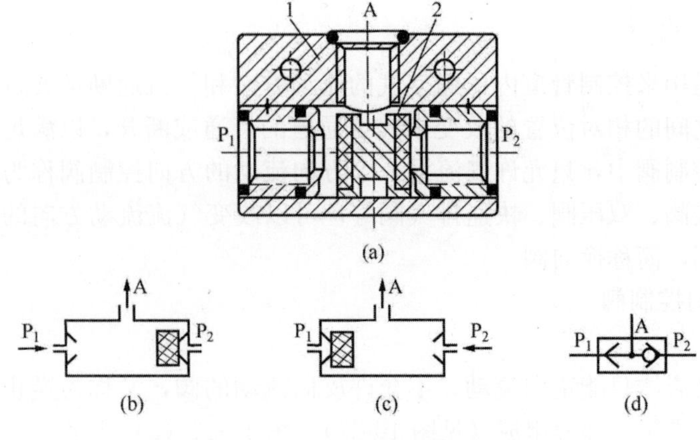

图 10-23　梭阀结构和工作原理

(a) 结构原理图；(b) P_1 进气状态；

(c) P_2 进气状态；(d) 图形符号

1—阀体；2—阀芯

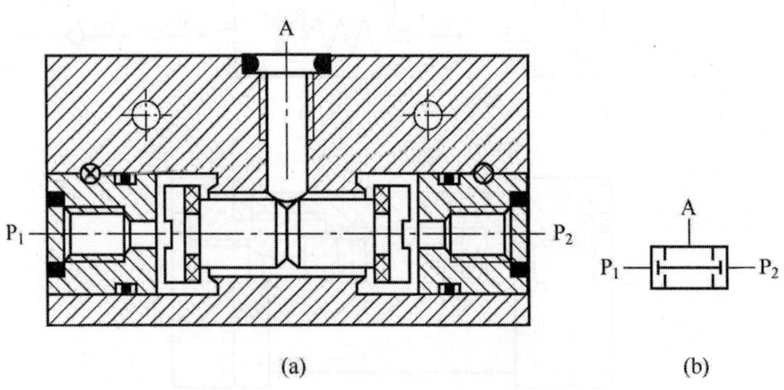

图 10-24　双压阀结构原理及图形符号

(a) 结构原理图；(b) 图形符号

出口 A。当 P_1 口进气、P_2 口通大气时，阀芯右移，使 P_1、A 口间通路关闭，A 口无输出。反之，阀芯左移，A 口也无输出。只有当 P_1、P_2 口均有输入时，A 口才有输出，当 P_1 口与 P_2 口输入的气压不等时，气压低的通过 A 口输出。双压阀常应用在安全互锁回路中。

4）快速排气阀

图 10-25 所示为快速排气阀的结构原理及图形符号。当 P 口进气后，阀芯关闭排气口 O，P 口与 A 口相接通，A 口有输出；当 P 口无气体输入时，A 口的气体使阀芯将 P 口封住，A 口与 O 口相通，气体快速排出。快速排气阀用于气缸或其他元件需要快速排气的场合，此时气缸的排气不通过较长的管路和换向阀，而直接由快速排气阀排出，通口流通面积大，排气阻力小。

2. 换向阀

换向阀按控制方式分类主要有气压控制换向阀、电磁控制换向阀、人力控制换向阀和机械控制换向阀等类型。

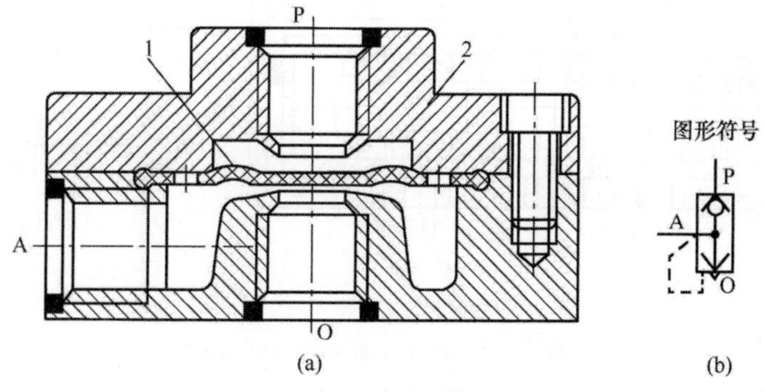

图 10-25　快速排气阀的结构原理及图形符号

(a) 结构原理图；(b) 图形符号

1—膜片；2—阀体

1) 气压控制换向阀

气压控制换向阀是以外加的气压信号为动力切换主阀，使控制回路换向或开闭。气压控制换向阀适用于易燃、易爆、潮湿和粉尘多的场合，操作安全可靠。气压控制换向阀按照施加压力的方式不同分为加压控制换向阀、泄压控制换向阀、差压控制换向阀和延时控制换向阀等。

(1) 加压控制换向阀。图 10-26 所示为双气控加压控制换向阀。加压控制换向阀是指加在阀芯控制端的压力信号值是渐升的控制阀，当压力升至某一定值时，使阀芯迅速移动而实现气流换向，阀芯沿着加压方向移动换向。这种阀分为单气控和双气控两种。

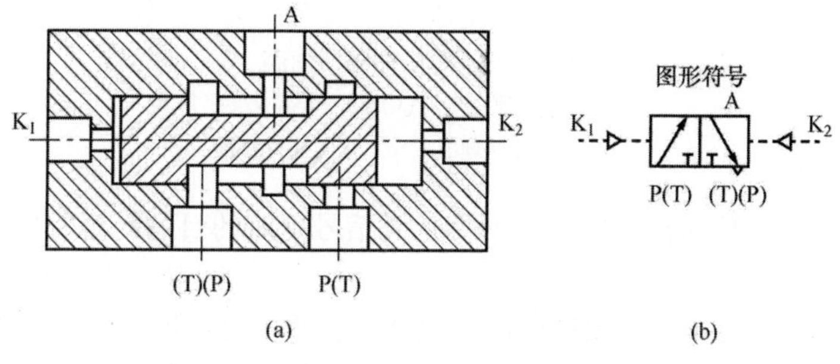

图 10-26　双气控加压控制换向阀

(a) 工作原理；(b) 图形符号

(2) 泄压控制换向阀。图 10-27 所示为双气控泄压控制换向阀。泄压控制换向阀是指加在阀芯控制端的压力信号值是渐降的控制阀，当压力降至某一定值时，使阀芯迅速移动而实现气流换向，阀芯沿着降（泄）压方向移动换向。这种阀也有单气控和双气控之分。

(3) 差压控制换向阀。如图 10-28 所示，差压控制换向阀是利用阀芯两端受气压作用的有效面积不等，在气压作用下产生的作用力差而使阀芯换向的控制方式。这种阀也有单气控和双气控两种。

(4) 延时控制换向阀。延时控制换向阀的作用是使输出信号的状态变化与输入信号形成一定的时间差。它是利用气流通过小孔或缝隙后再向气容腔充气，经过一定的延时，当

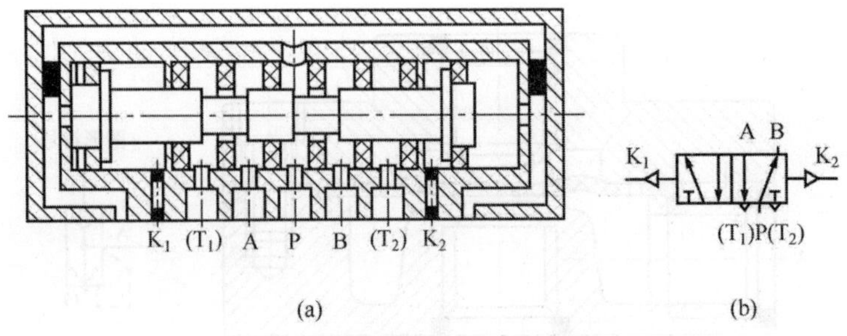

图 10-27 双气控泄压控制换向阀

（a）工作原理；（b）图形符号

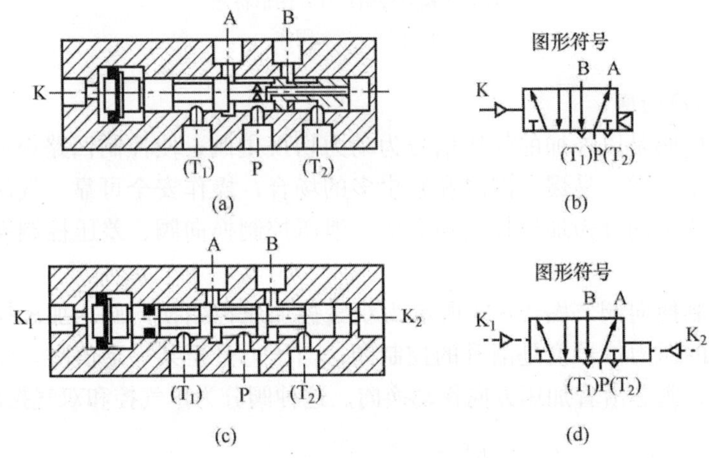

图 10-28 差压控制换向阀

（a）单气控原理图；（b）单气控符号图；

（c）双气控原理图；（d）双气控符号图

气容腔内压力升至一定值后推动阀芯换向而达到信号延时的目的，延时控制分为固定延时和可调延时两种。

图 10-29 所示为固定延时控制换向阀的原理图。开始时，P 口与 A 口相通，当 P 口输入气流时，A 口便有气流输出，同时，输入气流经阀芯上的阻尼小孔（固定气阻）不断向右端的气容腔充气而延时，当气容口内压力达到一定值后，推动阀芯左移，使 P 口与 A 口断开、A 口与 T 口接通。

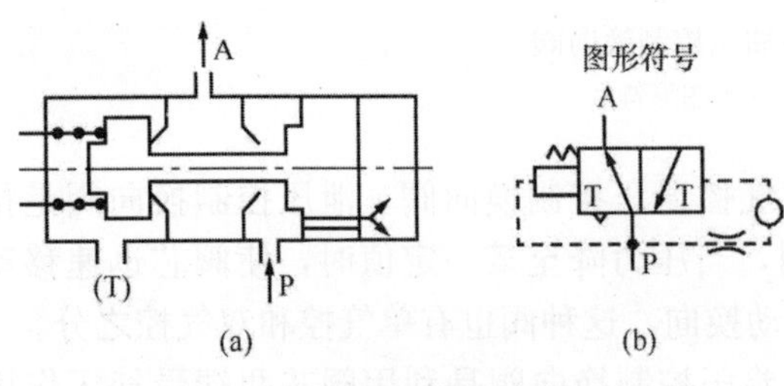

图 10-29 固定延时控制换向阀的原理图

（a）工作原理；（b）图形符号

图 10-30 所示为二位三通可调延时控制换向阀的结构原理图，它由延时和换向两部分组成。当 K 口无控制信号输入时，阀芯处于左端，P 口与 A 口断开，A 口与 T 口相通排气，A 口无输出，当 K 口输入控制信号后。气流从 K 口输入后经可调节流阀节流后充入气容腔 C，使气容腔不断充气。

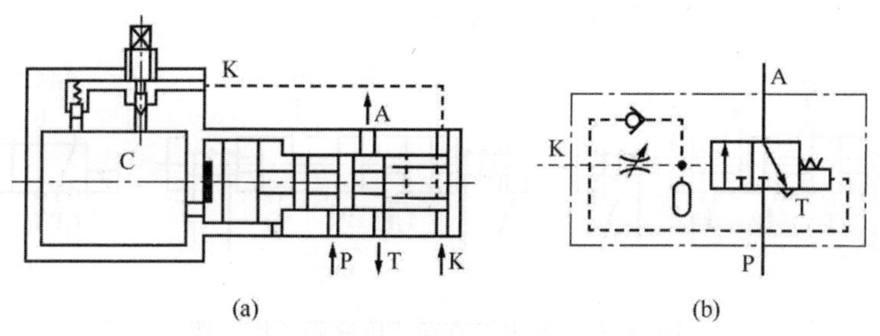

图 10-30　可调延时控制换向阀的结构原理图

（a）工作原理；（b）图形符号

升压而延时，当气容腔 C 内压力升至某一定值时，推动阀芯向右移动，使 A 口与 T 口断开、P 口与 A 口接通，A 口有输出。当 K 口的气控信号消失后，气容腔内的气体经单向阀迅速排空。调节节流阀（气阻）可改变延时时间，这种阀的延时时间可在 1～20 s 调节。这种阀有常通延时型和常断延时型两种，图示为常断延时型，若将 P 口、T 口换接即为常通延时型。

2）电磁控制换向阀

电磁控制换向阀是气动控制元件中最主要的元件，按动作方式分，有直动式电磁换向阀和先导式电磁换向阀；按所用电源分有直流电磁换向阀和交流电磁换向阀。

（1）直动式电磁换向阀。直动式电磁换向阀是利用电磁力直接推动阀芯换向，线圈的数目有单线圈和双线圈，可分为单电控和双电控两种。

直动式电磁阀的特点是结构简单、紧凑、换向频率高，但只适用于小型阀。

图 10-31 所示为单电控直动式电磁阀工作原理。电磁线圈未通电时，P 口与 A 口断开，A 口与 T 口相通；电磁线圈通电时，电磁力通过阀杆推动阀芯向下移动，使 P 口与 A 口接通，T 口与 A 口与断开。

图 10-32 所示为双电控直动式电磁阀工作原理。电磁铁 1 通电、电磁铁 3 断电时，阀芯 2 被推至右侧，A 口有输出，B 口排气。若电磁铁 1 断电，阀芯位置不变，仍为 A 口有输出，B 口排气，即阀具有记忆功能，直到电磁铁 3 通电，则阀芯被推至左侧，阀被切换，此时 B 口有输出，A 口排气。同样，电磁铁 3 断电时，阀的输出状态保持不变。使用时两电磁铁不允许同时得电。

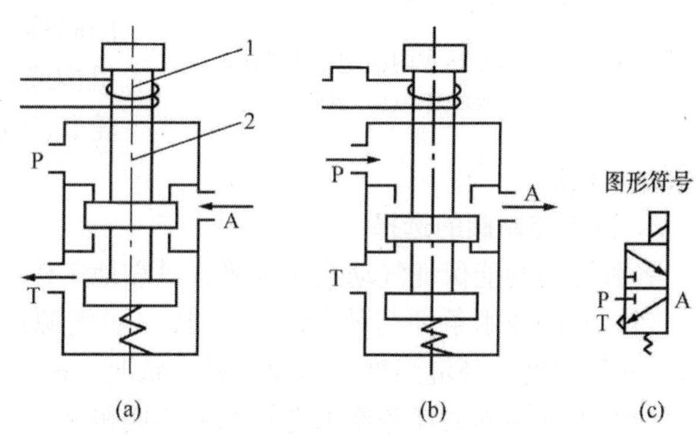

图 10-31　单电控直动式电磁阀工作原理

（a）断电状态；（b）通电状态；（c）图形符号

（2）先导式电磁换向阀。这种阀是由小型直动式电磁阀和大型气控换向阀构成。先导式电磁换向阀是由先导式电磁阀（一般为直动式电磁控制换向阀）输出的气压力来操纵主阀阀芯而实现阀换向的一种电磁控制阀。它实际上是一种由电磁控制和气压控制（加压、卸压、差压等）的复合控制阀，通常也称为先导式电磁气控阀。按照该类换向阀有无专门的外接控制气口，可分为外控式和内控式两种。

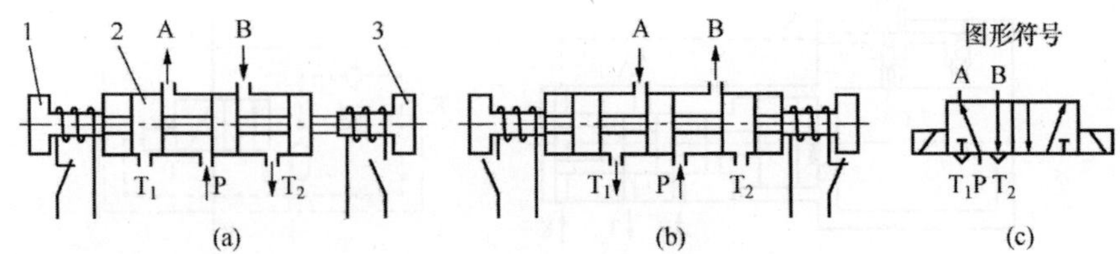

图 10-32　双电控直动式电磁阀工作原理

(a) 电磁铁 1 通电；(b) 电磁铁 3 通电；(c) 图形符号

1，3—电磁铁；2—阀芯

图 10-33 所示为二位三通先导式内控电磁换向阀，图示位置工作腔 A 通过 T 腔排气，当通电时衔铁被吸上，压缩空气经阀杆中间孔到活塞皮碗上腔，把阀芯压下，使进气腔 P 和工作腔 A 相通，切断排气腔 T。

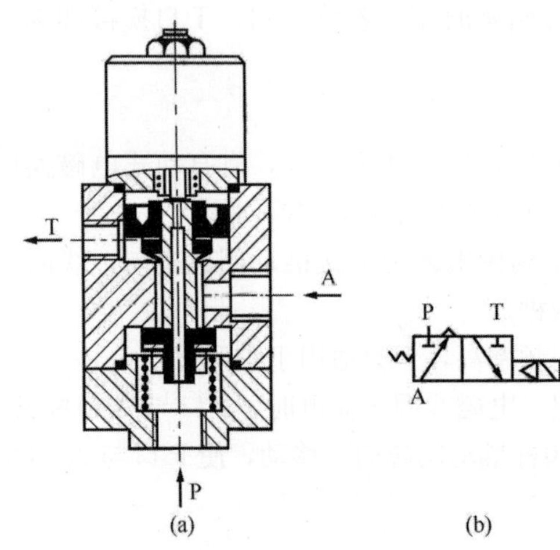

图 10-33　先导式内控电磁换向阀

(a) 结构原理图；(b) 图形符号

3) 人力控制换向阀

人力控制换向阀是通过人的手或脚操纵杠杆推动滑阀阀芯相对阀体移动，改变工作位置，从而改善通道的通断，这类阀称为人力控制换向阀。人力控制换向阀的结构简单，动作可靠，有的还可以人为地控制阀口的大小，从而控制执行元件的速度。但由于这种控制换向阀需要人力操纵，故只适用于间歇动作且要求人工控制的场合。

4) 机械控制换向阀

机械控制换向阀是靠机械外力使阀芯切换的阀称为机械控制换向阀，它主要是利用执行机构或者其他机构的机械运动，借助阀上的滚轮、凸轮、杠杆或撞块等机构来操作阀杆，驱动阀运动换向。

3. 方向控制阀的选择

各种控制阀能保证气动系统准确、可靠地工作，应满足如下几点。

(1) 阀的技术条件与使用场合一致，如气源压力的大小、电源条件（交直流、电压等）、介质温度、环境温度、湿度、粉尘状况、振动情况等。

(2) 根据不同的任务要求选择阀的不同机能。

(3) 根据执行元件需要的流量，选择阀的通径及连接管径的尺寸。对于直接控制气动执行元件的主阀，需根据执行元件在工作压力状态下的额定流量来选择阀的通径。选用阀的流量应略大于所需要的流量。对于信号阀（手控阀、机控阀）应根据它所控制的阀的远近、控制阀的数量和要求的动作时间等因素来选择阀的通径。

(4) 根据使用条件选择阀的结构形式。如要求泄漏量小，应选用软质密封的阀。如气源过滤条件差，应选用截止阀。如容易发生爆炸的场合，应选用气控阀。如需要远距离控

制，可选用电磁阀。

10.4.2　压力控制阀

在气压传动系统中，控制压缩空气的压力和依靠气压力来控制执行元件动作顺序的阀统称为压力控制阀。根据阀的控制作用不同，压力控制阀可分为三大类：一类阀是当输入压力变化时，能保证输出压力不变，如减压阀、定位器等；另一类阀是用于保持一定的输入压力，如溢流阀等；还有一类阀是根据不同的压力进行某种控制，如顺序阀、平衡阀等。

1. 减压阀

减压阀是用来调动或控制气压的变化，并保持降压后的输出压力值稳定在需要的值上，确保系统压力的稳定，又称调压阀。

1）分类

减压阀的种类繁多，可按压力调节、排气方式等进行分类。

按压力调节方式分有直动式减压阀和先导式减压阀两大类。直动式减压阀是利用手柄或旋钮直接调节调压弹簧来改变减压阀输出压力；先导式减压阀是采用压缩空气代替调压弹簧来调节输出压力的。先导式减压阀又可分为外部先导式和内部先导式。

按排气方式可分为溢流式、非溢流式和恒量排气式三种。溢流式减压阀的特点是减压过程中从溢流孔中排出少量多余的气体，维持输出压力不变。非溢流式减压阀没有溢流孔，使用时回路中要安装一个放气阀，以排出输出侧的部分气体。适用于调节有害气体压力的场合，可防止大气污染。恒量排气式减压阀始终有微量气体从溢流阀座的小孔排出，能更准确地调整压力，一般用于输出压力要求调节精度高的场合。

2）减压阀的结构原理

（1）直动式减压阀。直动式减压阀的结构原理如图 10-34 所示，其工作过程是：顺时针方向旋转手柄 1，经过调压弹簧 2、3，推动膜片 5 下移，膜片 5 又推动阀杆 8 下移，进气阀 10 被打开，使出口压力 p 增大。同时，输出气压经阻尼管 7 在膜片 5 上产生向上的力。这个作用力总是想把进气阀关小，使出口压力降低，这样的作用称为负反馈。当作用在膜片上的反馈力与弹簧的作用力相平衡时，减压阀便有稳定的压力输出。

溢流式减压阀的工作原理是：靠进气阀门的节流作用减压，靠膜片上的力平衡作用和溢流孔的溢流作用稳定输出压力；调节调节旋钮可使输出压力在规定的范围内任意改变。

（2）先导式减压阀。当减压阀的输出压力较高（在 0.7 MPa 以上）或配管直径很大（在 20 mm 以上）时，若用直动式减压阀，对其调压弹簧刚度要求较高，阀的结构尺寸较大，调压的稳定性较差。为了克服这些缺点，此时一般宜采用先导式减压阀。先导式减压阀工作原理和结构与直动式调压阀基本相同，所不同的是，先导式减压阀的调压气体一般是由小型的直动式减压阀供给。用调压气体代替调压弹簧来调整输出压力。先导式减压阀可分为内部先导和外部先导。若把小型直动式减压阀装在阀的内部，来控制主阀输出压力，称为内部先导式减压阀，如图 10-35 所示。

内部先导减压阀比直动式减压阀增加了由喷嘴 4、挡板 3、固定节流孔 9 及中气室 B 所组成的喷嘴挡板放大环节。当喷嘴与挡板之间的距离发生微小变化时，就会使中气室 B 中的压力发生很明显的变化，从而引起膜片 10 有较大的位移，去控制阀芯 6 的上下移动，使阀门开大或关小，提高了对阀芯控制的灵敏度，即提高了阀的稳压精度。若将其装在主阀的外部，则称为外部先导式减压阀。

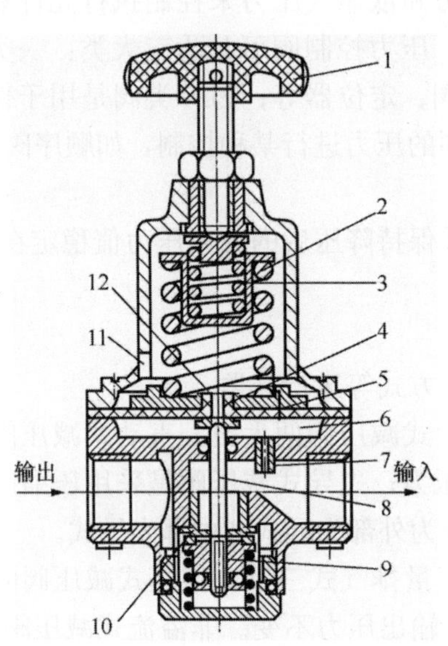

图 10-34　直动式减压阀的结构原理

(a) 溢流阀式减压阀结构；(b) 图形符号

1—手柄；2，3—调压弹簧；4—溢流阀座；

5—膜片；6—膜片气室；

7—阻尼管；8—阀杆；9—复位弹簧；

10—进气阀；11—排气孔；12—溢流孔

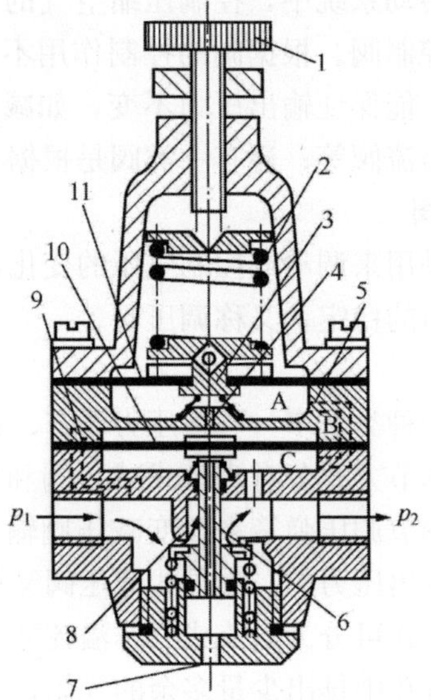

图 10-35　内部先导式减压阀

1—旋钮；2—调压弹簧；3—挡板；4—喷嘴；

5—孔道；6—阀芯；

7—排气口；8—进气阀口；

9—固定节流口；10，11—膜片；

A—上气室；B—中气室；C—下气室

3）减压阀的选择与使用

(1) 根据调压精度的不同，选择不同形式的减压阀。如果要求出口压力波动小时，就要选择精密减压阀。

(2) 确定阀的类型后，根据所需最大输出流量选择阀的通径，决定阀的气源压力时应使其大于最高输出压力 0.1 MPa。

(3) 在易燃、易爆等人员不宜接近的场合，应选用外部先导式减压阀。

(4) 减压阀一般都用管式连接，特殊情况也可用板式连接。常与过滤器、油雾器联用，所以一般应考虑采用气动二联件或气动三联件，以节省空间。

(5) 减压阀一般都是垂直安装，安装前必须做好清洁工作。减压阀不用时应旋松手柄，以免阀内膜片因长期受力而变形。

2. 溢流阀

溢流阀在系统中起限制最高压力和保护系统安全的作用。

1）工作原理

图 10-36 所示为溢流阀的工作原理图。它由调压弹簧 2、调节手轮 1、阀芯 3 和阀体组成。当气动系统的气体压力在规定的范围内时，由于气压作用在阀芯 3 上的力小于调压弹

簧 2 的预压力，所以阀门处于关闭状态。当气动系统的压力升高，作用在阀芯 3 上的力超过了调压弹簧 2 的预压力时，阀芯 3 就克服弹簧力向上移动，阀芯 3 开启，压缩空气由排气孔 T 排出，实现溢流，直到系统的压力降至规定压力以下时，阀重新关闭。开启压力大小靠调压弹簧的预压缩量来实现。

2）溢流阀的使用

（1）作调压阀用。此时溢流阀用于调节和稳定系统压力。正常工作时，溢流阀有一定的开启量，使一部分多余气体溢出，以保持进口处的气体压力基本不变，即保持系统压力基本不变。所以溢流阀的调节压力等于系统的工作压力。

（2）作安全阀用。此时溢流阀用于保护系统。当系统以调整的压力正常工作时此阀关闭，不溢流。只有在系统因某些原因使系统压力升高到超过工作压力一定数值时，此阀开启，溢流泄压，对系统起到安全保护作用。

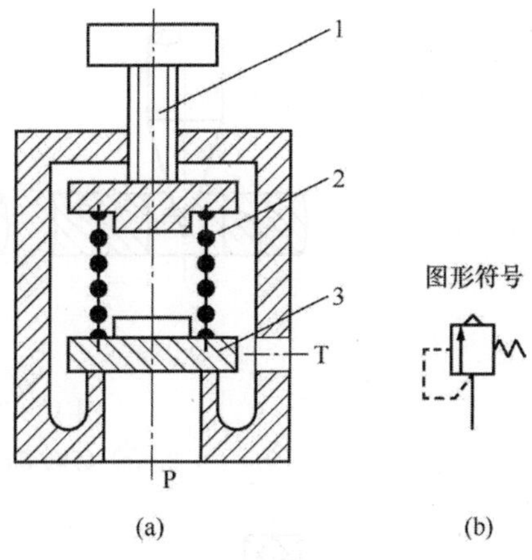

图 10-36　溢流阀的工作原理图

（a）结构原理图；（b）图形符号

1—调节手轮；2—调压弹簧；3—阀芯

3. 顺序阀

顺序阀是依靠气路中压力的作用而控制执行元件的顺序动作的阀。其工作原理如图 10-37 所示，当压缩空气从 P 口进入。作用在活塞上的力大于弹簧力时，便将活塞顶起，压缩空气从 A 口输出，然后输出到气缸或气控换向阀，如图 10-37（a）所示。当 P 口进入的压缩空气压力很小，作用在活塞上的力小于弹簧力时，便不能将活塞顶起，这时阀口是关闭的，A 口无气体输出。

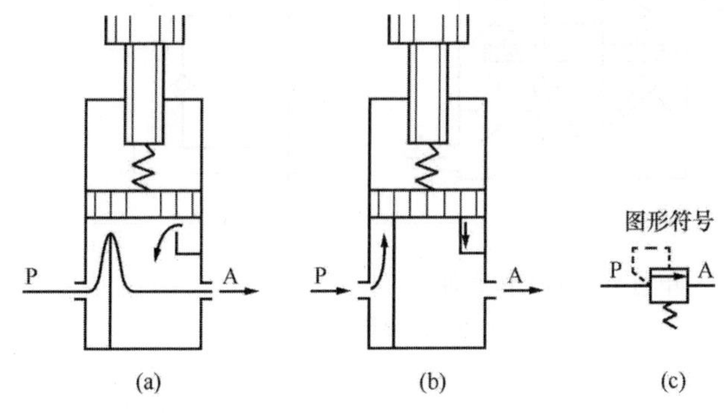

图 10-37　顺序阀的工作原理

（a）开启状态；（b）关闭状态；（c）图形符号

10.4.3　流量控制阀

气压传动系统中的流量控制阀与液压传动系统中的流量控制阀一样，也是通过改变阀的通流面积来实现流量控制的，此类阀主要包括节流阀、单向节流阀和排气消声节流阀等。

1. 节流阀

常见节流阀的节流口形状如图 10-38 所示。对于节流阀调节特性的要求是，流量调节范围大、阀芯的位移量与通过的流量成线性关系。节流阀节流口的形状对调节特性影响较大，对于针阀型来说，当阀开度较小时调节比较灵敏，当超过一定开度时，调节流量的灵敏度就变差了。三角沟槽型通流面积与阀芯位移量成线性关系。圆柱斜切型的通流面积与阀芯位移量成指数（指数大于 1）关系，能进行小流量精密调节。

图 10-39 所示为节流阀的结构。压缩空气由 P 口进入，经过节流口，由 A 口流出。此

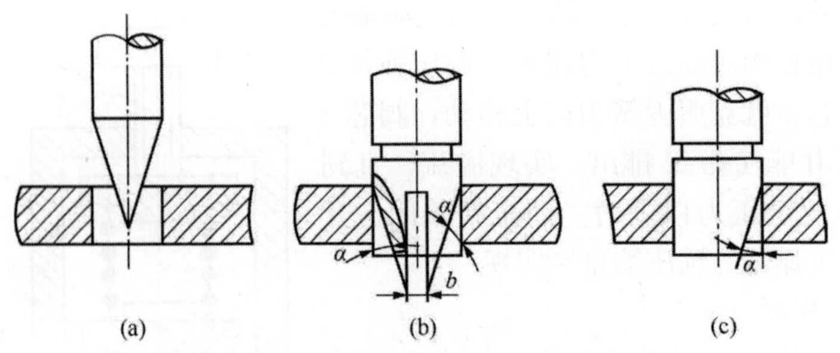

图 10-38　常用节流阀的节流口形状

(a) 针阀型；(b) 三角沟槽型；(c) 圆柱斜切型

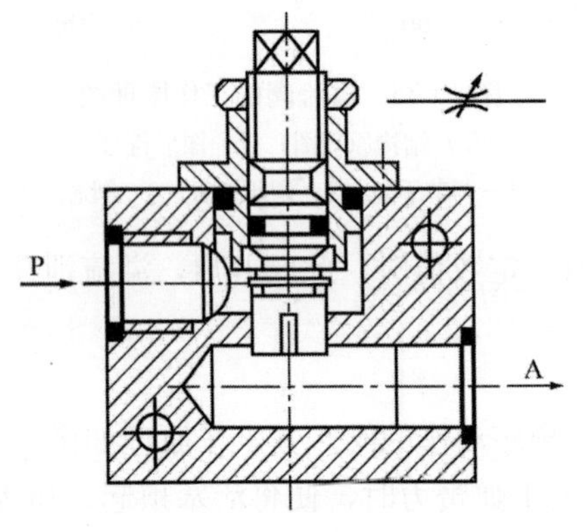

图 10-39　节流阀的结构

种节流阀常用于速度控制回路及延时回路。

2. 单向节流阀

单向节流阀是由单向阀和节流阀组合而成的流量控制阀，常用于气缸的速度控制，又称速度控制阀。

图 10-40 所示为单向节流阀工作原理。当气流沿着一个方向，由 P→A 流动时，经过节流阀节流［见图 10-40 (a)］；反方向流动时，由 A→P 单向阀打开，不节流［见图 10-40 (b)］。单向节流阀常用于气缸的调速和延时回路中，使用时应尽可能安装在气缸附近。

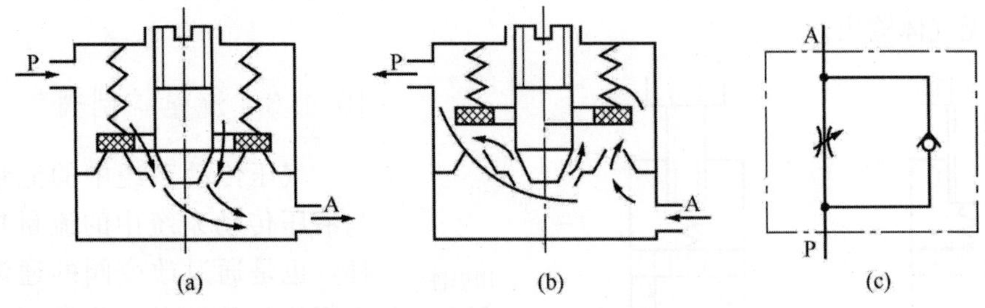

图 10-40　单行节流阀工作原理

(a) 气流走节流阀；(b) 气流走单向阀；(c) 图形符号

3. 排气消声节流阀

排气消声节流阀只能安装在排气口处，用来调节排入大气的流量 q 以改变气动执行元件的运动速度。排气节流阀常带有消声器以减小排气噪声，并能防止环境中的粉尘通过排气口污染元件。图 10-41 所示为排气消声节流阀。排气消声节流阀的工作原理和节流阀相似，靠调节节流口处的流通面积来调节排气流量，由消声套 7 减少排气噪声。

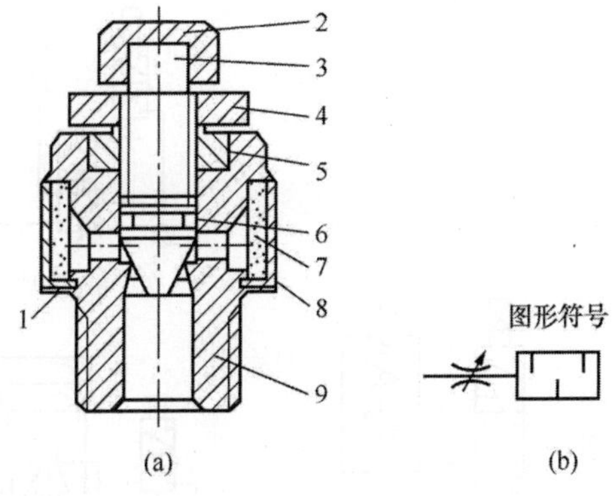

图 10-41　排气消声节流阀

(a) 结构原理图；(b) 图形符号

1—衬垫；2—调节手轮；3—节流阀芯；

4—锁紧螺母；5—导向套；

6—O 形密封圈；7—消声套；8—盖；9—阀体

10.5　气动基本回路

气动系统一般由最简单的基本回路组成。虽然基本回路相同，但由于组合方式不同，所得到的系统的性能却各有差异。因此，要想设计出高性能的气动系统，必须熟悉各种基本回路和经过长期生产实践总结出的常用回路。

气动系统与液压系统一样，无论多复杂的系统都是由一些基本的回路组成的；压力控制回路用于调节和控制系统压力，使之保持在某一规定的范围之内；气液联动以气压为动力，利用气液转换装置把气压传动变为液压传动，或采用气液阻尼缸来获得能更为平稳地和更为有效地控制运动速度的气压传动，或使用气液增压器来使力增大等；气液联动回路结构简单、经济可靠，充分利用了液压和气动的优点。

10.5.1　方向控制回路

图 10-42 (a) 所示为由二位三通电磁阀控制的换向回路，通电时，活塞杆伸出；断电时，在弹簧力作用下活塞杆缩回。图 10-42 (b) 所示为由三位五通阀电 - 气控制的换向回路，该阀具有自动对中功能，可使气缸停在任意位置，但定位精度不高、定位时间不长。

图 10-43 (a) 所示为小通径的手动换向阀控制二位五通主阀操纵气缸换向；图 10-43 (b) 所示为二位五通双电控阀控制气缸换向；图 10-43 (c) 所示为两个小通径的手动阀控制二位五通主阀操纵气缸换向；图 10-43 (d) 所示为三位五通阀控制气缸换向，该回路有中停功能，但定位精度不高。

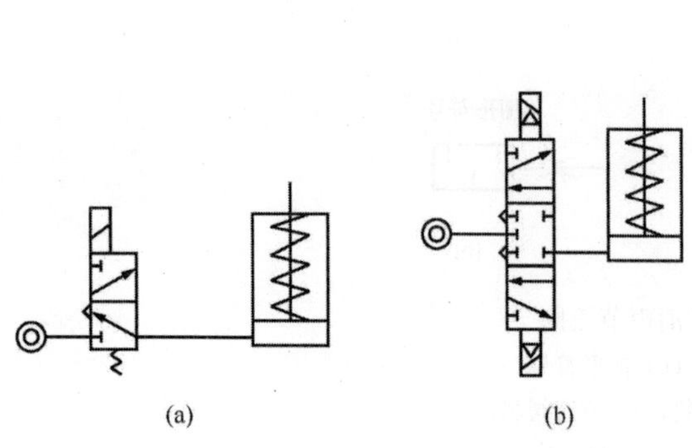

图 10-42　单作用气缸换向回路

（a）二位运动控制；（b）三位运动控制

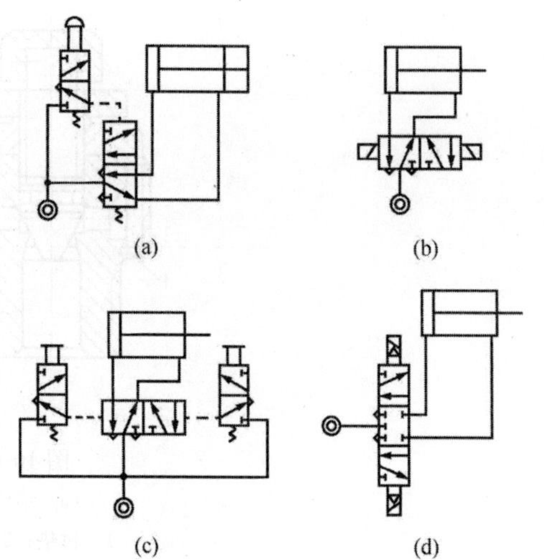

图 10-43　双作用气缸换向回路

10.5.2　压力控制回路

压力控制回路用于调节和控制系统压力，使之保持在某一规定的范围之内。常用的有一次压力控制回路和二次压力控制回路。

1. 压力控制回路

1）一次压力控制回路

用于控制储气罐的压力，使之不超过规定的压力值。常采用外控溢流阀（见图 10-44）或采用电接点压力表来控制空气压缩机的转、停，使储气罐内压力保持在规定的范围内。采用溢流阀，结构简单，工作可靠，但气量浪费大；采用电接点压力表，对电动机及控制要求较高，常用于对小型空压机的控制。

2）二次压力控制回路

二次压力控制回路主要是气源压力控制，由气动三大件——分水滤气器、减压阀与油雾器组成的压力控制回路，如图 10-45 所示，它是气动设备中必不可少的常用回路。

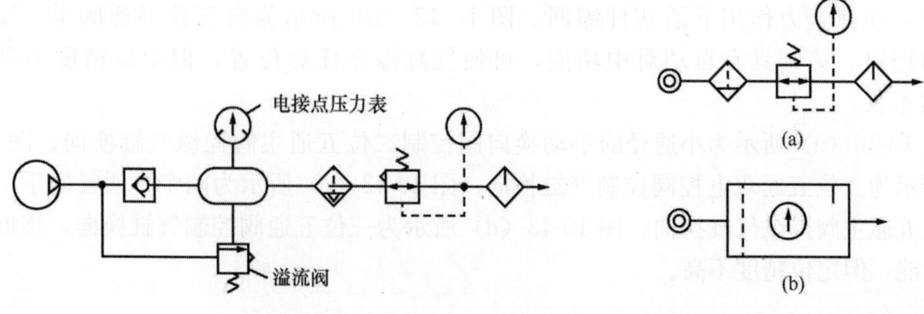

图 10-44　一次压力控制回路

图 10-45　二次压力控制回路

3）高、低压力控制回路

图 10-46 所示是由减压阀控制输出高低压力 p_1、p_2，分别控制不同的执行元件。图 10-47 所示是由换向阀控制输出高低压力 p_1、p_2，用于向设备提供两种压力选择。

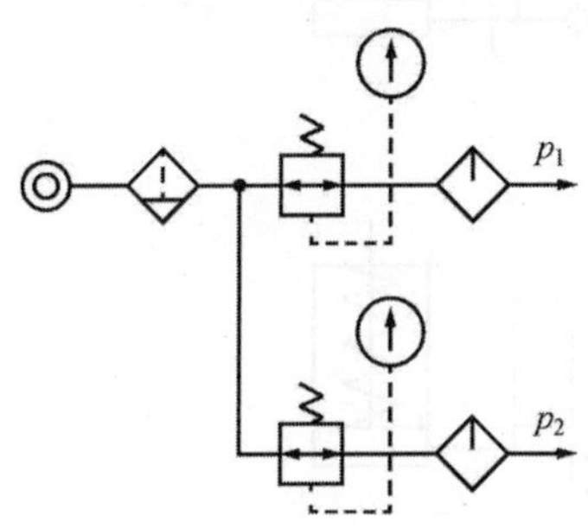

图 10-46　由减压阀控制输出

p_1—高压力；p_2—低压力

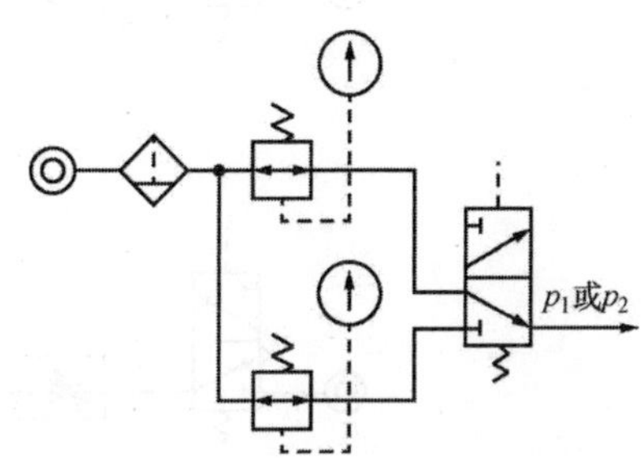

图 10-47　由换向阀控制输出

p_1—高压力；p_2—低压力

2. 增压回路

如图 10-48 所示，利用气液增压器 1 把较低的气压变为较高的液压，提高了气液缸 2 的输出力。

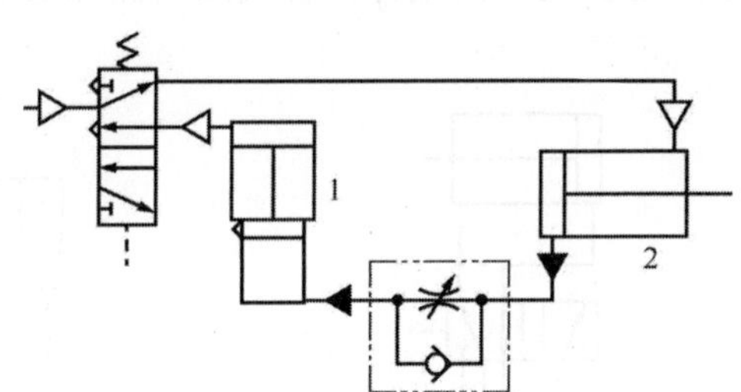

图 10-48　气液增压缸增力回路

1—气液增压器；2—气液缸

10.5.3　速度控制回路

因气动系统所用功率都不大，故常用的调速回路主要是节流调速。

1. 单作用气缸的速度控制回路

如图 10-49（a）所示，两个反接的单向节流阀，可分别控制活塞杆伸出和缩回的速度。图 10-49（b）中，气缸活塞上升时节流调速，下降时则通过快速排气阀排气，使活塞杆快速返回。

2. 双作用气缸的速度控制回路

1）调速回路

如图 10-50（a）所示为采用单向节流阀的双向调速回路，取消图中任意一只单向节流阀，便得到单向调速回路。图 10-50（b）所示为采用排气节流阀的双向调速回路。它们都是采用排气节流调速方式。当外负载变化不大时，采用排气节流调速方式，进气阻力小，负载变化对速度影响小，比进气节流调速效果要好。

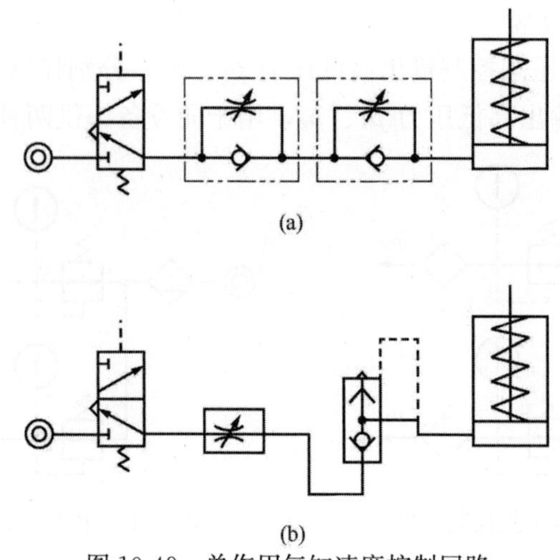

图 10-49　单作用气缸速度控制回路

2）缓冲回路

气缸在行程长、速度快、惯性大的情况下，往往需要采用缓冲回路来消除冲击。图 10-51 所示的回路可实现快进—慢进缓冲—停止—快退的循环，行程阀可根据需要调整缓冲行程，常用于惯性大的场合。图中只是实现单向缓冲，若气缸两侧均安装此回路，则可实现双向缓冲。

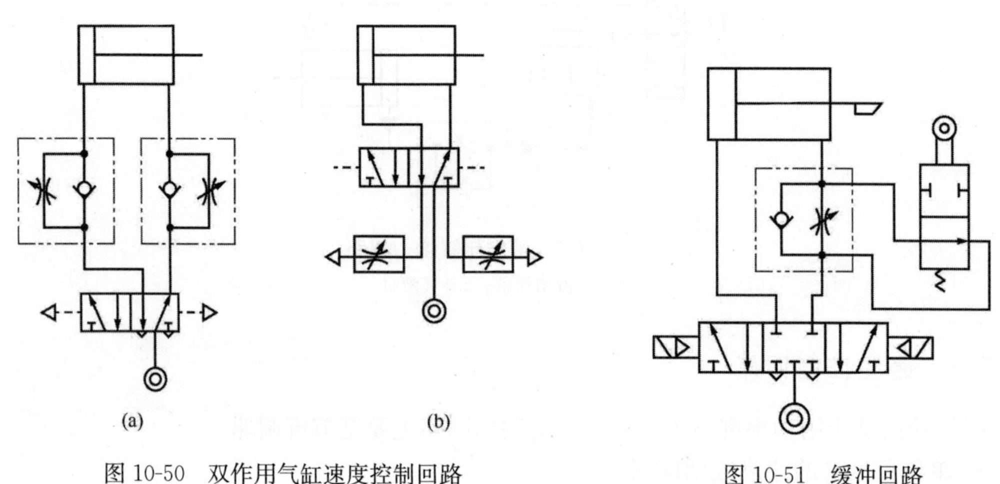

图 10-50　双作用气缸速度控制回路

（a）单向节流阀调速；（b）排气节流阀调速

图 10-51　缓冲回路

3. 气液联动的速度控制回路

1）气液传送器的速度控制回路

图 10-52 所示是用气液转换器将气压变成液压，再利用液压油去驱动液压缸的速度控制回路，调节节流阀，可以改变液压缸运行的速度。这里要求气液转换器的油量大于液压缸的容积，同时要注意气液间的密封，避免气油相混。

2）气液阻尼缸的速度控制回路

在图 10-53（a）所示回路中通过节流阀 1 和 2 可以实现双向无级调速，油杯 3 用以补

充漏油。图 10-53（b）所示为液压结构变速回路，可实现快进→慢进→快退工况。当活塞快速右行经过 a 孔后，液压缸右腔油液只能由 b 孔径节流阀流回左腔，活塞由快进变为慢进，直至行程终点；换向阀切换后，活塞左行，左腔油液经单向阀从 c 孔流回右腔，实现快退动作。此回路变速位置不能改变。

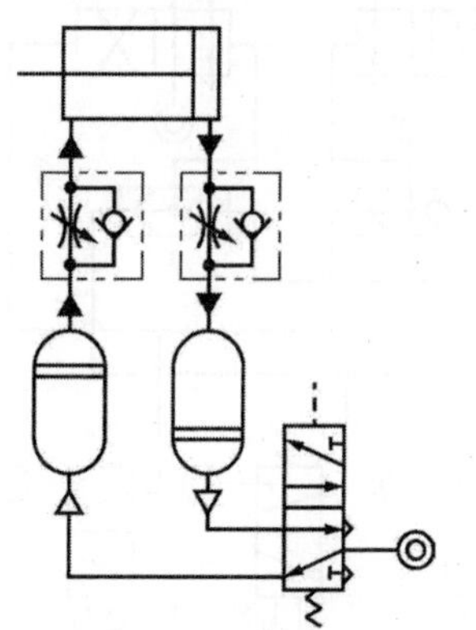

图 10-52　气液传动器的速度控制回路

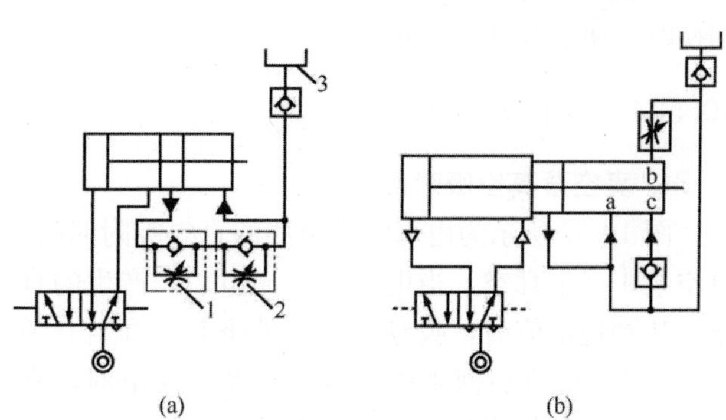

图 10-53　气液阻尼缸的速度控制回路

（a）双向速度控制回路；（b）快进→慢进→快退变速回路

1，2—节流阀；3—油杯

4. 位置控制回路

1）用缓冲挡铁的位置控制回路

如图 10-54 所示，气马达 3 带动小车 4 运动，当小车碰到缓冲器 1 时，小车缓冲减速行进一小段距离，只有当小车轮碰到挡铁 2 时，挡铁才强迫小车停止运动。该回路较简单，采用活塞式气马达速度变化缓慢，调速方便，但小车与挡铁频繁碰撞、磨损，会使定位精度下降。

2）用间歇转动机构的位置控制回路

如图 10-55 所示，气缸活塞杆前端连齿轮齿条机构。齿条 1 往复运动时，推动齿轮 3 往复摆动、齿轮上的棘爪摆动，推动棘轮做单向间歇转动，从而使与棘轮同轴的工作台间歇转动。工作台下装有凹槽缺口，当水平气缸活塞向右运动时，垂直缸活塞杆插入凹槽，让工作台准确定位。限位开关 2 用以控制阀 4 换向。

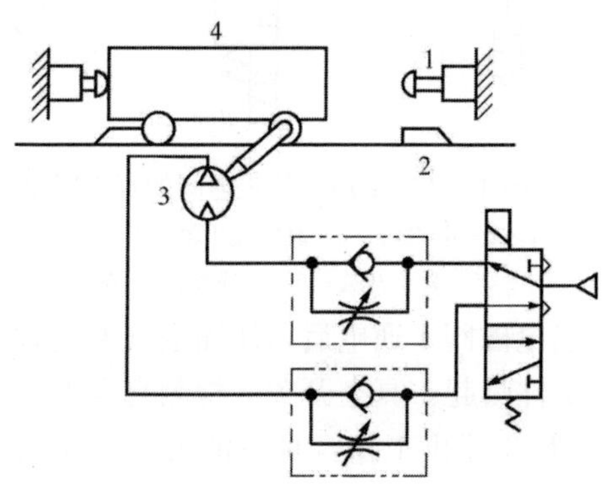

图 10-54　用缓冲挡铁的位置控制回路

1—缓冲器；2—挡铁；3—气马达；4—小车

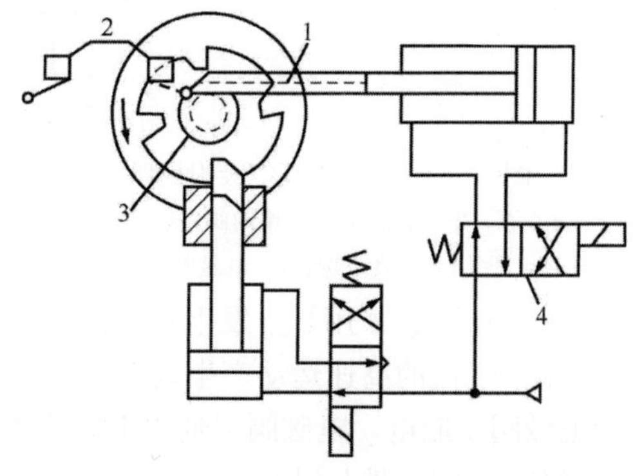

图 10-55　用间歇转动机构的位置控制回路

1—齿条；2—限位开关；3—齿轮；4—电磁换向阀

3）用多位缸的位置控制回路

图 10-56 所示是用手动阀 1、2、3 经梭阀 6 和 7 控制换向阀 4 和 5，使气缸两个活塞杆收回的状态。当手动阀 2 切换时，两活塞杆一伸一缩，手动阀 3 切换时，两活塞杆全部伸出。

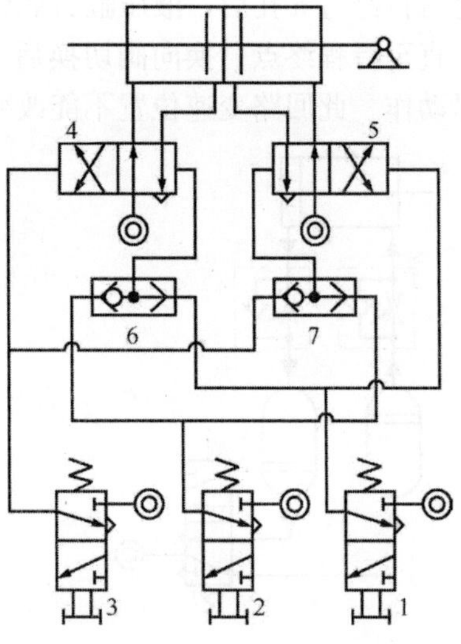

10.5.4 其他常用回路

1. 真空泵真空吸附回路

图 10-57 所示为由真空泵组成的真空吸附回路。真空泵 1 产生真空，当电磁阀 7 通电后，产生的真空度达到规定值时，吸盘 8 将工件吸起，真空开关 5 发信号，进行后面工作。当电磁阀 7 断电时，真空消失，工件依靠自重与吸盘脱离。回路中，单向阀 3 用于保持真空罐中的真空度。

图 10-56 多位缸的位置控制回路

1，2，3—手动阀；4，5—换向阀；6，7—梭阀

2. 真空发生器真空吸附回路

图 10-58 所示为采用三位三通换向阀控制真空吸附和真空破坏的回路。当三位三通换向阀 4 的 *A* 端电磁铁通电处于上位时，真空发生器 3 与真空吸盘 7 接通，吸盘 7 将工件吸起，真空开关 5 检测真空度发出信号，进行后面工作。当阀 4 不通电时，真空吸附状态能够被保持。当阀 4 的 *B* 端电磁铁通电处于下位时，压缩空气进入真空吸盘 7，真空被破坏，吹力使吸盘与工件脱离，吹力的大小由减压阀 2 设定，流量由节流阀 3 设定。回路中，过滤器 6 的作用是防止在抽吸过程中将异物和粉尘吸入发生器。

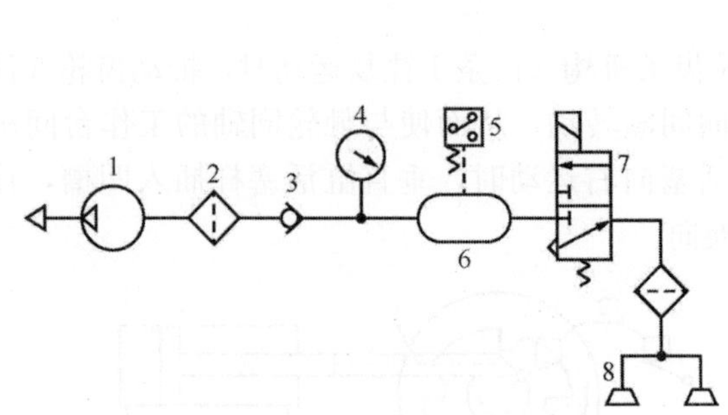

图 10-57 真空泵真空吸附回路

1—真空泵；2—过滤器；3—单向阀；4—压力表；5—真空开关；6—真空罐；7—电磁阀；8—吸盘

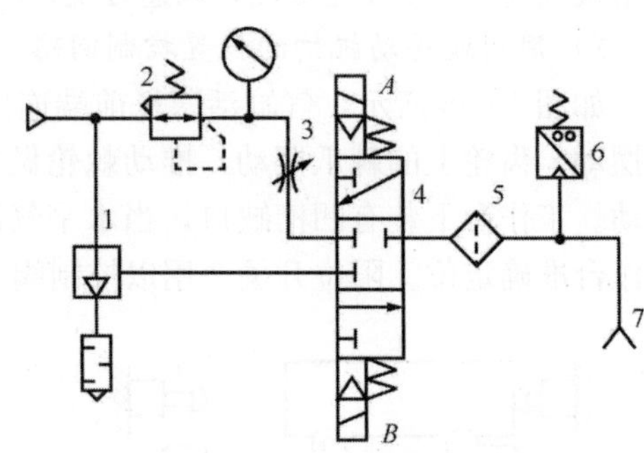

图 10-58 采用三位三通阀的真空回路

1，2—电磁阀；3—真空发生器；4—节流阀；5—真空开关；6—过滤器；7—吸盘

图 10-59 所示为采用真空发生器组件的回路。当电磁阀 1 通电后，压缩空气通过真空发生器 3，由于气流的高速运动产生真空，吸盘 7 将工件吸起，真空开关 5 检测真空度发出信号。当电磁阀 1 断电，电磁阀 2 通电时，真空发生器 3 停止工作，真空消失，压缩空气进入真空吸盘 7，将工件与吸盘吹开。

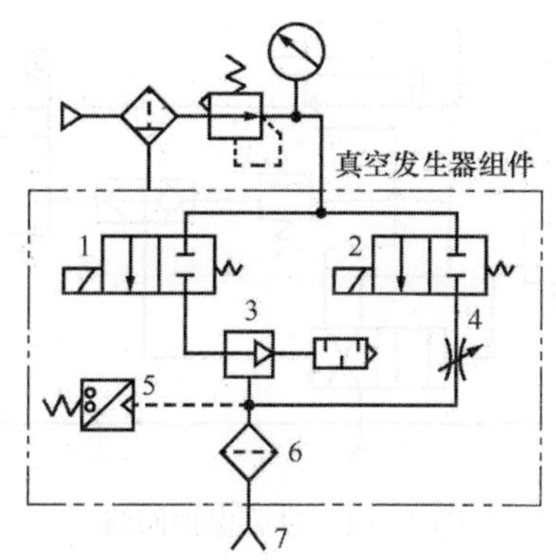

图 10-59　采用真空发生器组件的回路

1，2—电磁阀；3—真空发生器；4—节流阀；

5—真空开关；6—过滤器；7—吸盘

3. 气液增压缸增力回路

图 10-60（a）所示为利用气液增压缸 1 把压力较低的气压变为较高压力的液压去驱动气液缸工作缸 A，使其输出力增大，并实现液压工作缸 A 单向节流调速的回路。图 10-60（b）所示为利用气液增压缸 1，把较低的气压变为较高的液压力去驱动液压工作缸 B，以增大液压工作缸 B 的输出力，同时实现液压工作缸 B 双向节流调速的回路。

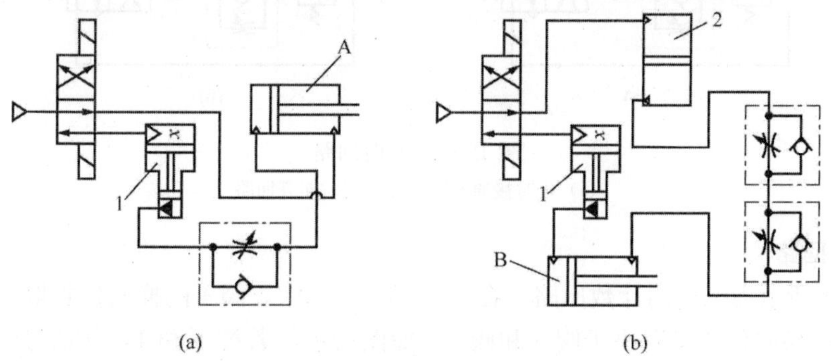

图 10-60　气液增压及调速回路

（a）气液增压及单向节流调速；（b）气液增压及双向节流调速

1—增压缸；2—气液传动器；A、B—工作缸

4. 过载保护回路

当活塞杆伸出途中，若遇到偶然障碍或其他原因使气缸过载时，活塞就自动返回，实现过载保护。

如图 10-61 所示，当气缸活塞向右运动，左腔压力升高超过预定值时，顺序阀 1 打开，控制气流经梭阀 2 将主动阀 3 切换至右位（图示位置），使活塞返回，气缸左腔气体经主控阀 3 排出，防止系统过载。

5. 延时回路

图 10-62（a）所示为延时接通回路。当有信号 K 输入时，阀 A 换向，此时气源经节流

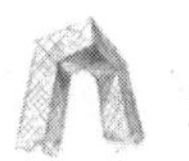

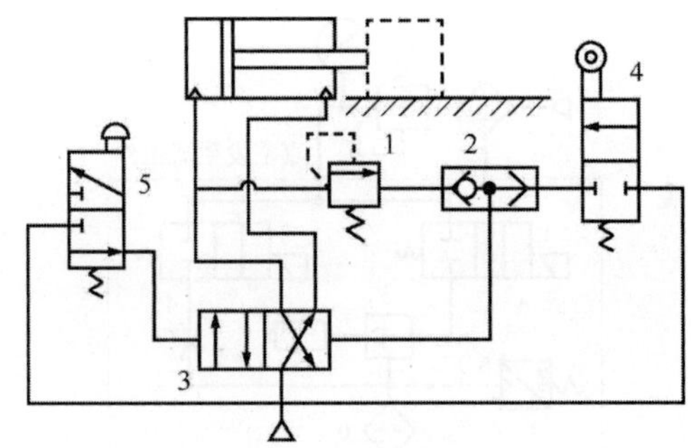

图 10-61　过载保护回路

1—顺序阀；2—梭阀；3—主控阀；4—行程阀；5—手动阀

阀缓慢向气容腔 C 充气，经一段时间延时后，气容腔内压力升高到预定值，使主阀 B 换向，气缸活塞开始右行。当信号 K 消失后，气容腔 C 中的气体可经单向阀迅速排出，主阀 B 立即复位，气缸活塞返回。改变节流口开度，可调节延时换向时间 t 的长短。将单向节流阀反接，得到延时断开回路［见图 10-62（b）］，其功用正好与上述相反。

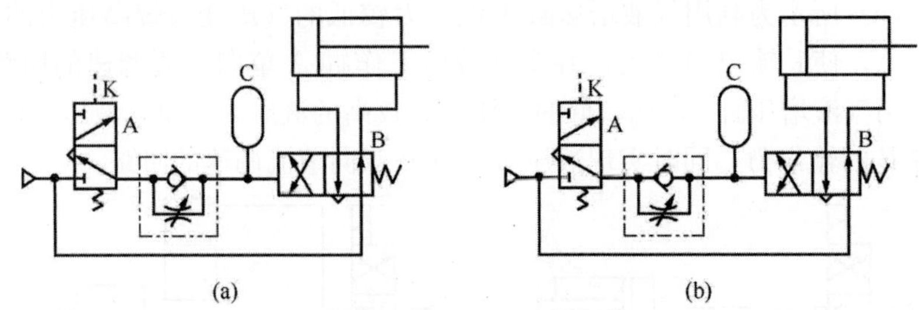

图 10-62　延时回路

（a）延时接通回路；（b）延时断开回路

6. 计数回路

图 10-63 所示为二进制计数回路。在图 10-63（a）中，阀 4 的换向位置取决于阀 2 的位置，而阀 2 的换向位置又取决于阀 3 和阀 5。如图所示，若按下阀 1，气信号经阀 2 至阀 4 的左端使阀 4 换至左位，同时使阀 5 切断气路，此时气缸活塞杆伸出；当阀 1 复位后，原通入阀 4 左控制端的气信号经阀 1 排空，阀 5 复位，于是气缸无杆腔的气体经阀 5 至阀 2 左端，使阀 2 换至左位等待阀 1 的下一次信号输入。当阀 1 第二次按下后，气信号经阀 2 的左位至阀 4 右端使阀 4 换至右位，气缸活塞杆退回，同时阀 3 将气路切断。待阀 1 复位后，阀 4 右端信号经阀 2，阀 1 排空，阀 3 复位并将气流导至阀 2 左端使其换至右位，又等待阀 1 下一次信号输入。这样，第 1，3，5，…次（奇数）按下阀 1，则气缸活塞杆伸出；第 2，4，6，…次（偶数）按下阀 1，则气缸活塞杆退回。

图 10-63（b）的计数原理与图 10-63（a）的相同。所不同的是：按下阀 1 的时间不能过长，只要使阀 4 切换后就放开；否则，气信号将经阀 5 或阀 3 通至阀 2 的左端或右端，使阀 2 换位，气缸反行，从而使气缸来回振荡。

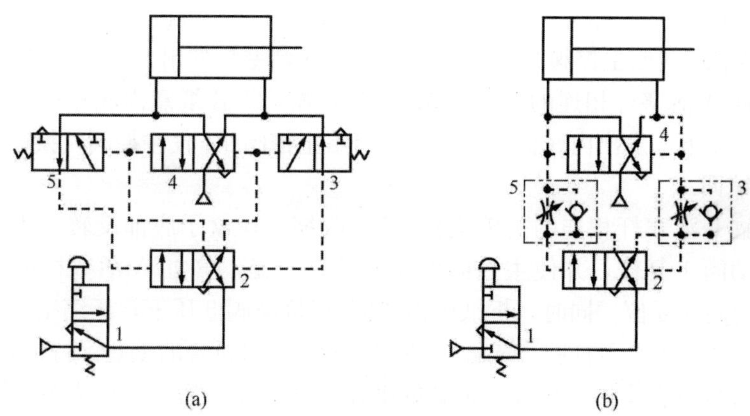

图 10-63　二进制计数回路

10.6　气动技术应用举例

气动技术是实现工业生产机械化、自动化的方式之一。由于气压传动系统使用安全、可靠，可以在高温、振动、腐蚀、易燃、易爆、多尘埃、强磁、辐射等恶劣环境下工作，所以应用日益广泛。本章简要介绍几个气压传动与控制的实例。

10.6.1　包装机气动系统

图 10-64 所示为一种包装机气动系统图，可以快速封装 24 包袋装盐。首先，操作人员将纸板折叠成盒子的形状放在机器中；然后，人工将袋装盐放入纸盒内；最后，由包装机实现纸盒底板的折叠、充填期间纸盒的保持、封闭纸盒以及发送纸盒等。

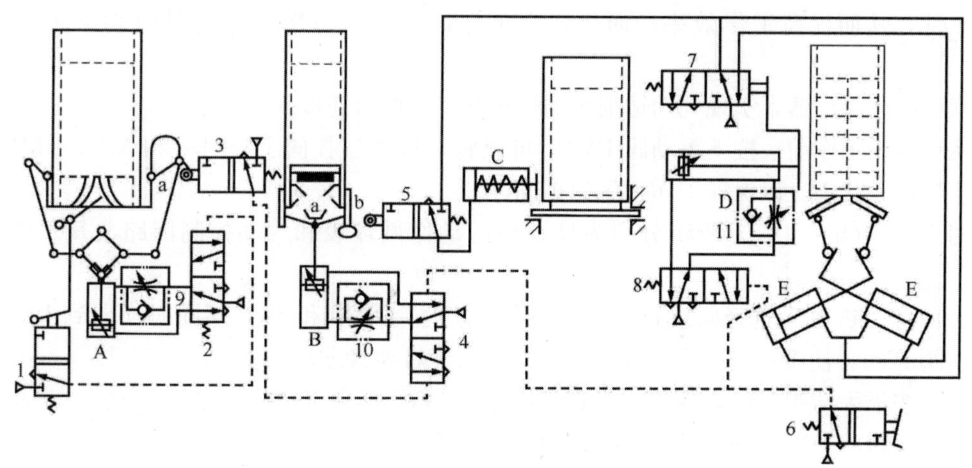

图 10-64　包装机气动系统图

1，3，5，7—机动阀；2，4，8—主控阀；6—脚踏阀；A，B，C，D，E—气缸

包装机是很紧凑的，全部气动设备均装于其中，其工作过程如下：

(1) 操作人员将折叠成盒子形状的纸板放入包装机，并将机动阀 1 压下，发出纸盒进入的信号给主控阀 2，使主控阀 2 换向，于是气缸 A 活塞杆伸出。

(2) 与气缸 A 活塞杆相连的折纸机构"a"收缩，折叠纸盒内底板。然后，折纸机构"a"将机动阀 3 压下，发出内底板折叠完毕信号给主控阀 4，使主控阀 4 换向至下位，从而气缸 B 活塞杆缩回。

(3) 与气缸 B 活塞杆相连的折纸机构"b"收缩，在盒子底部反转，折叠了纸盒外底板。此时，机动阀 1 复位，并使主控阀 2 也复位，于是，气缸 A 活塞杆缩回，折纸机构"a"张开，机动阀 3 复位。同时，折纸机构"b"将机动阀 5 压下，压缩空气进入单作用保持气缸 C（前后各一个）无杆腔，气缸 C 活塞杆伸出，将折叠的纸盒保持住。

(4) 操作人员将袋装的食盐放入折叠的纸盒。加装完毕后，操作人员用脚踏板操作脚踏阀 6，使主控阀 4 换向至上位，使得气缸 B 活塞杆伸出，并使机动阀 5 换向，保持气缸 C 活塞杆缩回，将纸盒松开。

(5) 同时，主控阀 8 换向，气缸 D 活塞杆伸出，并松开机动阀 7，使其复位。于是，气缸 E 活塞杆伸出，将折叠底板压平。

(6) 气缸 D 伸出的活塞杆到达纸盒，并将纸盒推出。

(7) 操作人员松开脚踏板，脚踏阀 6 复位，并使得主控阀 8 复位，气缸 D 活塞杆缩回。

当气缸 D 的活塞杆完全缩回时，机动阀 7 复位，使气缸 E 活塞杆缩回。于是，包装机重新回到原始静止状态。

10.6.2 钻孔机气动系统

图 10-65 (a) 所示是一种采用气动钻削头的钻孔专用机，其结构包括：回转工作台、两套夹具、两个气动钻削头、两个液体阻尼器。该钻孔机具有如下特点：

通过回转工作台和两套夹具，实现在一套夹具的工件正在加工时，另一套夹具可以装卸工件，从而提高工作效率；而且，为了保证安全，每次操作夹具时均必须按下按钮 PV1。

利用液体阻尼器，实现气动钻削头的快进和工进两级速度。

系统开始工作前，按下手动阀 PV4，可以将双稳态气控阀 J-1～J-6 和 MV1～MV4 正确复位到启动状态，以保证工作程序的正确性。

图 10-65 (b)、(c) 所示分别为钻孔机的动作循环表和气动控制回路，其工作过程如下：

(1) 将"断-通"选择阀板到"通"位置，此时阀 SV1 和 SV2 阀同时换向到上位；按下手动阀 PV4，使 J-1～J-6 和 MV1～MV4 置位于启动状态。

(2) 按下手动阀 PV2，使得双稳态气按钮阀 MV0 换向至左位，此时运转指示器指示系统处于"运转状态"，压缩空气进入系统的控制回路。

(3) 按下手动阀 PV1，使得夹紧缸主控阀 MV1 和 MV2 同时换向至左位，两夹紧缸活塞杆伸出，将工件夹紧。接着，由于 RV1 和 RV2 泄压，气控阀 J-8 和 J-9 复位至右位，同时，气控阀 J-2 换向至左位。

(4) 气控阀 MV3 换向至左位，工作台回转 180°；然后，将行程阀 LV1 压下，从而使

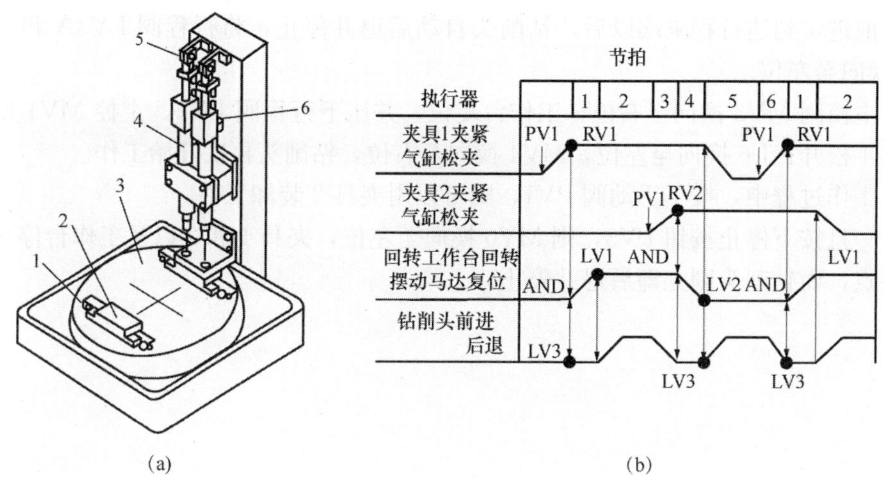

(a)　　　　(b)

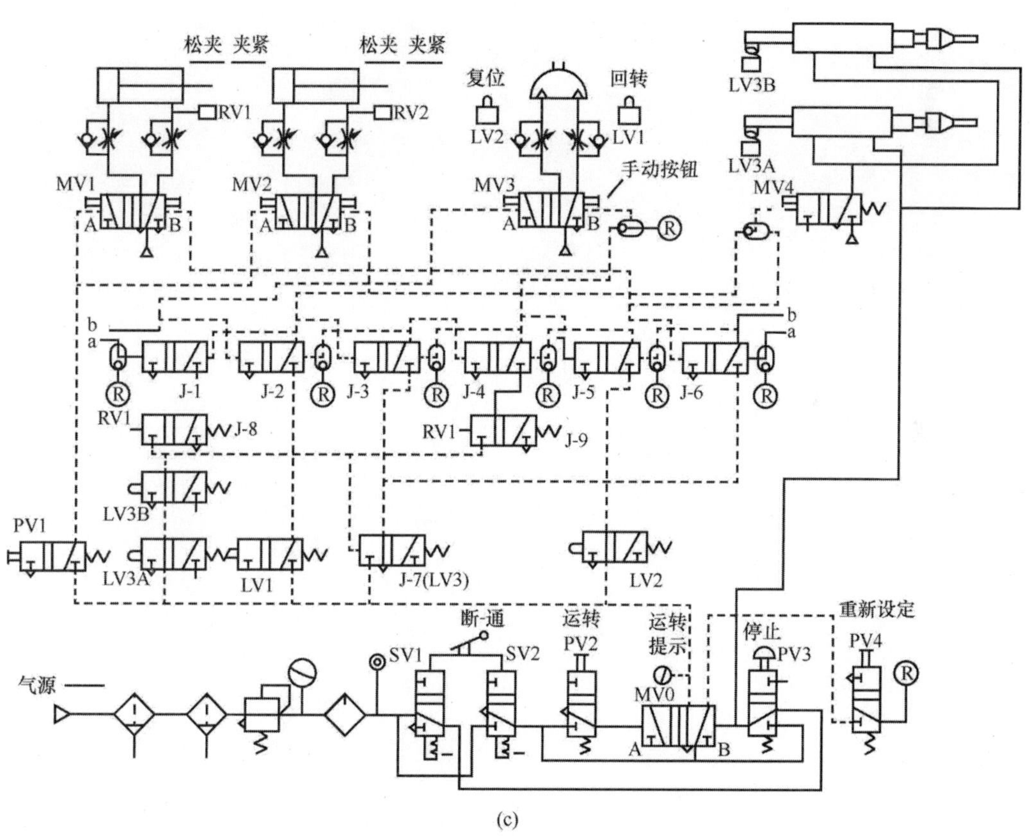

(c)

图 10-65　钻孔机及其气动控制系统

(a) 钻孔用机；(b) 动作循环表；(c) 气动控制回路

主控阀 MV4 和气控阀 J-3 换向至左位。此时，两个钻削头同时快进，行程阀 LV3A 和

LV3B复位，气控阀J-7复位，J-4换向到左位；接着，由于液体阻尼器的作用，钻削头以工进速度前进，到达行程末端以后，钻削头自动后退并停止，将行程阀LV3A和LV3B压下，J-5换向至左位。

（5）主控阀MV3换向至右位，工作台复位，并压下行程阀LV2，主控MV1换向至右位，夹具1松开；J-6换向至左位，MV4换向至右位，钻削头再次开始工作。

（6）工作过程中，按下手动阀PV1，则可以用夹具2装卸工件。

（7）一旦按下停止按钮PV3，则MV0换向至左位，夹具1和2以及工作台停止在其当前行程终点，而钻削头则立即后退并停止。

附录　液压与气压传动常用图形符号（摘自 GB/T 786.1—2009）

附表 1　基本要素、功能要素、管路及连接

描述	图形	描述	图形
供油管路，回油管路元件外壳和外壳符号		组合元件框线	
内部和外部先导（控制）管路，泄油管路，冲洗管路，放气管路		两个流体管路的连接	0.75M
两个流体管路的连接（在一个符号内表示）	0.5M	软管管路	2.5M 4M
封闭管路或接口	1M 1M	流体流过阀的路径和方向	4M 4M
流体流过阀的路径和方向	4M 2M 4M 2M	阀内部的流动路径	2M 4M 2M 2M 2M

续表

描述	图形	描述	图形
阀内部的流动路径	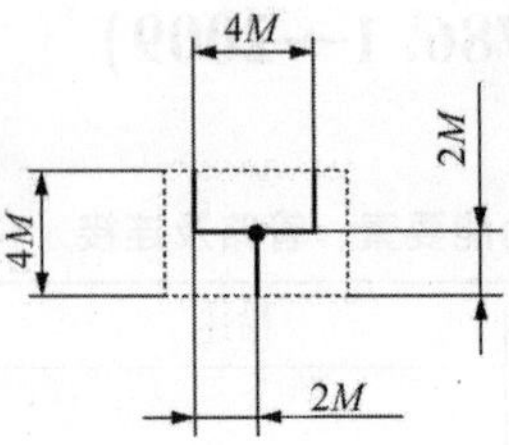 4M 2M 4M 2M	阀内部的流动路径	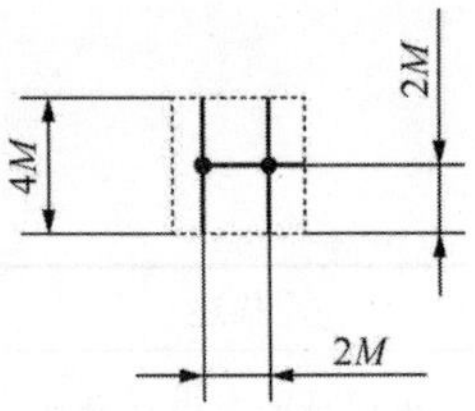 2M 4M 2M
阀内部的流动路径	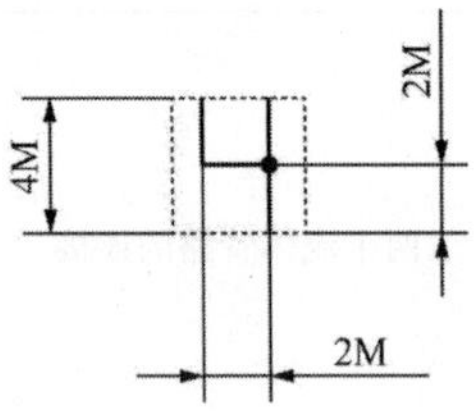 2M 4M 2M	流体流动的方向	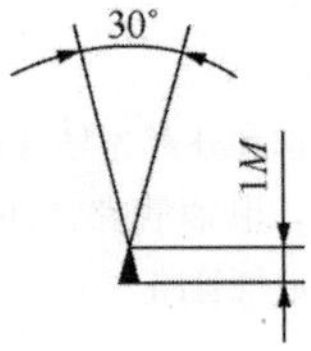 30° 1M
缸的活塞	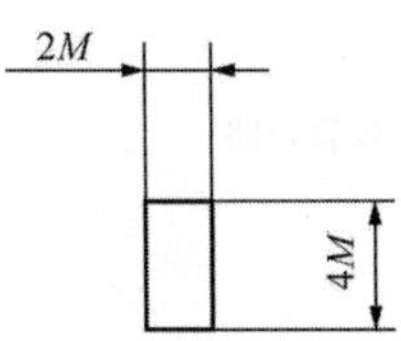 2M 4M	活塞杆	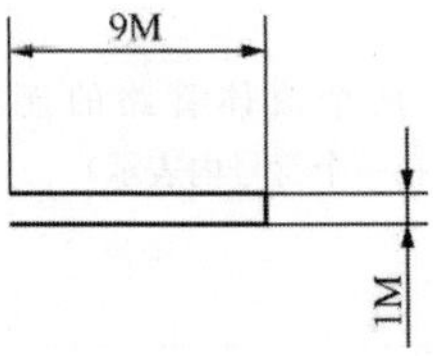 9M 1M
元件：压力容器；蓄能器；波纹管执行	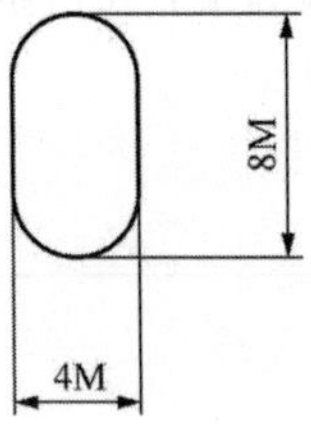 8M 4M	液压源	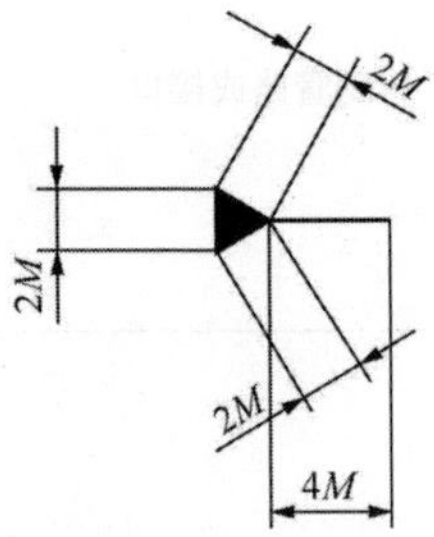 2M 2M 2M 4M
回到油箱	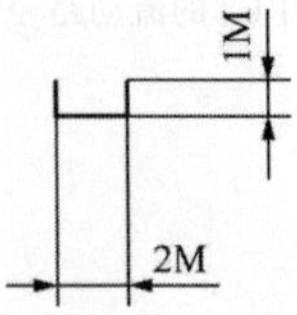 1M 2M	两条管路交叉没有节点，表明它们之间没有连接	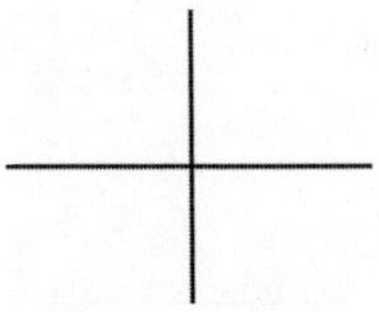

附表 2　控制机构和控制方法

描述	图形	描述	图形
带有分离把手和定位销的控制机构		具有可调行程限制装置的顶杆	
带有定位装置的推或拉控制机构		手动锁定控制机构	
具有 5 个锁定位置的调节控制机构	5	用作单方向行程操纵的滚轮杠杆	
使用步进电机的控制机构	M	单作用电磁铁，动作指向阀芯	
单作用电磁铁，动作背离阀芯		双作用电气控制机构，动作指向或背离阀芯	
单作用电磁铁，动作指向阀芯，连续控制		单作用电磁铁，动作背离阀芯，连续控制	
双作用电气控制机构，动作指向或背离阀芯，连续控制		电气操纵的气动先导控制机构	
电气操纵的带有外部供油的液压先导控制机构		机械反馈	

附表 3　泵、马达和缸

描述	图形	描述	图形
单向旋转的定量马达	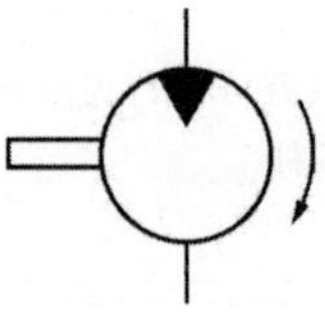	单向旋转的定量泵	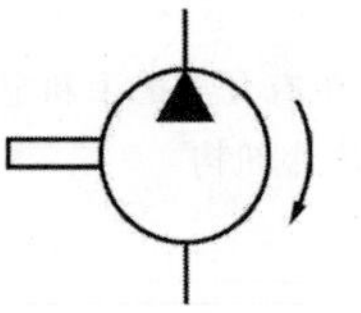
双向变量马达单元，双向流动，带外泄油路，双向旋转	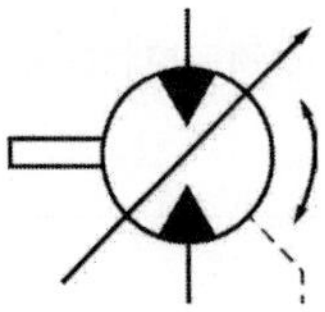	双向流动，带外泄油路单向旋转的变量泵	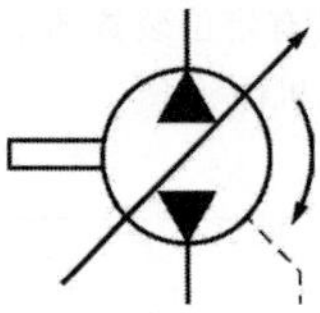
操纵杆控制，限制转盘角度的泵	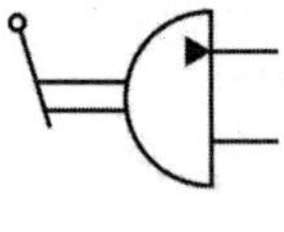	单作用的半摆动执行器或旋转驱动	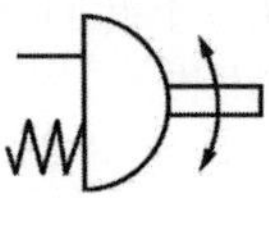
限制摆动角度，双向流动的摆动执行器或旋转驱动	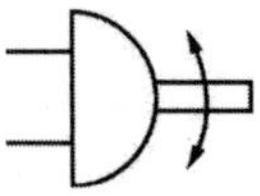	单作用单杆缸，靠弹簧力返回行程，弹簧腔带连接口	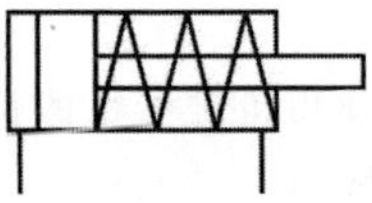
双作用单杆缸	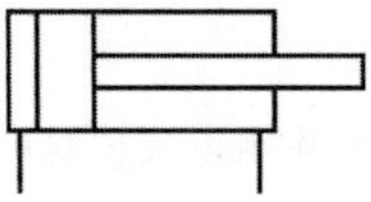	单作用伸缩缸	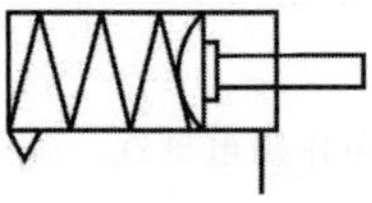
双作用双杆缸，活塞杆直径不同，双侧缓冲，右侧带调节	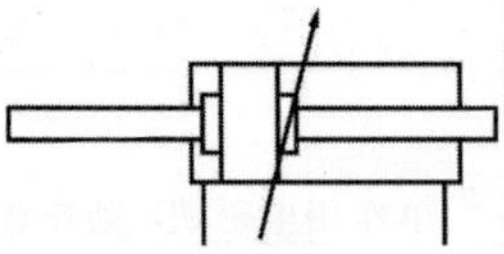	行程两端定位的双作用缸	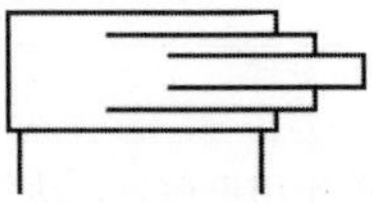
单作用缸，柱塞缸	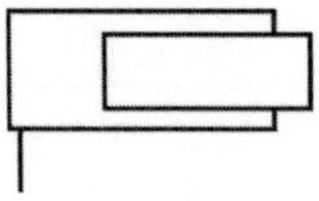	双作用缆绳式无杆缸，活塞两端带可调节终点位置缓冲	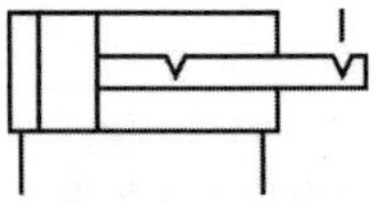
双作用伸缩缸	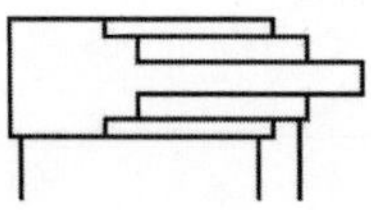	双作用带状无杆缸，活塞两端带终点位置缓冲	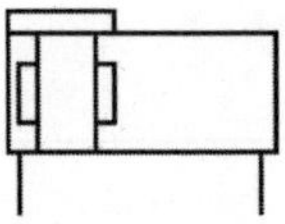
波纹管缸	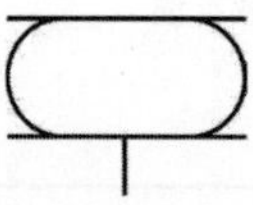	软管缸	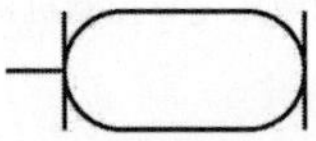

附表4　控　制　元　件

描述	图形	描述	图形
二位二通方向控制阀，两通，二位，推压控制机构，弹簧复位，常闭		二位二通方向控制阀，两通，二位，电磁铁操纵弹簧复位，常开	
二位四通方向控制阀，电磁铁操纵，弹簧复位		二位三通锁定阀	
二位三通方向控制阀，滚轮杠杆控制，弹簧复位		二位三通方向控制阀，电磁铁操纵，弹簧复位，常闭	
二位三通方向控制阀		二位四通方向控制阀，单电磁铁操纵	
二位四通方向控制阀，电磁铁操纵液压先导控制，弹簧复位		三位五通方向控制阀，定位销式各位置杠杆控制	
三位四通方向控制阀，电磁铁操纵先导级和液压操作主阀，主阀及先导级弹簧对中，外部先导供油和先导回油		三位四通方向控制阀，弹簧对中，双电磁铁直接操纵，不同中位机能的类别	
溢流阀，直动式，开启压力由弹簧调节			
顺序阀，带有旁通阀		顺序阀，手动调节设定值	

续表

描述	图形	描述	图形
防气蚀溢流阀，用来保护两条供给管道	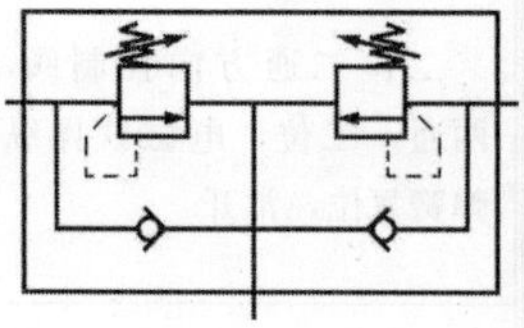	二通减压阀，直动式，外泄型	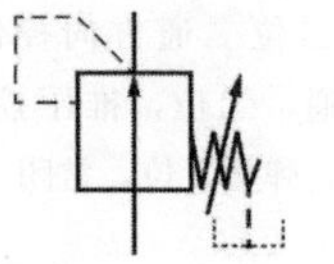
二通减压阀，先导式，外泄型	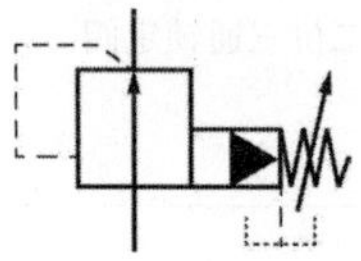	电磁溢流阀，先导式，电气操纵预设定压力	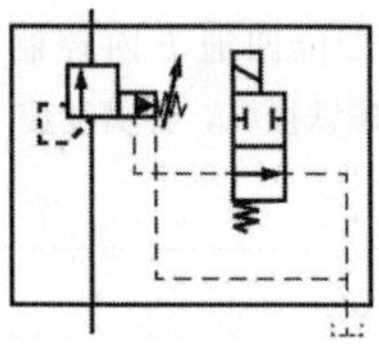
可调节流量控制阀		蓄能器充液阀，带有固定开关压差	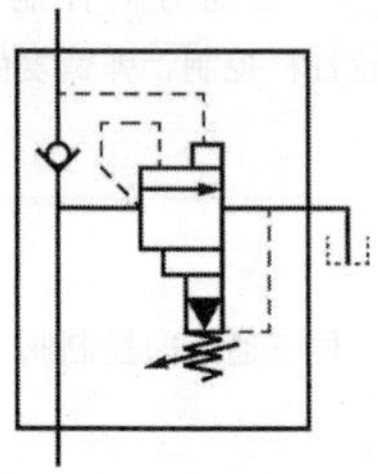
三通流量控制阀，可调节，将输入流量分成固定流量和剩余流量	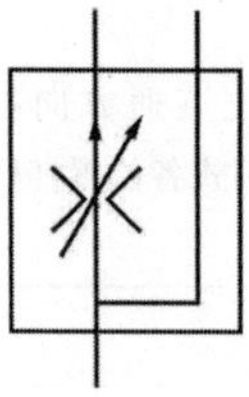	可调节流量控制阀，单向自由流动	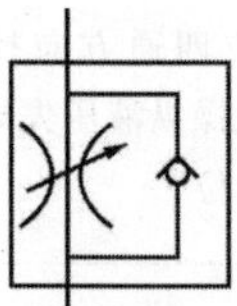
流量控制阀，滚轮杠杆操纵，弹簧复位	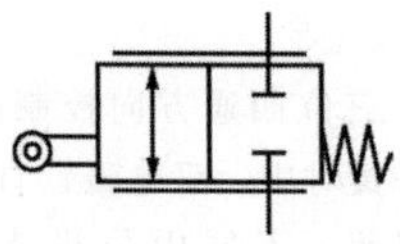	二通流量控制阀，可调节，带旁通阀，固定设置，单向流动，基本与黏度和压力差无关	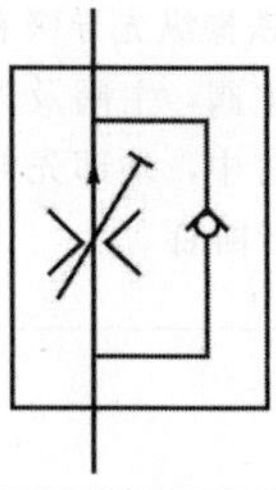
集流阀，保持两路输入流量相互恒定	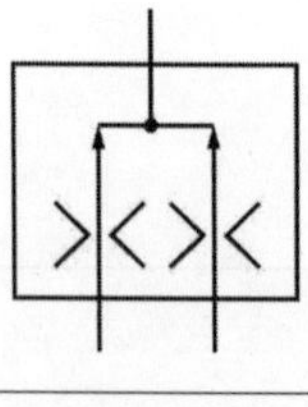	分流器，将输入流量分成两路输出	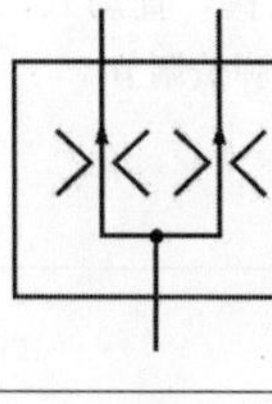
单向阀，带有复位弹簧，只能在一个方向流动，常闭		单向阀，只能在一个方向自由流动	

续表

描述	图形	描述	图形
先导式液控单向阀，带有复位弹簧，先导压力允许在两个方向自由流动		双单向阀，先导式	
直动式比例方向控制阀		梭阀（“或”逻辑），压力高的入口自动与出口接通	
先导式比例方向控制阀，带主级和先导级的闭环位置控制，集成电子器件		比例方向控制阀直接控制	
先导式伺服阀，先导级带双线圈电气控制机构，双向连续控制，阀芯位置机械反馈到先导装置，集成电子器件		伺服阀，内置电反馈和集成电子器件，带预设动力故障装置	
比例溢流阀，直控式，通过电磁铁控制弹簧工作长度来控制液压电磁换向座阀		先导式伺服阀，带主级和先导级的闭环位置控制，集成电子器件，外部先导供油和回油	
比例溢流阀，直控式，带电磁铁位置闭环控制，集成电子器件		比例溢流阀，直控式，电磁力直接作用在阀芯上，集成电子器件	
比例流量控制阀，直控式		比例溢流阀，先导控制，带电磁铁位置反馈	
压力控制和方向控制插装阀插件，座阀结构，面积比 1∶1		流量控制阀，用双线圈比例电磁铁控制，节流孔可变，特性不受黏度变化影响	

续表

描述	图形	描述	图形
方向控制插装阀插件，座阀结构，面积比例≤0.7	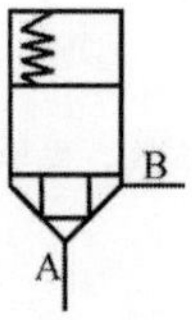 A B	压力控制和方向控制插装阀插件，座阀结构，常开，面积比1∶1	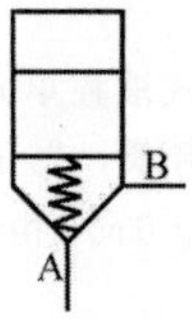 A B
主动控制的方向控制插装阀插件，座阀结构，由先导压力打开	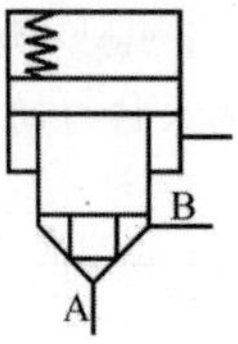 A B	方向控制插装阀插件，座阀结构，面积比例>0.7	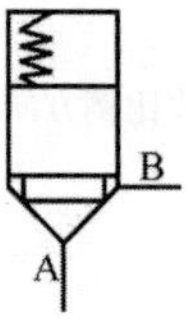 A B
比例溢流阀，直控式，带电磁铁位置闭环控制，集成电子器件	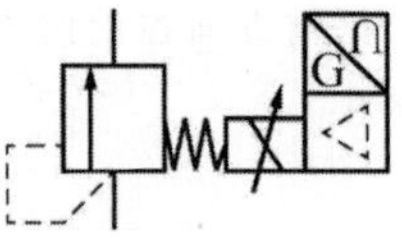 G	主动控制插件，B端无面积差	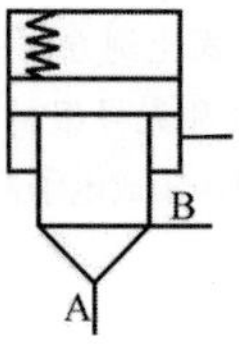 A B
不同中位流路的三位五通气动方向控制阀，弹簧复位至中位	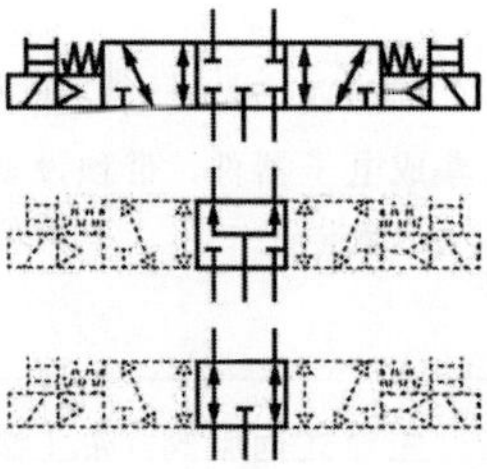	比例溢流阀，先导控制，带电磁铁位置反馈	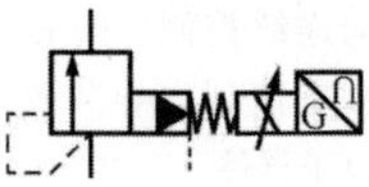 G

附表5　辅　助　元　件

描述	图形	描述	图形
软管总成		三通旋转接头	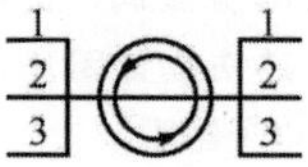 1 2 3 1 2 3
可调节的机械电子压力继电器	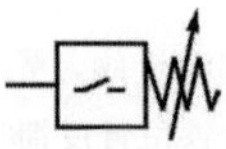	模拟信号输出压力传感器	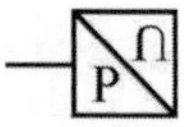 P
液位指示器（液位计）	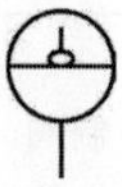	流量指示器（流量计）	
压力测量单元（压力表）		温度计	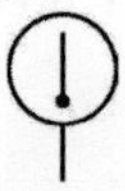

续表

描述	图形	描述	图形
过滤器		带旁路节流的过滤器	
液体冷却的冷却器		不带冷却液流道指示的冷却器	
温度调节器		加热器	
活塞式蓄能器		隔膜式蓄能器	

参考文献

[1] 李壮云．液压、气动与液力工程手册 [M]．北京：电子工业出版社，2008.
[2] 王积伟，章宏甲，黄谊．液压与气压传动 [M]．2 版．北京：机械工业出版社，2005.
[3] 张世亮．液压与气压传动 [M]．北京：机械工业出版社，2006.
[4] 杨文生．液压与气压传动 [M]．北京：电子工业出版社，2007.
[5] 李壮云．液压元件与系统 [M]．2 版．北京：机械工业出版社，2008.
[6] 章宏甲，黄宜．液压传动 [M]．北京：机械工业出版社，2000.
[7] 许福玲，陈尧明．液压与气压传动 [M]．3 版．北京：机械工业出版社，2008.
[8] 左建民．液压与气压传动 [M]．4 版．北京：机械工业出版社，2008.
[9] 明仁雄，万会雄．液压与气压传动 [M]．北京：国防工业出版社，2003.
[10] 何存兴，张铁华．液压传动与气压传动 [M]．2 版．武汉：华中科技大学出版社，2000.
[11] 刘忠伟．液压与气压传动 [M]．北京：化学工业出版社，2008.
[12] 刘延俊．液压与气压传动 [M]．2 版．北京：机械工业出版社，2007.
[13] 陈淑梅．液压与气压传动（英汉双语）[M]．北京：机械工业出版社，2008.
[14] 许益民．电液比例控制系统分析与设计 [M]．北京：机械工业出版社，2008.
[15] 刘军营．液压与气压传动 [M]．西安：西安电子科技大学出版社，2008.
[16] 沈兴全．液压传动与控制 [M]．3 版．北京：国防工业出版社，2010.
[17] 周忆，于今．流体传动与控制 [M]．北京：科学出版社，2008.
[18] 曾亿山．液压与气压传动 [M]．合肥：合肥工业大学出版社，2008.
[19] 陈奎生．液压与气压传动 [M]．武汉：武汉理工大学出版社，2001.
[20] 张利平．液压气动速查手册 [M]．北京：化学工业出版社，2008.